U0541847

经以济世
建德尚真

贺教务印

科技问项目

成立之际

李鹏林
研制方八

教育部哲学社会科学研究重大课题攻关项目

当代科学哲学的发展趋势

THE DEVELOPMENT TREND OF
CONTEMPORARY PHILOSOPHY OF SCIENCE

郭贵春

等著

经济科学出版社
Economic Science Press

图书在版编目（CIP）数据

当代科学哲学的发展趋势／郭贵春等著. —北京：经济科学出版社，2009.9

（教育部哲学社会科学研究重大课题攻关项目）

ISBN 978 - 7 - 5058 - 8452 - 6

Ⅰ. 当…　Ⅱ. 郭…　Ⅲ. 科学哲学 - 研究　Ⅳ. N02

中国版本图书馆 CIP 数据核字（2009）第 132928 号

责任编辑：张庆杰　李锁贵
责任校对：徐领弟　徐领柱
版式设计：代小卫
技术编辑：邱　天

当代科学哲学的发展趋势

郭贵春　等著

经济科学出版社出版、发行　新华书店经销

社址：北京市海淀区阜成路甲 28 号　邮编：100142

总编部电话：88191217　发行部电话：88191540

网址：www.esp.com.cn

电子邮件：esp@esp.com.cn

北京中科印刷有限公司印装

787×1092　16 开　26.5 印张　500000 字

2009 年 9 月第 1 版　2009 年 9 月第 1 次印刷

印数：0001—8000 册

ISBN 978 - 7 - 5058 - 8452 - 6　定价：58.00 元

（图书出现印装问题，本社负责调换）

（版权所有　翻印必究）

课题组主要成员

（按姓氏笔画为序）

王姝彦　成素梅　刘晓力　安　军　赵　斌
贺天平　康仕慧　程　瑞　魏屹东

编审委员会成员

主　任　孔和平　罗志荣

委　员　郭兆旭　吕　萍　唐俊南　安　远
　　　　文远怀　张　虹　谢　锐　解　丹

总　序

哲学社会科学是人们认识世界、改造世界的重要工具，是推动历史发展和社会进步的重要力量。哲学社会科学的研究能力和成果，是综合国力的重要组成部分，哲学社会科学的发展水平，体现着一个国家和民族的思维能力、精神状态和文明素质。一个民族要屹立于世界民族之林，不能没有哲学社会科学的熏陶和滋养；一个国家要在国际综合国力竞争中赢得优势，不能没有包括哲学社会科学在内的"软实力"的强大和支撑。

近年来，党和国家高度重视哲学社会科学的繁荣发展。江泽民同志多次强调哲学社会科学在建设中国特色社会主义事业中的重要作用，提出哲学社会科学与自然科学"四个同样重要"、"五个高度重视"、"两个不可替代"等重要思想论断。党的十六大以来，以胡锦涛同志为总书记的党中央始终坚持把哲学社会科学放在十分重要的战略位置，就繁荣发展哲学社会科学做出了一系列重大部署，采取了一系列重大举措。2004 年，中共中央下发《关于进一步繁荣发展哲学社会科学的意见》，明确了新世纪繁荣发展哲学社会科学的指导方针、总体目标和主要任务。党的十七大报告明确指出："繁荣发展哲学社会科学，推进学科体系、学术观点、科研方法创新，鼓励哲学社会科学界为党和人民事业发挥思想库作用，推动我国哲学社会科学优秀成果和优秀人才走向世界。"这是党中央在新的历史时期、新的历史阶段为全面建设小康社会，加快推进社会主义现代化建设，实现中华民族伟大复兴提出的重大战略目标和任务，为进一步繁荣发展哲学社会科学指明了方向，提供了根本保证和强大动力。

高校是我国哲学社会科学事业的主力军。改革开放以来，在党中央的坚强领导下，高校哲学社会科学抓住前所未有的发展机遇，紧紧围绕党和国家工作大局，坚持正确的政治方向，贯彻"双百"方针，以发展为主题，以改革为动力，以理论创新为主导，以方法创新为突破口，发扬理论联系实际学风，弘扬求真务实精神，立足创新、提高质量，高校哲学社会科学事业实现了跨越式发展，呈现空前繁荣的发展局面。广大高校哲学社会科学工作者以饱满的热情积极参与马克思主义理论研究和建设工程，大力推进具有中国特色、中国风格、中国气派的哲学社会科学学科体系和教材体系建设，为推进马克思主义中国化，推动理论创新，服务党和国家的政策决策，为弘扬优秀传统文化，培育民族精神，为培养社会主义合格建设者和可靠接班人，做出了不可磨灭的重要贡献。

自 2003 年始，教育部正式启动了哲学社会科学研究重大课题攻关项目计划。这是教育部促进高校哲学社会科学繁荣发展的一项重大举措，也是教育部实施"高校哲学社会科学繁荣计划"的一项重要内容。重大攻关项目采取招投标的组织方式，按照"公平竞争，择优立项，严格管理，铸造精品"的要求进行，每年评审立项约 40 个项目，每个项目资助 30 万 ~ 80 万元。项目研究实行首席专家负责制，鼓励跨学科、跨学校、跨地区的联合研究，鼓励吸收国内外专家共同参加课题组研究工作。几年来，重大攻关项目以解决国家经济建设和社会发展过程中具有前瞻性、战略性、全局性的重大理论和实际问题为主攻方向，以提升为党和政府咨询决策服务能力和推动哲学社会科学发展为战略目标，集合高校优秀研究团队和顶尖人才，团结协作，联合攻关，产出了一批标志性研究成果，壮大了科研人才队伍，有效提升了高校哲学社会科学整体实力。国务委员刘延东同志为此做出重要批示，指出重大攻关项目有效调动各方面的积极性，产生了一批重要成果，影响广泛，成效显著；要总结经验，再接再厉，紧密服务国家需求，更好地优化资源，突出重点，多出精品，多出人才，为经济社会发展做出新的贡献。这个重要批示，既充分肯定了重大攻关项目取得的优异成绩，又对重大攻关项目提出了明确的指导意见和殷切希望。

作为教育部社科研究项目的重中之重，我们始终秉持以管理创新服务学术创新的理念，坚持科学管理、民主管理、依法管理，切实增强服务意识，不断创新管理模式，健全管理制度，加强对重大攻关项目的选题遴选、评审立项、组织开题、中期检查到最终成果鉴定的全过程管理，逐渐探索并形成一套成熟的、符合学术研究规律的管理办法，努力将重大攻关项目打造成学术精品工程。我们将项目最终成果汇编成"教育部哲学社会科学研究重大课题攻关项目成果文库"统一组织出版。经济科学出版社倾全社之力，精心组织编辑力量，努力铸造出版精品。国学大师季羡林先生欣然题词："经时济世　继往开来——贺教育部重大攻关项目成果出版"；欧阳中石先生题写了"教育部哲学社会科学研究重大课题攻关项目"的书名，充分体现了他们对繁荣发展高校哲学社会科学的深切勉励和由衷期望。

创新是哲学社会科学研究的灵魂，是推动高校哲学社会科学研究不断深化的不竭动力。我们正处在一个伟大的时代，建设有中国特色的哲学社会科学是历史的呼唤，时代的强音，是推进中国特色社会主义事业的迫切要求。我们要不断增强使命感和责任感，立足新实践，适应新要求，始终坚持以马克思主义为指导，深入贯彻落实科学发展观，以构建具有中国特色社会主义哲学社会科学为己任，振奋精神，开拓进取，以改革创新精神，大力推进高校哲学社会科学繁荣发展，为全面建设小康社会，构建社会主义和谐社会，促进社会主义文化大发展大繁荣贡献更大的力量。

教育部社会科学司

前 言

    我们承担的 2004 年教育部哲学社会科学研究重大课题攻关项目"当代科学哲学的发展趋势研究"（项目批准号 04JZD0004）于 2008年 4 月 20 日顺利地通过了教育部组织的专家评审。在最终成果出版之际，有必要就该项目的执行与完成情况做出简要说明。

    立项之后，为了明确地了解国内科学哲学的研究现状，我们于2005 年 7 月 8 日到 11 日召开了"全国科学哲学发展趋势"学术研讨会。这个会议有两大特色，其一是特邀清华大学的张钹院士和范守善院士，分别作了《认知科学及其哲学思考》与《纳米科学的基础理论及哲学思考》的专题报告，为科学哲学家与科学家共同探讨当代科学前沿出现的哲学问题，创建了直接对话的学术平台；其二是项目首席专家郭贵春围绕着该项目准备突破的理论难题与研究思路，作了《语境与当代科学哲学的发展》专题报告，明确地奠定了该项目的研究基础。会议形成的文集《当代科学哲学的新进展》一书由科学出版社出版（郭贵春、成素梅主编，2008）；会议报道以《追踪学科前沿，探讨发展大计：全国当代科学哲学发展趋势学术研讨会综述》为题发表于《哲学动态》（2005，11），会议纪要《全国当代科学哲学发展趋势研讨会纪要》发表在《科学技术与辩证法》（2005，6）。

    项目启动之后，我们从六个方面有计划地推进与完成研究工作：

    （1）阶段性论文发表与论著出版。三年来，课题组成员共发表学术论文（CSSCI）81 篇；被中国人民大学复印资料《科学哲学技术》全文转载 13 篇；被《新华文摘》摘登 2 篇；主要观点与工作被《中国哲学年鉴》(2006 和 2007)、《科学时报》（2007 年 5 月 10 日）和《社会科学报》

（2006 年 6 月 29 日）做了评述与报道；获中国教育部人文社会科学优秀成果一等奖 1 项；山西省哲学社会科学优秀成果一等奖 1 项、二等奖 1 项、三等奖 1 项；山西省社会科学联合会 2005 年度"百部（篇）工程"一等奖 1 项；第四届山西省人文社会科学优秀成果一等奖 1 项。

（2）教材建设。为了对科学哲学的发展有一个整体的把握，加强科学哲学的学科建设，课题组成员共同完成了《科学哲学名著赏析》一书（郭贵春、成素梅主编，山西科学技术出版社，2007）。本书挑选和解读了著名科学哲学家的有代表性的著作或文章，并对外文原著做了重点节选。

（3）名著译介。为了推动国内科学哲学的发展，透彻了解与把握国外科学哲学的前沿研究成果，我们选择翻译了《隐喻》、《语言与因特网》、《最佳说明推理》、《科学哲学指南》、《科学之话语》、《改变秩序》、《认知科学导论》、《物理学定律是如何撒谎的》和《命名和指称》九本科学哲学专著或编著（由上海科技教育出版社分别于 2006 年和 2007 年出版）。其中，《科学哲学指南》获全国第六届引进版社会类优秀图书奖，有些译著已经成为许多高校科学技术哲学博士研究生的必读书。

（4）学术对话与访谈。根据课题研究的需要，我们邀请课题组成员之一英国卡的夫大学资深教授、"知识、专家知识与技能和科学研究中心"主任哈里·柯林斯（Harry Collins）于 2005 年 4 月 5 至 12 日到山西大学讲学。在此期间，课题组成员与柯林斯共同探讨了科学知识学对传统科学哲学的冲击，以及当代科学哲学的未来发展趋势问题，并从语境论的视角就解决科学主义与人文主义之间的矛盾冲突，重建当代科学哲学的研究思路等问题达成了一定的共识；与柯林斯教授的学术对话，刊载于《哲学动态》（2005，10）；柯林斯的学术报告被整理成文后刊载于《科学技术辩证法》（2005，4）。

2006 年 5 月 21 至 26 日，英国剑桥大学哲学系玛丽·莱格（Mary Leng）应邀来山西科学技术哲学研究中心进行了为期一周的学术访问，作了《理解数学：两种代数观的进展》为题的学术报告，并就当前国际数学哲学的研究进展与课题组成员进行了深入的讨论。2007 年 12 月 13 至 17 日，美国佛罗里达大学刘闯教授到山西大学作了《量子世界中的自由意志》的学术报告，并就当代科学哲学与物理学哲学，特别是量子力学哲学研究的前沿问题进行了讨论。

2008 年 9 月 10 日至 20 日，美国斯坦福大学哲学系主任海伦·伊丽莎白·朗基诺（Helen Elizabeth Longino）在山西大学作了三次系列演讲，演讲的主题分别是：批评语境经验论的初建阶段：知识、非充分决定性和理性与社会的二分法（Setting the Stage for Critical Contextual Empiricism：Knowledge，Underdetermination and the Rational/Social Dichotomy）；社会化的认知（Socializing Cognition）；批评语境经验论（Critical Contextual Empiricism）。围绕着这三个学术报告，我们就语境论的科学哲学发展探索展开了深入的讨论，虽然朗基诺是从语境实验论的视角关注当代科学哲学的发展，而本书是从语境实在论的视角关注当代科学的发展，但是，经过几天的深入交流，我们已经在一些基本观点上达成了共识。

在上述交流的基础上，课题组成员还利用在国外开会、访问等机会与英国、美国、法国和德国的科学哲学家进行了学术对话，包括国内媒体对我们的采访在内，共同完成科学哲学学术访谈录 17 篇。这些访谈与我们的一些前期研究成果汇聚成文集《科学哲学的新趋势》由科学出版社出版（郭贵春、成素梅主编，2009）。

（5）除了以山西大学科学技术哲学研究中心的学术团队为主体展开研究之外，该项目还广泛地吸纳国内相关领域的研究专家参与课题研究。我们重点选择了 11 个专题，分别是，数学哲学；物理学哲学；生命科学哲学；复杂性系统科学哲学；认知科学哲学；心理学哲学；科学隐喻；自然主义与自然化的认识论；科学哲学与社会建构论的冲突及探索；女性主义的科学哲学；科学技术的元理论。这些专题主要以问题意识为导向，围绕发展趋势展开微观研究。长达 40 万字的集体研究成果《当代科学哲学问题研究》一书由科学出版社出版（郭贵春、成素梅主编，2009）。

（6）基础理论研究。如果说前面的研究主要集中于了解动态和深化专题的话，那么，探讨"当代科学哲学的发展趋势"问题，最重要的有实质性突破的部分，应该是科学哲学的基础理论方面的研究。这个研究，一方面需要对当代科学哲学当前的研究传统、演变逻辑、内在困境与受到的外在挑战等有准确的理解与定位；另一个方面，更需要我们对当代科学哲学如何走出内在的逻辑困境，如何应对外在的实质性挑战，提出自己的研究见解，并论证我们对当代科学哲学发展趋

3

势的基本观点。这个研究既是探索性的，更是基础性的。本书作为项目最终结项成果，正体现了这个方面的研究内容。本书的主体内容是由郭贵春和成素梅共同完成的一本学术性论著，是对当代科学哲学发展的元理论研究。作为对本书学术观点的支持，我们选择了数学、量子力学、量子场论、生物学哲学以及心理学哲学五个领域内的专题进行了案例研究。案例研究之一和之二由郭贵春与康仕慧完成；案例研究之三由成素梅完成；案例研究之四由郭贵春与程瑞完成；案例研究之五由郭贵春与赵斌写成；案例研究之六由王姝彦完成。

本书最终以现在的形式呈现给读者，我们有许多发自肺腑的感激之言是无法省略的。首先，我们真诚地感谢教育部聘请的该项目结项评审专家：他们是人民大学刘大椿教授、北京师范大学韩震教授、中国社会科学院金吾伦教授、复旦大学陈其荣教授以及厦门大学陈喜乐教授。在我们的项目答辩过程中，他们提出了许多有启发意义的问题，对他们所提问题的回答，进一步澄清了我们的思想，本书的修改采纳了他们的真知灼见。其次，感谢柯林斯和朗基诺，是她们就科学哲学的语境论的可行性等问题与我们展开了深入的讨论；然后，感谢山西大学社科处孔富安教授，以及山西大学科学技术哲学研究中心殷杰教授和郭剑波先生等人，他们为本项目的实施做了许多具体的工作；最后，感谢经济科学出版社两位责任编辑张庆杰博士和李锁贵博士，他们在本书的审定与出版过程中，付出了大量的心血与劳动，提出了许多有建设性的宝贵意见，使本书的不足之处降到最低，并有助于提高本书的可读性。本书作为一种学理性的探索研究，一定有许多不足之处，欢迎读者给予批评指正。

我们欣慰的是，通过该项目的组织实施，我们不仅开阔了研究视野，培养了一批年青的科学哲学研究者，拥有了团队式集体攻关的研究经验，产生了广泛的学术影响，而且，论证了"语境论的科学哲学研究纲领"，阐述了作为当代科学哲学发展趋势的"语境实在论"的基本框架，突出了科学哲学研究的学派意识，达到了与国际学术界对话的水平。

摘　要

本书首先考察了当代科学哲学面临的内在困境与受到的外在挑战，论证了近40年来科学哲学家围绕科学实在论与反实在论展开的一系列争论，以及未来科学哲学研究的重点主要集中于如何为当代科学提供一种实在论辩护的观点；其次，通过科学实在论的基本问题、基本观点、历史演变及其基本走向的考察，对现有科学实在论论证策略与困难、反实在论的诘难与存在的问题、非实在论的诘难与存在的问题以及对科学实在论陷入困境中的内在原因与可能出路的剖析，论证了科学实在论语境重建的必要性，阐述了语境概念的基本内涵、意义演变及其语境原则；第三，对语境分析的方法论意义与基本原则的阐释，以及对当代科学研究成果所体现出来的以统计因果性、非定域性与整体性为基础的语境论的科学实在观的揭示，系统地论证了语境论的真理观及其思维方式；第四，通过对科学隐喻的方法论特征与功能、语境论的科学观以及理论与实在之间的内在关系的分析，概述了语境实在论的基本原理；第五，根据语境实在论的观点，探讨一直困扰科学实在论者的非充分决定性论题，提出了科学发展的语境生成论模式；最后，借助当代数学、物理学、生物学和心理学领域中的案例研究，进一步印证了语境分析方法的实用性与语境实在论观点的合理性。

本书选题前沿、视角独特、资料丰富、论述脉络清晰、论证立场鲜明，是一本探索性的论著，适合于从事科学哲学与物理哲学的工作者，相关专业的大学师生，以及科学哲学爱好者阅读。

Abstract

　　To begin with, based on the examination of the internal plights and external challenges confronted by contemporary philosophy of science, this book demonstrates the debates about scientific realism and anti-realism among philosophers of science in the recent forty years, and has put forward a research focus on the future philosophy of science, that is, how to provide a realistic defense for contemporary science. Secondly, based on investigating the basic issues, basic views, historical development and its trends in the contemporary scientific realism, the book analyzes the argument strategies and difficulties of the existing scientific realism, challenges from both anti-realism and non-realism and their problems, and internal causes for difficulties of scientific realism and its way out. And then this book demonstrates the necessity of context reconstruction in scientific realism, and describes the basic connotations of the concept "context", its meaning evolvement and its context principles. Thirdly, by illustrating the methodological significance and basic principles of context analysis, and revealing the scientific realism based on causality of statistics, non locality and wholeness and exhibited in contemporary scientific studies, it presents a systematic analysis of contextualist view of truth and its ways of thinking. Fourthly, we have summarized basic principles of contextual realism, after analyzing the methodological features and functions of scientific metaphor, contextualist view of science, and the internal relationships between theory and reality. Fifthly, in line with contextual realism, we have also reconsidered the thesis of under-determination which has been puzzling scientific realists, and developed the contextual generativist pattern of scientific progress thereby, as demonstrated in this book. Finally, in virtue of the recent case studies in mathematics, physics, biology and psychology, this book shows readers the practicability of context analysis and rationality of contextual realism.

This book is an exploratory work with its frontier theses, the unique perspective, abundant data, clear treatment and the distinctive standpoint. It is suitable for readers, such as people who work with philosophy of science and of physics, college teachers and students of relevant majors and anybody interested in philosophy of science.

目 录

Contents

Contents

当代科学哲学的发展趋势

3

Appendix   Case Studies   253

走向语境论的科学哲学

本书是我们承担的 2004 年教育部哲学社会科学研究重大课题攻关项目"当代科学哲学发展趋势研究"的最终成果。探讨当代科学哲学的发展趋势至少存在两种不同的研究思路：其一是基于对科学哲学的具体问题特别是自然科学哲学问题的研究，运用归纳与统计方法从微观上剖析不同问题的未来走向；其二是基于对当代科学哲学的元理论研究，从宏观上为作为整体的科学哲学的发展构建更富有生命力的新平台。第一条研究思路具体而微观，有助于深入地把握与理解每个具体论题的演变轨迹与发展脉络。但是，由于问题域的求解复杂而多元，既难以穷尽，也不足以重建整个科学哲学发展的逻辑起点。因此，我们只是尽可能重点地选择了某些公认的主题进行研究，并作为本项目的阶段性研究成果，陆续以论文、专著和文集的形式与读者见面，并随时接受大家的批评。部分研究成果以附录的形式加在本书的最后，作为对本书阐述的语境论的科学哲学走向的进一步印证与支持。与第一条研究思路相比，第二条研究思路比较宏观，其目的在于，以整个科学哲学的发展历程为背景，基于当代自然科学特别是作为思考微观现象概念框架的量子力学提出的新的本体论、认识论、价值论与方法论特征，以及对传统科学哲学研究与思维方式的剖析，揭示当代科学哲学未来发展的研究纲领。

本书是沿着第二条研究思路取得的最终研究成果。我们试图通过对当代科学哲学未来发展趋势的逻辑基点的重建、方法论视角的重构、对话平台的重筑，来解决当代科学哲学发展所面临的时代性难题，以达到更合理地理解科学的目的。更明确地说，如何站在科学家的立场上，基于当代自然科学，特别是作为当代自然科学新语言体系的量子力学的新成果与新认识，在兼收并蓄各种形式的反实在论科学观的合理因素的基础上，把当代科学哲学发展的逻辑维度、经验维度和社会维度有机地融合起来，为当代科学提供一种更具有辩护力的实在论立场，是当代科学哲学发展避免泛文化倾向、摆脱边缘化危险、捍卫科学理性，亟待解决的一个重大理论问题。

本书把对当代科学哲学发展趋势的展望，现实地落实在"语境实在论"的逻辑体系和基本框架的构建上，试图通过对科学实在论存在的具体问题、演变逻辑、语境论的方法论诉求，以及语境实在论的科学观、实在观和真理观的阐释、语境论的科学进步观的揭示，为当代科学哲学的未来研究提供一套新的思维方式和研究纲领。本绪论作为全书的一个引导性前言，首先基于对当代科学哲学现状与主题的分析，对 21 世纪科学哲学发展面临的五个引导性问题（见本章第 2 节）的阐述，构建了语境论的科学哲学研究纲领的基本理念；其次，通过对语境论科学哲学研究纲领具有的独特优势的揭示，映射整个科学哲学的发展趋势。最后，向读者介绍了本书基于语境论的逻辑基点，并运用语境分析方法，重新求解科学实在论难题的写作思路与基本框架。

一、当代科学哲学的现状与主题

怎样认识、理解和分析当代科学哲学的现状，是我们把握当代科学哲学面临的主要矛盾和问题、是推进它在发展趋势上获得进步的重大问题，有必要将其澄清。

如何理解当代科学哲学的现状，仁者见仁、智者见智。在明尼苏达科学哲学研究中心于 2000 年出版的《明尼苏达科学哲学研究》一书中，作者明确地讲道："科学哲学不是当代学术界的领导领域，甚至不是一个在成长的领域。在整体的文化范围内，科学哲学现时甚至不是最宽广地反映科学的令人尊敬的领域。其他科学研究的分支，诸如科学社会学、科学社会史以及科学的文化研究等，成了作为人类实践的科学研究中更为有意义的问题、更为广泛地被人们阅读和论争的对象。那么，也许这导源于那种不景气的前景，即某些科学哲学家正在向外探求新的论题、方法、工具和技巧，并且探求那些在哲学中关爱科学的历史人物。"[①] 从这里，我们可以感觉到科学哲学在某种程度上或某种视角上地位的衰落。而且关键问题是，科学哲学家们无论是研究历史人物，还是探求现实的科学

---

① Logical Empiricism in North America, *Minnesota Studies In the Philosophy of Science*, Volume XVIII (University of Minnesota Press, 2000), P. 6.

哲学的出路，都被看做一种不景气的、无奈的表现。这是一种极端的看法。

那么为什么会造成这种现象呢？其主要原因在于，科学哲学在近30年的发展中，失去了影响自己也能够影响相关研究领域发展的新的研究范式。一门学科一旦缺少了范式，就缺少了纲领；而没有了范式和纲领，当然也就失去了凝聚自身学科、同时能够带动相关学科发展的能力，因此它的示范作用和地位就必然会降低。因此，努力构建一种新的范式去发展科学哲学，在这个范式的基础上去重建科学哲学的大厦，去总结历史和重塑它的未来，就显得相当重要了。

换句话说，当今科学哲学在总体上处于一种"非突破"时期，即没有重大的突破性的理论出现。目前，我们看到最多的是，欧洲大陆哲学与大西洋哲学之间的相互渗透与融合；自然科学哲学与社会科学哲学之间的彼此借鉴与交融；常规科学的进展与一般哲学解释之间的碰撞与分析。这是科学哲学发展过程中历史地、必然地要出现的一种现象，其原因就在于：

第一，自20世纪的历史主义出现以来，科学哲学在元理论的研究方面没有重大的突破，缺乏创造性的新视角和新方法。

第二，对自然科学哲学问题的研究越来越困难，无论是什么样的知识背景出身的科学哲学家，对新的科学发现和科学理论的解释都存在着本质把握的困难。

第三，纯分析哲学的研究方法确实有它局限性的一面，需要从不同的研究领域中汲取和借鉴更多的方法论；但同时也存在着由于矫枉过正出现了忽略分析哲学研究方法的一面，轻视了它所具有的本质的内在功能，需要对分析哲学研究方法在新的层面上进行发扬光大。

第四，试图从知识论的角度综合各种流派、各种传统来研究科学哲学，或许是一个有意义的发展趋势，在某种程度上可以避免任何一种趋于单纯思维的片面性，但这却是一条极易走向"泛文化主义"的路子，从而易于把科学哲学引向歧途。

第五，由于科学哲学研究范式的淡化及研究纲领的游移，导致了科学哲学主题的边缘化倾向；更为重要的是，人们试图从各种视角对科学哲学的解读来取代科学哲学自身的研究，或者说，把这种解读误认为是对科学哲学的主题研究，从而造成了对科学哲学主题的消解。

然而，无论科学哲学如何发展，它的科学方法论的内核不能变。这就是：第一，科学理性不能消解，科学哲学应永远高举科学理性的旗帜；第二，自然科学的哲学问题不能消解，它从来都是科学哲学赖以存在的坚实基础；第三，语言哲学的分析方法及其语境论的基础不能消解，因为它是统一科学哲学各种流派及其传统的方法论的基础；第四，科学的主题不能消解，不能用社会的、知识论的、心理的东西取代科学的提问方式，否则科学哲学就失去了它自身存在的前提；第五，对20

世纪不同流派的科学哲学的研究方法进行重新评价与反思，是21世纪科学哲学研究中不可或缺的一项重要任务；第六，寻找新的研究方法来解决科学哲学研究所面对的一系列困惑，是在根本意义上推动当代科学哲学发展的一条有效途径。

必须强调指出的是，不弘扬科学理性就不叫"科学哲学"，既然是"科学哲学"就必须弘扬科学理性。当然，这并不排斥理性与非理性、形式与非形式、规范与非规范研究方法之间的相互渗透、相互融合与统一。我们所要避免的只是"泛文化主义"的暗流。这是因为，无论是相对的还是绝对的"泛文化主义"，都不可能指向科学哲学的"正途"。这就是说，科学哲学的发展不是要不要科学理性的问题，而是如何弘扬科学理性的问题，以什么样的方式加以弘扬的问题。目前科学哲学研究中的人文主义思潮的盛行与泛扬，并不证明科学理性的不重要，而是在科学发展的水平上，由社会发展的现实矛盾激发了人们更期望从现实的矛盾中，通过人文主义的解读，去探求新的解释。但反过来讲，越是如此，科学理性的核心价值地位就越显得重要。人文主义的发展，如果没有科学理性做基础，那就会走向它关怀的反面。

这种教训在中国的社会发展中是很多的，比如毛泽东批评马寅初人口论时，最重要的理由就是"人是第一可宝贵的"。在这个问题上，人本主义肯定是没错的，但缺乏科学理性的人本主义，就必然地走向它的反面。在这里，我们需要明确的是，科学理性与人文理性是统一的、一致的，是人类认识世界的两个不同的视角，并不存在矛盾。在某种意义上讲，正是人文理性拓展和延伸了科学理性的边界。但是人文理性不等同于人文主义，这正像科学理性不等同于科学主义一样。坚持科学理性反对科学主义，坚持人文理性反对人文主义，应当是当代科学哲学所要坚守的目标。

还需要特别指出的是，当前存在的某种科学哲学研究的多元论与20世纪后半叶历史主义的多元论有着根本的区别。历史主义是站在科学理性的立场上，去诉求科学理论进步纲领的多元性；而现今的多元论，是站在文化分析的立场上，去诉求对科学发展的文化解释。这种解释虽然在一定层面上既开阔了科学哲学研究的视角，也扩张了科学哲学研究的范围，但它都存在着泛文化主义的倾向，存在着消解科学理性的倾向性。在这里，千万不要把科学哲学与技术哲学混为一谈。这二者之间有着重要的区别。因为技术哲学自身本质上赋有更多的文化特质，这些文化特质决定了它不是以单纯科学理性的要求为基础。

二、当代科学哲学发展的首要问题

在世纪之交的历史环境中，人们在不断地反思20世纪科学哲学的历史进程。

一方面，人们重新剖析与解读过去的各种流派和观点，以适应现实的要求；另一方面，试图通过这种重新剖析与解读，找出今后科学哲学发展的新途径，尤其是科学哲学研究的方法论走向。有的科学哲学家在反思 20 世纪的逻辑哲学、数学哲学及科学哲学的发展，即"广义科学哲学"的发展中，认为存在着下列五个"首要问题"（leading problems）：①

第一，什么是逻辑的本质和逻辑真理的本质？

第二，什么是数学的本质？这是指：什么是数学命题的本质、数学猜想的本质和数学证明的本质？

第三，什么是形式体系的本质？以及什么是形式体系与希尔伯特称之为"理解活动"（the activity of understanding）的东西之间的关联？

第四，什么是语言的本质？这是指：什么是意义、指称和真理的本质？

第五，什么是理解的本质？这是指：什么是感觉、心理状态及心理过程的本质？

这五个"首要问题"概括了整个 20 世纪科学哲学探索所要求解的对象以及 21 世纪自然要面对的问题，有着十分重要的意义。从另一个更具体的角度来讲，在 20 世纪科学哲学的发展中，在理论和测量、构建解释模型、理论证明与语言分析等方面，它们结合在一起作为科学方法论的整体，或者说整体性的科学方法论，整体地推动了科学哲学的发展。所以，从广义的科学哲学来讲，在 20 世纪的科学哲学发展中，逻辑哲学、数学哲学、语言哲学与科学哲学是联结在一起的。同样，在 21 世纪的科学哲学进程中，这几个方面自然会内在地联结在一起。只是各自的研究层面和角度不同而已。因此，逻辑的方法、数学的方法、语言学的方法都是整个科学哲学研究方法中不可或缺的一部分，它们在求解科学哲学的问题中是统一的和一致的。这种统一和一致恰恰是科学理性的统一和一致。必须看到，认知科学的发展正是对这种科学理性的一致性的捍卫，而不是相反。可以这样讲，20 世纪对这些问题的认识、理解和探索，是一个从自然到必然的过程；它们之间的融合与相互渗透是一个由不自觉到自觉的过程。而 21 世纪，则是一个"自主"的过程，一个统一的动态发展过程。

那么，通过对 20 世纪历程的反思，当代科学哲学面向 21 世纪的发展，近期的主要目标是什么呢？最大的"首要问题"又是什么呢？

第一，重铸科学哲学发展的新的逻辑起点。这个起点应超越逻辑经验主义、历史主义、后历史主义的范式。可以肯定地说，一个没有明确逻辑起点的学科肯

---

① S. G. Shauker, *Philosophy of Science*, *Logic and Mathematics in 20th Century* (Routledge, London, 1996), P. 7.

定是不完备的。

第二，构建科学实在论与反实在论各个流派之间相互对话、交流、渗透与融合的新平台。在这个平台上，彼此可以真正地相互交流和共同促进，从而使其成为科学哲学生长的舞台。

第三，探索各种科学方法论相互借鉴、相互补充、相互交叉的新基础。在这个基础上，获得科学哲学方法论的有效统一，从而锻造出富有生命力的创新理论与发展方向。

第四，坚持科学理性的本质，面对前所未有的消解科学理性的围剿，要持续地弘扬科学理性的精神。这一点，应当是当代科学哲学发展的一个极其关键的东西。而且，只有在这个基础上，才能去谈科学理性与非理性的统一，去谈科学哲学与科学社会学、科学人类学、科学史学以及科学文化哲学等流派或学科之间的关联。否则的话，一个被消解了科学理性的科学哲学，还有什么资格去谈论与其他学派或学科之间的关联呢？

总之，这四个从宏观上提出的"首要问题"表明，当代科学哲学的发展特征就在于：一方面，科学哲学的进步越来越多元化。现在的科学哲学比之过去任何时候，都有着更多的立场、观点和方法；另一方面，这些多元的立场、观点和方法又在一个新的层面上展开，愈加本质地相互渗透、吸收与融合。因此，多元化和整体性是当代科学哲学发展中一个问题的两个方面。它将在这两个方面的交错和叠加中，寻找自己全新的出路。这就是为什么当代科学哲学拥有强大生命力的根源。正是在这个意义上，经历了语言学、解释学和修辞学这"三大转向"的科学哲学，走向语境论的研究趋向就是一种逻辑的必然，并且成为科学哲学研究的必然取向之一。

三、语境的基本特征

从词源上看，"语境"来自拉丁文动词"texere"，具有交织、关联和构成的意思。其内涵经历了从"词和句子的关联"到"确定文本意义的环境"的演变。当前这个概念已经由狭义的"言语语境"扩展到广义的"非言语语境"，主要意指"情景语境"、"文化语境"、"社会语境"等由认识的客体与主体构成的整体。由此，对语境概念的理解与应用随之也发生了根本性的变化，由过去仅限于"关于人们在语境中的所言、所作与所思"扩展到"以语境为框架，对这些所言、所做和所思解释"。① 这样，语境概念自然而然地跟语词和文本的意义所反

---

① Roy Dilley, *The Problem of Context* (Berghahn Books 1999), P. 4.

映的外部世界的特征、世界的内在本质，特别是知识和真理问题联系了起来。可以说，"所有的经验和知识都是相对于各种语境的，无论是物理的、历史的、文化的还是语言的，都是随着语境而变化的"。[①] 关于语境概念的内涵与意义更为详细的论述参阅第六章。

从宏观上来看，语境至少有四个方面的内在本质：

其一，语境是一切人类行为思维活动中最具普遍性的存在，它不仅把一切零散的因素都语境化，而且体现了科学认识的动态性。这是因为，一旦消解了语境与实体的二元对立的僵化界限，一切认识对象便都容纳于语境化的疆域之内，并在其中实现它们现实的具体意义。同时，"所有的语境都是平等的"。这是因为，语境本身并不具有任何超时空的特权或权势。因而科学的平等对话的权利更有益于人们去面对科学真理的探索及其富有规律性的发展。

其二，语境作为理解科学活动的一个平台，是有边界的。语境边界是由研究对象决定的，研究对象有多大，理解对象的语境就有多大，或者说，语境的大小与边界是随着研究对象的大小与边界的变化而变化的。如果研究对象是一句话，那么，语境的边界就是这个语句；如果研究对象是一个特殊的问题，那么，语境边界就是这个问题域；如果研究对象是一段特定的历史，那么，语境的边界就是这段历史进程。语境的边界只是确立了语境的大小，它与语境的结构与内容现实地联系在一起。

其三，语境作为科学哲学的研究基础具有方法论的横断性。在一切科学研究中，证据绝对不等同于方法，而方法必然要超越一切特殊证据的背景要求的狭隘性。因而对所有特殊证据的评判只有在语境的横断性的方法论展开中，才能获得更广阔的意义和功用。在这里，语境的现实性与它的方法论的横断性是一致的。

其四，语境绝非一个单纯的、孤立的实体，而是一个具有复杂内在结构性的系统整体。语境从时间和空间的统一上整合了一切主体与对象、理论与经验、显现与潜在的要素，并通过它们的有序结构决定语境的整体意义。语境的实在性就体现在这些结构的现存性及其规定性之中，并通过这种结构的现实规定性展示它一切历史的、具体的动态功能。

四、语境论的科学哲学研究纲领

语境的本体论性与结构性决定了语境的灵活性与意义的无限性，它有可能为科学哲学研究中取消一元论哲学的特权，摆脱二分法的固有困惑，走出追求终极

---

① Richard H. Schlagel, *Contextual Realism* (New York: Paragon House Publishers, 1986), P. xxxi.

真理的困境，在多元背景下重新审思科学，提供方法论的启迪。在当代科学哲学研究中，语境论（contextulism）作为一种特定的世界观与方法论，正在越来越受到科学哲学家的关注，理查德·查格尔（Richard H. Schagel）在1986年出版的《语境实在论：当代科学的一种形而上学框架》一书中，① 基于西方哲学史的发展和量子理论中关于微观实体的理解，简明扼要地阐述了"语境实在论"的基本观点；范·弗拉森（B. von Frassen）在他的《科学的映像》一书中，也曾根据语境论的观点来论证他的建构经验论的立场；海伦·朗吉诺（Helen Longino）则基于案例研究，揭示了语境价值在科学研究过程中产生的影响，阐述了"语境经验主义"（contextual empiricism）的观点。② 问题在于，这些已有的研究虽然反映了当代科学哲学的一种新的发展趋势，但都只限于运用语境论的分析方法来阐述科学哲学命题，没有就语境论的基本纲领展开论述，更没有系统地揭示出与语境论的科学哲学研究纲领相一致的新的思维方式。

语境论强调从综合的和动态的视角审思科学及其发展。在科学实践活动中，任何一个语境都预设了特定关系的存在，或者说，各种背景之间存在的内在关系是形成语境的必要条件。这种关系既包括研究主体对相同背景的共同感知关系——共性，也包括研究主体对相同背景的不同感知关系——差异。所以，关系是语境存在的基本前提。这种关系首先演变成多重认知背景之间的黏合剂，然后，又在特定的语境中显示出独立的趋向。语境论的分析策略正是要紧紧抓住语境概念的这一特性，强调研究者只有把研究对象置于由多重背景织成的交互关联的立体网络中加以研究，才能全面而系统地揭示研究对象的内在本质及其意义。因此，不同的本体论态度与不同的语境相关联，科学家需要在不同语境中确立其对象的本体性，语境不同，定义实体的意义就不同；反之，实体的意义不同，其本体论性就可能不同。物理学中对时空和电子的理解、生物学中对基因的理解、天文学中对天体结构的理解，都是如此。

在语境的理解活动中，"超语境"与"前语境"的东西没有直接的认识论意义，任何东西都只有在"再语境化"的过程中融入新的语境之中，才具有生动的和现实的意义。从这个基点上讲，语境的本质就是一种"关系"。也就是说，在语境的意义上，任何东西都可解构为一种关系，并通过这种关系理解其内在本质。而这种关系的设定则依赖于特定语境结构的系统目的性。这是因为，关系的趋向性的确定就是一种结构性的变换。同时，从关系的视角看，语境也是一个

---

① Richard H. Schlagel, *Contextual Realism: a meta-physical framework for modern science* (New York: Paragon House Publishers, 1986).

② H. Longino, *Science as Social Knowledge: Values and Objectivity in Scientific Inquiry* (Princeton: Princeton University Press, 1990).

"结"，或者说，是一个必需的联结点。一切人类认识的内在和外在的信息，都只有通过语境才能得以联结、交流和转换。或者说，"再语境化"是一个"意义的创造性"的问题，它集中体现了人类思维和认识的发展程度和时代特征。各种相关要素只有在被语境化和"再语境化"的过程中，才能必然地带有语境的系统性和目的性，而不会孤立地作为单纯的要素存在。与此同时，各种要素被语境化与"再语境化"的过程，也将语境本身历史化与过程化了。

语境论的科学哲学研究纲领主要由语境论的科学观、语境论的实在观和语境论的真理观所构成。

首先，语境论的科学观强调把科学放在现实的社会、文化、历史等多元语境中来理解，把科学看成是依赖于语境的产物。这种观点既不需要担心由于一旦发现科学知识的语境性与可错性，便会盲目地走向非理性主义的科学观，也不需要在排斥人文文化的前提下来捍卫科学实在论。相反，这种科学观有助于把多个学派的各种观点联系起来，为真正地架起科学主义与人文主义沟通的桥梁提供可能。

其次，语境论的实在观不再是从科学的纯客观性与绝对真理性出发，而是从科学研究与发展的语境性和可错性出发，在科学知识的不断再语境化的动态发展中，阐述一种语境论的实在论立场。这种立场一方面能够汲取各种反实在论的合理因素，使这种阐述成为理解科学过程中的一个具体环节或一种视角；另一方面，不等于把科学研究看成如同诗歌或散文等文学形式那样，是完全随意的主观创造和情感抒发。科学研究实践中蕴涵的主观性，总是不同程度地受到来自研究对象的各种信息的约束，这种约束是建立在尽可能客观地揭示与说明实验现象和解决科学问题的基础之上的。

第三，语境论的真理观不再把真理理解为是科学研究的结果，不再把单一的科学研究结果看成是纯客观的，或者说，不再把纯客观性作为科学研究的唯一起点，而是把真理理解为是科学追求的目标，把科学研究结果看成是主客观的统一。这样，有可能把已有的这些真理看成是从不同视角对真理的多元本性的揭示，看成是互补的观念。科学理论的发展变化、科学概念的语义与语用的不断演变、运用规则的不确定性、科学论证中所包含的修辞与社会等因素，不仅不再构成维护科学实在论的障碍，反而是科学理论或图像不断逼近实在的一种具体表现，使科学研究中蕴涵的主观性因素有了合理存在的基础，并成为科学演变过程中自然存在的因素。

总而言之，对于当代科学哲学的研究而言，语境论的科学哲学研究纲领不仅提供了一套全新的思维方式，更重要的是，它有助于解放思想，更合理地理解与把握当代科学发展的内在本质，有助于我们在与国际科学哲学研究的主流趋势保持一致的前提下，形成我国科学哲学研究的特有风格，有助于改变我国科学哲学研究长期以来处于引进介绍阶段的局面，是一个值得进一步深入细致地研究而有前途的方向。

五、语境论科学哲学研究纲领的优势

强调语境并不意味着消解或忽视文本，更不意味着把科学哲学的具体研究对象淹没在语境当中，而是相反，立足于语境的本体论的关联性把多层次、多视角的研究联系起来。因此，在语境的基础上构建整个科学哲学大厦和重解科学哲学论题，具有独特的优势。

首先，从本体论意义上看，语境是科学理解活动最"经济的"基础。可以把它看成是用"奥卡姆剃刀"[①] 削去不必要因素的最直接的阐释基础，而不需要在形式上再做抽象的本体论还原。这是因为，在语境中理解对象，不是将对象特性与意义的表达仅仅作为终极真理的载体来看待，而是强调理解的当时性与相对性。这种理解避免了单纯真挚理解的狭隘性，而且，从多重语境因素及其相互关联中理解对象，会使对象的理解更加丰富或更加丰满。所以，从整体论的意义上讲，语境的本体论性既是一种有原则的"撤退"，同时，也是一种方法论性的"前进"；它在减少"还原"的同时，原则性地扩展了"意域"。

其次，在某种程度上，语境的本体论性是一种关于意义的最强"约定"，它构成了判定意义的"最高法庭"。因为只有在这个"法庭"之内，一切语形、语义与语用的法则才是合理地可生效的。在一个确定的语境内，人们可以通过特有的约定形式对可能的意义及其分布进行不同意向的说明和重构，甚至导致不同范式之争。但是，语境的本体论性的本质决定了不可能通过任何形态的约定，去生发或无中生有地构造意义。这就是说，语境的本体论性决定了它的约定性，而语境的约定性只是展示了意义的各种可能的现实性，不是它的本质的存在性。因此，语境的本体论性作为一种关于意义的"最高约定"，涉及主体的一致性评价问题。然而，值得注意的是，主体间的信仰的区别并不等同于特定语境下的意义的不同，信仰问题是一个潜在的背景取向问题，而意义问题则是一个特定语境下各要素之间的协调和一致性的问题。二者虽然是相关的，但是，却有着本质的区别，不容混淆。语境的本体论性的现存性与约定的相对性之间既相互统一，又相互矛盾。正是这种矛盾推动了科学理解的深入展开。

第三，语境的本体论性是它的实在性的具体化。这种具体化是时间和空间上

---

① 指 Occam's razor，由英国人奥卡姆的威廉于 14 世纪提出。其名言"切勿浪费较多的东西，去做较少的东西，同样还可以做好的事情"被誉为经济法则。——编者注

的具体化。它要求获得时间、空间以及在其间一切可观察的和不可观察的整个系统集合。这一集合包含对象的整个可测度的运动轨线、因果链条或合理的可预测性。当然，这一点可以是直接的或潜在的、显形的或隐形的，但绝对不是现存的。同时，这种具体化表明，任何一个有意义的语境都不是偶然的、绝对无序的，在它们的现象背后隐含着不可缺少的规律性和必然性；或者，反之，任何一个有意义的语境都不是完全必然的、绝对有序的，在它们的背后也同样隐含着偶然的统一。即便是在以形式体系表现的科学语境中，"任一语境所需要的定律也都不能唯一地决定那些抽象的实体"，决定这些实体的必然是一个具体的系统集合。所以，这种具体化是要创造一种确定意义的环境，而这种环境必然能够突破逻辑本身的自限、形式表征的自限，甚至是人类理性的自限。这是因为，人们不可能在形式上求得完备的表征。而语境对于特定命题意义的规定性，只是在于它的内在的结构系统性。

第四，语境本体论性的根本意义是要克服逻辑语形分析与逻辑语义分析的片面性，从而合理地处理"心理实在"的本质、特征及其地位问题。命题态度作为讲话者对其提出的命题所具有的心理状态，譬如，信仰和意愿等等，是心理表征的对象。从语境的本体论性上讲，这种对象性就是一种实在性，即，承认实在地存在着具有意向特性的心理状态，并且这种状态是在行为的产生中因果性地蕴涵着的。另一方面，这种实在的意向性同样地具有语义的性质，即便是在表征科学定律的符号命题中也同样地存在着意向特性；而且，那些在因果性上具有相同效应的心理状态，同时在语义上也是有价值的。从这一点上讲，"关于命题态度的实在论，其本身事实上就是关于表征状态的实在论。"这样，就可将外在的指称关联与内在的意向关联统一起来，扩张和深化实在论的因果指称论，展示实在论发展的一个有前途的趋向。语境本体论性的这些基本特征表明，语境不是一个单纯的、孤立的概念，而是一个具有复杂结构的整体系统范畴。这种整体论的语境观又恰恰是立足于实在论的立场上，去消解传统认识论中将主体与客体、观察陈述与理论陈述、事实与价值、精神与世界、内在与外在等等进行机械二分法的方法论途径，它正是要从实在的语境结构的统一性上去解决认识的一致性难题。因此，在语境的基础上构建的整个科学哲学大厦，具有传统的科学哲学研究方法（approach）无法与之比拟的独特优势。

第五，语境论的科学哲学方法还有下列三大优势：（1）在认识论意义上，科学哲学方法比较容易理解后来被证明是错误的理论，而在当时的研究语境中曾起过积极作用且沿着传统的科学哲学思路所无法回答的敏感问题，有助于解答科学实在论面临的非充分决定性难题，从而为科学实在论坚持的前后相继的理论总是向着接近于真理的方向发展的假设提供了很好的辩护，也有力地批判了各种相对主义的科学哲学对科学实在论的质疑，更用不着担心会出现理论间的不可通约现象。在科学史上，后来证明是错误的理论，并不等于一无是处的理论，反过来说，科学史已经表明，即使是正确的理论也会有一定的适用范围。（2）在方法论意义上，比较容易理解关于科学概念与科学观点的修正问题，科学研究越抽象、越复杂，研究中的人为因素就越明显，科学家之间的交流与合作就越重要，科学研究的语境性特征也就越明显。（3）在价值论意义上，能更合理地理解与反映科学的真实发展历程。语境论的科学观作为反基础主义和反本质主义、消解绝对偶像、排除唯科学主义等的必然产物，在科学实践中结构性地引入了历史的、社会的、文化的和心理的要素，吸收了语形、语义和语用分析优点，借鉴了解释学和修辞学的方法论特征，超越了逻辑经验主义所奠定的僵化的科学哲学研究方法，架起了科学主义与人文主义、理性主义与非理性主义、绝对主义与相对主义沟通的桥梁，因而是一种更有前途且更富有辩护力的新视域。

六、本书的写作思路与基本框架

语境论的科学哲学研究纲领主要通过语境实在论立场来体现。一方面，近几十年来，科学实在论与反实在论之争是科学哲学发展的一个核心论题；另一方面，基于当代科学的新特征与新认识，为当代科学的发展提供一种更具有辩护力的实在论立场，是未来科学哲学发展的一个重要趋向。这样，应在语境的基础上，重新看待与评价科学实在论与反实在论之争；重新理解与阐述科学的客观性、合理性、真理性以及科学的目标、方法和进步等概念；重新认识与思考实验证据与观察在理论选择中所起的作用；重新审视与评价传统科学观的直觉性与常识性所带来的局限性；重新综合考虑实验设计中伦理的、实用的和认知的问题之间的相互影响；重新系统地研究成熟科学的逻辑结构与主体的认知能力之间的相互关系；重新认真地剖析成熟科学的图像与模型的作用和科学家达成共识的内在机制等问题。而且在这些重新理解的基础上，赋予科学以实在论的解释，自然成为研究当代科学哲学的发展趋势问题的一项主要任务，也是本书试图努力面对与解决的关键问题所在。

纵观科学认知的整个进程，不难发现，在科学认识论的坐标上，一直有两个理想化的端点，一端是纯客观性的认识，另一端是纯主观性的认识。传统的科学实在论与包括关于科学的人文社会学研究在内的各种形式的反实在论的科学哲学研究思路，通常都是立足于纯客观性的端点来思考问题的。这种思维方式既没有把科学研究看成是一个过程，也没有为研究主体的存在留出任何空间，或者说，在这个起点上，研究主体只能扮演"上帝之眼"①的角色。一旦立足于其他维度，人们很容易发现这个起点的局限性，或者说，一旦发现科学研究的现实过程有偏离这个起点的倾向，那么，理解科学的起点便会向着主观性的方向移动。然而，任何微量的移动都会掺入主观性的成分，这也就是为什么对科学的实在论辩护很容易陷入困境，而各种形式的反实在论很容易得出由科学提供的非真理性认识等偏激结论的根本原因所在。

立足于语境论的科学哲学研究纲领，有可能把理解科学的思维方式逆转过来。因此，本书的立论基点是，基于对当代科学实在论的问题与演变、困境与出路的剖析，对科学解释语境与语境分析方法的阐明，以及对科学隐喻的方法论意义和科学理论的图像隐喻观的强调，围绕语境论的实在观、真理观、科学观以及科学发展模式等问题的阐述，系统地论证语境实在论的可能性与合理性。本书所倡导的基本观点是：在本体论意义上，用整体的本体论的关系论的观点取代传统的本体论的原子论的观点，用语境论的实在观取代经典实在观；在认识论意义上，用理论模型的隐喻论的观点取代理论模型的镜象论的观点，用现象生成论的测量观取代现象再现论的测量观；在方法论意义上，用多元逻辑的辩证思维方式取代传统的二值逻辑的思维方式，用模型与世界之间的相似度取代用命题的真理或图像与世界之间的逼真度的术语来表达科学实在论的一般论点。更具体地讲，在语义学的意义上，用整体论或依赖于语境的隐喻语言范式取代非隐喻的字面真理范式；在价值论的意义上，用语境论的网络评价观取代追求确定性的单一评价观；在知识论意义上，用社会知识观取代个人知识观。

语境实在论所提供的是一套全新的思维方式，它最核心的理念是，第一，主张把真理与客观性理解为科学所要达到的目标，而不是科学研究的结果，理解为一个以模型与世界之间的相似性为基础的程度概念，而不是一个信念与世界相符合的关系概念。第二，把科学理论看成是在理解实在，而不是在单纯地描述实在。理解实在的过程是一个对实在的整体性重建的过程，主要强调理论模型对实在的间接的表征关系；而纯粹描述的过程则一个是再现实在的过程，主要强调科学命题对实在的直接表征关系。在库恩（T. S. Knhn）看来，以模型为基础的重建过程是依赖于语境的包含了可错性因素在内的动态演变过程，它既允许在前范式时期多种模型的并存，也允许在形成范式时期，公认模型与其他模型的并存，而纯粹描述的过程则是排除主观性的不可错过程。第三，把科学知识理解为依赖于认知语境的结果，而不是绝对真理。语境实在论要求把一切都语境化，在语境

① 指多角度看世界。暗指有些东西在地球上无法看到，只能借助高高在上的上帝的眼睛来观察凡间世界。——编者注

的运动变化中，理解科学的演化与发展。但是，强调语境性不等于走向任何一种形式的相对主义。

为了进一步论证语境分析方法的具体应用和语境实在论观点的合理性，本书在附录中收录了六个具体的案例研究：

案例研究之一和之二是关于数学语境实在论的案例。主要通过对当代数学哲学界对数学知识本质的各种研究路径的分析与评价和对数学知识的内在论与外在论解释的阐述，运用语境分析方法，从数学知识的起源、证明、交流、发表、传播与评价等层面探讨了数学知识的本质问题，从语形、语义和语用的角度分析了演绎数学和算法数学的本质特征，提出了数学知识的语境发展模式，总结了数学知识语境的结构特点，然后，进一步探讨了数学知识语境化所具有的哲学本体论、认识论和方法论方面的意义，认为语境分析是当代数学哲学研究的一种有前途的方法论策略。

案例研究之三和之四是关于物理学的案例。前者通过对量子测量的玻尔（N. Bohr）解释语境、玻姆（D. Bohm）的本体论解释语境、相对态解释语境和统计解释语境的剖析与比较，揭示了量子物理学家对量子测量过程赋予不同解释的语境存在性，并阐述了他们对同样的数学方程和基本概念给出不同理解的语境依赖性。后者基于对超弦和圈量子引力理论的时空概念的阐述，从数学成果的现存性、时空理论研究范围和思路的转变，以及不同形式语言的选取和结构等方面指出了时空理论研究的语境依赖性；从案例和横断的角度具体分析了量子引力理论提出的现实语境和量子引力求解的语境选择。

案例之五和之六分别是关于生物学解释的语境演变和心理意向解释的语境透视的案例。前者基于对一系列现代生物学案例的考察，揭示了生物学研究的表述形式的变迁对学科发展的影响，并认为每一次生物学的革新都伴随着新的解释语境的建立，进而使对特殊概念的语义灌输以及语用规则得以统一，将本学科内的研究转化为同层次的相似概念来加以论述，促成了学科表述上的整合，有益于一个庞大学科研究群的建立。以此说明一个统一完善的生物学解释语境是生物学学科之所以能够整合的必要前提之一。后者基于对心理意向解释的语形、语义和语用的考察，揭示了心理意向与语境的本质关联性和心理意向解释的语境依赖性。

除此之外，为了更加准确地了解与把握西方科学哲学的发展态势，也为了进一步验证本书论证的立场与观点的可行性、合理性与前沿性，课题组成员在围绕关于科学哲学研究的语境论方法的若干次小型讨论之后，相继利用各种机会尽可能有针对性地与西方科学哲学家、科学知识社会学家和语言哲学家进行面对面的讨论我们所关注的问题，三年来，我们完成了一系列有意义的学术访谈，并相继刊发在 2006 年到 2008 年的《哲学动态》上。

　　总而言之，本书所阐述的认识与思想是在作者长期以来坚持不懈地从事科学哲学基本问题研究的基础上形成的，我们希望它有可能为当代科学哲学研究走出困境提供一种可供借鉴的方法论选择、一套全新的思维方式以及一条可能的研究途径。语境论的科学哲学在科学主义与人文主义相融合的基础上，有可能为当代科学的发展提供一种最低限度的科学实在论原理，并且成为一种尝试性的大胆探索。这种探索既体现了作者对当代科学与真理的理解，也蕴涵了作者对哲学的理解。本书对传统科学哲学研究途径的清理，对科学的人文社会学方法的把握，对语境论的实在观、科学观与真理观的阐述，以及对语境实在论的基本原则与科学发展的语境生成模式的论证，一定有许多不足之处，在此，我们真诚地欢迎学界同仁给予严厉的学术评判。因为我们深信，经过激烈争论而难以达成一致，要比没有经过争论便取得共识，会使问题变得更加深刻。如果本书有助于起到抛砖引玉之功效，便是我们最大的欣慰。

第一章

当代科学哲学的困境与焦点问题

在 20 世纪的科学哲学的发展中，三种有影响的科学理论观分别是：其一，语形观，这种观点把科学理论看成是语句的公理化系统；其二，语义观，这种观点把科学理论概念化为一个非语言模型（如数学模型等）的集合；其三，语用观，这种观点把科学理论大体上看成是由语句、模型、问题、标准、技巧、实践等各种各样的因素共同构成的一个无形实体。在这三种观点中，后面的观点依次是在批判前面观点的基础上形成的。这种批判与超越关系，现实地演绎了 20 世纪科学哲学内在发展的一条逻辑主线，同时，也为我们揭示传统科学哲学研究的思维方式、陷入困境的内外原因、关注的焦点问题，以及展望 21 世纪科学哲学发展的基本走向，提供了一个评判基点。

第一种科学观是由逻辑经验主义者创立的。国内学术界对这种观点的标志性思想并不很陌生，但是，对其产生的理论根源、带来的重要影响及其应有的生命力却非常有必要细加考问。这是因为，这种深入而系统的剖析，是我们彻底地改变科学哲学研究的思维方式，促进当代科学哲学的发展，不可缺少的基础性工作。第二种观点和第三种观点分别是由科学实在论者和反实在论者提出的，我们将在本书的第三章和第四章的相应部分对它们做出详细的阐述。本章基于对逻辑经验主义的科学观及深远影响的系统追溯，对 20 世纪科学哲学面临的内在困境与受到的外在挑战的系统清理，论证了近四十年来的科学哲学的演进主要是围绕着科学实在论与反实在论之争而展开的观点。因此，当代科学哲学未来发展的重要趋势，事实上，是如何超越经典实在论的科学观，为大科学时代的科学提供一种新形式的实在论辩护。

一、逻辑经验主义的科学观与影响

在大多数科学哲学文献中，特别是在国内学术界，长期以来，对科学哲学的维也纳学派一直不加区分地混同使用着两个名称，"逻辑实证主义"和"逻辑经验主义"。为了避免混淆，在阐述问题之前，首先沿着学术发展的脉络，对其名称的由来进行考证，是有必要的。

在哲学史上，经验主义有着悠久的传统，其基本口号是："经验是我们知识的唯一来源"。17 世纪和 18 世纪的经验主义观点主要以休谟（D. Hume）为代表。到 19 世纪，以马赫（E. Mach）为代表的"现象论"的观点成为主流。"实证主义"这个术语是由 19 世纪的科学哲学家和社会学的创始人孔德（A. Comte）提出的。"逻辑实证主义"是以数理逻辑为工具的语言分析与实证主义观点的结合。20 世纪前半叶，逻辑实证主义成为经验主义的主要形式，也被称之为"维也纳学派"。这个学派第一次受到学术界的广泛关注是在 1929 年。这一年，以卡尔纳普（R. Carnap）为代表的维也纳学派的主要成员，为了纪念该学派的学术领导人石里克（M. Schlick）的奠基性工作，在布拉格于 9 月 15 日到 17 日举行的关于精确科学的认识论会议上联合发表了一个有影响的哲学宣言，标志着维也纳学派的诞生。[①] 这个宣言的宗旨与当时德国的形而上学的世界观形成了明显的对比，着重强调哲学研究的科学取向。他们阐述的科学世界观的主要理论要素是，经验主义、实证主义和对语言的逻辑分析，同时，把这些分析分别应用于算术、物理学、几何、生物学、心理学和社会科学。其目的在于，废黜作为"科学王后"的传统的思辨哲学体系，确立反形而上学的方法论和科学的世界观，并从各种立场上对经验科学的基本问题、证实与证伪以及归纳与演绎的方法论问题、逻辑与数学的基础问题，做出反思。

20 世纪 30 年代中期，卡尔纳普曾建议，把他们掀起的这场哲学运动的名称从"逻辑实证主义"更名为"逻辑经验主义"。第二次世界大战以后，大家更多地采用了逻辑经验主义这个名称，以强调更多的"经验主义"的因素。关于为什么不使用"逻辑实证主义"，而主张使用"逻辑经验主义"名称的主要理由有三：

一种观点认为，第二次世界大战之前的"逻辑实证主义"与 20 世纪 50 年代之后的"逻辑经验主义"是有所区别的。早期的"逻辑实证主义"主要指在科学、社会生活、教育、建筑和设计等广泛范围内的一种进步的、现代的趋势，

---

① 1929 年夏天，石里克离开维也纳大学到美国斯坦福大学作访问教授。

是一项社会启蒙事业。第二次世界大战之后复兴的"逻辑经验主义"的价值和目标范围是狭义的，主要作为一种统一科学的运动受到人们的关注。另一方面，还因为库恩（T. S. Kuhn）在他的有影响的《科学革命的结构》一书中，把逻辑经验主义的兴趣阐述为关注理论的逻辑结构和说明与确证之类的程序，认为逻辑经验主义是运用逻辑来理解科学的一种科学哲学。[1]

另一种观点认为，当前，哲学家、人文学者及科学家对"实证主义"这个术语有许多误解，所以，建议放弃这个术语，运用"逻辑经验主义"来表示从19 世纪成长起来的根植于 20 世纪初的哲学运动。[2]

此外，从最新的学术文献来看，2007 年剑桥大学出版社出版的《逻辑经验主义的剑桥指南》一书，是目前较有权威的全面阐述逻辑经验主义思想体系的文献。这本书共分四个部分，收录了 14 篇文章，分别对逻辑经验主义产生的历史语境、中心问题、与特殊的学科哲学的关系及其批评做了系统的研究，在这些文章中，全部使用了逻辑经验主义这个名称。

从学科发展来看，由于在当代科学哲学的研究主题与现有文献中，更多地涉及这个学派的代表人物在 20 世纪 50 年代之后的学术观点，因此，相比之下，使用"逻辑经验主义"这个称呼似乎更普遍，更妥当。这个称呼，一方面有利于强调他们突出经验证实和重视逻辑与语言分析的方法论立场；另一方面，也体现了 20 世纪的物理学革命带来的重视经验操作的方法论与认识论对传统的思维方式的冲击。

在逻辑经验主义的主要代表人物当中，有许多人在大学阶段是学习物理学的。例如，作为学派奠定人的石里克曾在德国的海德堡大学学习物理学，于1904 年在柏林大学的马克斯·普朗克研究所完成了"论光在非线性媒介中的反射"的博士论文，1917 年出版了《当代物理学中的空间与时间：相对论与引力入门》一书，1922 年成为维也纳大学的归纳科学哲学的教授。赖欣巴赫（H. Reichenbach）曾在柏林、哥廷根和慕尼黑等大学学习数学、物理和哲学，后来，重点研究相对论力学的意义、量子力学的解释与概率等问题，至今仍然有影响的物理学哲学著作有《原子和宇宙：现代物理学的世界》（1933 年）、《从哥白尼到爱因斯坦》（1942 年）、《量子力学的哲学基础》（1944 年）等。卡尔纳普曾在柏林大学学习物理学，他的博士论文《空间与时间的公理化理论》是一

---

[1] George A. Feisch, From "the Life of the Present" to the "Icy Slopes of Logic"：Logical Empiricism, the Unity of Science Movement, and the Cold War, In Alan Richardson, Thomas Uebel ed., *The Cambridge Companion to Logical Empiricism* (Cambridge：Cambridge University Press, 2007), P. 58.

[2] Paolo Parrini, Wesley C. Salmon, Intredution, In Paolo Parrini, Wesley C. Salmon, Merrilee H. Salmon ed., *Logical Empiricism：Historical & Contemporary Perspectives* (Pittsburgh：University of Pittsburgh Press, 2003), P. 1.

篇被哲学家当做纯物理学，而被物理学家认定为哲学味太浓的论文。弗兰克
（P. Frank）在维也纳大学学习物理学并成为职业物理学家，出版的物理学哲学
著作主要有《物理学的基础》（1946 年）、《爱因斯坦：他的生活与时代》（1947
年）、《当代科学及其哲学》（1949 年）、《科学哲学：联结科学与哲学的纽带》
（1957 年）等。费格尔（H. Feigl）曾跟随石里克学习物理学与数学，1927 年出
版了他的第一本专著《物理学中的理论与实验》。亨普尔（C. G. Hempel）曾在
哥廷根大学、海德堡大学和柏林大学学习物理学、数学和哲学，1934 年在柏林
大学完成了概率论方面的博士学位论文。

从时间顺序上来看，逻辑经验主义兴起的时代正是 20 世纪理论物理学中的
两大革命性理论——相对论与量子力学——诞生的时代。当时，实证主义的趋势
在量子物理学家中间很受欢迎。玻尔（N. Bohr）和海森堡（W. Heisenberg）等
量子力学的创始人都曾发表过用实证主义的观点理解量子力学理论的重要言论。
石里克曾用这些言论来反对他的老师普朗克（M. Planck）的经典实在论中的形
而上学承诺，并引用量子力学对决定论的因果性概念的抛弃，进一步作为辩护逻
辑经验主义信条的证据。弗兰克没有把玻尔的"互补原理"理解成是一种哲学
解释，而是理解成关于有意义的陈述的语言预防剂，认为量子力学的哥本哈根
解释与逻辑经验主义是完全一致的，没有必要进行进一步的修正。赖欣巴赫试
图用更一般的概率论来说明因果性概念。他认为，量子力学在这方面已经提出
了新的观念，这种新观念与传统的知识观和实在观完全相反。因此，需要对物
理学的知识观与实在观做出新的哲学说明，这种说明不仅一定要"远离形而
上学"，而且根据"经验主义的操作形式"，反对把量子力学关于原子世界的陈
述看成与普通的物理世界的陈述一样真实，因为我们不可能把量子"现象"理
解成"在严格的认识论意义上可观察的"。[①] 弗兰克把哲学的形而上学看成是
"科学的鸦片"，认为"自然科学哲学"这个术语的意义应该与"学院哲学"明
确地区分开来。无论如何，正如麦克斯韦尔（G. Maxwell）所言："玻尔和海森
堡倡导的量子力学的哥本哈根解释的观点，极大地影响了逻辑实证主义和逻辑经
验主义的发展。"[②]

从学派诞生所占有的无形资源来看，当时德国的几所重要大学（例如，慕
尼黑大学等）是量子理论研究的国际中心，那里既汇聚了一批智慧聪颖的国际

---

① Thomas Ryckman, Logical Empiricism and the Philosophy of Physics, In Alan Richardson, Thomas Uebel ed., *The Cambridge Companion to Logical Empiricism* (Cambridge：Cambridge University Press, 2007), pp. 218 - 219.

② Grover Maxwell, The Ontological Status of Theoretical Entities, In Maitin Curd/J. A. Cover ed., *Philosophy of Science：The Central Issues* (New York/London：W. W. Norton Company, Inc., 1988), P. 1052.

顶尖人才，他们随时不断地传播着许多革命性的新思想与新理念。石里克作为逻辑经验主义的创始人，于1917年出版的《当代物理学中的空间与时间》一书，是关于相对论力学哲学的最早文献之一，也是最早试图把这个理论介绍给非物理学家的著作之一。1918年，他又出版了研究认识论和一般科学理论问题的《广义知识论》一书。这本书中的许多观念后来成为逻辑经验主义的核心论点。1922年，石里克在维也纳大学继任马赫和玻耳兹曼（L. Boltzmann）的席位成为归纳科学哲学教授之后，不仅仍然坚持与当时一流的科学家，特别是玻尔、爱因斯坦（A. Einstein）和希尔伯特（D. Hilbert）一直保持着联系，而且，在他周围聚集了一些志趣相投的哲学家和科学家。这些人形成了一个相对固定的小组，定期地讨论他们相互感兴趣的话题。

由于大多数人都具有物理学背景，再加上当时的理论物理学的发展确实产生了许多非常革命性的理念，这种情形使得他们很快在一些反传统的观点上达成共识，主要包括以下几个方面：反形而上学的态度；坚定地相信激进的经验主义；高度地信任现代逻辑方法；深信哲学的未来在于其成为科学的逻辑。这个小组的成员把他们的观点看成是进一步延续与发展了马赫和玻耳兹曼的实证主义传统，同时，他们的观点也受到了罗素（B. Russell）和维特根斯坦（L. Wittgenstein）早期思想的深刻影响。他们试图从根本意义上只以经验的方式研究与基本科学概念相关的问题。

从认识论与方法论意义上来看，相对论力学与量子力学的产生，对在经典物理学的土壤中成长起来的经典实在观的颠覆性冲击，对理论物理学家关于物理学理论的基础问题的传统理解的致命性挑战，使得这些理论物理学家们真正地意识到，经典实在论所预设的许多形而上学观点是不合理的。于是，他们反对形而上学预设的情绪，以及他们从自己的科学研究实践中感悟到的关于理论与实在关系的新理解，使得他们在传播新理论的过程中，成为经典实在论观念的叛逆者。一方面，不仅在爱因斯坦的狭义相对论的基础上能够发现物理学理论中固有的经验主义的认识论和语义学的假设；而且，爱因斯坦对当代时空概念的第二次革命性的论证，在基本意义上，也与他的狭义相对论相平行，是建立在对以太理论的经验主义的批判基础上的。[①] 另一方面，量子理论要求的统计因果性概念，量子测量过程中体现出的微观粒子之间的非定域性关联，更是强烈地映射出一种新的物理实在观。

在这种新旧理念正处于更替时期的物理学环境中成长起来的逻辑经验主义的

---

① Lawrence Sklar, Foundational Physics and Empiricist Critique, In Marc Lange ed. , *Philosophy of Science*: *An Anthology*, (Malden/Oxford/Carlton: Blackwell Publishing, 2007), P. 143.

这些主要代表人物，一方面，在不同程度上接受了物理学研究传统的教育；另一方面，又企图基于对新的革命性理论的理解，抛弃旧的传统。不管他们的哲学立场与观点有多么的新潮与革命，他们的成长环境与基本固定的思维方式，使得他们与当时的理论物理学家一样，都无意识地把他们研究问题的目光锁定在理论问题上，而把经验事实的无错性假设默认为他们的论证前提。这样，当逻辑经验主义者试图把他们的科学观与知识观建立在一般语言学理论的基础之上时，他们除了运用语言学的分析方法把科学命题区分为分析命题与综合命题之外，还有一个更重要的核心观念就是推出意义的证实理论。他们认为，知道一个命题的意义就是知道证实它的方法，或者说，一个命题不能拥有证实它的方法，那么，它就没有任何意义。在这里，"证实"意味着通过观察方法来证实。观察在广义上包括所有类型的感知经验。因此，感知经验成为判断命题意义的标准。

"证实主义"是一个强经验主义的原理，即经验既是意义的唯一来源，也是知识的唯一来源。在这个意义上，逻辑经验主义者对经验事实的理解实际上与经典实在论者是一样的，都假定了经验事实是不可错的，是客观的；科学方法与科学程序是可靠的；科学是价值无涉的。他们之间的最大区别在于，经典实在论者认为，基于观察现象提出的理论是对不可观察的理论实体的特征的描述，而逻辑经验主义者则反对进一步做出这种类型的形而上学的推论，只是把语言与逻辑作为一种哲学武器，把科学看成是在日常生活中关于思想推理和解决问题的更加复杂而精致的版本。他们认为，科学的逻辑与科学史和科学心理学完全不同，既是价值无涉的，也是远离形而上学的。赖欣巴赫甚至明确地把"发现的语境"与"辩护的语境"分离开来，并把后者划归于心理学的范围。此外，他们还试图把科学理论发展成语言、意义和知识的一般理论的一个组成部分，并理解成对经验现象之间的不变关系的描述，把理论与实在之间的关系问题当做无意义的形而上学问题而排除在外。当逻辑经验主义者把研究问题的目标重点放在科学理论的结构问题上时，科学理论的结构模式的研究就变得重要起来。其中，卡尔纳普提出的科学理论的层次结构模式是最著名的，也是最值得关注的。

卡尔纳普在《物理学的哲学基础：科学哲学导论》一书中，把科学中的定律划分为两种类型：经验定律与理论定律。[①] 经验定律是指能够被经验观察直接确证的定律，或者说，只包含有观察术语的关于"可观察量"的定律。卡尔纳普认为，"可观察量"这个术语通常用来指能够被直接观察到的任何一种现象。但是，哲学家与科学家对"可观察量"与"不可观察量"这两个术语的使用方

① Rudolf Carnap, *Philosophical Foundations of Physics：An Introduction to the Philosophy of Science*, Edited by Martin Gardner, (New York/London：Basic Books, Inc. Publishers, 1963), pp. 225–246.

21

式是相当不同的。对于哲学家来说，"可观察量"是狭义的，主要指像"蓝色的"、"硬的"、"热的"之类的能够被人的感官直接感知的特性；对于物理学家来说，这个术语是广义的，包括能够以相对简单而直接的方式进行测量的数量大小。在卡尔纳普看来，从感官的直接观察开始到用非常复杂的间接的观察方法进行的观察是连续的，在这个连续统中划不出明确的分界线，只是一个程度问题。经验定律既包含了通过感官的直接观察，也包含了运用相对简单的技术进行的测量。这种定律有时被称之为经验概括，是科学家经过反复测量所发现的规律性，并以定律的形式表示出来。经验定律是用来说明观察事实和预言未来的观察事件。

理论定律是关于像分子、原子、电子、质子、电磁场等不能被简单地直接测量的实体的定律，或者说，只包含有理论术语的关于"不可观察量"的定律。然而，虽然"可观察量"与"不可观察量"是连续的，它们之间没有明确的分界线，但是，在实践中，它们之间的区别是非常明显的，不可能引起任何争论。所有的物理学家都一致认为，把气体的压强、体积和温度联系在一起的定律是经验定律，而关于分子行为的定律是理论定律。理论定律比经验定律更普遍，是对经验定律的进一步推广。例如，物理学家观察到，铁棒加热后会膨胀，如果多次重复实验，结果相同，那么，他们就概括出一个经验定律，尽管这个定律的范围很窄且只能应用于特殊的铁棒。他们再用其他的铁器进行实验，最后会得出更一般的定律：铁加热时会膨胀。同样，还能再推广到"所有的金属……"、"所有的固体……"这些简单的概括都是经验定律。因为在每一种情况下，只涉及物体的可观察量。相反，与这个过程相关的理论定律是指铁棒中的分子行为的规律。我们用原子论使分子的行为与铁棒加热时会膨胀联系起来。

卡尔纳普认为，理论定律与经验定律之间的联系方式，在某种程度上，类似于经验定律与单个事实之间的联系方式。一个经验定律有助于说明所观察的一个事实，也有助于预言新的观察事实。同样，理论定律有助于说明已经阐述的经验定律，也允许演绎出新的经验定律。就像单个的、分离的事实以有序的模式依次出现，能把它们概括为一个经验定律一样，单个的、分离的经验定律也符合理论定律的有序模式。这就提出了科学方法论方面的一个主要问题：经验知识如何能证明理论定律的断言是否正确。经验定律可以通过观察单个事实得到辩护，但是，理论定律的辩护不可能通过观察来进行，因为理论定律是包含有理论术语，它所涉及的实体是不可观察量。理论定律不是通过归纳概括产生的，而是作为一种假设提出的。

因此，在经验定律与理论定律之间需要有既包括理论术语也包括观察术语的"对应规则"联结在一起，或者说，理论定律中的不可观察量通过"对应规则"

与经验定律中的可观察量联系起来。例如，在气体运动论中，通过气体的温度与其分子的平均动能成正比的规则，把不可观察的分子动能与可观察的气体温度联系起来。"对应规则"只一个术语问题，不是严格意义上的定义，它既包含有可观察量也包含有不可观察量。理论术语必须根据与可观察现象的术语相关联的对应规则来解释。这种解释必然是不完备的，总有可能增加新的对应规则，不断地修改对理论术语的解释。例如，物理学家对"电子"概念的解释就是如此。如果经验定律能够得到确证，那么，就间接地确证了理论定律。电磁波对麦克斯韦的理论模型的证实便是典型的例子。

但是，卡尔纳普强调指出，对理论定律的间接确证，并不等于说，理论是对"实在"的描述。理论仅仅是把实验的观察现象系统化为能有效地预言新的可观察量的某种模式，理论术语只是约定的符号。基本原理中之所以采用理论术语，是因为它们是有用的，而不是因为它们是"正确的"。谈论"真实的"电子或"真实的"电磁场是没有意义的。因为不可能直接观察到电子或电磁波的存在。这是一种"工具主义的"理论观。这种理论观与实在论的理论观正好相反。实在论者把电子、电磁场、引力波看成是真实的实体，并且认为，像苹果之类的可观察实体与像中子之类的不可观察实体之间没有明确的分界线。一个阿米巴用肉眼看不见，但是，通过光学显微镜可观察到，一个病菌通过光学显微镜观察不到，可通过电子显微镜能够相当清楚地观察到它的结构。一个电子不可能被直接观察到，但是，在云雾室里可以间接地观察到它的径迹。如果允许说，阿米巴是"真实的"，那么，就没有理由不允许说，质子是同样真实的。关于电子、基因等实体结构的观点是可变的，这并不意味着，在每一种可观察现象的背后，没有某种东西存在于"那里"，只是表明，科学家越来越多地了解了这些实体的结构。卡尔纳普认为，工具主义者与实在论者之间的这种矛盾分歧，在基本意义上是一个语言的问题，是在特定的情形下，更喜欢哪一种说话方式的问题。从本质上看，说一个理论是可靠的工具（即，它预言的观察事件得到了确证），与说这个理论是真的和说理论实体是存在的，是一样的。

基于这种认识，卡尔纳普在《经验主义、语义学和本体论》一文中，[①] 进一步把关于实体的实在性或存在性的问题区分为两种类型：一种是在语言框架内质疑理论实体的存在性的问题，称之为内部问题；另一类是质疑作为一个整体的实体系统的存在性的问题，称之为外部问题。他认为，借助于新的表达形式能够阐述内部问题和对这些问题的可能回答。在日常语言中，最简单的实体类型是在时

---

① Rudolf Carnap, Empiricism, Semantics, and Ontology, In Edwaed A. MacKinnon ed., *The Problem of Scientific Realism*, (New York, Meredith Corporation, 1972), pp. 103 – 122.

空中有序的物质与事件系统。一旦根据物质系统的框架接受了物质语言（the things language），我们就能提问和回答内部问题，例如，我的桌子上有一张白纸吗？真的有麒麟吗？这类问题通过经验调查来回答。在这些内部问题中，实在性概念是一个经验的、科学的、非形而上学的概念。承认某物是真的物质或事件，意味着成功地把它结合进一个特殊的时空位置的物质系统，因此，它与其他被认定的真实物质结合在一起。

因此，必须区分出关于物质世界本身的实在性的外部问题。与内部问题相比，外部问题既不是由老百姓提出的，也不是由科学家提出的，而是由哲学家提出的。实在论者提供了一个肯定的回答，主观唯心论者提供了一个否定的回答，几个世纪以来，关于这个问题的争论一直得不到解决。它是不可能解决的，因为关于外在世界的实在性问题，本身是以错误的方式提出的。在科学意义上是真的，只意味着是这个系统的一个元素。因此，实在概念不可能被有意义地应用于这个系统本身。提出物质世界本身的实在性问题的那些人，也许心里想到的并不是如他们的阐述所建议的那样的理论问题，而是实践问题，即，关于我们的语言结构的实践决定问题。我们不得不做出选择，是否接受或运用我们所谈论的框架内的表达形式。如果某人决定接受物质语言，那么，说他接受了物质世界，他是不会反对的。但是，不一定把这解释为好像意味着他接受了物质世界的实在性的信念。没有这样的信念或断言，因为它不是一个理论问题。接受物质世界意味着只是接受一定的语言形式，换句话说，接受了形成陈述的规则和检验、接受或拒绝它们的规则。基于已有的观察，接受物质语言也导致接受信念和某些陈述的断言。但是，物质世界的实在性的论题，不可能在这些断言之中，因为它需要用别的理论语言来阐述。

卡尔纳普认为，尽管接受物质语言的决定本身不是对自然界的认知，但是，通常会受到理论知识的影响，就好像谨慎地决定接受语言等的规则那样。运用语言的目的是有意向性的，例如，传播事实知识的目的，将确定那些因素与这个决定相关，在这些决定性的因素中，可能会包括运用物质语言的有效性、富有成果性、简单性。关于这些性质的问题确实是一个理论的本性问题。但是，不能把这些问题混同于实在论的问题。它们不是"是与否"的问题，而是一个程度问题。对于绝大多数日常生活的目的来说，习惯的物质语言是非常有效的。这是一个基于我们的经验内容的事实问题。然而，下列说法是错误的：物质语言的有效性的事实，是确证了理论实体的实在性；反而应该说，这种事实使得接受物质语言成为合理的。

因此，关于整个新实体系统的实在性或存在性的哲学问题，是一个外部问题。许多哲学家把这类问题看成在创造一种新的语言形式之前，必须提出和回答的一个本体论问题。他们认为，创造一种新的语言表达形式是合理的，唯一的条件是，通过本体论的洞察力提出实在问题的肯定回答，能够证明这个问题是适当的。对此，卡尔纳普反对说，创造新的交谈方式不需要任何理论的辩护，因为它并没有蕴涵有任何关于实在的判断。"接受新的实体"，只意味着是接受这个新的语言框架，即，接受新的语言形式，并不一定必须被解释为是指"实体的实在性"的一个假设、一个信念或一个断言。根本没有这样的断言。关于一个实体系统的实在性的陈述，是一个伪陈述，没有认知内容。更确切地说，这个问题是一个实践问题，不是一个理论问题，而是是否接受一种新的语言形式的问题。这种接受不可能用来判断真假，因为接受本身不是一个断言，只是一种信念，是依据其是否更方便、更有成效、更能达到目的而做出的判断。这种判断决定了是接受这类实体，还是拒绝这类理论实体。

这说明，在卡尔纳普看来，关于"理论实体的实在性"问题是一个外在于语言框架的问题，应该作为无意义的问题排除掉。接受一个新的语言框架，也就相应地接受了由这个语言框架所假定的理论实体。不过，由于语言框架是作为一种工具来接受的，并不是作为真理来接受的。因此，理论实体也与语言框架一样，是一个方便的工具。承认所接受的语言框架中的理论实体，并不等于承认，这个理论实体就是真实存在的。这是一种工具主义的理论观，也是一种非实在论的理论观。

对于一种哲学观点来说，它受到的批评与产生的影响通常是成正比的，面临的批评越多，说明其学术价值越大，带来的影响也越广。逻辑经验主义的代表人之一卡尔纳普倡导的对科学理论的理想化的理解方式和强的可证实原则，虽然经过赖欣巴赫等人的修正，已经由强变弱，但是，由于他们过高地估计了语言的意义范围，强化了经验事实的无错性地位，夸大了科学方法的作用，因而受到了许多自然主义科学哲学家和历史主义科学哲学家的批评。这些批评与后来的科学哲学的发展体现了逻辑经验主义的理论观的价值与影响。

逻辑经验主义的理论观第一次明确与突出了科学哲学研究的出发点与对象域。在此之前，关于科学哲学问题的研究通常是很零散的，主要集中在科学方法论层面，还谈不上形成了一门学科。逻辑经验主义者拒斥形而上学和崇尚经验证实的做法，以及卡尔纳普详尽地阐述的由理论命题、对应规则和经验命题构成的夹心蛋糕式的理论结构观，虽然现在看来是很有局限性的，也是最容易受到批判的，但是，在当时，他们的研究工作第一次系统地突出了从哲学视角反思科学理论的结构与逻辑的重要性，是科学哲学这门学科正式诞生的一个重要标志。甚至可以说，20 世纪的科学哲学正是在批判与超越逻辑经验主义提供的科学哲学体系的基础上发展起来的。或者说，20 世纪的科学哲学家正是在批判与超越逻辑

25

经验主义的科学哲学体系的过程中，演绎了科学哲学今后的发展轨迹。

二、当代科学哲学面临的内在困境

狭义的科学哲学是哲学的一门分支学科，是对自然科学的哲学解释与研究，它主要思考由学科群提出的问题，而不是像物理学哲学、化学哲学、生物学哲学等学科那样，思考由一门学科提出的问题。这些问题主要包括：科学的哲学基础、科学知识的产生机制、科学理论的变化与进步模式、科学预言与科学概念的内在本性、科学目标与科学方法的合理性地位，等等。如前所述，逻辑实经验主义作为第一个科学哲学流派是以规范的态度来阐述这些问题的。首先，他们高举着"排斥形而上学"的大旗，把经验证实原则视为判别科学命题的意义标准和科学的划界标准，主张知识依赖于经验，只有表述经验或能够被经验证实的命题才是有意义的命题。其次，他们运用对科学语言的逻辑分析方法，把科学理论理解成是有意义的命题集合，是经验事实的逻辑系统化，把哲学理解成是确定和发现命题意义的活动。第三，他们认为，哲学使命题得以澄清，科学使命题得以证实。所以，科学哲学的基本任务就是对科学命题和理论做出合乎理性的评价与辩护，而不是关注科学发现的心理过程。第四，他们追求通过理论与观察的区分，以归纳逻辑为出发点，用经验的语言表达的证实取代经验内容的证实，把共同的观察陈述看成构建理论大厦的砖瓦，创立了科学哲学研究的分析时代。

从根本意义上看，逻辑经验主义者强调运用数学逻辑的手段对科学命题进行静态的逻辑句法分析的做法，以及基于理论术语与观察术语的区分对观察事实具有无错性与无歧义性地位的默认，极大限度地维护了经典实在论的真理符合论前提；他们基于对"形而上学"命题的排斥和对科学研究过程中可能包含的一切非逻辑因素的排除，把科学理性推向了极端，使其处于"至高无上"的地位，极大限度地维护了科学主义和形式理性的绝对权威。一方面，他们所坚持的对科学命题与概念进行逻辑分析的方法，隐含了把科学理解成一架推理机器的基本前提；另一方面，他们所坚持的经验主义观点，把科学理论理解成由真命题组成的集合体系，隐含了下列基本前提：观察行为是中立的；观察结果是可靠的、公正的、是对自然界的直接感知；用来描述观察事实的科学语言和科学概念与自然界是同构的。这个对自然界观察与描述的过程包括了下列三个层次，详见图 2-1。[①]

————————

① Jennifer McErlean, *Philosophies of Science: From Foundations to Contemporary Issues*, (Belmont: Wadsworth/Thomson Learning, 1999), P. 98.

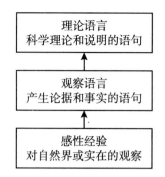

图 2 – 1　对自然界观察与描述的过程

　　之后，波普尔（K. Popper）认为，科学哲学的主要任务并非像逻辑经验主义者所主张的那样，是研究科学知识的静态结构，而是研究科学知识的发展。或者说，科学哲学不是以分析科学命题和科学语言的逻辑关系为目的，而是以建立行之有效的方法论规则为己任。波普尔通过对归纳逻辑和证实原则的批判分析，阐述了他的证伪主义的方法论原则。他认为，逻辑经验主义者试图从单称陈述[①]的经验事实的真，推导出具有普遍陈述的科学理论的真是不可能的。然而，科学理论虽然不可能被经验所证实，但却可能被经验所证伪。这是由归纳方法和演绎方法之间的逻辑不对称性所决定的。归纳方法强调的是在单称陈述的积累过程中推论出全称陈述[②]；而演绎方法所强调的则是，从全称陈述推论出单称陈述。因此，经验证实只能证明一个经验事实，而经验证伪却有可能推翻整个科学理论。波普尔从证伪主义的方法论原则出发，把科学看成知识增长的动态过程，阐述了以猜测与反驳为核心的科学发展模式。从而把科学哲学研究的视角由重视静态的理论结构的分析，转向了关注动态的科学知识的增长。

　　此外，逻辑经验主义者所推崇的逻辑分析方法无法与科学家的实践活动与具体决定一致起来，出现了难以克服的悖论：一方面，他们要坚持所辩护的观念；另一方面，又要避免出现下列情况：科学家在大多数情况下会违反要辩护的推理规则，科学史上的具体案例已经充分地表明，科学的新进展没有一个不是基于颠覆过去的理论或思想的基础上诞生的。1951 年，奎因（W. V. O. Quine）在《哲学评论》上发表的《经验主义的两个教条》一文，从语言哲学的角度对分析性和还原论的哲学观点进行了深刻的批评；1958 年，汉森（R. N. Hanson）在《观察》一文中，基于感知本性，对观察/理论和事实/说明的二分法提出了质疑，认为纯粹的观察是不存在的，上图中的第三个层次会影响第一个层次。特别是，

---

　　①　单称陈述：个别经验的判断。——编者注
　　②　全称陈述：所有经验的判断。——编者注

奎因的整体论和迪昂—奎因的非充分决定性论题表明，具有经验意义的是整个理论，而不是理论术语或孤立的理论语句；仅凭观察事实不足以对相互竞争的理论做出选择，从而摧毁了完全建立在稳定的观察基础之上的基础主义的理论图像。这种"观察渗透理论"的整体论思想在后经验主义科学哲学家的思维方式中得到了回应。①

西方科学哲学发展的第一个转折点是由库恩奠定的。1962年，库恩的《科学革命的结构》一书的出版，既标志着逻辑实证主义的彻底衰落，也标志着科学哲学研究中的历史主义学派的诞生。历史主义学派的基本特征是，他们批判了逻辑实证主义的证实原则和把理论陈述与观察陈述区分开来的观点，吸收了波普尔所主张的把科学哲学的研究集中于探讨科学发展问题的观点，以整体论思想为基础，运用历史分析的方法，将科学哲学与科学史结合起来，从科学发展的实际历史中揭示科学发展的真实过程。库恩指出，这是一种可以从科学研究的历史记载本身浮现出来的科学观。逻辑实证主义把科学的发展看成一点一滴的进步，或一件一件增加的连续不断的积累过程的做法，会把科学史看成一堆轶事或年表。而波普尔把科学的发展理解成不断否定，不断推翻的"不断革命论"的做法，又会把科学史看成一个一个的错误理论的更替。因此，这都与科学发展的历史不相符。库恩提出，科学发展的实际过程是一个进化与革命、积累与飞跃、连续与中断不断交替的范式转变的过程。科学发现与科学证明都是非理性的过程。因此，试图研究真科学，而不是研究理想的推理系统，更不是研究哲学家虚构的科学的哲学，必须关注科学史。自20世纪70年代以来，越来越多的科学哲学家已经走出逻辑经验主义的阵营，接受并学习科学史，他们准备从科学史中建构科学哲学理论，拉卡托斯（Imre Lakatos）的研究纲领方法论，费耶阿本德（Paul Feyerabend）的"怎么都行"的无政府主义的方法论，都是从科学史的案例研究中总结出来的。

这些观点拒绝接受把理论概念看成逻辑的公理化体系的标准解释，而是主张把科学进步理解成理论系列或理论变化的结果。他们认为，并不存在选择理论的中立的规则系统，更没有使学术界中的每位科学家都做出相同选择的决定程序；用库恩的话来说，基于相互竞争的范式的理论是不可通约的；理论变化是范式转变的结果。用拉卡托斯的话来说，理论变化是研究纲领的更替。于是，关于理论变化的模式与科学发现的合理性问题的讨论，便构成了20世纪整个60、70年代科学哲学研究的核心论题。然而，问题在于，按照传统科学哲学的思维习惯，一旦这些研究完全抛弃了占有主导地位的辩护主义者的科学哲学（辩护主义者把

---

① 成素梅、荣小雪：《什么是非充分决定性》，载《哲学研究》2003年第3期。

科学实验等同于中性的观察结果，并用观察结果来检验理论，认为科学知识是由已经证明的命题构成的），那么，就相当于承认，不可能把科学理性还原为一套可靠的科学方法论规则。于是，这些历史学家的科学哲学虽然批判了逻辑实证主义的局限性，但是，他们的非辩护主义的科学哲学体系，却在不同程度上给人留下了走向相对主义之嫌。这个时期，不论是在科学哲学内部，还是外部，由于非理性主义和相对主义思想处于十分活跃的地位，为科学哲学的进一步发展带来了危机。

自 20 世纪 80 年代以来，首先是以劳丹（L. Laudan）、夏皮尔（D. Shapere）和萨普（F. Supper）等为代表的理性主义的科学哲学家，一方面，继承了历史主义学派坚持科学哲学与科学史相结合的研究方法；另一方面，又试图彻底批判和否定不断扩张的非理性主义与各种形式的相对主义的研究方法，从而诞生了科学哲学的新历史主义学派。新历史主义学派以坚持理性主义为出发点，对现代科学发展中所引起的一系列本体论、认识论、方法论和价值论问题进行研究。他们虽然都承认科学进步是合乎理性的，或者说，科学是一项理性的和进步的事业。但是，他们对科学成功的说明，对科学目的的认识，对科学进步方式的论述，对科学知识基础的解释，对科学中的理论实体的本体论地位的回答，对科学术语的指称、真理的意义、理论与观察、经验与证据等概念的理解却是截然不同的。他们之间的争论表现出科学实在论与反实在论之间的激烈交锋。然而，不论是以普特南（H. Putnam）和波义德（R. Boyd）为代表的"奇迹论证"，还是以卡特赖特（N. Cartwright）和哈金（I. Hacking）为代表的"操作论证"；不论是范·弗拉森（B. von Fraassen）的经验建构论，还是法因（A. Fine）的"自然本体论态度"，都没能够提供一条有生命力的科学哲学的研究方法，也没能够真正解决科学实在论与反实在论之间的内在矛盾。[1]

到 20 世纪末，主流的科学哲学研究仍然主要表现为科学实在论与反实在论之争。虽然法因早在 1986 年出版的《掷骰子游戏：爱因斯坦与量子论》一书中基于对量子论特征的考察宣称，"实在论确实已经死了"。但是，历史发展的实践证明，他的论证并没有很大的说服力，多少年来许多科学哲学家一直认为，"实在论的争论不仅有辉煌的过去，而且更有光明的未来。"[2] 近 20 多年来出版的许多著作，为科学实在论问题的研究提供了新的视野。例如，1989 年出版的

---

① 成素梅：《在宏观与微观之间：量子测量的解释语境与实在论》，中山大学出版社 2006 年版，第 10 章。

② Stathis Psillos, The Present State of the Scientific Realism Debate, In Peter Clark and Katherine Hawley ed., *Philosophy of Science Today* (Oxford：Oxford University Press，2003)，P. 59.

《语义学的理论观与科学实在论》,① 1990 年出版的《实在论与人类的面孔》,②
1993 年出版的《科学的进步》,③ 1997 年出版的《科学实在论的新颖辩护》,④
1999 年出版的《科学没有规律》⑤ 以及波士顿科学哲学研究丛书之一《那会是
正确的吗?》,⑥ 等等。尽管这些著作对问题的论证方法各不相同,但是,一个总
的趋势是,它们都在试图提供一种新的方式来重新探索旧的论题,或者说,试图
在吸收各种反实在论的合理批评的基础上,用新术语或新方法重新思考关于实在
论的争论本身。这些视角无疑有助于更合理地理解科学。

然而,问题在于,如果仍然沿着传统的研究思路,兼收并蓄地吸收反实在论
的合理成分,很难摆脱各种形式的反实在论的威胁,特别是当考虑到科学知识产
生过程中存在的社会因素时,对科学的实在论辩护更是举步维艰。这种现状表
明,当代西方科学哲学的发展已经到了需要彻底地颠覆传统的研究方法,必须更
新传统思维方式的境地。

三、西方科学哲学受到的外在挑战⑦

当代西方科学哲学的发展除了面临着沿着原有的思维方式与研究进路难以摆
脱的内在困境之外,还受到来自一批人文社会学家的外在挑战。人们知道,在
50 多年以前,科学一直被誉为是真理的化身,是一项理性的事业,这种观念似乎
是显而易见的,是对科学的一种约定俗成的理解,我们不需要为此进行更多的辩
护。这是自启蒙运动以来形成的科学观。可是,自从 1959 年斯诺(C. P. Snow)以
物理学家和文学爱好者的双重身份哀叹两种文化(人文文化与科学文化)之间
缺乏交流与沟通,并试图鼓励双方进行相互理解与交互作用以来,事情变得越来
越糟糕。

在斯诺的笔下,这些人文学家虽然不懂科学,但是,他们非常满足于缺乏科
学知识的现状,并且,他们从未断言,科学不是知识。与此同时,科学家也很少
关注文学与历史,好像物理学的科学大厦不是人类心灵最美丽而神奇的集体智慧

---

① F. Suppe, *The Semantic Conception of Theories and Scientific Realism* (Chicago: University of Illinois Press, 1989).

② H. Putnam, *Realism with a Human Face* (Cambridge MA: Harvard University Press, 1990).

③ P. Kitcher, *The Advancement of Science* (Oxford: Oxford University Press, 1993).

④ J. Leplin, *A Novel Defence of Scientific Realism* (Oxford: Oxford University Press, 1997).

⑤ R. Giere, *Science without Laws* (Chicago: University of Chicago Press, 1999).

⑥ A. Franklin, Can That Be Right? Essays on Experiment, Evidence, and Science (The Netherlands: Kluwer Academic Publishers, 1999).

⑦ 本部分内容主要参考了成素梅:《语境中的科学》(《华中科技大学学报》2007 年第 5 期)一文。

的产物。斯诺在继续讨论了弱相互作用中发现宇称不守恒的实验之后指出，"这是一个极其美丽而富有创新的实验，但是，结果却是如此的令人吃惊，人们忘记了这个实验是怎样的美丽。它使我们重新思考物理世界的某些基本原理。这种结果与显而易见的直觉、常识相矛盾。如果在两种文化之间存在着任何一种认真的交流，那么，这个实验将会成为剑桥贵宾桌上谈论的话题。"① 斯诺的描述无疑形象而生动地揭示了在当时科学文化与人文文化之间的分裂现象。但是，尽管如此，这两个群体之间并没有产生明显的矛盾冲突，他们相安无事，各自快乐地生活在具有不同规范的学术圈子里。事实上，在当时的科学哲学与科学社会学不仅与传统的科学观相吻合，而且助长了科学主义思潮的高涨。

在这种背景下，自20世纪70年代以来，同样是在库恩的《科学革命的结构》一书的启发下，情况却发生了很大的变化，许多人文主义者与社会学家对待科学的态度已经从漠不关心转向了不信任，甚至有些敌意。首先，一批社会学家开始普遍地把他们研究问题的目标瞄准了对科学权威的质疑。在逻辑实证主义者看来，对于社会学家和一般公众而言，经受良好的科学训练，是一个人在他自己的研究领域内，甚至是在别的领域内，处于权威和决策地位的一种表达。可是，当科学知识社会学家立足于实验室的跟踪研究对科学研究的整个过程进行了分析之后，他们开始对知识的客观性基础提出质疑，对科学家在研究活动中所扮演的权威角色产生怀疑。特别是，当社会学家把科学探索作为一种社会活动重新概念化时，他们更注重研究科学知识产生过程中内含的社会人文因素所起的作用；注重揭示内在于科学活动当中的政治因素（例如，在公共咨询中的政策制定）。他们把科学知识看成社会建构的产物，或者是政治谈判的结果，认为科学的成功并不是由能够得出正确结果的科学方法所决定的，而是由各种社会、文化和政治因素共同决定的。

其次，今天的科学受到了来自许多方面的攻击，并且，每一种攻击都否认科学能够向我们提供知识。不管是由于固有的性别偏见、欧洲中心主义，还是因为科学家的社会与职业兴趣，科学都不像从前所认为的那样可靠，而是不可信赖的和有致命缺陷的。1991年，罗斯（A. Ross）曾对近些年来流行的这种人文主义者的科学观进行了这样的概括："可靠地说，近代科学创立的许多确定性已经被废除，科学实验方法的实证论、科学公理的自明性以及证明科学断言本质上是独立于语境的真理，所有这些都受到了客观性的相对主义者的批评。历史地看，某些有意的批评把自然科学描述为是特定时空中出现的一种社会发展；这种观点对

---

① C. P. Snow, *The Two Culture and the Scientific Revolution* (New York: Cambridge University Press, 1959), P. 17.

自认为是揭示了自然界的普遍规律的科学提出异议。女权主义者也揭示出，在科学的'普遍'程序与目标中，存在着男权主义的经验与俗套的狭隘偏见。生态学家密切关注超越机械论科学世界观的环境语境。而人类学家则揭露了科学的民族中心主义：即，把本能地追求与语境无关的事实的西方科学与看成伪科学信念的其他文化区分开来。这些批评的最终结果是，极大地侵蚀了宣布和鉴别真理的科学体制的权威性。"①

特别引人注目的是，人文主义者和科学知识社会学家对传统科学观的这些极端的批评，最终引起了科学家的反感。1996 年，科学家以一本最主要的文化研究杂志《社会文本》为阵地，展开了一场前所未有的科学家与人文学家之间的"科学大战"。这场大战是由纽约大学的物理学教授索卡尔（A. Sokal）在该杂志刊发的《跨越界线：走向量子引力的超形式的解释学》一文引起的。索卡尔在这篇经过精心设计并且深藏有预谋的文章中，在文字层面给人的感觉是试图表明，能够用当代物理学的发展来支持流行的人文主义的科学观，而在实际内容方面，文中却有意识地隐含了多处科学上的错误，来考验这本权威性杂志的编辑所具备的物理学知识的水平及其用稿态度。索卡尔把他的这篇文章的发表称之为进行了一次"社会实验"，以揭示人文主义者在只具备初步的科学知识的情况下，对科学知识的合理性地位妄加评论的社会现象。索卡尔认为，女性主义者和后结构主义者把科学理论理解成是一种社会与语言的建构，而不是对客观实在的某种反映的观点，不过是用隐晦、比喻或模糊的语言取代了证据与逻辑，是重新把已被人们早已抛弃的理论诡辩术充当了理论的功能。② 这场"科学大战"不仅彻底地暴露了科学家与人文知识分子在本体论、认识论、方法论和价值论方面存在的本质差异，而且揭示了传统实在论与哲学相对主义之间的根本对立，以及科学主义与人文主义之间的矛盾冲突；体现了科学家对人文知识分子把科学理论理解成是社会文本的极端的相对主义与非理性主义观点的反驳。"科学大战"引发了对科学本性、科学真理与理性、科学方法等问题的重新思考与理解。

从科学哲学的发展史来看，我们只要浏览一下新近出版的科学哲学方面的著作与教科书，就会很容易发现，人文主义者和科学知识社会学家的研究成果已经引起了科学哲学家的普遍关注，并产生了一定的学术反响。在 20 世纪 70 年代，科学哲学的研究与教学主要以评判逻辑经验主义的理论为背景，要想了解新的发展趋势，需要研读库恩的《科学革命的结构》一书；到 20 世纪 80 年代，波普

---

① A. Ross, *Strange Weather：Culture，Science，and Technology in the Age of Limits*（London：Verso Press，1991），P. 11.

② Alan Sokal and Jean Bricmont, *Intellectual Impostures：Postmodern philosopher's abuse of scienc*（Profile Book Ltd，1998）.

尔、库恩、拉卡托斯和费耶阿本德被称之为"四位非理性主义者"[1] 的思想成为关注的核心，科学哲学的论域空间由先前分析成熟科学的逻辑与认知结构的静态研究，扩展到试图描述科学发展的认识论与方法论问题的动态研究，这时，关于科学变化、科学进步、科学评价、理论与证据、事实与价值、理论实体的本体论地位以及科学术语的指称等问题，成为当时科学哲学的研究重点，并突出了科学实在论与反实在论之争。如果说，这种研究重点的转移是科学哲学内在逻辑的演变与发展的结果，那么，从 20 世纪 90 年代初到 90 年代末，与传统的科学哲学的主流研究相并行，则出现了一些相当不同的论题。

这些论题不是传统的科学哲学家根据科学哲学研究的内在逻辑延伸出来的，而是一批人文社会学家从思考科学知识的本性出发，立足于不同的学科规范，从各种不同的立场提出的：他们从不同的视角对科学知识的可靠性提出了怀疑。1999 年由牛津大学出版社出版的《科学的探索：科学哲学选读》一书的第二部分《历史主义及其后果》把社会建构论与女权主义列入其中，[2] 在 2000 年出版的《科学哲学：从建立到当代问题》一书中，有关女权主义的科学哲学、社会建构论、科学的文化批评、叙述与隐喻等方面的内容近占有一半的篇幅。[3] 同样，这方面的内容也收入到近几年来再版多次的《科学哲学指南》一书中。[4] 2002 年出版的《科学哲学：当代读物》一书收集了有代表性的后实证主义科学哲学家的重要文章，其中，在最后一部分"语境中的科学"收入了布鲁尔（David Bloor）的《知识社会学中的强纲领》、安德森（Elizabeth Anderson）的《女性主义的认识论》及麦克马林（Ernan McMullin）的《科学的社会维度》三篇文章。[5] 更有甚者，有人把由建构主义、女权主义和后现代主义的科学哲学称之为是科学哲学的"新时代"。[6] 在这种背景下，关于观察负载理论、经验的等价性、证据对理论的非充分决定性、反实在论的科学理论观以及对观察与实验的非基础主义的说明等问题，不仅成为当代科学哲学研究的主要论题，而且向当代科学实在论提出了新的挑战。

---

① D. Stove, *Popper and After*: *Four Modern Irrationalists*（Oxford：Pergamon Press，1982）.

② R. Klee, *Scientific Inquiry*: *Readings in the Philosophy of Science*（Oxford University Press，1999）.

③ J. McErlean, *Philosophy of Science*: *From Foundations to Contemporary Issues*（Belmont，CA：Wadsworth Publishing Co，2000）.

④ W. H. Newton-Smith（ed.），*A Companion to the Philosophy of Science*（Oxford：Blackwell Publishers，2001）；中译本《科学哲学指南》，成素梅、殷杰译，上海科技教育出版社 2006 年版。

⑤ Yuri Balashov，Alex Rosenberg，editor，*Philosophy of Science*: *Contemporary Readings*，London：First Published by Routledge，2002.

⑥ Noretta Koertge，"New Age" Philosophy of Science：Constructivism，Feminism and Postmodernism，In *Philosophy of Science Today*，Edited by Peter Clark and Katherine Hawley（Oxford：Clarendon Press，2003），pp. 83 – 99.

33

后历史主义的科学哲学理论主要强调科学哲学的历史学转向，突出了历史语境的价值；科学知识社会学家的科学哲学理论主要强调科学哲学的社会学转向，突出了社会语境的作用。问题在于，在当代大科学背景下，这种首先把科学与社会现实分离出来，然后，再强调回归到社会中去的二分法的思维方式，已经失去了存在的前提。因为，对逻辑经验主义只强调观察结果的客观性和真理性的思维方式的批判，必然会走向另一个反面，即，只突出科学研究过程中的社会因素。事实上，在当代的科学实践中，科学并不只是关于自然界与社会的命题集合，在一定的历史条件下，科学在受到社会影响的同时，也在建构与改变着社会。

因此，这种背景强烈要求当代科学哲学家必须确立新的思维方式，寻找新的途径来重新反思与阐述科学哲学命题。其实，不论是逻辑学家的科学哲学，历史学家的科学哲学，还是社会学家的科学哲学，都只是对科学的某方面特征的强调。这些研究方式的出发点本身已经内在地决定了，他们的科学哲学体系必然是失之偏颇的。科学理论既不是由永真命题构成的逻辑证明体系，也不是科学家随意建构的结果，而是对特定条件下的世界的一种整体性模拟。科学家在模拟与解读世界的过程中，研究对象越远离人的感官知觉系统，科学理论的建构性成分就会越多，对观察现象与科学事实的理解就会越难以统一，科学家的求真目标就会越来越与他们的心理、兴趣以及社会等因素纠缠在一起。科学家的过分自信与人文社会学家的极端批评，典型地代表了对同一过程的两种偏激的解读方式。因此，西方科学哲学的发展要想既走出相对主义的困境，又能站在科学家的立场上赋予科学以实在论的理解，就必须进行彻底的洗脑，寻找在大科学背景下能够合理理解科学的新平台。

四、当代科学哲学争论的焦点问题

从前面的分析中不难看出，逻辑经验主义的主要代表人物都是首先接受了经典物理学的传统教育，然后，面对相对论和量子力学对经典物理学的研究方式和理论框架的超越之基础上成长起来的。因此，他们的科学哲学在思维方式上与近代自然科学所提供的思维方式基本上是一致的。近代自然科学是随着实验方法与数学方法的确立而发展起来的，被广泛地称之为"实验科学"。实验在近代自然科学中至少发挥着"发现与检验"两种同样重要的功能；数学则是科学家理解自然界最喜欢使用的一种简洁而有效的语言符号。实验方法所具有的物质性、能动性与可感知性，以及数学方法所具有的逻辑性、推理性和系统性等特点，直接奠定了科学研究中的经典实在论立场。几百年来，这种立场已经牢固地贯穿于许多科学家的研究信念当中，内化为科学哲学家库恩所说的一种"范式"。"范式"

的形成极大地超越了理论的简单陈述，转化为一种较为固定的思维方式或研究直觉，成为近代自然科学研究的哲学基础和确保科学研究能够持续发展的最基本的价值前提。

创立了狭义相对论与广义相对论的爱因斯坦是这种观点的典型代表人物。诺贝尔奖获得者温伯格（Steven Weinberg）也持有同样的观点。他认为，驱使人们从事科学工作的动力正是在于，存在着有待发现的真理，真理一旦被发现，将会永久地成为人类知识的一个组成部分。在这方面，人们只能把物理学的规律理解为是对实在的一种描述。如果理论的核心部分在范围和精确性方面不断地增加，然而，却没有不断地接近于真理，这种观点是没有意义的。[1] 温伯格的这种观点在他于 1992 年出版的《终极理论的梦想》一书中体现得更为明显。他在序言中明确指出，尽管人们不知道终极规律可能是什么，或者，人们不知道还有多少时间才能发现这些规律。但是，人们正在开始隐约地捕获到终极理论的大概要点。[2]

这里之所以摘录这些表达，不仅表明了这种观点在科学家当中的影响力与普遍性，而且他们关于科学断言的这些表达比我们通常在科学家的作品中找到的更明显、更具体、更有代表性。特别是，爱因斯坦和温伯格显然都可以称得上是 20 世纪科学共同体[3]的重要发言人。索卡尔引发的"科学大战"，事实上，也是在努力为这种科学观提供辩护。意大利当代科学修辞学家佩拉（Marcello Pera）认为，传统的科学形象是由科学的各种性质决定的，这些性质包括必然性、客观性、无错性和普遍性等。科学的这些性质主要是由两个部分决定：一是认识的部分；另一个是方法论的部分。传统的科学认识论认为，科学是建立在特定证据的基础之上的，科学家根据证据来获得关于实在的知识，这些知识一旦获得便成为真理被接受下来。获得证据有两条途径：一是源于开始于伽利略的"感觉经验或科学实验"；二是来源于开始于笛卡儿的"理性的逻辑推理"。在这两条途径中，科学方法的运用保证了获得证据与进行推理的合理性。[4]

在 19 世纪末和 20 世纪初，三位具有科学基础的哲学家首先对近代自然科学的上述哲学基础，提出了深刻的批评。马赫在《感觉的分析》（1886 年）一书

---

① Steven Weinberg, Physics and History, In Jay A. Labinger and H. M. Collins ed., *The One Culture: A Conversation about Science* (Chicago: University of Chicago Press, 2001), pp. 116 – 127.

② Steven Weinberg, *Dreams of a Final Theory* (New York: Pantheon Books, 1992).

③ 指由科学家组成的集团，又称"科学社群"（scientific community）。实际上，这个术语有两个不同的解释，既指专业的、职业的群体（狭义），又指从事科学活动的群体（广义）。前者可理解为研究团体，后者可指学术界。——编者注

④ Marcello Pera, *The Discourses of science* (Chicago: The University of Chicago Press, 1994)；中译本《科学之话语》，成素梅、李洪强译，上海科技教育出版社 2006 年版。

35

中认为，科学定律是对感觉经验的总结，是人类为了达到综合复杂数据的目标所构造出来的，或者说，物理学定律的目标是最简单地和最经济地对事实进行抽象表达，不是对实在的描述；法国数学家、数学物理学家和哲学家彭加勒（Henri Jules Poinceré）在《科学与假设》（1902 年）、《科学的价值》（1905 年）和《科学与方法》（1909 年）三本著作中阐述了约定主义的学说。他认为，科学理论既不是对实在的描述，也不是对感觉经验的总结，而是对事物之间关系的描述，科学家凭借着直觉来认识这些关系，而不是认识实在本身。在物理学中，这种直觉使科学家进行经验概括，当这种概括取得成功时，像几何中的"点"、"线"，或力学中的"质量"和"力"等关键术语就转化成为一种"约定"，或者说，假定义。这样的约定是不可证伪的，因为从严格意义上说它们不再是经验陈述；法国物理学家和科学哲学家迪昂（Pierre Duhem）在《物理学理论的目的与结构》（1906 年）一书中基于对物理学中的表征与说明的区分，阐述了实验标准的不确定性问题和著名的"奎因—迪昂"论题，这个论题认为，对于给定的一组观察，存在着许多说明，经验证据不可能迫使理论做出修改。

尽管这些观点对近代自然科学哲学基础的批评在细节上有所不同，但是，其共同之处是，他们都认为，不能把科学理论的可理解性看成是对实在的可理解性的反映或复写，或者说，把科学理论说成是"真的"或是对实在的终极的客观描述，是没有意义的。然而，这些观点虽然来自具有科学基础的哲学家之笔，虽然对科学家超越牛顿力学的思维框架起到过重要的启发作用。但是，还不足以在科学家群体中构成对坚持科学实在论立场的任何威胁。相反，却受到了数学哲学中逻辑原子主义的某种支持。

在数学领域内，随着非欧几何的产生和数论的发展，数学经历了一次大的概念革命，出现了理解数学形式体系本性的三种新观点：逻辑主义；形式主义；直觉主义。其中，逻辑主义的观点是弗雷格（Gottlob Frege）于 1884 年和罗素于 1902 年分别独立阐述的。这种观点认为，数学的真理只能从逻辑中演绎出来。后来，罗素与怀特海（Alfred North Whitehead）在他们合著的《数学原理》（1910~1913 年）一书中详尽地阐述逻辑原子主义的观点。逻辑原子主义的观点主张，根据逻辑方法把所有复合语句的真值简化为原子语句的真值及其逻辑关联，然后，通过与直接观察的比较来确定这些原子语句的真值。在罗素的逻辑原子主义思想的基础上，更严格和更一致的逻辑原子主义观点是由 20 世纪著名的哲学家之一维特根斯坦在《逻辑哲学导论》（1921 年）一书中阐述的。逻辑原子主义成为逻辑经验主义的思想来源之一。

由此可见，经典实在论所产生的影响是深远的。它不仅一直受到大多数科学家的信赖，而且，在科学哲学中也占有相当的份额，对逻辑经验主义者产生了实质性的影响。当科学哲学家试图对逻辑经验主义所确立的科学哲学研究框架进行批判与超越时，导致 20 世纪的科学哲学向着下列几个方向发展：其一，重新揭示"形而上学"在科学研究中的应有地位；其二，重新思考理论与观察相区分的可能性；其三，超越把科学理论理解为命题集合，并把科学命题划分为综合命题与分析命题的狭隘性、片面性及其不可能性；其四，基于科学史上典型的个案分析，对科学进步、科学目的、科学方法与科学手段做出重新评价；其五，基于对科学家实践活动的跟踪研究与具体考察，重新阐述科学知识的内在本性，以求更客观地彰显大科学时代科学研究活动的本来面貌；其六，基于对科学争论的研究以及对科学主义与极端理性主义的批评，揭示科学理论形成过程中渗透的非理性因素，从而在一定程度上强调与突出科学研究进程中所蕴涵的跳跃性、非逻辑性以及个体性因素的存在。

就科学哲学家而言，他们关注的首要问题是，究竟应该如何理解科学理论假设的像光子和电子之类的理论实体的本体性问题。科学家对这些实体的把握与理解，要么，局限在一个特殊的仪器环境中，例如，观察电子在云雾室中的行迹；要么，依靠现有的理论描述，不可能像宏观实体那样，能获得任何直接的感知。这些实体无论在存在方式上，还是拥有的基本属性方面（例如，第 7 章将要详细讨论的概率性与非定域性特征）都与人们熟悉的宏观实体完全不同。宏观实体通常被称之为"物体"。物体既有质量也有时空定位，并会随着时间而变化，一旦已知其运动的初始条件，根据运动方程总能因果性地决定其未来任意时刻的运动状态或存在状态。但是，理论实体的出现，彻底地摧毁了我们曾经对物理实体的鉴别标准。例如，光子，是无质量的粒子，而且，我们不可能在任何一个瞬时都能知道光子的准确位置。这样，拥有质量和时空定位已经不再成为确定理论实体的存在性的基本标准。那么，我们需要进一步确立新的标准来鉴别理论实体的存在性吗？

总之，理论实体的隐藏性、人类感知能力的不可及性，以及描述这些实体特性的语言图像的宏观性，使得科学哲学家对这些实体的存在性提出了质疑。就目前来看，如果根据过去的实体观，显然无法赋予理论实体以本体论的地位。在这种情况下，只能通过抽象的理论描述与间接的观察推论出来（即，不能被直接地"看"到）的这些实体，还能被称之为是"实体"吗？如果答案是肯定的，那么，理论实体在什么样的意义上被称之为"实体"呢？如果答案是否定的，那么，对理论实体的本体性的否定，必然意味着是对科学认知目标的否定，会涉及重新理解科学和重新定位科学的重要问题。在科学哲学的发展史上，关于这个问题的思考与回答，构成了 20 世纪下半叶科学哲学争论的焦点问题。因而对这个焦点问题的解决，也就成为未来科学哲学发展的重要趋向。

五、结语：关注科学实在论

综上所述，不论是科学哲学发展的内在逻辑脉络，还是科学知识社会学家对传统科学观的各种极端挑战，最终，都尖锐地把当代科学哲学争论的问题焦点，现实而严峻地集中在如何为当代科学提供一种全新的实在论辩护的问题上。或者说，当代科学哲学发展要想既走出相对主义的困境，又能勇敢地面对著名的"科学大战"提出的重要问题，站在科学家的立场上赋予科学以实在论的辩护，就必须进行彻底的洗脑，寻找在大科学背景下能够合理理解科学的新平台。然而，要想达到这种洗脑的目标，首先需要对当代科学实在论发展的逻辑脉络，科学实在论者面临的各种形式的非实在论与反实在论提出的挑战，以及摆脱困境的可能出路等问题进行系统地考察。总而言之，关注科学实在论与反实在论问题，成为厘清科学哲学发展脉络的一个现实的突破口。

第二章

科学实在论的问题及其演变

在科学哲学的发展史上，科学实在论与反实在论之争是"永久性"的论题。因为整个科学哲学纲领不可能被任何单一的赞成或反对的论证来证明或反驳。由实在、真理和知识三维坐标轴所定义的观点，构成了当前所有主要的科学哲学趋势。其中，不仅包括各种各样的科学实在论与反实在论流派，而且也包括试图排除科学实在论与反实在论的全部问题的"最低纲领派"。事实上，当代科学哲学正是围绕着理论实体究竟是否具有本体论地位，科学知识究竟是否真理性认识，科学究竟是否进步的等一系列基本问题的纷争迈入21世纪的。从这个意义上讲，科学实在论无疑是当代科学哲学发展征途中一项最有前途的哲学运动，是一种哲学的世界观。它的历史演变不仅与20世纪整个科学哲学研究的方法论变化密切联系在一起，而且从整体上映射出科学主义与人文主义逐渐走向融合的内在要求。因此，系统地探讨当代科学哲学的发展趋势，在很大程度上也就是对当代科学实在论所面临的困境，以及走出自身困境所面对的必然选择做出有创新的论证。为了达到这个目的，本章首先对科学实在论的基本问题、基本观点及其演变的历史脉络进行简要的阐述。

一、科学实在论的基本问题

在西方哲学的发展史上，英语中的"realism"始终是使用最多的一个流行术语。英语的"real"这个词来自拉丁文"res"，它意指实际意义上和理论意义上的事物。"reality" 这个英语词一般是指所有真实事物的全体。"realism" 是关于这些全部事物的某种哲学学说，通常被译为"实在论"。在中世纪的哲学争论中，实在论曾作为与唯名论（nominalism）相对立的概念被使用，它主张宇宙是实在的、客观的学说。在近代哲学中，实在论表明，物质客体独立于我们的感觉经验并外在于认识主体而存在，因此，它既与理想主义（idealism）① 相对立，又与现象主义（phenomenalism）相冲突。科学实在论（scientific realism）是用实在论的立场与观点对科学理论的建构与说明所进行的评价和理解。在 20 世纪的科学哲学研究中，科学实在论的学说流派繁多、观点混杂、菁芜不一，相互交错。就其存在的类型而言可大致区分为：本体论的实在论（ontological realism）；认识论的实在论（epistemological realism）；语义学的实在论；价值论的实在论；方法论的实在论（methodological realism）和伦理学的实在论。②

从哲学史的发展来看，由于本体论研究实在的本质，特别是关于存在的问题；认识论研究人类认识的可能性、认识的来源、本质和范围等问题；语义学研究语言与实在之间的关系问题；方法论研究获得知识的最好的或者最有效的手段问题；价值论的主题中包括了科学研究的目的问题；伦理学所关心的是评价人类行为的标准和选择世界的可能状态等问题。所以，从这些基本特征出发，我们可以相应地区分出下列六种不同类型的科学实在论的基本问题：

本体论的实在论：理论实体是真实的吗？世界是独立于人心而存在着的吗？

认识论的实在论：世界能够被我们所认识吗？

语义学的实在论：真理是理论与世界之间的联系吗？

价值论的实在论：追求真理是科学研究的主要目的吗？

方法论的实在论：存在着得到知识的最好方法吗？

伦理学的实在论：在关于实在的研究中，存在着道德价值（moral values）吗？

这些问题都可以彼此独立地做出回答。其中，每一个问题至少有肯定与否定两种截然不同的答案。不同答案之间的排列组合，形成了多种观点相异、错综复杂的哲学理论。其中，两种极端的形式是，对所有问题持肯定态度的回答者被称为"科学实在论者"；对所有问题持否定态度的回答者被称为"科学的反实在论者"。这六个分支之间的关系是区分哲学学派的基本出发点。在西方哲学史上，柏拉图（Plato）曾试图大胆地一起解决本体论、认识论、语义学、价值论和伦理学的问题。从亚里士多德（Aristotle）到莱布尼茨（G. W. Leibniz）、黑格尔（G. W. F. Hegel）再到维特根斯坦和海德格尔（M. Heidegger）等哲学大师都把

---

① 按上下文理解，英文"idealism"一词可以理解为理想主义，即理想与实在对应。——编者注

② 成素梅：《在宏观与微观之间：量子测量的解释语境与实在论》，中山大学出版社 2006 年版，第 186 页。

本体论看成比认识论更基本的"第一哲学";而许多追随康德（I. Kant）的哲学家则拒绝这种"形而上学"的方法。他们认为，哲学的第一任务是通过揭示人心的固有结构，研究认识的可能性和认识的条件问题；20 世纪的分析哲学家奎因通过概念系统和理论的"本体论承诺"研究存在问题；实用主义者则用科学共同体的最后的一致性来"定义"实在与真理，并否认事实与价值之间的区分。这种方法把认识论与方法论放置于语义学之前，把语义学放置于本体论之前。①

一般而言，对科学实在论立场的有效辩护需要在本体论、语义学、认识论、价值论、方法论和伦理学的观点之间找到最合理的结合。其中，以本体论、语义学、方法论和认识论的研究为基本研究。在根本意义上，本体论的实在论问题不可能在不考虑语义学的实在论、认识论的实在论、方法论的实在论、价值论的实在论和伦理学的实在论，以及它们之间的内在关系的前提下得到解决。因此，从哲学意义上看，对科学概念与理论所进行的实在论解释，至少要对上述六种类型的实在论问题做出一致性的解答。但是，就科学实在论而言，立足的结合点不同，强调的侧重面不同，均会出现不同的科学实在论立场。因此，这也构成了下面将要论述的不同层面的科学实在论的基本观点。

二、科学实在论的基本观点

自近代自然科学诞生以来，首先成熟起来的学科是以经典力学的研究范式为基础的经典物理学。在经典物理学的框架内，对上述实在论问题的一致性解答是围绕强本体论的实在论为核心而展开的，这种观点通常被称之为经典实在论，普特南称之为"形而上学"的实在论。这种观点认为，存在一个外部的实在世界，它的基本特性独立于人类而自在地存在着；这些特性隐藏在自然科学揭示的规律当中；科学家有能力通过科学方法所规定的一套程序和认识论意义上的规范，客观而真实地揭示出这些规律；以这些规律为核心所形成的科学理论和概念是对客观的实在世界的间接而深刻的反映；概念与理论的正确性需要由是否与对象相符合来加以判断；正确的概念和理论具有指导人们做出预见，从而变革现实的作用；科学研究的目的在于揭示自然界中事物变化发展的内在原因。理解科学的这种实在论态度不仅与人们的日常心理和经验相符合，而且以牛顿力学为核心描绘了一幅关于世界的因果决定论的动力学图像。在这一幅图像中，世界在某一个时刻的状态与自然规律一起完全决定了世界在以后时刻的运动变化。物理学家拉普拉斯（M. de Laplace）关于假如他知道世界在某一时刻的状态，那么，他将能够

---

① Ilkka Niiniluoto, *Critical Scientific Realism* (Oxford University Press, 1999), pp. 1–2.

推出世界未来的所有状态的著名陈述，正是这种观点的典型代表。

亥姆霍兹（H. von Helmholtz）的描述道出了当时科学家对待科学的普遍态度。他指出，"自然科学的问题首先在于寻找一些规律，以便把种种特定的自然过程归因于一般规则，并从这些一般规则中推演出来。……我们相信这种研究是对的，因为我们确信自然界中的各种变化都一定会有某个充分的原因。我们从现象推得的近似原因，它本身可能是可变的，也可能是不变的。如果是前者，上述信念就会促使我们去追寻能够解释这种变化的原因。直到最后找到不可变的最终原因，而这个不可变的最终原因在外界条件相同的各种情形下一定能产生同样的不变的效果。因此，理论自然科学的最终目标就是去发现自然现象的终极的、不再变化的原因。"①

可以看出，理解自然科学理论的这种实在论态度，把科学理论当作是对客观存在的自然规律的终极揭示；把用来表达规律的语言、符号和推理规则看成对客体的本质属性的绝对真理的终极描述。在整个科学研究与科学认识的过程中，科学家始终只扮演着"发现者"的角色，他们的行为不仅不会从根本意义上对自在自为地存在着的研究对象的属性的相对表现带来实质性的干扰，而且能够保证客观地挖掘出这些基本属性的内在本质，正确地揭示出事物变化发展的终极原因。显然，这种实在论的观点旗帜鲜明地坚持了真理符合论的观点，但是，却把原本复杂的认识过程进行了异乎寻常的简单化处理，使认识论、方法论、语义学、价值论及伦理学意义上的实在论，在很强的本体论意义上失去了应有的能动作用，被不恰当地本体论化了。这种本体论化的倾向，无意识地在科学认识的两极（即主体与客体）签发了一份无主体地位的"不平等条约"。这份条约不仅忽视了人的认识活动所引起的对对象性客体的内在属性的根本性干扰，而且忽视了科学理论所要确立的边界条件以及真理的相对性和历史性特征。

20 世纪初，狭义相对论与量子力学的诞生，第一次使科学家真正意识到，科学理论并不是对终极规定的终极断言，任何一个理论都存在着它的适用范围，无条件地超出相应领域的无限推广，必将得出失之偏颇的结论。例如，热之唯动说所抛弃的"热质"，相对论力学所否定的"以太"，均不是自然界中的真实存在，而是不恰当地扩张力学观念的结果。正如爱因斯坦所言，对于离开知觉主体而独立存在的外部世界而言，我们的感官知觉只能间接地提供关于这个外在世界或物理实在的信息，我们也只能用思辨的方法来把握它。所以，我们关于物理实在的观念绝不会是最终的。为了用逻辑上最完善的方式正确地处理所知觉到的事实，我们必须经常准备改变这些观念，即准备改变物理学的公理基础。随着物理

---

　　　① 威·弗·马吉编：《物理学原著选读》商务印书馆 1986 年版，第 228～229 页。

学公理基础的改变，物理学理论所描述的物理实在的图景也必然会随之发生改变。所以，科学实在不是对自在实在的终极描述。

这种观念上的改变表明，科学研究活动在内容上是客观的，但在形式上却是主观的。爱因斯坦认为，科学理论既不是定律与概念的汇编，也不是互不相关的论据的随意组合，它是用来自由地发明观念和概念的人类智力的创造物。正是创造活动的无限发展，给科学的进步带来了无限的契机和活力。新的科学观念和理论常常会在实在同现有的理论解释发生剧烈冲突的地方诞生。科学的目的在于建立起感觉印象同客观世界之间的桥梁。因此，经验事实与理论假设之间的关系不完全是单纯的归纳推理关系，而且更重要的是，还包含有更多的假设演绎的成分。在归纳推理的方法中，形成理论所依赖的经验基础，既是提出理论假设的逻辑起点，也是确证理论假设的主要手段；在假设演绎的方法中，与理论相关的经验事实主要是一种辩护性因素，它既不是建构理论的唯一的逻辑基础，也不足以用与经验事实的一致性来判定理论为"真"。在理论的形成中起决定作用的是科学家的逻辑思维和非逻辑的直觉、灵感等因素。①

正当以玻尔为代表的量子物理学家接受了物理学研究的新观念，强烈要求修改经典实在论的科学观之际，以石里克、卡尔纳普等人组成的维也纳小组所创立的逻辑经验主义学派第一次把科学哲学从一般哲学中分离出来，使其成为一门显学。在20世纪科学哲学的发展历程中，科学实在论的复兴与发展既是对经典实在论观点的具体化和理性升华，也是对后经验主义者在颠覆逻辑经验主义的理性权威的过程中所滋长的相对主义思潮的彻底批判，因此，科学实在论有着自身特殊的解释对象和解释方法，从而使它在科学理性进步中产生了特殊的功能与意义。或者说，各种形式的科学实在论者正是试图通过对经典实在论或"形而上学"实在论的上述基本观点的彻底改造，在寻找理性主义与非理性主义相结合的新的基础上对科学理论进行实在论的辩护。从客观意义上看，尽管不同类型的科学实在论的侧重点不同、表述不同，显示了它们各自独到的特征和特点，但是，它们是统一的，而不是相互排斥的，在各自特殊的形式中蕴涵着内在的一致性。因此，就一般科学哲学家们所理解的典型的科学实在论来说，从整体上具有如下基本观点：②

（1）科学理论所描述的实体是独立于认识主体的思想或理论信仰而客观地存在着的。因此，科学理论构成了关于存在的真实主张。

（2）科学的理论术语（即，非观察术语）应该作为特定假设的相关表达方

---

① 成素梅：《在宏观与微观之间：量子测量的解释语境与实在论》，中山大学出版社 2006 年版，第 186 ~ 190 页。

② 郭贵春：《当代科学实在论》，科学出版社 1991 年版，第 7 ~ 20 页。

式来考虑；这就是说，科学理论应当被实在地理解与解释，而不能只停留在理论术语的层面仅仅作概念化的描述。

（3）被实在地理解与解释的科学理论是可证实的。而且，事实上，由于被一般的科学证据表明与一般的科学方法论标准相一致，理论也常常被证实为接近真理。

（4）一个理论接近于真理，是对其预言成功的最佳说明；反过来说，一个理论预言的成功，是其核心术语所指称的实在存在的证据。

（5）成熟科学的历史进步表明，无论是对可观察的实体，还是对不可观察的实体来说，科学理论都成功地和更精确地接近于真理，即，接近于对物理世界的一种真实的说明。

（6）在任何成熟的科学中，成功的理论都表明它与前理论保持着相关的逻辑联系，即，后继理论是典型地建筑在前面理论被具体化的（观察的和被理论化的）知识基础之上的。因此，前理论将成为后继理论的一个特例。

（7）一个可接受的新理论应当说明，为什么它像前理论一样是到目前为止成功的理论，以及为什么它能够取代前理论的逻辑根据。

（8）科学的目的在于探索一种对物理世界的确定和真实的描述，并且科学的成功将由科学朝着取得这一目的的进步来评价。也就是说，提供了详尽说明与精确预测的科学在经验上的成功相应地提供了对某种实在论立场的严格的经验证实和逻辑证明。

总之，科学实在论者所主张的一个最基本的前提或条件是，科学理论能在一个较长时期内站住脚，使人们普遍相信，由科学理论所假定的实体及其结构的特性具有现存性。对此，科学实在论主要强调四个十分重要的基本特征：其一，一个可被接受的理论必须经历足够长的"有意义"的时期；其二，这种站得住脚的理论描述，虽然不是一个最终的保证，但是，毕竟给出了某种使人们相信它的理由；其三，必须确信理论的结构在一定程度上与真实的世界结构的同一性；其四，对于所假定的实体，不作任何特殊的、最基本的、有特权的存在形式的主张。问题在于，当科学实在论者面对各种形式的反实在论者的诘难，试图对上述观点做出进一步的辩护时，却遇到了其自身框架内难以克服的困难。这一点是下一章将要专门讨论的主题。

需要指出的是，科学实在论的这些基本观点与科学的成功与进步、科学的目的与方法、理论的真理性、理论的说明与预测、理论的结构与实在等问题密切地联系在一起。因此，科学实在论的各种问题构成了一个复杂的系统，从任何一个简单的、片面的或教条的方面去分析和评价科学实在论都是不合理的。科学实在论的这些基本观点与特征，是在概观整个 20 世纪科学发展的水平上，对以牛顿经典物理学为基础的经典实在论的一种新发展。它表明了科学实在论的对象不应是狭隘的，而应是广阔的；科学实在论的表现形式不是单纯的，而是丰富多彩的；科学实在论的本质不仅仅表现为直观的物质客体，而是一方面表现于抽象的形式化体系；另一方面表现于远离经验的微观世界之中；科学实在论不是纯粹的以归纳逻辑为方法的思想体系，而是一个容纳各种科学方法的、立体网状结构的科学哲学体系。一句话，朝着立体的、整体的和综合的方向发展，是科学实在论的时代特征。

三、科学实在论的历史演变

科学实在论演变的历史轨迹既与 20 世纪以来自然科学研究的符号化、模型化、数字化等趋势密切相关，也与 20 世纪西方哲学的发展背景密不可分。如果说，以经典物理学的研究范式为基础的经典实在论是对常识实在论观点的一种精致化与自然衍生，那么，20 世纪中叶以来，直接或间接地、明显或潜在地既受西方哲学发展的"语言学转向"、"解释学转向"及"修辞学转向"的影响，又受科学哲学发展的内在演变逻辑的引导而逐渐复兴与蓬勃发展的科学实在论，则是对经典实在论的批判性改造与理性超越，是人类试图更本真地理解科学的一种有前途的哲学运动。

首先，常识实在论是源于日常生活中对待常识经验的一种实在论态度。心理学家皮亚杰（J. Piaget）关于发生认识论的研究成果表明，在孩子的心里，他们开始学话时所使用的许多概念，是从其所处环境的直接感知中建立起来的。因此，从遗传学的角度看，即使人类大脑的遗传结构有助于概念的产生，但是，关于客体的某些概念似乎不完全是天生的。例如，人们常用的重量、体积和密度等概念就是后天获得的。在现实生活中，一旦孩子能够理解大人在说什么，孩子在表达他的思想时就会很强烈地受到他所在群体的影响。这也是日常概念和特定的语系得以可持续发展和代代延续的前提条件之一。人们在理解和表述自己观察到的事物时所使用的这些日常概念，构成了宏观科学研究的前概念系统。

在日常生活中，许多事实所表现出的规律性，一方面允许人们用概念把它表述出来，并使其得以利用；另一方面，它使人们能够确信地假设，只有当语言的意义与人们观察的事实相一致时，语言才能够借助于陈述达到客观地描述实在的目的。例如，人们常说石头会落入水中，纸屑会浮于水面。诸如此类的常识性的规律，会在人们的学习过程中铭刻在人们的大脑的想象当中，使人们能够回忆起许多已经看到过的事实。因此，事实的规律性使合理的推理成为可能。除此之外，推理的能力还会在有规则的现象中得以产生。最基本的推理形式就是从对实在的思想表达开始的。这种表达之所以可能，是因为在自然科学研究中，实在本身充满了允许用语言、逻辑和符号加以表达的规律性。正是在这种经典的意义上，人们普遍地把自然科学理论理解成是对实在的一种客观描述。这无疑构成了常识实在论存在的基本前提，同时，也为经典实在论观点的确立奠定了基础。

其次，随着以经典物理学为基础的近代自然科学的不断成熟，及其自然科学理论的物化成果在推进人类社会文明进程中所起的不可取代的重要作用的日益加强，经典自然科学所确立的研究方法便被看成达到真理的忠实向导，根据爱因斯坦对科学方法的理解和描述，我们可以把这种研究方法简单地分为四步：(1) 经验意义上的有效观察；(2) 概念意义上的明确表达；(3) 逻辑意义上的详尽阐述；(4) 实验意义上的最终证实。这四种相互递进的认识程序决定了科学研究方法的可靠性。它至今仍然在自然科学研究中占有重要的地位。

在大多数情况下，第一步通常是通过对事实的初步观察和对数据的系统分析来进行的。这一阶段对一些基本问题的阐述，主要是用经验规则来概括所观察的内容。有些概括也许是定量化的。但是，不可能提供一个完整的理论框架。例如，经典天文学中的开普勒定律和热力学中的维恩定律，等等，都是经验性的规律，而不是系统化的理论。第二步是在表述实在的过程中进行的。在这个过程中，科学家通过发明或创造一些基本概念和数学客体揭示与此相联系的一些基本原理。例如，力学中的牛顿定律是在经过一个很长的历史过程才得到的。第三步是从假设原理中提出理论上的推论，并把这些推论应用于特殊的案例研究中；这个过程通常是一个是演绎的过程。例如，从麦克斯方程组中预言了位移电流的存在。最后一步是把这些结论充分地进行实验的证实。例如，宇宙学中的"红移"现象实验证实了广义相对论的预言。

当然，人们对科学研究方法的这种划分，既不意味着科学发现的过程将会通过这四个步骤来实现。因为历史有其自身的发展方式，其中，环境、创造性与传统意识都会起作用；也不能把这种划分理解成是在四种程序之间分配了某种优劣等级。因为在具体的实践过程中，并不是所有的步骤都是必要的。重要的是，在科学理论的形成与发展过程中，实验与创造都是十分关键的。特别是在对实在的概念表征的过程中，不存在任何可以遵循的基本规则。为什么牛顿（I. Newton）提出了加速度；为什么爱因斯坦提出了时空的弯曲；为什么海森堡阐述了矩阵力学；为什么德布罗意（L. de Broglie）假设了看不见的物质波；为什么狄拉克提出了正电子概念；为什么盖尔曼（M. Gell-Mann）使用了没有物理算符的对称性；为什么温伯格和萨拉姆（A. Salam）提出了规范对称性，等等。这些问题的答案是不统一的。虽然系统地阐述与回答这些问题不是本书的主旨所在，但是，在科学理论的形成过程中，这是非常重要的关键一步。

这种从经验到理论，再从理论到实验的方法论程序隐含了下列基本假设：其一，实在存在的"唯一性"假设；其二，实在演化的决定论假设；其三，科学理论的客观性假设；其四，测量仪器的工具论假设。在近代自然科学的理论体系中，理论概念与常识之间的联系，使得这些基本假设成为不言而喻的公认前提。因为在宏观层次上科学家没有"假定观察者是一个'物理存在'。客观描述被精确定义成对其作者没有任何涉及。"① 因此，物质的固有属性与它在测量系统过程中的相对表现之间，以及这种相对表现与对它的物理描述之间，都不存在难以补偿的原则性差异。

正如海森堡在谈到现代物理学中的语言和实在时所言："直到上世纪末（即19 世纪末——作者注）所引入的全部概念构成了适用于广阔经验领域的完全首尾一贯的概念集，并且，与以往的概念一起，构成了不仅是科学家，也是技术人员和工程师的工作中可以成功地应用的语言。属于这种语言的基本观念是这样一些基本假设：事件在时间中的次序与它们在空间中的次序无关；欧几里德几何在真实空间中是正确的；在空间与时间中发生的事件与它们是否被观测完全无关。不可否认，每次观测对被观测的现象都有某种影响，但是一般假设，通过小心谨慎地做实验，可使这种影响任意地缩小。这实际上似乎是被当作全部自然科学的基础的客观性理想的必要条件。"②

自然科学的概念与语言的常识性和研究方法的可靠性，保证了科学概念是对世界的直接表征，科学规律是对世界的内在本质的一种纯客观的揭示，由此形成了经典实在论的基本前提。在近代自然科学的研究中，这种来自源于常识实在论的观念是十分强烈的，它通常会使科学家置疑问于不顾。或者说，只要科学理论能够很容易地在常识语言的范围内被表达出来，那么，就不需要对此进行任何实质性的解释。然而，问题的发展并非总是如此简单而直观。各门自然科学毕竟是在经验基础上的一种系统化的理论。在这种系统化的过程中，数学手段的运用起到了决定性的作用。当数学模型的运用没有超出常识的范围时，除了一些哲学家之外，大多数科学家不会对实在与模型之间的一致性提出更多的质疑。但是，当公理体系和抽象的基本概念不可能在日常范围内被确定性地加以表示的时候；当我们试图把这些表示科学概念的数学量与可观察的实在联系起来之前，需要对这些量进行更多的认真思考的时候，当以归纳主义为基础的研究方法失去其前提作用，而演绎主义的理论形成模式占有主导地位的时候，实在与对它的表征之间的

---

① 伊·普里戈金、伊·斯唐热：《从混沌到有序：人与自然的新对话》，上海译文出版社 1987 年版，第 276 页。

② W. 海森堡：《物理学与哲学》，科学出版社 1974 年版，第 114 页。

实在的相关性。对于这种关联性做出自然化的说明，被看做现代物理主义的特征，这是由于这种关联性所强调的实质在于：其一，它在语义上是有价值的；其二，在逻辑上是可操作的；其三，在因果性上是有效的；其四，在特性上是可还原的；其五，在本质上不是先在的，它仅存在于各门科学发现的实在过程之中。而正是这些特性构成了对传统还原论的物理主义的修正或弱化。也正是在这个意义上，自然化的物理主义成为某些实在论者的选择方向。

（3）确立实在论的经验建构论。随着当代科学越来越远离经验的发展，以及与反实在论争论的需要，测量实在论或实验实在论已愈来愈成为科学实在论的重要形式。他们所突出强调的是，测量或实验现象是被创造的，而不是被发现的；经验是被建构的，而不是所与的。因此，经验的建构过程是测量或实验的操作行为、指针读数、可观察图像等行为语言或直观语言转化为抽象的理论语言或数学语言的过程。实在论的经验建构论的提出，一方面是对反实在论的经验建构论的批判汲取；另一方面是对传统经典实在论的机械性的否定，并从经验建构的可能性和创造性的意义上，确认了测量对象的本体论性的实在性。特别值得注意的是，正如历史经验论者提出对观察事实的"理论污染"一样，测量或实验实在论者提出了"技术污染"的概念。在经验建构的意义上，技术的行为性的要素是无形的，它作为一种"陈规旧套"潜在地存在于测量主体对现象的读出、观察和理解之中。它一方面体现了在测量实验中，概念与技术之间的内在转换，没有这种转换，现象便无法读出；另一方面，体现了观察主体在这种转换中所具有的某种确定趋向的意向性和主动性，从而决定了对特定结构转换的选择。这就是为什么对于同一测量实验现象，不同主体可以读出不同"现象"来的本质原因；也是为什么某种测量实验的传统可以被保持，并形成特定学派的内在根由。同时，这种"技术污染"的存在，还表明了经验建构本身存在的相对独立性和自主性，以及它是经验建构中较之"理论污染"更为基础的方面。所以，"不要忘记技术污染"，已成为测量或实验实在论者的重要口号之一。

（4）科学心理意向性的实在论重建。随着当代科学心理学的提出以及要求作为一门建制性学科而发展的必然趋势，科学心理认识论的实在论研究，已在科学主体、科学创造、科学发现和科学解释的一系列环节中，显示了它日益明显的认识论功能和方法论意义。特别是人们越来越清晰地认识到，在对微观物理世界的研究中，物理直觉与物理语言越来越紧密地联系在一起，已使得科学心理分析在心理表征、心理结构、心理功能和心理趋向各个方面，均面对着更加复杂和艰巨的认识论难题，而这些难题又必将成为当代心理认识论研究的时代取向。这种现状激发了某些科学实在论者重建实在论的"心理语义学"的愿望。他们试图通过对科学命题态度的意向分析，说明科学的心理结构是由句法结构的物理特性中自然获得的"因果力"与通过符号表征状态所实现的"语义力"之间的统一，认为这种统一决定了心理状态的结构变换和对信息内容的加工处理，并由此而产生特定的科学行为。他们想通过这种途径揭示心理语义分析的"心理基础"，说明心理意向结构的实在性就在于心理符号、图像和语言的变换及重组，就在于科学认识过程中语言使用的必然性和信息处理的心理意向性之间的一致性，从而最终表明心理意向结构的实在性就在于实现"脑—世界"关系并构成对其进行语义分析的手段和途径。

（5）科学主义的价值取向不断地"弱化"和"开放"。在 20 世纪科学哲学的发展中，逻辑经验主义、批判理性主义和历史经验主义的不断更迭，历史地说明了仅仅在科学主义的框架内"抱残守缺"，除了会有碍于科学哲学的进步之外，并无益处。所以，某些故步自封、闭域锁界的科学主义的僵化教条，便日益作为一种被意识到的锁链而自觉或不自觉地被松解了。在这种背景下，汲取和融合某些人文主义的有效研究方法和价值研究，弱化科学主义的规范理性，形成一个开放的科学价值系统，便成为科学实在论可选择的一条途径。尤其是，在与反实在论的争论中，科学实在论者体会到，解释学的语言解释方法与实在论的语义分析方法在同一文化背景中是一致的，它们相辅相成，并行不悖。二者的相互渗透与融合，扩大了科学说明的视野，增强了理论分析的语义空间。另外，人文主义传统中的"科学的哲学理性"所具有的深刻批判性，积极地和有意义地影响了科学实在论者的自我反思，使他们在批判绝对的形式理性的同时，既没有盲从，也没有放弃对合理的科学理性的追求和信仰，而是要建立一种"实践的理性主义"的科学价值观，并将其视为科学实在论发展的时代要求。再者，科学实在论者从人文自然主义的"自主"和"自足"观念中，看到它具有一种排除一切预设主义、目的论和先验论的合理性。因此，采取一种批判性的借鉴和比较的态度，要在实在论的立场上，对科学真理给出一种恰当的自然主义解释，以促使自然主义倾向的开放性与实在论的认识论相统一，从而构成科学主义的价值论体系"弱化"的基础，从而体现出科学主义与人文主义的合流趋势。

（6）科学认识论的社会化。科学认识论的社会化或社会化的科学认识论的走向，既是对抽象理性主义的反叛，也是对自然主义倾向的某种补充或修正。在科学实在论者看来，确立科学的相对"自主性"和某种"文化权威性"不应当与科学认识论的社会化相左，而恰恰应当成为它的一个必然的内在组成要素。这是因为，其一，对于科学功能的评判，应当建立在狭义的科学解释与广义的社会整体结构解释相统一的基础之上。其二，对于科学认识域的确立是历史的和有条件的，这种条件性就在于科学内部和外部之间存在着合理的张力。但是，这种张力的有效分布不在于单纯的逻辑预设，而在于科学探索和进步的实践的和社会的要求。其三，对科学本质的把握是必要的，但是，科学的本质不在于其自身目的与实现手段或途径之间的循环论证，而在于科学与特定社会中所有文化要素之间的结构参与性联结。其四，对科学认识论的阐释，内含着科学的、社会的、文化的、建制的和心理的各种背景因素的说明，因此，科学认识论不存在僵化的描述语言及其教条的语义空间定位，科学认识论的语言应具有整体的丰富性、深邃性和时代性的特征。

有必要指出，以上诸特征在一定程度上反映了当代科学实在论的某些重要发展趋向，但是，这既非是全面的理论概括，也非是系统的研究定向，而仅仅是些宏观的概略分析。主要原因在于，当代科学实在论的这些趋向发展，需要建立在一套完全不同于经典实在论的崭新的本体论、认识论、方法论、语义学、价值论以及伦理学的基础上，才能进行全面的阐述。而对这些基本前提的探索与论证，正是本书的意旨所在。

五、结语：超越经典实在论

总而言之，虽然早在逻辑经验主义产生之前，以量子力学为基础的微观物理学的研究已经强烈地提出了对经典实在论的基本观点的批判性超越，并且，以玻尔和爱因斯坦为代表的理论物理学家，在围绕科学理论的基础问题的争论中，已经蕴涵了新的实在论形式。但是，由于这些物理学家的哲学言论或哲学观点往往是建立在他们科学研究的直觉基础上的个人感悟，而不是经过系统论证的哲学理论，所以，通常既不系统，也不全面；更不可能提供新的实在论形式。因此，全面超越经典实在论便成为科学哲学家义不容辞的一项重要任务。逻辑经验主义作为第一个科学哲学流派，虽然它并没有对经典实在论构成实质性威胁，但是，基于对它的批判而诞生的科学哲学的历史主义学派，却为科学实在论的全面兴起奠定了基础。关于科学实在论的现有的辩护策略，正是在试图超越经典实在论的基础上提出的。

第三章

当代科学实在论的辩护策略

科学实在论的最基本的版本是以经典实在论展开的，而后过渡到超越阶段。然而，从更普遍的意义上对科学实在论的评判，既不是科学家的事情，也不是普通百姓所关注的，而是科学哲学家的工作。在科学哲学的发展史上，科学实在论复兴于 20 世纪 60 年代，其兴起的种子是由逻辑实证主义奠定的。科学实在论的辩护主要有三种值得关注的论证：（1）科学映像的论证（scientific image argument）；（2）"无奇迹"论证（"no miracles" argument）与"逼真"论证（convergence argument）；（3）"操作"论证（manipulability argument）。尽管这些论证的观点与思路都不完全相同，但是，在某种程度上，这些观点要么坚持认为，科学家公认的科学理论所描述的实在归根到底是对自在实在的正确反映；要么承认理论实体的本体性地位。我们把这三种科学实在论的论证统称之为"强实在论"立场。它们代表了科学实在论发展的第一个阶段。其时间范围主要是指 20 世纪 60 年代初到 80 年代初。近 20 年来，由于"强实在论"立场受到了各种反实在论的批评，所以，许多科学哲学家试图在"强实在论"立场与"强反实在论"立场之间寻找第三条途径，试图在兼收并蓄反实在论批判的合理化建议的基础上，努力寻找新的视角来对科学实在论进行更有免疫力的辩护，我们把这类科学实在论称之为"弱实在论"，它们构成了科学实论发展的第二个阶段。本书论证的"语境实在论"是一种形式的"弱实在论"。本章主要对科学实在论的三大论证策略进行简要的述评。

53

一、"科学映像"的论证

"科学映像"的论证是指塞拉斯（Wilfrid Stalker Sellars）于 20 世纪 60 年代初基于语言学和逻辑分析技巧探讨哲学的发展目标时，所阐述的一种科学实在论立场。塞拉斯是继实用主义奠基人皮尔士（Charles Sanders Peirce）之后美国最卓越的哲学家之一。塞拉斯的哲学分析是多方面的，其中，最著名的两篇文章分别是《经验主义与心灵哲学》（Empiricism and the Philosophy of Mind，1956）以及《哲学与人类的科学映像》（Philosophy and the Scientific Image of Man，1962）。在后一篇文章中，塞拉斯为了阐明哲学观念发展的内在动力，从论证哲学的目标是预设了真理性反思知识（reflective knowledge）的观点出发，把人类与世界之间的根本不同的联系方式区分为两种"映像"。他把第一种映像称之为"常识的"映像（manifest image）；第二种映像称之为"科学的"映像（scientific image）。然后，立足于哲学史与科学发展的双重视角，通过对这两种映像的形成过程、基本特征及其相互关系的阐述，论证了科学理论的实在性与理论实体的本体性。[①]

1. "常识的"映像

塞拉斯所定义的"常识的"映像，是指人类第一次拥有自我并开始面对自己时形成的框架，或者说，是当人成之为人时，所拥有的一种关于人类自己的概念，是一种前科学的、未受批判的、朴素的人类世界观。这种世界观是从我们所说的"原始的"映像（original image）中提炼而来的。提炼的过程是一个不断地去人性化的过程，[②] 是人类把自己与自然界中的其他事物逐渐地区分开来的一个过程，同时，也是人类不断地反思自我的一个过程。反思总是在一个能够被评价的概念框架中进行的，人类能够思考，就是学会了能够通过一个正确的、相关的和证据的标准来衡量自己的思想。在这种意义上，各种类型的概念框架都是作为一个整体先于其部分而出现的，在特征上，不可能被解释为是各个部分的集合。所以，从人类行为的前概念的模式向概念思维的转变是一种整体性的转变，即，跃迁到一个不可还原的新的意识层次，跃迁到产生了人类的层次。人类与其祖先之间根本不同的概念就是有了深刻的真理。人类从原始映像中对常识映像的提炼

---

① Kevin Scharp, Robert B. Brandom, *In the Space of Reasons：Selected Eassays of Wilfrid Sellars*（Cambridge, Massachusetts, London, England, Harvard University Press, 2007）, pp. 369 - 408.

② 塞拉斯强调指出，一定不能把这里的去人性化误解为是根据进步的科学观对人的去人性化。

分为两种类型：（1）经验上的提炼；（2）范畴上的提炼。

塞拉斯所说的经验上的提炼主要指在广泛的常识映像框架内进行的提炼，这种提炼过程逼近世界的方式类似于"纯粹关联"的归纳推理和统计推理，是根据常识映像的概念框架来整理经验。塞拉斯指出，就常识映像的提炼适当地运用了科学方法而言，他所说的"常识的映像本身"就是一种科学的映像。但是，不同的是，人类提炼常识映像所运用的科学推理并不包括假定的科学推理，即，不包括运用"假定不可感知的实体及其相关的原理，来说明可感知事物的行为。"在这里，塞拉斯实际上提供了科学映像不同于常识映像的一个重要的判断标准：即，科学映像是运用假设了不可观察的量（unobservables）的理论与实体，来说明可观察的量（observables）之间的关系。塞拉斯认为，在这种意义上，与人类的常识映像相比较，人类的科学映像"可能称之为'假定的'或'理论的'映像更恰当"，但是，在大多数情况下，如果继续使用"科学的映像"这种说法也不会引起误解。①

塞拉斯认为，从方法论的意义上看，提炼常识的映像所运用的方法主要是关联方法（correlational methods），而提炼科学映像所运用的方法则主要是假定方法（postulational methods）。但是，关联方法与假定方法一直与科学的进化相伴随，两者在辩证的意义上是相关的，假定的假设预设了有待说明的关联，提出了有可能被研究的新关联。关于事物的纯粹关联的科学观的概念，既是历史的虚构，也是方法论的虚构，因为这个概念包括了从发现事物的条件和理论中抽象出来的相关成果。所以，人类的常识映像并不是人类世界观发展中的一个已经过去的历史阶段。从哲学史上来看，常识的映像对于哲学研究而言是非常重要的，因为它定义了已有的哲学反思的一个端点。不仅古代和中世纪的哲学反思体系是围绕常识的映像建立起来的，而且，在近代和当代思想的许多体系和准体系中，有些似乎也与这些经典体系有着不同程度的共同之处。可以预计，当代欧洲大陆哲学的主要学派是如此。从发展趋势上来看，强调语言分析的当代英美哲学，近年来，在血缘关系上也变得越来越明显。② 因此，塞拉斯总结说，所有这些哲学都能够被解释为是对人类的常识映像的不同程度的说明，这种说明被看成对人类与世界本性的充分而全面的描述。

塞拉斯所说的范畴上的提炼主要是指使人成其为人的一种方式。这种使人成其为人的范畴提炼方式，并不是指从原始映像中逐渐地消除迷信，而是指比改变信念更根本的一种变化——改变范畴。因此，塞拉斯认为，常识映像的对象是

---

① Kevin Scharp, Robert B. Brandom, *In the Space of Reasons*：*Selected Eassays of Wilfrid Sellars*（Cambridge, Massachusetts, London, England, Harvard University Press, 2007），P. 375.

② 同上，P. 376.

"人"，而且，这里所说的"人"，并不是意指"灵魂"（spirit）或"心灵"（mind），个人的概念包括有两样东西：心灵与肉体，是一个合成的对象。人类在从原始映像中提炼常识映像的过程，是从周围的自然现象中"删除人"的一个过程，在这里，自然界成为"被删除了人"的场所，"人"的范畴则以一种被删除的形式应用于自然界。因此，形成了与人无关的事物和与人无关的过程之类的新范畴。在原始映像中，所有的"客体"都是人性化的。因此，所有类型的客体都是使人成其为人的一种方式。塞拉斯以刮风为例做了进一步的说明。在原始映像中，说风刮进房屋里，意味着风是带有某种目的才故意这样做的，也许经过劝说之后，风就不会刮进屋里来了。在常识映像的早期阶段，不再认为风刮进房屋里是一种带有目的性的故意行为，而是出于风的本性。这样，除了诗歌等文学作品之外，像刮风这样的自然事件，就被去人性化了。从哲学意义上来说，人明白了，人在做什么，也明白了环境是什么。或者说，只有在形成常识的映像之后，人才懂得把自己与周围的环境区别开来。

塞拉斯明确地指出，他并不是出于分类哲学的兴趣，才定义常识映像的，而是常识映像确实在哲学思维和一般的人类思想中是客观存在的。常识映像超越了个人思维成为产生哲学思维的一个开端，特别是，它使得世界能够成为描述客观映像对错的一个评价标准，或者说，常识映像可以被理解为是对可理解的世界结构在不同程度上的反映。这样，在定性的意义上，我们不仅能够把构成思想的要素看成与世界的构成要素相类似，而且，把世界看成产生这些构成要素的原因，思维方式中发生的事情是对事件方式的模仿。正是在这种意义上，塞拉斯认为，在从柏拉图开始一直追溯到当代的整个西方哲学史中，有许多哲学体系都只限于根据实在或世界来说明个人的概念思维框架。直到黑格尔时代为止，哲学家才真正意识到，在人与人的行为之间，如果没有正确而适当的判断标准，就不可能进行有效的概念思维，这是因为，在"我"的所作所为与"他人"的所作所为之间的比较，才是理性思考的本质。因此，从根本意义上看，对个体思想家的概念框架的固定与超越，是一种群体行为或社会现象。这一事实意味着，关于人类的常识映像的社会特征，直到19世纪才得到了说明，但是，这种说明是很不充分的。①

塞拉斯把常识映像的社会特征理解为是一种主体间性，即交互主体性，是主体间的交互关系。他认为，在当代实践中，没有主体间性的比较标准，就没有概念思维，也不会出现像下棋或打球之类的游戏。不过，他强调指出，概念思维这

---

① 在20世纪的哲学发展中，哈贝马斯的社会交往理论正是建立在强调集体思维的基础之上的。另外，按照塞拉斯的观点，现象学家的研究应该属于常识映像范围内的研究。

种游戏与日常生活中的一般游戏完全不同，它有两个值得重视的非常独特的重要特征：其一，人们不能根据被告知的规则来玩概念思维的游戏；其二，无论其他类型的概念思维是否有可能，人类的概念思维确实包括了对世界的表征方式。这意味着，一方面，作为个体的思想家在根本意义上是群体成员之一；另一方面，一个群体只有当组成它的每个成员都把自己看成与"他人"相比较的"我"时，才能作为一个群体而存在。因此，在一个存在着的群体中，组成成员已经自觉地表征了他们自己。这样，在塞拉斯的定义中，概念思维不是偶然的，而是与他人沟通的一个基本前提，群体成为个人与可理解秩序之间的一个中介。

但是，塞拉斯认为，在常识映像的框架内说明这个中介的任何一种企图都是注定要失败的，原因在于，对于这样一种企图而言，常识的映像所包含的资源，提供了把科学理论确定为一个说明框架的基础。或者说，正是在人类的科学映像中，我们才开始注意到，人类拥有一个自我映像的主要轮廓，因为我们开始把常识的映像看成像一种群体现象那样是一个进化发展的问题。但是，这个进化发展的过程是在非常简单的水平上进行的。"常识的映像"通常会受到有限感觉阈限的制约，只有"科学的映像"才能超越人类自身感觉阈限的制约，才能透过表面现象达到对客观世界本质的认识。因为单纯的主观感觉只是对外界作用的一种消极反映，还称不上是严格意义上的认识，只有把这种感觉纳入能动的思维领域，才能使认识成为可能。那么，在什么意义上以及在多大程度上，人类的常识映像能够幸存下来，不被结合到根据科学理论的假定客体所形成的映像中呢？塞拉斯认为，只有考察了科学映像的陈述时，这个问题才能得以回答。

2. 科学的映像

塞拉斯把"科学的映像"定义为是一种经过反思、批判和逻辑加工而形成的框架，是用假定感觉不到的客体和事件，即，不可感知的量（imperceptibles），来说明能感觉到的客体与事件，即，可感知的量（perceptibles）之间的相互关联，或者说，科学的映像是从假定的理论结构的成果中演绎出来的映像，并且，与常识的映像一样，也是理想化的和在过程中形成的。塞拉斯强调指出，他对"科学的映像"这一概念的阐述，不是在人类的非科学的概念和科学的概念之间做出对比，而是在下列两个概念之间做出对比：即，一个是只局限于根据关联技巧阐述感知与反省事件的概念；另一个是假定不可感知的客体与事件，来说明可感知的量之间的关系的概念，即，是与常识的映像相比较而言的。塞拉斯认为，在科学史上，能够利用理论阐述的许多新关联，来重新说明先前建立起来的旧关联。因此，在关联程序与假定程序之间存在着相互影响。他举例说，当物体的电磁辐射理论与物体的化学构成联系起来之后，我们才能更加详细地阐述过去常见的石蕊试纸在酸性液体中会变红的内在机理。这意味着，科学映像比常识映像更深刻地揭示了事物的内在本性。

塞拉斯认为，"科学的"或"假定的"映像这个概念，实际上，是综合了各门学科的理论映像（theoretical image）的一个概念，其中，每一个理论映像都适用于具有一定自主性的人类的概念框架。因为不同的学科涉及人类行为的不同方面，有多少与人相关的学科，就有多少个理论映像。例如，有理论物理学家、生物化学家、生理学家、行为科学家、社会学家，等等；他们的映像都与常识的映像形成了对比。从方法论的意义上来看，每一门学科都是从不同的"地方"通过不同的程序在主体间性的意义接近可感知的物质世界。这些不同的理论映像之间是相互协调与彼此促进的，它们在整体上的合作与协调关系形成了一个统一的科学映像。他举例说，我们能够让生物化学的研究对象遵守理论物理学所阐述的定律，从而把生物化学的映像与物理学的映像统一起来。这体现了理论实体的内在"同一性"。也就是说，生物化学的物质是由物理学阐述的粒子构成的，它们所遵守的定律，是基本粒子遵守的定律的特殊情况，或者说，生物化学的化合物与亚原子粒子的图样是一致的。但是，反过来，基本粒子的特殊图样不可能遵守生物化学的定律。因此，基本粒子的复杂图样不可能以简单的方式与不太复杂的图样联系起来。

为了进一步说明科学映像的形成过程，塞拉斯接着考察了生物化学的映像与生理学的映像之间的关系。他指出，把这两种映像结合到一种映像当中，将会表明，生理学（特别是神经生理学）的实体能够被等同于复杂的生物化学系统，在很弱的意义上，与生理学相关的理论原理能够被解释为是生物化学的一种"特殊情况"。但是，当我们根据行为学的理论来考虑人在这个科学的映像中所处的位置时，就会带来一个非常有趣的问题。首先，"行为心理学"这一术语具有多种含义，至少在一种含义中，这门学科不属于科学映像的范围，而是属于常识映像的范围。这是因为，在更广泛意义上，心理学还是一门行为科学，心理学中所使用的概念范畴属于常识的框架，并且总是根据人的行为标准来确证假设与心理事件，或者说，是用可观察的行为作为心理事件的证据。然而，在常识的映像中，可感知的行为只有在主体间性的意义上，才能成为精神事件的证据。行为主义不仅把证据局限于一致性的观察行为，而且，把自己的任务定位于是寻找不同行为模式之间存在的关联。关于这种关联所带来的一个有趣问题是："有理由认为，行为模式之间的关联框架能够建立起关于人类行为的科学理解吗？"①

① Kevin Scharp, Robert B. Brandom, *In the Space of Reasons: Selected Eassays of Wilfrid Sellars* (Cambridge, Massachusetts, London, England, Harvard University Press, 2007), P. 391.

塞拉斯以动物的行为为例进行了说明。他认为，众所周知，动物既具有复杂的生理系统，也是一个生物化学系统。但是，这并不意味着动物行为学必须用神经生理学或生物化学的术语来阐述。至少我们可以根据进化论提供的关于动物行为与其环境相互作用的宏观变量，比如，刺激、反映、目标行为等概念，来研究动物的行为。行为学家通常是运用统计方法来发现动物的行为与其环境的相互作用之间的关联。但是，根据行为学的程序所得到的发现与确认，当然不同于根据神经生理学假定的实体与过程所做出的说明。当生理学的考虑有可能提出有待检验的新关联时，这些关联本身必须是独立于生理学的考虑建立起来的，它们一定属于不同的行为科学。然而，动物的关联行为学总是在当时的物理学、化学、寄生虫学、医学和神经生理学等相关学科提供的"标准条件"的背景知识范围内才会有效。关联行为学是对生物体在刺激—反映条件下的特性的描述，因此，这些特性是"不确定的"。如果把假定的实体与生物体的各种各样的宏观行为变量尽可能地联系起来，那么，会有助于预言新的关联。塞拉斯明确地说，在这里，他的分析夸大了对低等生物体行为的假定程序的方法论效用，因为当前的神经生理学还没有发展到这个程度。但是，这种分析思路至少表明，在科学映像的语境中所研究的动物行为比在常识映像的语境中研究的动物行为更具体与深入。

塞拉斯认为，在人类行为学中，情境从一开始就有些不同。这是因为，人的行为的一个重要特征是，任何两个相继的可观察行为，在本质上，都包含有非常复杂的与言语行为相关的"不确定的"事实。因此，在人类行为学中，假设一个内在的事件系列来解释行为状态与特性之间的关系，确实证明是有帮助的。但是，就当前的科学发展水平来说，这种假定还没有达到神经生理学那样的程度。然而，不管人类的行为学是否包括关于假定实体的陈述，在"假定的"映象或"理论的"映像中，一定能找到已建立起来的关联的对应物。或者说，没有一位行为主义者会否认，他所寻找与建立的关系，在某种意义上，对应于神经生理学的关联和生物化学的关联。因此，他初步假设，尽管行为学与神经生理学还是不同的学科，但是，行为学的关联内容指向神经生理学理论所假定的过程与原理的结构。塞拉斯根据这种假设最后得出的结论是，人类的科学映像被证明是复杂的物理系统的映像。

应该注意的是，塞拉斯虽然与逻辑经验主义的奠基人之一卡尔纳普一样，都站在统一科学的立场上，[①] 主张把所有的学科最终还原为物理学。但是，两者的

---

① "统一科学"的目的表明，如何把各种各样的科学活动（例如，观察、实验和推理）综合在一起，并使所有这些活动共同有助于统一科学的发展。

思路与论证方式是不相同的。卡尔纳普认为，一个科学理论包括有理论定律、经验定律和对应规则三个层次。其中，理论定律只包含有理论术语，是从经验观察中推论出来的，是超越经验的一种假设，是关于不可观察的或不可测量的客体或特性的定律，它只能说明和预言经验定律，不可能得到直接观察的辩护；经验定律只包含有观察术语，是对观察经验的归纳概括，是关于可观察的或可测量的客体或特性的定律，它能够说明与预言经验事实，并得到经验事实的直接证实；对应规则是把明确的理论陈述与可定义的观察陈述联系起来，或者说，是连接理论定律与经验定律的中间桥梁，它既包含有理论术语，也包含有观察术语。理论的任务是借助于对应规则从理论中演绎出经验定律。各门学科最终都能够还原于或统一于物理学的语言与定律。

塞拉斯则根据整体论的思想并立足于过程论的立场认为，关于科学理论的这种"夹心蛋糕模型"（layer-cake model）或"层次图像"（levels picture）在方法论意义上强调了三种不同类型的陈述，在本体论意义上隐含了观察框架本身就是一种理论的观点，这样一个层次的概念是一种神话，这种图像本身是一种误导。其原因在于，一方面，关于理论术语的意义和理论实体的实在性的困惑与对应规则的地位联系在一起；另一方面，在实际的科学发展中，经验定律与理论定律并没有独立的自主性层次。只有从理论的视角来看，与理论定律相对应的经验概括才具有自主性。或者说，我们只有在一个理论框架中，才能说明为什么可观察的对象会遵守如此这般的经验定律。例如，物理学家根据气体的分子运动理论说明了气体为什么会遵守波义耳定律（Boyle's law）。因此，接受了气体的分子运动理论的解释，就意味着接受了理论框架所假定的客体，同时也意味着，我们有很好的理由相信这种理论实体的存在性。[①] 塞拉斯是通过分析不同的理论映像之间在说明机理方面存在的相互借鉴与协调关系，使得由此而来的科学映像最终必然会统一于物理学的映像。所以，在塞拉斯看来，至少科学的映像比常识的映像更真实地反映了自然界的内在本质，常识的映像只是对经验关联的一种概括，科学的映像则能对这种经验概括提供一种机理性的说明。那么，这两种映像之间存在着什么样的关系呢？

3. 两种映像之间的关系

塞拉斯认为，"常识的映像"和"科学的映像"虽然都是人类对外在世界的映像，但是，两者是有区别的。一方面，由于它们有时会得出相互矛盾的陈述，

———————————

① Wilfrid Sellars, The Language of Theories, In Edward A. MacKinnon ed. , *The Problem of Scientific Realism* (New York: Meredith Corporation, 1972), pp. 182 – 207.

所以，它们是人类从两个不同的视角和不同层面得到的相互竞争的映像；另一方面，它们又都是"理想化的"，需要进行相互补充，而不是相互替代。简单地说，常识的映像是从史前史的迷雾中产生出来，并立足于人的宏观感知，通过对常识经验中的关联关系的提炼和范畴的提炼而形成的；科学的映像则是假定了不可观察的实体或事件来说明可观察的实体与事件之间的联系。为了进一步阐明这两种映像之间的内在关系，塞拉斯在说明主义的意义上区分出下列三种选择：（1）在森林完全等同于许多树木这种简单的意义上，常识的物体完全等同于无法感觉到的粒子系统；（2）只有常识的物体是真实存在的，不可感知的粒子系统是对常识物体的一种"抽象的"或"符号的"表征方式；（3）常识的物体是人们关于由不可感知的粒子系统构成的实在的一种心理"表象"。

塞拉斯首先明确地指出，选择二曾得到了有能力的哲学家（比如，工具主义者和经验主义者）的拥护，但是，他拒绝接受这种把科学映像仅仅看成是常识映像的"符号工具"的观点，或者说，他把这种观点看成一种特定的神话加以拒绝。接着，他从分析一个系统的整体与部分之间的关系出发，论证了选择一的不可能性。他认为，单从逻辑上来看，一个物体既可能是一个拥有感知变量的可感知的物体，也可能是一个没有可感知变量的不可感知的对象系统，这种观点并没有直接的矛盾。但是，选择一预设了作为一个整体的系统只能拥有其部分所具有的特性。无论是在常识意义上，还是从当代科学的发展来看，这种观点都是不能令人接受的。或者说，如果一个物理系统是一个在严格的意义上不可感知的粒子系统，那么，它作为一个整体不可能具有常识映像中可感知的物体的特性。这样，我们得出的结论是，常识物体是感知者关于不可感知的粒子系统的"表象"，这就是选择三。然后，塞拉斯用了大量的篇幅，对选择三可能会遭到的反对意见进行了反驳。

塞拉斯认为，选择三通常遭受到异议。如果认为宏观物体是人关于不可感知的粒子系统的"表象"，那么，我们周围的所有物体将会全部是无色的。这种观点的价值在于，在常识的框架内，说一个看得见的物体是没有颜色的，就像说一个三角形是没有形状的一样荒谬。这里实际上涉及爱丁顿（Arthur Stanley Eddington）所讲的两个桌子的问题，一个是可看见的宏观桌子，另一个是由看不见的微观粒子构成的桌子。① 在塞拉斯的案例中，相当于常识映像中的桌子和科学

---

① 爱丁顿在《物理世界的本性》（据他于1927年1月到3月在爱丁堡大学所作的讲座整理而成）一书中区分了两个桌子：一个是我们早已很熟悉的"普通的桌子"，它具有外延性，占有空间，拥有颜色，是由物质构成的；另一个是量子力学产生之后才揭示的我们大家不熟悉的"科学的桌子"，它不属于我们眼前所熟悉的世界，在大多数情况下是空虚的，我们不可能把它转换成旧的物质概念。但是，爱丁顿认为，在他写科学研究论文时，第二个桌子与第一个桌子一样也是真实存在的。

映像中的桌子。塞拉斯认为，这种异议没有任何价值，是一种幻觉。因为它错误地把包括了桌子之一的可观察层次的物体看成"绝对的"，这不是否定同一个框架之内的信念，而是用在一个框架语境中已接受的常识观念来否定另一个框架语境中的观念，所以，这种异议实际上是对既定概念框架本身的挑战。尽管关于宏观物体的概念框架，即，日常生活中的常识框架，对于日常生活的目的来说，是适当的，但是，当它说明所有需要考虑的事物时，最终是不适当的，也是不应该被接受的。一旦明白了这一点，我们就会看到，这种反对观点是无效的。因为它并没有提供一种超出常识框架范围之外的观点。

塞拉斯认为，在机制说明方面不起作用的常识世界中的那些特性，已经被笛卡儿和其他新物理学的解释者所抛弃，这是一个熟知的事实。接着，塞拉斯进一步通过对笛卡儿的身—心二元论观点的批评和对概念思维与言语行为之间的相似关系的分析表明，从当代神经生理学的观点来看，把概念思维等同于神经生理过程，原则上没有任何障碍。这种同一性比常识映像中的物体与复杂的粒子系统的同一性更直接。但是，应该注意到，人的概念思维与人的感知是有区别的，把概念思维等同于神经生理的状态和把感知等同于神经生理的状态，存在着重要的差异。这不是说，原则上不可能把神经生理的状态定义为高度类似于常识映像的感觉。而是说，困难在于，描述物质的可感知的特征，例如，颜色，似乎在可定义的神经态及其相互作用的区域内，是根本没有的，说物理学理论中的粒子带有颜色，是没有意义的。那么，应该如何把常识的感知与它的神经生理学的对应物结合起来呢？在这个问题上，我们面临着一种选择：是否承认有意识的感知能够与大脑的视皮层中的相似物一致起来。

塞拉斯认为，在这个问题上，二元论的选择并不是一个令人满意的解决方案。因为根据推测，感知是说明我们如何开始建构常识世界中的"表象"所必需的，或者说，感知是说明如何会存在有色物体所必需的。如果科学的映像本身有可能作为一个封闭的说明系统呈现出来，那么，这种说明将会是一个神经生理学的建构。常识映像中的表象只是一个被说明的对象，不能最终达到与神经生理过程的同质性。因此，我们面临着一种相矛盾的选择：要么，神经生理学的映像是不完备的，即，必须补充拥有最终产生同质性的新对象，比如，"感觉场"；要么，神经生理学的映像是完备的，感觉特性的最终的同质性在时空世界中根本不存在的意义上只是一种"表象"。塞拉斯赞成后一种选择。在他看来，目前，科学的映像还很不完备，我们还没有揭示出自然界的所有秘密。如果有朝一日证明，被看成时空连续统中的奇点的粒子系统能从概念上分解成相互作用的粒子，那么，我们就不会在神经生理学的层次上面临着理解感觉与粒子系统联系起来的问题。我们必须揭示出粒子映像的非粒子基础，并且意识到，在这种非粒子的映像中，感觉的性质是只有与复杂的物理过程相联系才能发生的自然过程的一个维度。

塞拉斯认为，即使上面的提议足以阐明科学的映像能够运用自己的术语重新创造出常识映像的感觉、映像和情感，但是，接受科学映像优先性的论点必须表明，如何把与人相关的范畴与科学所描述的人的观念协调起来，即，必须重构与人相关的范畴。一方面，根据科学的映像重建与人相关的范畴，就像用亚原子物理学重构生物化学的基本概念一样，不会带来任何损失；另一方面，重建本身必须考虑到"自由意志"的问题。因为人既有自然属性，又有社会属性。即使对人的自然属性的描述可以超越常识的映像最终统一于科学的映像，但是，人的社会属性为人定义了什么是"正确的"或"不正确的"；什么是"对的"或"错的"；什么是"应该做的"或"不应该做的"，或者说，社会最基本的原理是为其组成成员的行为提供了共同的意向性。因此，人的概念框架不需要还原为科学的映像，而是与科学的映像结合起来，这样，我们就能够把科学理论描述的世界与我们的目的直接联系起来，形成我们自己的世界，而不再是我们生活的世界的外在附属物。塞拉斯在文章的最后提出，尽管把科学的映像与我们的生活方式直接结合起来还只是一种想象，但是，这种做法超越了认识论意义上关于人类的常识映像与科学映像的二元论。哲学研究正是应该向着把这两种既相互竞争又相补充的映像统一起来的方向发展。

二、"无奇迹"论证与"逼真"论证

"无奇迹"论证是试图通过对 20 世纪盛行的各种反实在论观点的反驳，立足于当代科学的发展，为科学理论所阐述的不可观察到的理论实体的本体论地位提供一种可理解的哲学前提。其核心思想是，只有坚持站在实在论的立场上来解释实验现象与科学的成功，才不会使科学成为一种不可思议的"奇迹"，才能合理地理解科学理论确实是向着不断地接近于真理的方向发展的。这种观点是在批判自逻辑实证主义以来科学哲学中占有优势的现象论和经验主义的基础上形成的，从时间上看，它主要在 20 世纪 60 年代初到 80 年代初比较盛行。主要的代表人物有斯马特（John Jamieson Carswell Smart）和普特南。"逼真"论证与"无奇迹"论证是相互联系在一起的，它主要由普特南提出，然后，波义德作了进一步的阐述。从严格意义上讲，这三位代表人物的科学实在论立场并不完全相同，甚至还存有分歧。但是，尽管如此，他们的学术视角与他们对问题的论证方式，为我们更合理地理解科学提供了值得借鉴的方法论启迪。

1. 斯马特的论证方式

斯马特是苏格兰籍的澳大利亚哲学家，在牛津大学读研究生期间曾是英国日常语言哲学家吉尔伯特·赖尔（Gilbert Ryle）的学生，其研究领域涉及形而上学、心灵哲学、宗教哲学和政治哲学等领域。在科学哲学方面，斯马特曾与塞拉斯有过许多私人通信。从信件内容来看，他既不同意传统的哲学家只肯定常识客体的实在性，把微观客体看成一种"符号工具"的观点（即，塞拉斯所讲的选择二），也不同意塞拉斯把宏观物体看成微观客体的"表象"的论证方式（即，塞拉斯所讲的选择三）。[①] 斯马特认为，像颜色之类的第二性质的量（the secondary qualities），既可以与科学映像相一致，也可以与常识映像相一致。因此，与塞拉斯站在物理主义的立场上主要运用还原论的方法论证问题的方式所不同，斯马特首先从方法论意义上把物理学定律与生物学定律区分开来。一方面，他认为，物理学和化学有自己的定律，例如，经典力学的运动定律、电磁学定律、量子力学方程以及许多化学反应方程，这些定律在时空中具有普遍性。但是，生物学或心理学的定律则不同。例如，孟德尔定律实际上只是一种概括，还谈不上是严格意义上的定律，因为它只在一定的范围内是普遍的。另一方面，物理学家所研究的对象是简单的或均匀的，通常可以作为理想化的对象来处理，例如，质点、刚体、理想气体，等等。相比之下，生物学家和工程师研究的对象是复杂的和特殊的。

在斯马特看来，从严格的意义上讲，只存在着物理学和化学的定律，就像不存在工程学的定律一样，也不存在生物学和心理学的定律。例如，我们承认电子工程学或桥梁设计一定会运用物理学的定律，而根本没有电子学的定律或架桥的定律。从逻辑的观点来看，生物学与物理学和化学之间的关系，类似于无线电工程与电磁学理论之间的关系，不同于引力理论与气体运动理论之间的关系。也就是说，生物学理论与物理学理论属于不同的逻辑类型，它们的存在形式和逻辑结构是完全不同的，就像无线电工程运用物理学定律来说明为什么一个电路图会如此运行一样，生物学家是运用物理学与化学定律来说明为什么生物体（比如，细胞核）会有如此的行为。无线电工程是电路图加物理学，生物学是物理学和化学加博物学。因此，不可能把生命现象的特性完全还原为其构成元素的物理特性。生命现象的个体性与环境依赖性决定了它比物理现象更复杂。但是，在本体论的意义上，物理类学科的研究对象和生物类学科的研究对象在本质上并没有明

---

① 参见 Corresfvondence between wilfrid sellars and J. J. C. Smart（http：//www.ditext.com/sellars/smart.html）。

确的分界线，它们之间的区别只是方法论意义上的。

因此，仅从研究对象的本体性来看，微观客体与宏观物体一样，都是一种客观存在，两者属于不同的层次，既不能用其中的一个取代另一个，也不能将两者完全等同起来。斯马特在 1963 年出版的《哲学与科学实在论》一书的第二章"物理对象与物理学理论"中阐述了这种观点。① 在这一章，斯马特通过对当时英美科学哲学界流行的两种类型的现象论的批判，分别论证了像桌子、石头、大树等宏观物体的实在性和像电子、光子、中子、质子、介子之类的物理理论提供的微观实体的实在性。斯马特指出，许多哲学家认为，微观实体根本不是世界的组成部分，而是预言宏观物体行为的有用的概念手段。根据这种观点，说电子是真的，只是说"电子"这个词在使我们能预言和控制宏观层次事件的物理学理论中起到了有用的作用。物理学家谈论的电子可能只是谈论像验电器和威尔逊云雾室之类的宏观对象的观察结果的一种简洁方式。在类似于墙壁是由砖块砌成的意义上，桌子并不是由质子、电子、中子等制成的。这种观点通过马赫传播开来，并延伸到量子力学的哥本哈根解释的代表人物当中。这种观点在某些方面与现象论的哲学教条很相似。

在斯马特看来，现象论者的基本观点认为，物质是"一种感觉的固定不变的可能性"，换言之，他们对经验的假设命题是，关于桌子和椅子的陈述大致来源于这样的形式："如果有如此这般的感觉经验，那么，就会有如此那般的其他感觉经验。"斯马特说，他所要反对的关于物理学理论实体的观点是，假设了像桌子、椅子、石头等宏观物体的实在性，而把像电子之类的理论实体看成是观察宏观物体的"固定不变的可能性"（即，塞拉斯所说的选择二）。持这种观点的代表人不管是否是关于宏观物体的实在论者，他们一定是关于微观客体的现象论者。在这里，存在着两种现象论：如果假设谈论电子只是谈论电流计、阴极射线管等观察结果的有用方式，也假设谈论电流计和阴极射线管只是谈论我们的感觉经验的一种方式，那么，这就把谈论电子本身恰好看成是谈论感觉经验的一种方式。因此，关于理论实体的现象论也支持了关于宏观物体的现象论。但是，两种现象论不一定总是相伴随的。如果你是一位关于电流计的现象论者，你一定也是关于电子的现象论者；但是，你还可能是关于电流计的实在论者和关于电子的现象论者。

斯马特首先对宏观物体的现象论进行了反驳。他认为，关于宏观物体的现象论观点所存在的困难是：其一，它很难对感觉经验的假设命题的本质做出精确的

① J. J. C. Smart, *Philosophy and Scientific Realism* (First Published by Routledge & Kegan Paul Ltd, 1963), pp. 16 – 49.

描述，因为也可能会出现幻觉或梦境之类的感觉经验；其二，它需要说明语句中的"我"这个词的含义，因为经验交流总是从"我"的个人体验开始的，对于感觉者而言，很难看到如何避免像黄疸病人把白纸看成黄色的这样的感觉事实；其三，现象论者必须承认，对于宇宙中的所有生命体来说，他们的假设过去与将来都会是无矛盾的。这一点很难得到保证，特别是，当现象论者谈论一个无生命的宇宙时，不得不根据没有现实基础的可能性来进行，这是令人难以理解的。因为根据他们的观点，宇宙是由现实的和可能的感觉印象组成的。无生命的宇宙只能由可能的感觉印象所构成。然而，人们独立于所有现实性是无法谈论经验可能性的，或者说，可能性的判断只有在现实性的基础上才能做出。玻璃窗会被打碎的可能性是根据玻璃的分子和物理结构做出的判断，或者说，是基于过去同样的玻璃窗被打碎过的经验做出的判断。

在这里，斯马特引证塞拉斯的观点说，实在论者能够很容易谈论"可能的"感觉印象。因为在某种程度上，实在论者把这种可能性看成基于物质语言层次的某种现实的规律性所获得的。也容易明白，在常识的层次上，我们能够支持我们谈论获得某种感觉印象的可能性。然而，现象论者只能通过现实的感觉印象中的规律性来谈论可能性。虽然这种规律性在特定的人的感觉印象中确实是存在的，但是，它们是偶然的概括，依赖于人的感受与环境。例如，"这间屋里的所有的啤酒瓶都是空的"这个命题所提供的信息是，"如果这间屋里有啤酒瓶的话，那么，它们一定都是空的。"但是，它不允许我们做出关于未来的预言。因为我们在这间屋里看到了所有啤酒瓶，并发现它们都是空的。因此，"我的"感觉印象中的感觉印象将是依赖于我自己的环境的偶然事实，进一步的结论是，关于可能的感觉印象的概念是得不到任何支持的。

所以，我们应该使自己摆脱感觉证据的束缚，牢记我们是很积极地与物质世界相联系的。从生物学的意义上来看，我们获得知识的过程没有任何神秘性，我们的学习过程依赖于我们的感觉器官并通过光线、声波等获得信息。智能机具有的经验学习能力，是证明这种观点的一个简单事例。一旦你从生物学上思考人的感知，那么，你的思考就是根据动物的刺激反应能力进行的。这就很难把物体看成需要分析的感觉证据。确实，事实恰好相反。物体不能根据感觉经验来理解，但是，感觉经验可以根据物体来理解。斯马特在他著作的第四章与第五章专门详细地论证了心灵的状态为什么会与感觉状态相一致，或者说，感觉为什么会与大脑过程相统一的观点。然而，对宏观物体的现象论的反驳并不是斯马特的科学实在论的主要核心。他真正所要维护的是关于理论实体的实在论观点，并试图把物理学的基本粒子看成与桌子和电流计一样是在哲学上令人尊敬的实体，或者说，认为物理学理论所假定的微观层次的理论实体是"世界内容"的一个组成部分。

斯马特对这种观点的论证是从其可能遭到的反驳开始的。

斯马特认为，关于理论实体的本体论地位的最极端的反对观点是，把关于电子、质子等的语句转化为关于电流计和云雾室等的语句。根据这种观点，电子和质子是来自宏观物体的逻辑构造，就像平均身高是来自所计人数身高的逻辑构造一样。① 然而，科学哲学家对逻辑实证主义的批判已经表明，不可能把理论语句明确地转化为观察语句。首先，科学理论表达了比经验事实和概括更多的内容。退一步讲，即使科学理论没有"表达出更多的内容"，它也恰好等同于这些事实与概括。因为过去的事实和概括不可能在逻辑上蕴涵未来的事实和概括。其次，如果理论术语是观察术语的逻辑构造，那么，这将会意味着，我们不可能根据新的证据修改或扩展我们的理论，相反，总是不得不彻底地建构新的理论。第三，克雷格定理尽管对于逻辑学中的公理化理论来说是很重要的，但是，并不能证明它是反对科学中理论实体的哲学实在论的武器。第四，"电子"这个词是从它在物理理论中所起的作用获得其意义的，物理学理论排除了我们看到电子等微观粒子的可能性。因此，基本粒子是不可能被看到的。或者说，理论既维护了基本粒子的存在性，也说明了它们的不可观察性。

但是，斯马特也承认，基本粒子确实是非常奇怪的东西。如果当前的物理学理论被放弃或被彻底修改，人们也必须放弃关于这些粒子的存在性断言。特别是，关于微观实体的经典观念一定会得到彻底的修正，当前的观念一定会在未来承受很大的改变。事实上，当前的量子力学还不能令人满意，物理学家一定期待着发现新的更简单的理论。尽管如此，如果假设"电子"将会遭受到和"燃素"一样的命运，那将是毫无道理的。因为无论我们在旧语言中对电子给出什么样的描述，在新的语言中也必须提供对它的描述。例如，当德布罗意开始把电子说成是一个波包②时，他仍然试图用"波包"来描述以前的"粒子"的行为。这种情形完全不同于海蛇怪的情形，古代和近代的航海者曾对海蛇怪有所描述或错误地描述过，现在的水手把它描述为海豚类。

斯马特强调指出，有许多理论上的理由支持不应该采纳现象论者的解释。首先，现象论既是不可证明的，也是难以令人置信的。从实践的视角来看，如果我们是现象论者，我们将会很危险地满足于当代的物理学现状。因为当代理论物理学的理论越来越远离经验与现象世界，变得越来越抽象。其次，物理学中的观察总是负载理论的，并不只是一个获得指针读数的问题。物理学的语言向我们所提

① 这里说的 A 是 B 的逻辑构造，是指包含有 A 的词语的句子能被转化为不包含 A 这个词，只包含与 B 相关的词的句子。例如，我们说某个地区的年平均温度是 20 摄氏度，是把一年四季的这个地区每天的温度相加再除以 365 天得出的数字。
② 物理学中的一个专门术语，像"速度"一样，物理学家用其描述粒子的行为。——编者注

67

供的图像比日常语言提供的图像更准确。第三，如果关于理论实体的现象论解释是正确的，那么，关于电子等的陈述就只具有工具的价值：它们只能使我们预言云雾室层次的现象，根本不可能排除这些现象的令人吃惊的特征。不可否认，如果物理学家经过反思后发现，世界竟然包含着这些稀奇古怪的本体论意义上相分离的现象时，他们会感到不可思议。如果以实在论的方式解释一个理论，那么，就不会对云雾室等揭示的现象感到惊奇。这是因为，如果确实有电子等存在，恰好是我们所期望的。许多令人不可思议的事实不再让人感到奇怪。但是，反过来，如果在没有电子存在的情况下，光电效应能继续发生效用；在没有光子存在的情况下，电视图像仍然能把光信号转换为电子信息，这绝对是一个奇迹。

2. 普特南的论证方式

普特南是当代著名的美国哲学家，是心灵哲学、语言哲学和科学哲学界的重要人物，也是 20 世纪下半叶最有代表性的一位著作颇丰、思想深刻的科学实在论者。大体上看，普特南所坚持的科学实在论立场前后发生过两次大的转变：第一次转变是在 20 世纪 70 年代末 80 年代初，由于受奎因思想的影响和对数学哲学研究的不断深入，从"形而上学的实在论"（metaphysical realism）转向了"内在实在论"（internal realism）；第二次转变是自 80 年代末以来，由于对科学主义和分析哲学越来越感到失望，在实用主义哲学的影响下，假设了心灵与世界之间的关系的"认知界面"模型，放弃了"内在实在论"转向"直接实在论"（direct realism）。[①] 因此，普特南的哲学研究重点也相应地分为三个时期，早期主要是从实在论的特殊视角，阐述特殊的科学哲学问题，重点是数学哲学和量子力学哲学，涉及这些问题的文章收录于 1975 年出版的《数学、物质与方法》一书中。[②] 中期研究主要是通过对 20 世纪占有绝对优势的逻辑经验主义的意义证实理论和现象论观点的批判，对所存在的各种科学实在论立场的剖析，以及对真理、指称和意义概念的阐述，来论证"内在实在论"的观点。晚期则主要集中于心灵哲学和伦理学等更一般的哲学问题的研究。他关于科学实在论立场的"无奇迹"论证和"逼真"论证的观点包含在对"内在实在论"立场的阐述过程中。

普特南认为，近一百多年来，科学哲学界的一个占有绝对优势的观点一直是证实主义（verificationism）：即，知道一个科学命题的意义就是知道那个命题的

---

① 直接实在论是心灵哲学中的一种观点，主要是指所有的感知都是对物体外表的直接感知。如果这个论点是真的，与感知联系的哲学问题就有可能得到解决。

② Hilary Putnam, *Mathematics, Matter and Method: Philosophical Papers*, Vol. 1（Cambridge：Cambridge University Press, 1975）.

证据。历史地看，证实主义与实证主义（positivism）密切地联系在一起：最初的实证主义的观点是把科学理解为是对人类经验中的规律性的描述。20世纪的许多新证实主义者则渴望用"可观察的事物"或"可观察的特性"来取代经验。根据最近的观点，关于花的颜色或熊的饮食习惯的科学陈述在直接意义上是指称花或熊；但是，关于像电子之类的"不可观察的量"的科学陈述并不是指称电子，而是指称仪表的读数和云雾实验的观察结果。对于心理行为主义的哲学家来说，这是正常的。他们渴望把关于像电子之类的不可观察量的陈述"还原"为像仪表的读数等"公众可观察的量"，就像他们渴望把关于现象的陈述还原为公众不可观察的量一样，例如，一个人的感觉或情绪。根据这种观点，知道一个陈述的意义就是知道这个陈述的公共证据。普特南认为，这种证实主义和行为主义的观点是一种误导。接受这种观点所付出的代价是，使科学成果的可交流性成为一种"奇迹"。事实上，科学的成功为科学理论是"真的"或"接近于真理的"实在论观点提供了理由。

普特南把实在论区分为"Realism"和"realism"两种形式。他认为，如果我们的所作所为是成为一名"实在论者"，那么，我们最好是小写 r 的实在论者。但是，"实在论"的形而上学版本超出了小写 r 实在论的范围，带有典型的哲学幻想的特征。① 这种大写 R 的"实在论"至少有两种不同的哲学态度：只认为"科学客体"是真实存在的哲学家自称为是实在论者（例如，塞拉斯），但是，坚持桌子等宏观物体也是真实存在的哲学家，也是实在论者。根据现象学家胡塞尔（Edmund Husserl，1859～1938）的观点，第一种思路表达了"外在客体"的一种新方式——数学物理的方式。这是自伽利略革命以来出现的一种西方思维："外部世界"好像是这样的观念，我们对它的描述或描述"本身"是由数学公式构成的。在这种思维方式中，试图把第二性质的量还原为第一性质的物理特性。这两种态度或关于世界的两种图像，带来了许多不同的哲学纲领。② 普特南在1982年发表在《哲学季刊》第32期的另一篇文章中，又把当代科学实在论划分为下列三种基本类型，并通过对每一种类型的实在论态度的阐述，来表明他自己的实在论立场。③

其一，作为唯物主义的科学实在论（scientific realism as materialism）。普特南认为，这种实在论把所有的特性都看成物理特性，或者说，我们能够把"意

① Hilary Putnam, *Realism with a Human Face*, edited by James Conant（Cambridge：Harvard University Press，1990），P. 26.

② Hilary Putnam, *The Many Faces of Realism*：*The Paul Carus Lectures*（LaSalle：Open Court Publishing Commany，1987），P. 4.

③ Hilary Putnam, Three Kinds of Scientific Realism, In *Words and Life*, Edited by James Conant（Cambridge：Harvard University Press，1994），pp. 492–498.

向性的"或语义学的特性还原为物理特性，例如，大家熟悉的语义学的物理主义的主要观点是，X 指称 Y，当且仅当，通过一种适当类型的"因果"链条把 X 与 Y 联系起来。这种观点面临的一个众所周知的困难是，物理主义者如果不运用语义学的概念就无法阐述把什么算作是"适当类型"；另一个困难是，混淆了两种不同的"因果性"概念：第一种是在数学物理学运用的因果性概念："因果关系"是一个系统的"态"之间的精确关系，其中包括在决定论的意义上存在着从较早的态转变到后来的态的转换函数；第二种存在的因果性概念是作为一个事件的"产生者"，例如，老师对学生的论文的批评可能是导致学生情绪低落的原因。这种因果关系不可能根据物理学的概念来定义。在这种情形中，"背景条件"和"诱因"的区分是兴趣相关和理论相关的。普特南指出，如果"科学实在论"是这种科学的扩张主义，那么，在这种意义上，他就不是一位实在论者。因为在他看来，真理、指称和辩护是突然出现的（emergent），不能还原为特定语境中的陈述与术语。因此，物理特性与意向特性都是存在的。在这个意义上，他称自己是一位二元论者，更确切地说，是一位多元论者。

其二，作为形而上学的科学实在论（scientific realism as metaphysics）。普特南认为，这种实在论是指接受菲尔德（Hartry Field）所说的"形而上学的实在论[1]"——认为世界是由一个确定的独立对心灵的客体集合组成的；也接受"形而上学的实在论[2]"——认为关于世界存在方式的描述，只有一种是千真万确的和完备的描述；还接受"形而上学的实在论[3]"——认为真理就是某种类型的符合。[①] 三者之间不是彼此独立的，而是相互依赖的。这种观点除了华而不实之外，没有明确的内容，或者说，它是作为一种有力的超验图像呈现出来的，这是一种强硬的实在论立场，也是一种"上帝之眼"的观点。普特南曾在多篇文章中对这种观点进行了批评。他认为，这种观点实际上很容易会走向自己的反面，成为关于相对主义观点的一种辩护。"逼真"论证或"科学的成功"论证都不可能证明这种真理概念是合理。普特南试图使它的"内在实在论"成为介于这种经典实在论与反实在论之间的第三种方式。他指出，"我不是一位'形而上学的实在论者'。在我的观点中，就我们现有的概念而言，真理不会超越正确断言（在正当条件下）的范围……真理是多元的、不明确的、无限度的。"[②]

其三，作为逼真的科学实在论（scientific realism as convergence）。在普特南看来，当代逻辑实证主义的科学哲学是以"意义"理论为出发点的，因此，批

---

① Hilary Putnam, *The Many Faces of Realism*: *The Paul Carus Lectures* (LaSalle: Open Court Publishing Commany, 1987), P. 30.

② Hilary Putnam, Three Kinds of Scientific Realism, In *Words and Life*, Edited by James Conant (Cambridge: Harvard University Press, 1994), P. 495.

当代科学哲学的发展趋势

判实证主义观点的任何一种形式的实在论都必须包括对相互竞争的理论的概述。"逼真实在论"正是在这种背景下产生的。其基本观点是，认为既存在着电子之类的理论实体，也存在着像桌子之类的宏观客体，或者说，把关于"线圈中有电流"的陈述看成与关于"这间屋里有把椅子"的陈述一样客观。普特南称自己是在这种意义上的"科学实在论者"。这种实在论的核心假设是：在成熟的科学理论中，后面的理论比前面的理论更好地描述了前面理论所涉及的实体，或者说，后面的理论对前面理论所指称的实体的描述更接近于真理。普特南认为，这种观点是正确的。只有这种假设，才能够说明科学成果的可交流性。它意味着，理论假定的相互关系不是精确的，而是具有一定程度的误差，只是一种近似正确的理论。比如说，我们不会预期今天的物理学理论会没有变化地幸存下来，而是希望，明天的物理学理论与今天的理论具有概念上和经验上的不同。关键的问题是，在什么样的意义上，我们才能认为明天的物理学对我们今天所说的电子给出了更好的描述呢？

普特南认为，拉卡托斯（Imre Lakatos，1922~1974）在他的研究纲领中通过"硬核"假设，使后继理论中指称的实体等同于前面的理论中指称的实体。这种做法是没有帮助的。除非"硬核"与"保护带"是站在后面理论的立场上得出的，如果是这样，"硬核"假设就不再可能得以维持。例如，狭义相对论中保持了牛顿物理学中的动量、动能、力、质量等概念。如果我们在"非相对论性"的低速和宏观的情况下，把"硬核"看成近似正确的牛顿力学定律，那么，我们就能够把狭义相对论看成保持了牛顿物理学的"硬核"。然而，这完全是根据牛顿的观点以任意的方式来定义"硬核"。当代的新实证主义者也没有放弃知识增长的观念。但是，他们基于观察语言来谈论知识增长的观点并没有合理的动机。因此，这种观点很容易遭到反对。现在有一些科学哲学家认为，使相互矛盾的理论中的术语指称相同的实体是毫无意义的。一百年前的物理学家指称的实体没有一个能说现在是存在的（因为这些理论的"经验陈述"是错误的——例如，理论的预言被证明是错误的），而且，后面的理论是关于前面理论所支持的实体，也是没有价值的。理论是产生成功预言的"黑箱"，后继理论不可能更接近于对微观实体的正确描述。

普特南对这种观点的反驳是，任何一个术语跨越了一百年的科学知识增长之后还有相同的指称，需要下列形式的"宽容原理"（the principle of charity）：为了避免我们解释中的许多错误信念或不合理的信念，我们应该经常把不同理论中的相同术语的指称看成同一的。普特南认为，没有理由不接受这个原理。接受了这个原理，就等于是接受了一组理论的观点。这是因为，一旦一个术语不管是以直接引进事件的方式还是以间接向别人学习的方式来到某人的词汇当中，在这个

71

人的用语中，这个词的指称就是固定的，一旦指称被固定下来，人们就能用这个词阐明关于这个指称的许多理论，甚至阐明这个指称的理论定义是否是正确的科学描述，这样就使一个科学术语成为跨越理论的术语。例如，如果"电子"这个术语跨越了理论的变化，仍然保持它的指称，那么，"线圈中有电流"就可能是正确的。因此，在一定程度上，我们能够做到把适合于一种语言的真理和指称的概念看成跨越理论的概念。①

基于这种反驳，普特南从一个术语的"意义"出发来论证自己的实在论立场。首先，他认为，客体与存在概念并不是神圣不可侵犯的，客体的概念不能独立于概念框架而存在。因为除了概念选择之外，根本没有一个标准来判断逻辑概念的用法。或者说，如果没有阐明所使用的语言来谈论事实，只是一种空谈。因为在普特南看来，"意识到存在量词本身能够以不同的方式——与形式逻辑的规则相一致的方式——来使用，是很重要的。"② 其次，他认为，一个术语的"意义"比一个语句的"意义"更重要。指称不仅是一种"因果联系"，它也是一个解释的问题。解释在基本意义上是整体论的问题，在这种前提下，事实与价值是相互渗透的，而不是彼此独立的。"意义"是一种"用法"，并不是对意义的定义。为此，普特南承认，他的"内在实在论"是一种实用主义的实在论（pragmatic realism），它提供了使实践和世界中的现象具有意义的一个图像，而不是寻找"上帝之眼"的观点。对世界的这种图像只有通过科学的成功才能证明是正当的，或者说，关于实在论的肯定论证是不使科学的成功成为一个奇迹的唯一哲学。

3. 波义德的论证方式

波义德是普特南的学生，其研究特长主要集中在科学哲学、语言哲学和心灵哲学领域，有时也对伦理学、社会哲学和政治哲学特别是马克思主义的研究感兴趣。波义德主要运用科学方法论进一步强调了"科学理论是向着接近于真理的方向发展的"这一实在论观点。他认为，后实证主义的科学哲学呈现出三种发展趋势：其一，走向更加精致的经验主义（例如，范·弗拉森，1980）；其二，走向社会建构论（例如，库恩，1970）；其三，走向科学实在论（例如，普特南，1972，1975；波义德，1983）。③ 他把科学实在论的核心论点归纳为下列四

---

① Hilary Putnam, Mind, Language and Reality: Philosophical Papers, Vol. 2 (Cambridge: Cambridge University Press, 1975), P. 202.

② Hilary Putnam, *The Many Faces of Realism*: *The Paul Carus Lectures* (LaSalle: Open Court Publishing Commany, 1987), P. 35.

③ Richard Boyd, "Constructivism, Realism and Philosophical Method", In *Inference*, *Explanation*, *and Other Frustrations*, edited by John Earman (Berkeley: Unversity of California Press, 1992), pp. 131 – 198.

个方面：（1）科学理论中的"理论术语"应该被认为是假定的指称用语，应该对科学理论做出实在论的解释；（2）做出实在论解释的科学理论是可证实的，而且，按照一般的方法论标准所解释的科学证据通常真实地证实了科学理论是接近于真理的；（3）成熟学科的历史进步主要是一个更加精确地近似于关于可观察现象和不可观察现象的真理的问题。后面的理论典型地建立在前面理论已有的知识（被观察的知识和理论的知识）的基础之上；（4）科学理论所描述的实在大多数是独立于我们的思想或理论承诺的。

接着，波义德进一步指出，经验主义传统对实在论的批评主要是否定（1）和（2），并且，为了避免承诺理论知识的可能性，婉转地接受了（3）。建构论传统中的反实在论者（比如，库恩）否认（4）；他们完全肯定（1）、（2）和（3）的前提条件，设法把科学理论描述的"实在"理解为社会建构和智力建构。正如库恩和汉森（N. R. Hanson）所认为的那样，建构论者的视角无论如何要限制（3）的应用范围，因为只有当前后相继的理论是同一个建构传统或"范式"的组成部分时，它们才能够被理解为更加接近于真理的。科学实在论所受到的主要挑战来源于对（1）到（4）的相当深刻的认识论批评。波义德把在当时文献中存在的主要反实在论者的论证、标准的反驳及其弱点归纳为表 3 - 1：[①]

表 3 - 1   **反实在论者的论证要点**

反实在论者的论证	标准反驳	这些反驳的弱点
1. 经验主义者的论证：经验上等价的理论在证据上是不可区分的，因此，知识不可能扩展到"不可观察的量"	1. a. 在可观察量与不可观察量之间根本没有明显的区分	1. a. （1）可能通过有根据的方式做出明显的区分 （2）无论如何，不需要有明显的区分
	1. b. 经验主义者的论证忽略了在评价经验等价性时"辅助假设"所起的作用	1. b. 经验主义者的论证能够得到重新阐述，以适用于"整个科学"
	1. c. "无奇迹"论证：如果科学理论（在近似的意义上）不是真的，那么，科学理论产生出如此精确的观察预言，就会成为一种奇迹	1. c. 没有提出经验主义论证的关键的认识论断言：既然与事实相关的知识是以经验为基础的，因此，它只能延伸到可观察的现象

---

①   Richard Boyd, "On the Current Status of Scientific Realism" *Philosophy of Science*, edited by Richard Boyd, Philip Gasper, and J. D. Trout（Cambridge：The MIT Press, 1991）, pp. 195 - 196.

续表

反实在论者的论证	标准反驳	这些反驳的弱点
2. 建构论者的论证：a. 科学方法论是如此的依赖于理论，以至于它充其量只是一种建构程序，不是一种发现程序	2. a. 中立于两个理论的方法：对于任意两个相互竞争的理论而言，现有的实验检验建立在两个理论都认可的一种方法的基础之上	2. a. 没有提出认识论的要点：依赖于理论的方法论一定是一种建构程序
2. b. 在科学史上前后相继的"范式"在逻辑上是不可通约的，即使它们包括了关于独立于范式的世界的理论，也是如此	2. b. 有可能为理论术语提供一种连续性的或有所指称的说明，这种说明考虑了范式的可通约性	2. b. 如果反实在论者的论证 2. a. 是有说服力的，那么，这种指称的连续性本身就是一种建构，或者说，充其量是一个建构指称连续性的问题，因此，实在论者认为科学知识是关于独立于理论的实在的知识观，仍然没有得到辩护

  波义德认为，经验主义传统中的哲学家拒绝科学实在论的最重要的认识论信条是证据的不可区分性论点（evidential indistinguishability thesis）：① 即，假设 T 是不可观察现象的一个理论，这个理论能够得到经验的检验。如果另一个理论 T_1 做出的可观察现象的预言与 T 的预言相同，那么，这两个理论被认为是经验等价的。在给定 T_1 的情况下，总是有可能任意地构造出许多可替代的理论，这些理论与 T 在经验上是等价的，但是，所提供的不可观察现象的本性的说明却是相互矛盾的。由于科学证据是否支持一个理论在于能否确证其可观察的预言，所以，T 与其经验等价的每一个理论将同样有效地被任何可能的观察证据所确证或否证。因此，科学证据根本不能够与下列问题相关：这些理论中究竟哪一个理论提供了对不可观察现象的正确说明呢？充其量也只能是对下列陈述的确证或否证：相对于可观察现象的预言来说，这些理论中的每一个都是可靠的工具。既然这样的建构对任何一个 T 理论来说都是有可能的，由此得出的结论是，科学证据绝对不可能在不可观察现象的理论之间做出决定，因此，不可观察现象的知识是不可能的。

  相比之下，建构论者的反实在论观点要复杂得多。这是因为，科学建构论者主要是通过对科学史的详细考察和方法论的科学实践的反思，以及通过科学理解的心理学的考虑，走向反实在论的。尽管如此，波义德还是把建构论者的反实在

---

  ① 也可以把证据的不可区分性论点看成是对传统经验主义者教条的精确阐述：关于事实的知识一定总是以经验为基础的；根本不存在先验的事实知识。

论理由概括为两个方面：其一，科学方法论是依赖于理论的。意思是说，科学家把什么算做可接受的理论，把什么算做一种观察，他们认为哪一个实验的设计是有效的，哪一种实验程序是合理的，他们追求解决的是什么问题，他们在接受一个理论之前需要什么类型的证据……科学方法论的所有这些特征都在实践中通过科学家的理论传统来决定。那么，建构论者会质问，为了使这类依赖于理论的方法论成为获得知识的手段，一定会存在着什么类型的世界呢？他们的回答是，科学家所研究的世界一定是通过科学共同体的理论传统的建构来定义的。如果科学家研究的世界在某种程度上不是由他们的理论传统建构的，那么，进一步的论证是，这样就无法说明为什么科学家运用依赖于理论的方法是发现真理的一种方式。其二，前后相继的理论范式是不可通约性的，它们之间没有共同的合理性标准。既然没有独立于理论的合理性标准，因此，理论的转变不是根据新的证据合理地采纳一个新的（独立于理论的）实在观，而是完全接受一个自身具有明确的合理性标准的新世界。

波义德分别对现存的科学实在论者对上述三个反实在论论点的反驳进行了剖析之后得出的基本结论是，科学实在论者对经验不可区分性论点的反驳虽然提供了某些理由，认为实在论是正确的，但是，并没有对这种论点的错误做出诊断，也没有提供可替代的认识论选择，因而是有缺陷的。同样，实在论者对建构论的两个论点的反驳，虽然有一定的道理，但是，并没有提供拒绝的理由，也是有缺陷的。基于这种现状，波义德试图使科学实在论者在这场争论中的角色发生实质性的转变：即，由一直以来被动地寻求辩护的角色，转变为主动攻击的角色。发生这种角色转变的基本前提是，提供反驳反实在论论点的认识论理由。为此，波义德运用假设推理的论证方式，立足于自然主义的认识论和方法论，以科学理论的工具可靠性（即，科学理论在一定范围内有能力做出可观察现象的近似正确的观察预言）和科学方法的工具可靠性（即，在科学实践中，科学方法的实际运用有助于接受有用的可靠理论）为出发点，论证了这样的观点：即，在现有的三种哲学立场中，只有接受科学实在论的说明，才能最好地理解科学方法论的可靠性。

波义德认为，对科学实在论的这种假设推理的论证是在一种辩证的情形中进行的，在这种情形中，科学实在论者及其大多数哲学上的反对者都一致同意，科学实践的具体方法在工具意义上具有值得关注的可靠性。科学实在论者对方法论的可靠性的说明，有两个很重要的结论：其一，成功的科学研究是通过连续接近真理来累积的；其二，这种累积发展是可能的，因为当前的理论与改进它的方法论之间存在着一种辩证关系。当前理论的近似真理性说明，为什么我们已有的测量程序（在近似的意义上）是可靠的。这种可靠性逐步说明，为什么我们的实

75

验或观察研究在揭示新的理论知识方面是成功的。而新的理论知识接着有可能改进现有的测量技术。在这里，方法的理论依赖性以及理论与方法辩证相互作用的结果，完全是科学方法论的所有方面的一般特征。例如，实验设计的原理、研究问题的选择、评价实验证据的标准、评价说明的特性与方法论含义的标准、支配理论选择的原理、运用理论语言的规则等。

在所有这些情况下，公认的理论与相关的方法之间存在着一种辩证相互作用的模式。这种理论依赖性的模式促进了科学方法论的可靠性，而不是从科学方法论的可靠性中抽象出来的。这样，按照这种实在论的观点，对于如此依赖于理论的科学方法论的可靠性来说，唯一在科学上似真的说明是彻底的实在论的说明：在形成未来的知识时，当前理论所提供的方法论是可靠的，因为在某种程度上，当前公认的理论是接近于真理的。科学方法论提供了一种依赖于范式来改进范式的策略：即，根据未来的研究修改或补充现有理论和方法的一种策略是，未来研究的方法论原理在任何给定的时间上都依赖于当前公认的理论所提供的理论图像。如果当前公认的理论本身是很接近于真理的，那么，这种方法论就会在世界的知识和我们的方法论之间产生一系列辩证的相互作用的改进。如果不求助于这种说明，如果不采纳实在论者的科学知识观，就不可能说明当前科学实践的工具可靠性。[①]

波义德强调指出，首先应该看到，实在论的这种论证方法，是对核心的建构论者的反实在论的论证的直接回应。根据波义德的观点，建构论者对科学实在论的认识论挑战所依赖的前提是，错误地说明了导向真理的科学方法的可靠性。在纯粹的建构论的框架内，根本无法回答"科学方法为什么在工具意义上是可靠的"这个问题。特殊的科学理论的工具可靠性不可能是关于实在的社会建构的假象。即使在"纯"科学的领域，库恩也会认可这一点。产生"科学革命"的反常观察不可能是反映完全依赖于范式的世界：把反常定义为观察，在相关的范式内，是无法加以说明的。求助于实在的社会建构，显然更加无法说明依赖于理论的技术进步。如果经验主义者不可能对科学方法的工具可靠性提供满意的解释，那么，比经验主义者更强调方法的理论依赖性的建构论者，更是如此。所以，这种科学实在论的论证直接地对建构论者的认识论攻击提出了挑战。如果建构论者的基本的认识论攻击是错误的，那么，科学方法论的理论中立性、理论术语的指称的连续性以及跨越"革命"的方法，就成为辩护科学实在论的关键因素。

---

① Richard Boyd, Realism, Approximate Truth, and Philosophical Method, In *The Philosophy of Science*, edited by David Papineau (Oxford: Oxford University Press, 1996), pp. 222 – 223.

接下来，波义德运用这种实在论的假设推理方式对经验主义者的"证据的不可区分性论点"进行了反驳。他认为，根据实际的（接近于真理的）理论传统所提出的理论的似真性的因素是证据因素：即，这样评价似真性的结果构成了赞成或是反对已有理论的一个证据。这样的因素确实是一个以理论为中介的经验证据，因为对似真性做出评价的背景理论得到了经验上的检验。或者说，以理论为中介的这类证据与更"直接的"经验证据一样，也是经验的，因为所谓根据直接经验检验理论的证据标准，与似真性的判断方式一样，也是由理论决定的。结果，实际的理论传统在评价经验证据时具有认识论意义上的优先地位。因此，根据这种理由，证据的不可区分论点是错误的。另一方面，既然逻辑经验主义者也接受科学方法论的工具可靠性，因此，对实在论的这种方法论辩护对逻辑经验主义的反实在论提出了有说服力的挑战。

波义德还进一步对根据科学方法的工具可靠性来论证实在论的方式有可能遇到的两个困惑做出了进一步的明确解释。第一个困惑是，根据这种实在论的概念，一个理论既能得到"直接的"经验证据的支持，又能得到"间接的"理论因素的支持，这样，似乎弱化了科学证据的严密性标准。此外，这种实在论的建议似乎不可能否证传统的理论，在很大程度上，与建构论者一样，把传统的理论看成是先验真理。波义德反驳说，这种两种断言证明都是站不住脚的。首先，从基本意义上看，对科学实验证据的严格评价恰好依赖于这样的原理，即，理论因素是可以作为证据的：这正是实在论的理论观为什么有必要说明关于经验证据的评价标准的工具可靠性之原因所在。其次，实在论以理论为中介的经验证据的概念并不支持"任何一个传统的规律都是免于反驳的"这个结果。相反，它提供了对所有规律的严格检验是如何可能的一种说明。理论传统中的辩证改进过程要求，根据新的证据放弃传统中的特殊规律或原理。

第二个困惑是，如何说明对理论术语的单义性判断的认识的可靠性。波义德对这个困惑的解答是，在约定的意义上理解成一系列规律（law-cluster）的意义理论不足以说明科学中的理论术语的"定义"。如果科学中的理论术语指称下列实体或性质：它们的"本质"是由经验研究而不是约定所决定的，那么，对于这样的术语来说，由约定形成的传统的指称概念一定会被放弃，转而赞成"因果性的"或"自然主义的"指称理论。这种指称理论特别适合于理解科学推理中的理论因素所起的作用。这个理论是根据"认识的通路"（epistemic access）定义指称的。概括地说，一个术语 t 指称某个实体 e 恰好是，世界的特征和人类的社会实践之间复杂的因果相互作用所导致的，随着时间的推移，根据 e 的真实特性可靠地调节 t 所说的内容。因果关系的相关性将是由认识论确定的，可以被看成对可靠的信念调节机理进行的经验研究。因此，科学理论术语的指称问题是一个经验问题，而不是一个"概念"问题。这样，指称的认识通路说明和实在论者的科学方法论程序的概念共同形成了关于理论实体的近似真的信念。[①]

三、"操作"论证

为了克服立足于科学理论的实在性论证所面临的困难，科学实在论者从最初试图对科学理论的实在性提供普遍说明的意义上撤退下来，把论证的视域聚集到科学家的实验操作和对实验现象的理解过程当中，把对科学的实在论解释，限定为只是对理论实体的实在性做出恰当的说明，而不承诺提出这些实体的理论的真理性。或者说，只相信科学家在实验过程中实际"操作"过的理论实体的本体性，但是，不一定确信描述理论实体的理论是正确的。这种论证策略通常被称之为"操作"论证（manipulability argument）或"实验"论证。它是由加拿大科学哲学家哈金在1983年首次出版并被多次再版的《表征与干预》一书中提出的。[②] 这本书共分三大部分十六章内容。其中，第一部分是对现有的理论实在论和反实在论的基本观点的简要追溯；第二部分是对以表征为基础的理论实在论的批评；第三部分是基于大量的科学实验案例，通过对实验、观察和测量三个基本概念的剖析，达到两个主要目的：一是试图从实验哲学与哲学史的视角澄清关于观察与理论、现象与测量等基本概念之间的关系；二是通过对过分夸大观察负载理论论点的批评，立足于"实验有自己的生命力"的基本论点，阐述了"实体实在论"为科学实在论提供了最强力的证据的立场。

1. 解构关于理论的实在论

哈金把科学实在论划分为两种类型：一是关于理论的实在论；二是关于实体的实在论。理论实在论认为，我们最好的科学理论是真的，或近似于真的，或比前面的理论更接近于真理；关于理论的反实在论否认这一点，认为科学理论充其量是有根据的、适当的、好用的、可接受的，但是难以置信的。实体实在论认为，一个好的理论实体确实是存在的；关于实体的反实在论否认这一点，认为理论实体是虚构的、是逻辑的建构，或者是关于世界推理的某种智力工具。哈金认为，在这两类实在论当中，还能区分出其他不同的立场，比如，有些科学哲学家

---

① Richard Boyd，"On the Current Status of Scientific Realism" In *Philosophy of Science*，edited by Richard Boyd，Philip Gasper，and J. D. Trout（Cambridge：The MIT Press，1991），pp. 208 – 210.

② Ian Hacking，*Representing and Intervening*：*Introductory Topics in the Philosophy of Natural Science*（Cambridge：Cambridge University Press，1983/1987）.

可能既是关于理论的实在论者，也是关于实体的实在者；有些则只是关于理论的实在论者；他自己则只是关于实体的实在论者。哈金为了论证"实体实在论"的基本立场，首先必须解构"理论实在论"。为此，哈金首先占用很大的篇幅运用类比的方式对关于理论的实在论与反实在论之争做出了详细的剖析。

哈金把哲学史上科学实在论与反实在论之间的战争分为三种类型。其一，殖民战争（colonial war）。科学实在论者说，电子、介子和 μ 介子像"我们的"猴子和肉丸子一样，都是真实存在的。我们知道关于每一类事物的某些真理，也能发现更多的真理。反实在论者不同意这一点。在从孔德到范·弗拉森的实证主义传统中，猴子和肉丸子的现象学的行为是众所周知的，但是，当谈到 μ 介子时，它至多是用来预言和控制的智力建构。关于 μ 介子的反实在论者，可能是关于肉丸子的实在论者。哈金之所以把这场战争称之为殖民战争，是因为一方是试图开拓新的领域，并把这些领域称之为是实在，而另一方则反对这样的富于幻想的领土扩张主义。

其二，内部战争（civil war）。这主要是指近代哲学史上的争论。比如说，在洛克（John Locke）和贝克莱（George Berkeley）之间的争论，就属于内战的形式。实在论者（洛克）说，许多熟悉的实体是独立于心理变化而存在的：即使没有人类思想，猴子也是存在的。唯心主义者（贝克莱）说，任何事物都是精神的。哈金之所以把这种战争称之为内部战争，是因为这场战争是以日常经验为基础的。

其三，全面战争（total war）。这场战争主要是当代的产物。可能开始于康德。康德不承认有内部战争的假设。认为物质事件与精神事件一样是确定的，两者之间确定是有区别的。物质事件是在时空上发生的，是"外在的"，精神事件的发生只有时间但不占有空间，是"内在的"。波义德认为，在当代科学哲学中，普特南改变了科学实在论与反实在论之间的战争形式。他开始是以殖民战的形式论证科学实在论，主要关注指称的问题。后来，他改变了论证的立场，像康德那样进入了全面战争，转向关注真理问题，并像许多近代哲学家一样，围绕真理观阐述他的哲学。

哈金重点对普特南的"内在实在论"进行了评析并与康德的观点作了对比之后总结说，一方面，他不同意普特南把"客体"理解为是依赖于概念框架而存在的观点；另一方面，按照这种科学实在论的观点，根本没有关于世界的正确的终极的表征（representation）概念，这种观点有可能把科学实在论的论证推向其反面。哈金认为，无论如何，不论是科学实在论，还是反实在论，就像 17 世纪的认识论一样，只关注作为表征自然界的知识。如果理论与观察之间有明显的区分，我们也许还能把观察到的东西看成真的，把用来表征的理论看成观念。但是，当科学哲学家教导我们说"观察负载理论"时，我们还完全把目光锁定在表征方面，就会导致各种版本的反实在论。从这个意义上来说，当前的科学哲学家在某种程度上都是知识论的专家。但是，问题不是由作为表征世界的知识观引起的，而是源于以牺牲干预（intervention）、行动和实验为代价，专注于表征、思考和理论，或者说，当前关于理论的实在论与反实在论之争来源于只重视对理论与世界关系的反思。这些哲学家喜欢的不是无趣的观察和认知科学中的数学建模①，而是对真理的先验幻想，对表征与实在关系的单纯追问。

哈金认为，从哲学人类学的角度来看，"表征与实在"这两个概念是密切联系在一起的。"实在只是人类学事实的副产品，更谨慎地说，实在概念是关于人类的事实的副产品"。②"表征"是外在的和公共的，它们是最简单的墙上的一个草图，或者，延伸到关于电磁力、强相互作用力、弱相互作用力和万有引力的精致理论。科学哲学中的"表征"概念，是指一个理论，而不是指单个语句，表征是与图像联系在一起的。图像论最早是由物理学家赫兹于1894年出版的《力学原理》一书中提出的。通常认为，维特根斯坦1918年在《逻辑哲学导论》中阐述的图像理论的意义来源于赫兹。实际上这是对赫兹图像论的误解。塞拉斯和范·弗拉森也都提到了图像论。赫兹阐述了关于力学的三种图像：即，对运动物体的知识的三种不同表征方式或三种不同表征系统。当有了不同的方式或理论表征同样的事实或实在时，问题就出现了。因为当我们需要在不同表征理论之间做出选择时，选择标准的确定成为关键性因素。科学本身不得不产生出判断什么是好的表征的选择标准。到1983年为止，这些价值包括有可预言性、说明性、简单性、富有成效性，等等。尽管物理学家从不怀疑关于实在的正确表征。问题在于，什么是对世界的正确表征呢？根据已有的价值标准很难做出唯一的选择。

在这个问题上，哈金引用一句格言说，当事情有一个终极真理时，那么，我们所说的是简明扼要的，它要么是真的，要么是假的。这不是一个表征的问题。像物理学那样，当我们提供了关于世界的表征时，事情就没有一个终极真理。实在论与反实在论都急于通过努力理解表征的本性来击败对方。实际上，双方没有任何差别。按照哈金的观点，近代自然科学从一开始就有两个目标：理论与实验。理论是试图说出世界的真相；实验和技术则是改变世界。这样，我们既在表征又在干预。我们进行表征的目的是为了干预，并且，我们是根据表征来干预的。当前，关于科学实在论的大多数争论都只是集中在理论、表征和真理方面。

---

① 指用数学方法解决实际应用问题。任何一门学科，只有当使用数学时，才是好的精确的学科。——编者注

② Ian Hacking, *Representing and Intervening*：*Introductory Topics in the Philosophy of Natural Science*（Cambridge：Cambridge University Press，1983/1987），P. 131.

这些讨论是有启发的，但不是决定性的，因为它们在某种程度上与难以处理的形而上学纠缠在一起。因此，关于赞成或反对实在论的论证，在表征的层次上，是不会有结果的，或者说，是没有意义的，这些论证是建立在追踪人类文明进程，即，"表征"实在的知识图像的基础之上的。

哈金强调说，当我们从理论、表征和真理的层面转向介入、实验和实体时，就会很少给反实在论留下把柄。哲学中的仲裁者不是我们如何思考，而是我们做了什么。这也是他为什么从表征转向介入的原因所在。经过这样的分析，哈金最终解构了关于理论的实在论与反实在论之争，转而立足于实验过程来论证关于实体的实在论立场。他认为，关于"实在"的观念也许有两种相当不同的神秘起源。一种是表征的实在；另一种是产生相互影响的那些东西的观念。哈金把能够用来介入世界并产生了影响的东西算做真的。哈金认为，直到近代科学的兴起，作为表征的实在与作为干预的实在才开始融合在一起。自 17 世纪以来，自然科学一直是把表征与干预结合起来的一项事业。然而，科学哲学却总是讨论实在的理论与表征，很少关注实验、技术或用来改变世界的知识。

2. 建构关于实体的实在论

哈金认为，在当代科学哲学中，自然科学史几乎总是被写成了理论史，科学哲学家在很大程度上变成了理论哲学家，摒弃了理论之前存在的观察和实验。这是不正常的。实验有自己的生命力。从已有的物理学实验与化学实验来看，关于实验与理论之间的关系，有强弱不同的两种说法：弱的观点认为，在做实验之前，人们一定会有关于自然界和仪器的某些想法，完全无意识地干预自然界是徒劳的，或者说，没有想法的实验根本不是实验；强的观点认为，只有人们检验关于所关注的现象的理论时，实验才有意义。哈金怀疑前一种观点，强烈反对后一种观点。在他看来，不仅在理论与实验之间有许多不同层次与不同类型的关系，很难用一种陈述做出概括，而且，用理论与实验的术语提出的问题是一种误导，因为这种提法把理论看成相当统一的一类问题，实验是另一类问题。实际上，理论与实验都是多样的，还有一个与它们相关的重要范畴是发明。热力学的发展史就是一部由实践发明导向理论分析的历史。

接着，哈金讨论了观察与理论之间的关系问题。他认为，在哲学史上，关于观察、观察陈述和可观察性的讨论是实证主义的遗产，在实证主义之前，观察并不是核心问题。"观察"这个术语是由培根引入的，培根所讲的观察通常与仪器的使用联系在一起。实证主义与现象学使"看"这个概念发生了转变。在科学哲学中，关于一般的观察事实在哲学界有两种误解：一是奎因所说的语义上升（semantic ascent）；二是理论支配实验。前者并不是谈论事物或不是讨论观察，而是讨论人们谈论事物的方式或讨论观察陈述——用来报告观察的语言表达；后者是说，任何一个观察陈述都是负载有理论的——根本没有任何观察是先于理论的。按照哈金的观点，观察作为证据的第一来源，总是自然科学的一个组成部分，对于一个精致的实验来说，观察更加重要。但是，观察是一种技巧，能够通过训练与实践得以改进。在科学史上，存在着没有理论假设的观察。观察是"看"，不是"说"。有经验的实验者知道实验数据的意义所在。把实验理解为事实性陈述、观察报告和实验结果，会忽略实验科学中发生的事情，实验并不是观察陈述或报告，而是动手操作。实验科学哲学不可能允许理论统治的哲学使得观察概念成为不可信的。

哈金认为，实验工作为科学实在论提供了最有力的证据。这不是因为人们检验了关于实体的假设，而是因为实验者经常操作原则上不可能被"观察到"的实体来产生新的现象和研究自然界的其他方面。在这里，这些实体是操作的工具，而不是思考的工具。哈金以电子为例阐明了理论实体如何会成为实验的实体，或者说，实验者的实体。哈金指出，当人们刚发现一个实体时，通常觉得可能首先应检验这个实体存在的假设，这并不是固定的程序。当汤姆逊（J. J. Thomson）于1897年意识到他认为的"粒子"是从热阴极放射出来时，他做的第一件事是测量这些带负电的粒子的质量。他对电子的电荷进行了大概的估计，并测量了荷质比。他也获得了大约正确的质量。密立根（Robert Andrews Millikan，1868～1953）按照汤姆逊的某些思路于1908年确定了电子的电荷。从一开始，物理学家并没有检验电子的存在性，而是与电子进行相互作用。人们对电子的因果性效力越理解，就越能制造出很好地理解自然界的其他效应的仪器。当人们能以一种系统化的方式用电子来操作自然界的其他方面时，电子不再是某种假设的实体，或者说，不再是被推断出来的实体，而是从理论实体变成了实验的实体。

绝大多数实验物理学家都是关于他们使用的理论实体的实在论者，然而，他们不是必须如此。当密立根测量电子的电荷时，很少怀疑电子的实在性，但是，在他发现电子之前，他对自己将要发现的电子一直持有怀疑的态度，甚至他一直不相信电荷有最小单元。关于一个实体的实验不会使你相信它是存在的。只有当为了做其他方面的实验来操作一个实体时，人们才需要相信它是存在的。这不是说，因为用电子做实验，便不可能怀疑电子的存在，而是说，通过理解电子的某些因果性关系，努力建造一个更精致的仪器，能够把电子与人们想要的方式联系起来，看到将会发生的其他现象。一旦有了一个正确的实验观念，人们就会进一步大体上知道，如何努力建造一个仪器，因为人们知道，所获得的电子能表现出如此的行为。这样，电子不再是组织人们的思想或拯救人们所观察到的现象的一种方式，而是在自然界的另外一个领域创造了现象。

因此，哈金认为，在关于实体的实在论与关于理论的实在论之间有一个重要的实验上的对比。理论实在论相信，科学的目的在于获得真的理论。很少有实验者会否认这一点，只有哲学家会对此产生怀疑。然后，获得真理性的理论指向具有不确定性的未来。获得一束电子是运用当前的电子。如果关于理论的实在论是关于科学目标的学说，那么，这种学说是负载有某种价值的。如果关于实体的实在论是瞄准了下周的电子，那么，这种学说在价值之间更加中立。对于实验者来说，关于实体的科学实在论者与关于理论的实在论者是完全不同的。这表明，当从理想的理论转向当前的理论时，可以确定属于电子的各种特性，但是，实验者对表达这些特性的不同理论或模型可能是无知的。甚至是同一个研究小组的成员，当他们分别从事于同一个庞大实验的不同部分的工作时，他们可能对电子给出不同的和相互不一致的说明。这是因为不同部分的实验使电子具有了不同的用途。一个模型有利于电子的计算，却不利于其他方面。有时，一个实验小组会选择一位拥有相当不同理论视角的成员加入进来，只是为了得到一位能解决实验问题的成员。

所以，哈金再一次强调说，存在着包括了电子的许多理论、模型、近似值、图像、形式、方法等，但是，没有理由假设，它们之间的交叉部分是一个完整的理论，也没有理由认为，最有说服力的理论是包含了小组成员所相信的所有理论的交叉部分。即使有许多共享的信念，也没有理由假设，这些信念所形成的东西值得称之为一个理论。在同一个研究所，具有相似目标的人组成一个研究梯队，因此，在他们的工作中确实有某些共同的理论基础，这是很自然的。但是，这是一种社会学的事实，不是科学实在论的基础。许多关于理论的科学实在论的学说是关于可能达到的理想目标的学说。这样的实在论需要接受某些信念和希望。关于实体的实在论不需要有这样的前提，它来自人们当前所做的事情。所以，对实在论的这种实验论证，不是从科学成功推断出电子的实在性，也不是因为制造仪器，然后检验了电子存在的假设，这种时间顺序是错误的，而是因为人们利用电子设计出新的仪器，产生了人们希望研究的其他现象。

哈金进一步指出，如果相信电子，是因为人们预言了仪器是如何运行的，这也是一种误导。比如说，人们有许多关于如何制备极化电子的一般想法。人们花了大量的时间建造了一个模型，却不能运行。人们排除了无数的程序缺陷。通常，人们不得不尝试其他方法。调试不是从理论上说明或预言错在哪里的问题，它是在某种程度上从仪器中排除"噪音"的问题。尽管这也是有意义的，但是，"噪音"通常意味着，不是所有的事件都能用理论来理解。仪器必须能够从物理上分离出人们希望使用的实体的特性，然后，以这种方式获得其他效应。当人们充分地理解了电子的因果特性，并根据这种理解经常能够设置和建造出新的仪器时，人们完全相信电子的实在性。

哈金在其著作的最后总结道，人们从哲学史上得到的教训是思考实践，而不是思考理论。确实存在着人类未知的无数实体和过程。也许，有许多实体和过程我们原则上根本不可能认识。实在大于我们。对假定的实在或推断出的实在来说，最好的证据类型是人们能够开始测量它，或相反，理解它的因果效力。依次，人们有这种理解的最好证据是，从一开始就能够利用各种因果关系建造相当可靠的仪器。因此，工程，而不是理论化，是关于实体的科学实在论的最好证明。哈金明确地指出，他对科学的反实在论的攻击，类似于马克思对同时代的唯心主义的攻击。哈金与马克思都认为，关键的问题不是理解世界，而是改造世界。哈金强调说，他正是因为在斯坦福大学的实验室里亲眼看到了电子和正电子的发射实验之后，才产生了前面提出的两种实在论的想法。

四、启迪与问题

值得关注的是，上述三种论证策略并没有达到辩护科学实在论的目标，它们都有各自的优劣。

首先，塞拉斯所阐述的把常识的映像与科学的映像区分开来的观点，至少具有下列两个方面的重要意义：

（1）塞拉斯立足于常识映像和科学映像的定义对整个哲学史的批判与反思是非常有新意的。如果说，在 20 世纪之前，传统哲学的大多数概念体系局限于常识映像的范围之内谈论问题，是由于近代自然科学的发展对日常经验的认识与把握所做出的修正，还没有带来认识论的冲突的话，那么，20 世纪以来，当微观物理学的研究成果已经革命性地推动了人类文明进程的今天，仍然排斥新的认识论教益，局限于常识映像的经验范围，否定理论实体或科学映像的实在性，这种态度显然不可取，它只不过是反过来揭示了常识映像框架本身的不足和证明了现有哲学框架的陈旧。因此，当代的哲学研究既需要深入到科学发展的前沿来重新阐述传统的哲学概念，更需要以科学研究成果为基础，特别是立足于当代理论物理学和神经科学等学科的前沿性认识，超越常识映像的经验关联层面，来阐述新的哲学体系。塞拉斯的研究显然在这个方面迈出了关键的一步。他试图把常识性认识与对世界的说明性理解之间的紧张状态，转化为一个"立体的"映像。在这个"立体的"映像中，把语言和思想的意向性内容、感知与想象的内容和行为与知识的规范性维度协调起来。或者说，他试图站在人文主义的立场上把人理解为自由与合理的行动者，并使这种理解与日益全面的自然科学描绘的图像的清晰认识达成一致性。这种思维方式对促进当代科学哲学的发展具有重要的启迪作用。

（2）塞拉斯立足于人类概念思维的起源所阐述的思想要素与世界要素之间的统一性观念，以及通过把科学看成一种不断接受批评的进化过程，来阐述科学实在论的做法，在方法论意义上，具有非常重要的借鉴价值。塞拉斯虽然与休谟一样，也在逻辑和方法论的意义上预设了常识映像在实体意义上的优先性，但是，他最终通过科学映像对常识映像的超越来表明，应该尽可能地从理论的高度来理解世界，以科学的思维来辨别直观经验中的假象，并揭示自然界的内在规律。正是在这个意义上，他认为，不承认和不讨论经验之外所存在的客观实在的任何一种经验主义的观点，是荒唐可笑的。这是因为，不仅经验概括需要通过某种理论来说明，而且这种说明并不是从理论结构中得出的一般推论，而是包含了更多的东西，说明一个客体意味着是要告诉人们这个客体是什么。如果我们接受了一个理论提供的说明框架，那么，也就相当于接受了由这个说明性理论所假定的理论实体。科学的假定方法的似真性正是建立在这种观念的基础之上的。因此，真正的客体是科学假定为存在的那些客体。在这里，塞拉斯的论证不仅使哲学家的本体论承诺发生了转移，即，从常识的客体转向科学映像的那些客体；而且从过程论的视角，把对科学实在论的辩护问题，变成与科学之所以成其为科学相伴随的一个历史过程。从当代科学哲学的发展趋势来看，塞拉斯这种哲学观和对问题的论证方式是超前的。

然而，尽管如此，还应该注意到，塞拉斯对人类认识的常识映像与科学映像的定义与阐述，也存在着自身难以克服的困难和不彻底之处。

（1）塞拉斯的《哲学与人类的科学映像》这篇文章与库恩的重要著作《科学革命的结构》是同一年面世的，两者都看到了人类概念思维的社会特征。可是，库恩由于运用范式概念，过分地强调了科学研究的社会特征，得出了否定科学进步的观点，特别是他对范式的不可通约性概念的阐述，往往给人留下了走向相对主义之嫌疑；而塞拉斯则只限于从人的概念思维的视角，强调常识映像中的人类判断标准的主体间性，而没有深入到科学活动的过程中对科学共同体的社会性，特别是，科学家接受新概念与新理论的社会性，做出进一步的阐述。他所定义的科学映像事实上还是立足于经典自然科学的思维方式，运用还原论和因果性的方法，接受整体论的观点，通过对逻辑经验主义的观察与理论二分法的批判，根据当代科学发展的内在趋势，凭借想象力所建构出来的。显然，这种建构过程是经典与当代的融合。他把人类概念思维中社会的、伦理的和价值的维度留给常识映像，把认知与说明维度留给科学映像的做法，或者说，把"应该怎么样"的问题留给常识映像，把"是什么"的问题留给科学映像的做法，既忽略了科学家群体本身的社会性，也忽略了自然科学与社会科学交叉领域内的问题。因

85

此，这种做法，在一定程度上，有可能会加深自然科学与社会科学之间的分离，甚至是科学主义与人文主义之间分离。

（2）塞拉斯根据科学映像的优先性观点推论出科学实在论立场的做法，虽然使哲学家的本体论承诺发生了转移，但是，他对理论实体的本体论地位的论证方式，实际上是从批判逻辑实证主义者由于过分强调观察层次的绝对性而有可能陷入理论的困境，即，使理论在原则上成为多余的，走向了另一个极端，主张在原则上放弃关于物质的观察框架，只留下理论框架，把理论的说明与辩护联系在一起。也就是说，他认为，只有在一个理论能够提供一种说明的条件下，我们才能说它得到了辩护。然而，这种推理方式无法解释曾经在科学史上起到过认知作用的假定实体，后来却被证明为是不存在的科学案例。例如，在经典物理学的发展史上，"以太"作为一种假定的实体，曾经是麦克斯韦阐述的电磁场理论与牛顿力学协调起来的一种假定基础，根据塞拉斯的理论说明观，"以太"无疑在当时的物理学背景中起到了说明的作用，同时，它还激发了物理学家设计种种实验来寻找"以太"的动机，直到1905年爱因斯坦的狭义相对论力学的建立，向人们阐述了不存在"以太"的一个新的力学体系时，才使物理学中的场拥有了本体论地位，"以太"被证明是一种并不存在的假定实体。这说明，塞拉斯单纯从说明的角度为理论实体的本体地位的辩护缺乏负反馈的纠错机制，因而是不全面的，也是没有说服力的。

其次，斯马特、普特南和波义德这三位科学实在论者对实在论立场的不同论证思路，无疑为人们更合理地理解科学提供了有益的借鉴价值。斯马特是在着重反驳现象论的基础上，阐述了理论实体的实在性，提供了关于科学实在论的"无奇迹"论证；普特南是在重点批判实证主义和传统科学实在论的基础上，运用语言学的方法，对科学实在论提供了一种"逼真"论证；波义德是在系统地批驳建构论的基础上，通过对"无奇迹"论证等实在论辩护策略存在的弱点的剖析，把科学实在论阐明为是能够对"科学方法论的工具可靠性"提供最佳说明的一种解释，并以此为出发点，在批判地吸收反实在论强调的"理论与证据的整体性"关系的基础上，进一步对反实在论的论点提出了认识论的挑战，从而把举证和辩护的任务转嫁给对方，使科学实在论由防御者的角色转变为进攻者的角色。特别是，普特南阐述的理论术语意义的因果性指称理论和"指称"决定"意义"的思想，以及波义德阐述的"以理论为中介的经验证据与直接的经验证据一样都有效"的观点，既在一定程度上抓住了当代科学研究的新特征，也反映了微观科学与宏观科学之间的本质差异。他们的论证方式，一方面，揭示了以宏观科学为基础形成的经典实在论的局限性与简单性；另一方面，也说明了探索与论证以微观科学为基础的科学实在论的方式的多样性与复杂性。

但更重要的是，这些科学实在论的辩护策略仍然是有问题的。

（1）科学实在论的"无奇迹"论证方式主要立足于对科学理论的成功性的解释，论证实在论立场的合理性。其论证思路是，假设一个理论做出的某种存在陈述为S，如果世界好像正如S所陈述的那样，那么，这个理论就是成功的。理论的成功性说明，理论对世界的陈述是正确的，并且前后相继的理论将向着不断地逼近真理的方向发展。这种论证方式是借助于溯因推理的逻辑分析方法，以科学成功的现实事例为依据，解释理论的逼真性；再以理论的逼真性为前提，解释理论实体存在的本体性。这种从理论到实在的推理方法是，从理论到模型，再从模型到现象。然后，由现象的真得出理论的真；或者说，如果X解释了Y，并且Y是真的，那么，X也应该是真的。不难看出，这种推理形式一方面没有说明，"Y的真将如何能够保证X的真"这样的重要问题；另一方面，隐含了归纳推理的前提，有陷入归纳困境之嫌。

（2）普特南对经典实在论预设的"上帝之眼"的观点批评，有一定的合理性，但是，他通过意义的因果指称理论把对科学实在论的论证局限于科学语言框架之内，所阐述的多元真理论的观点，是值得商榷的（关于对普特南的"逼真"论证的批评将在第四章详述）。此外，波义德立足于自然主义的方法论与认识论，运用假设推理对科学实在论提供辩护的方式可以简单地归结为下列推理方式：由于在科学研究的具体实践中，科学家总是把追求真理或接近于真理放在第一位，科学理论能够对可观察现象做出近似正确的预言，或者说，科学家通过精心制作的科学方法和工具能够揭示出基本相同的自然现象。与经验主义和建构论等观点相比，只有实在论承认科学理论具有真理性，所以，对于科学在可观察意义上的成功而言，实在论给出了最好的解释。因此，如同科学假设一样，实在论很可能是正确的，并且我们应该相信它的正确性。这种解释的基本思路是：

如果一种假设具有比它的所有竞争者更好地解释某种事实的能力，将标志着这种解释是正确的；

已知A对X的解释比它的竞争者B、C……对X的解释好；

那么，A就是正确的。

这种以追踪科学在经验上的成功为前提的推理方式，存在着两大严重问题：

（1）从方法论的视角来看，只要求在可观察的层次上理解科学的成功，而要上升到理论层次的理解（例如，真理的产生）还必须以假设为论据。这样，"逼真"论证其实只是涉及可观察层次上的真理，而不是普遍意义上的真理。可观察层次上的真理，只要求我们所使用的科学方法，能够从观察中分离出可靠的信息即可，而在可观察层次上追求得到可靠性陈述的论证方式，并没有在真正意义上涉及科学理论的真理性，涉及的仅仅是仪器的可靠性。

（2）从语义学的视角来看，把对科学的实在论解释说成是最佳说明推理的原理，所存在的另外一个问题是，"最佳说明"是有待于进一步加以定义的。在实际科学研究中，科学家所选择的最佳说明不等同于是对可观察现象的最全面的说明，也许只是最有利于他们理解问题的说明。

法因反对说，这种通过假设推理辩护科学实在论的主要理由是：实在论者坚持认为，实在论对科学方法论的工具可靠性提供了最佳说明，所以，应该接受实在论的观点。然而，即使这种论证是正确的，人们还是没有理由相信，实在论是正确的。原因在于，实在论者与经验主义者之间的问题恰好是，在认识论的意义上，假设推理是否是可辩护的推理原理的问题，特别是，当所假定的说明包括了不可观察的机理所起的作用时，更是如此。毕竟，如果假设推理是可辩护的，那么，根本不会存在"不可观察量"的理论假定的认识论问题。标准的经验主义者的论证所质疑的问题，恰好是不可观察量的假设推理的问题。

卡特赖特认为，"逼真"论证采取的理论定律（theoretical laws）的逼真性，来保证现象学定律（phenomenological laws）的成功性的论证方法，也是值得商榷的。他还认为，情况恰好相反，"在谈到理论检验时，基本定律要比那些被期望说明的现象学定律的处境更糟。"这是因为，第一，基本定律所显示的说服力并不能证明它的真理性；第二，在所有的说明过程中，由于特定的基本定律并没有得到事实真相的力量，所以，它们所使用的方法实际上是证明了它的错误；第三，真理的表象不一定总是从最好的模型中体现出来，也可以来自一个与实在直接相关，但却是坏的说明模型。所以，科学的成功说明并不是得到真理的标志与向导。科学理论的成功应用也不是理论逼近真理的根本保证。

而且，最佳说明的推理内在地假设了一个定律所说明的事实提供了它为真的依据，并且它所说明的现象种类越多，它就越可能是真的。问题在于，假如一个特殊的定律能够说明各种不同的现象，或者说，在各种不同的现象中找到一致性，这是荒谬的，是不合逻辑的。所以，最佳说明推理的方法应该受到适当的限制。实际上，科学家常常是根据理论模型在特定的实验情境中的实用性来进行选择，他们并不能保证所有的理论模型都是正确的。但是，他们却认为对同一种现象必须有相互一致的因果性说明。因果性说明的推理虽然也是假设推理，但是，不是最佳说明的推理，而是最可能原因的推理。在这种推理的过程中，大量的关键性实验，使人们可以在不相信附着在理论实体之上的理论说明的情况下，有理由相信理论实体的现存性。

哈金认为，这种主张从实验结果的实践中追溯产生现象的内在原因，以达到证明理论实体的本体性的论证方法，仍然是站不住脚的。因为这种论证方式还是沿袭了"逼真论证"方式的研究思路，过分强调理论，而忽视了实验在科学研究中的重要作用。除此之外，这些论证主要集中于成熟科学的最终成果，是以原始的有条理的教科书中的事例为依据的。但是，事实上，正如库恩早已指出的，在真正的科学研究过程中，科学家很少使用教科书中的理论。实验科学家所依靠的是实验成就的价值和重要性。哈金的这种立场，最终导致了对科学实在论的辩护，从关注科学理论的视角转向关注科学实验，提出了对科学实在论的另一种新的论证。

最后，哈金从实验的视角为科学实在论提供的辩护，无疑开阔了人们的理论视野，有助于把科学哲学的研究从过分集中于科学理论，转向关注科学实验的过程。现在，这种"实体实在论"之所以成为一种有影响的哲学立场，在某种程度上，是因为它与当代科学哲学越来越不太重视理论的作用，更多地强调实验和科学实践的发展趋势相一致。哈金的论证可以归纳为下列几个方面：（1）操作能产生带来新感知的认知改变；（2）人们能够像运用可观察的宏观实体那样，运用微观实体进行实验；（3）各种仪器对相同观察结果的趋同现象，使人们更有理由相信，观察结果是真实的，而不是任何特殊仪器的人工制品；（4）只有当人们在实际操作一种实体时，才能真正证明它是存在的；（5）实体的存在是现时的，而不是未来的假设，所以，实体的"现存性"使得科学实在论成为正确的选择；（6）对实体的理解和定义是可变的，但是，科学概念所指称的对象是相同的。正如普特南所认为的那样，理论实体的意义是所有概念的矢量，每个概念只指称实体定义的一个部分，尽管人们对实体的理解可能是可变的，甚至是可以修改的，但是，实体本身却是不变的，因为人们并没有真正从整体上理解它。

哈金的论证思路是：（1）当人们能够运用作用于世界的某种实体时，人们才有资格相信，这个理论实体是真实的；（2）人们能够运用某些理论实体（例如，电子）作用于世界；（3）因此，人们有资格相信，这些理论实体是真正存在的。或者说，假设存在着实体 U，如果运用 U 做实验 E，然后，产生现象 P。人们就拥有了 U 存在的强有力的证据。所以，对 P 的最佳说明是，人们确实操作了 U，并且 U 的确是真实存在的。

哈金的这种操作论证对于巩固与加强科学实在论的地位起到一定的促进作用。但是，也存在着自身的困难。首先，哈金对实在论的论证是建立在具体案例的基础之上的。他所辩护的是一种特殊意义上的实在论，而不是一般意义上的实在论。因为这种论证方式需要对每一种实验方法、工具和假设进行考察。如果哪一种理论实体能使科学家运用它的假设作为工具进行实验，那么，这个假设就是真的，否则，这个理论实体就仅仅是一种假设而已。这种观点意味着，人们可能是关于电子的实在论者，但不是关于夸克的实在论者；可能是关于 DNA 的实在论者，但不是关于物种的实在论者。哈金自己也承认，当把他的论证运用到天体物理学的客体时，他是关于黑洞的反实在论者。

另外，哈金的"运用"一词的意义是不清楚的或含糊的，可能被解释为是一种积极的"操作或控制"，也可能被理解为是一种被动的"使用或利用"。事实上，如何运用一个理论实体作为一种工具，需要对此做出进一步的辩护。而这种辩护是相当复杂的。此外，哈金的观点是建立在不可靠的哲学基础之上的，他不允许实验实在论者拥有关于实体的任何知识。这一点是不合理的。因为哈金为实验者所提供的关于理论实体的信念，并没有得到辩护。

还有，在许多成熟的科学中，实验操作要借助于复杂的仪器来进行。可是，一方面，技术装置的设计和实验程序的安排离不开实验者的理论信念。另一方面，仪器的结构已经包含了其他理论所假定的不可观察的理论实体。正如普特南所说的，哈金的论证并没有说明，在实验中，理论实体的存在陈述意味着什么。他不过是随便借用了存在陈述，好像这种陈述不受任何观念的影响。在当代物理学中，理论实体很难从物理学理论中分离出来。

此外，哈金只是基于实用的基础上把科学实在论辩护为一种实体实在论，但是，他怀疑科学定律。这也是哈金在1990年之后的作品中把焦点从物理学转向心理学的原因所在。"实体实在论"也被称之为"工具实在论"或"实验实在论"。当许多哲学家承认实体实在论在直觉意义上的吸引力时，这种观点也受到了强烈的批评。一方面，哈金所论证的"实体实在论"约束太多，它忽略了那些还不能用来操作的可观察的实体；另一方面，它又不太受约束，在一定程度上，表面上成功的操作案例，可能证明是一种假象。

五、结语：超越强实在论

可以看出，关于科学实在论的上述论证策略都不足以给予完全令人信服的、足以自圆其说的辩护。那么，既然如此，是否应该放弃追求这种解释的任何企图呢？或者说，科学实在论还有继续存在的必要吗？还有可能得到进一步的发展吗？这正是本书所回答一个主要论题。要回答这个问题，还需要对有代表性的反实在论和非实在论对科学实在论的诘难，以及这些诘难本身所存在的问题做出进一步的分析。在此，有必要强调指出，本章所考察的这些科学实在论的论证方式，虽然在某种程度上可以被看成对经典实在论的批判与超越，但是，这些辩护体现的仍然是一种类似于经典实在论的某种强实在论的立场。这种论证策略本身存在着局限性，为相伴随的反实在论和非实在论立场的兴起埋下了伏笔。随着这些非实在论与反实在论立场的涌现，如何超越这种"强实在论"立场，自然而然地成为近20年来科学哲学家关注的一个主流方向。

第四章

当代科学实在论的困境与出路

在科学哲学的发展史上，对科学进行实在论的辩护一直是一种非常流行的立场。但是，由于其辩护视角的局限性，经常要面对各种批评与挑战。大多数最有影响的科学哲学家认为，现有的科学实在论立场至少在某些方面是有缺陷的，并且，从一开始就受到了各种形式的反实在论和非实在论观点的诘难。然而，与既往的经典实在论与反实在论之争所不同，当代科学实在论与反实在论之间的分歧，不再是关于是否承认存在着独立于人的内心世界以外的客观世界、是不是物质第一性等本体论问题上的分歧。而是在承认世界的存在性、承认感性经验能提供客观世界的信息、承认科学是一项合乎理性的事业、承认科学的进步性与成功性、承认理论实体在认识过程中能起重要作用的前提下，在理解科学为什么会取得成功，为什么会向着逼近真理的方向发展，理论实体是否真的存在，科学的目的究竟是什么，诸如此类的重大认识论问题上的分歧。在反实在论者的阵营中，劳丹的工具主义的观点、范·弗拉森的建构经验论的观点、社会建构论的观点是最值得关注的。

一、劳丹对科学实在论的批判

劳丹是当代美国科学哲学家。他基于对科学实在论与相对主义方法论的批评，从实用主义和工具主义的角度阐述了科学成功与科学理性。劳丹于 1981 年在美国《科学哲学》杂志上发表的《反驳"逼真"实在论》一文中指出,[①] 认识论的实在论是一个经验假设,这个建议变得越来越流行,其基础和鉴别来自它有能力说明科学的运行方式。包括普特南和波义德在内的不断增加的科学实在论者认为,认识的实在论很容易受到经验的检验。认识论的学说具有与科学一样的经验地位,这种建议是很受欢迎的,因为不管它是否得到了详尽的阐述,都标志着哲学共同体要有意义地面对他们最忽略的一个哲学问题:即,认识论断言的地位问题。在这里,潜在的风险和优势是与认识论的"科学化"联系在一起的。更明确地说,一旦人们承认,认识的学说将会受到经验法庭的判决,那么,人们喜欢的认识的理论就有可能被拒绝,而不是被确认。劳丹在这篇文章中,通过对"逼真"实在论的内涵与主张的解读,以及立足于科学史的案例,对科学实在论的"奇迹"论证与"逼真"论证的反驳,讲述了这样的观点:认识的实在论至少在一定程度上既得不到有利的历史证据的支持,也不会使它具有意义,许多实在论者拒绝在原则上有可能以非实在论的方式说明科学的推理是不成熟的。

1. 解读科学实在论

劳丹认为,像其他哲学"学说"一样,"实在论"这个术语也充满了各种各样的错误。就普特南和波义德等人所拥护的实在论的类型而言,关于实在论是什么的问题并没有给出明确的说明。实在论断言的特征的缺乏,使得很难对实在论的主张做出评价,因为许多阐述很不具体或非常模糊。同时,试图更精确地阐述这种实在论立场的任何一种努力都很容易受到攻击。劳丹试图通过引证现有科学史教科书中已有的具体案例,对实在论者可能感兴趣的某些认识论断言进行剖析,试图说明实在论者在直觉上最感兴趣的某些认识论主张实际上是一种幻想。首先,劳丹按照自己对普特南等人的实在论的理解,把实在论的主张归结为下列五个论点:

(R1)科学理论(至少在成熟的学科中)是典型地近似于真的,在同一个领域内,更新近的理论比较早的理论更接近于真理。

(R2)在成熟学科的理论中,观察术语与理论术语真的是有所指称的(大概来说,世界上存在着与我们最好的理论所假定的本体论相对应的物质)。

(R3)在成熟的学科中,前后相继的理论保持着理论上的联系,后面的理论保留了前面理论的明确的指称;即,前面的理论将会成为后面理论的一种极限情况。

---

① Larry Laudan, A Confutation of Convergent Realism, *The Philosophy of Science*, edited by Richard Boyd, Philip Gasper, and J. D. Trout (Cambridge: The MIT Press, 1991), pp. 223 – 245.

（R4）就理论的成功而言，可接受的新理论说明了和将会说明为什么前面的理论是成功的。

这些语义学的、方法论的和认识论的论点结合起来对如何评价实在论提供了一个重要的元哲学的断言：

（R5）从（R1）到（R4）的论点推论出，（"成熟"）的科学理论应该是成功的；这些论点的确对科学的成功建构了一种（如果不是唯一的话）最好的说明，（在已知的详细说明和精确预言的意义上）科学的经验成功地为实在论提供了惊人的经验证实。

劳丹把（R1）到（R5）的观点描述为"逼真的认识论的实在论"，简称CER。他认为，当代的CER的许多拥护者都坚持认为，（R1）、（R2）、（R3）和（R4）都是经验假设，这些假设通过（R5）所假定的联系，能够通过科学自身的研究来检验。

其次，劳丹认为，这些假设提出了下列两种假设推理论证。第一个假设推理论证的结构与（R1）有着密切的联系，有点像下列形式：

（1）如果科学理论是近似真的，那么，它们典型地在经验上是成功的。

（2）如果科学理论中的中心术语真的是有所指称的，那么，这些理论通常在经验上是成功的。

（3）科学理论在经验上是成功的。

（4）（也许）理论是近似真的，它们的术语真的是有指称的。

第二种假设推理论证的结构与（R3）相关，其基本形式为：

（1）如果在一门"成熟的"学科中，前面的理论是近似真的，而且，如果这些理论的中心术语真的有所指称，那么，在同一门学科中，后面更加成功的理论将把前面的理论作为一种极限情况保留下来。

（2）科学家所追求的正是把前面的理论作为极限情况保留下来，而且，这种做法通常是成功的。

（3）（也许）在一门"成熟的"学科中，前面的理论在近似的意义上是真的和确实是有所指称的。

劳丹给出的这两种假设推理论证，是从科学实在论的"无奇迹"论证和"逼真"论证的基本要点中归纳出来的。劳丹指出，假如已知现在的理论与过去的理论都是成功的，CER的拥护者断言，如果CER是真的话，很自然的推论是，科学是成功的和进步的。同样，他们宣称，如果CER是错误的，那么，科学的成功就会成为一种"奇迹"，也得不到说明。因为CER说明了科学是成功的这个事实，CER的论点因此被科学的成功所确认，非实在论的认识论是不可信的，因为这种观点无法说明当前理论的成功和科学史显示的科学进步。这样，我们面临的中心问题是：实在论者关于真理、指称和成功之间的相互关系的这些断言是合理的吗？劳丹的答案自然是否定的。他的论证思路是，通过对关于实在论的两种假设推理论证的反驳，进一步表明，实在论的五个基本前提中有四个要么是错误的，要么是模糊的不能令人接受，退一步讲，即使这些前提是正确的，也不能有根据地从中推出实在论的结论。

2. 反驳"无奇迹"论证

劳丹对第一种假设推理论证进行的反驳，主要是根据科学史的案例论证那种科学实在论者断言的"指称与成功"之间的关系和"近似真理与成功"之间的关系是没有根据的。劳丹认为，从指称的意义上对实在论的经验论证主要是由普特南提出的。如果（R2）将会实现普特南的下列说法：指称能够说明科学的成功，并且，科学的成功确定了（R2）所推定的真理，那么，似乎普特南一定会同意类似于下面的断言：

（S1）在高级的或成熟的学科中，理论是成功的。

（S2）中心术语真的是有所指称的一个理论将是一个成功的理论。

（S3）如果一个理论是成功的，我们就能够有理由推出，它的中心术语真的是有所指称的。

（S4）在成熟学科的理论中，所有的中心术语的确都是有指称的。

劳丹指出，这些四个要点之间存在着非常复杂的相互联系。（S2）和（S4）说明了（S1），而（S1）和（S3）为（S4）提供了根据。在给定的前提下，指称说明成功，成功确保指称的假定，这种论证似乎是合理的。然而，问题恰好出现在这里，因为如果有可能对（S1）提出异议，那么，其他几个前提就没有一个是可接受的。

第一个问题也是最困难的问题是，更明确地弄清楚实在论者试图要说明的"成功"的本性是什么。劳丹指出，虽然塞拉斯、普特南和波义德等人都把科学的成功看成是既定的，但是，对这种成功达到的程度没有给出任何说明。他们在很大程度上是运用了根据理论的可使用性和可接受性所表达的实用主义的概念。根据这种解释，人们会说，一个理论，如果它做出了相当正确的预言，如果它对自然界的秩序产生了有效的干预，如果它接受了一组标准的检验，那么，它就是成功的。人们喜欢能够对"成功意味着什么"做出更详尽的说明，可是，由于缺乏一个确认的一致性理论，使得进一步的阐述变得非常困难。

在劳丹看来，一个理论，只要它很有用，它就是成功的，也就是说，只要它在各种说明语境中起作用，它就能做出可证实的预言并具有广泛的说明范围。实在论者对理论为什么会成功的说明满足了这种类型的成功。据此，劳丹指出，如果以这种方式解释"成功",就会承认(S1)。人们的成功标准无论是广泛的说明范围、拥有大量的确证案例,还是具有可操作的或可预言的控制,科学都在很大程度上显然是一种成功的活动。

但是,(S2)显然是错误的。因为根据普特南的指称宽容原理,如果存在的实体与理论对它们的描述"近似地符合",那么,人们就能说一个理论术语是真的有所指称的。根据这种解释,玻尔的"电子"、牛顿的"质量"、孟德尔的"基因"和道尔顿的"原子"都是有指称的术语,而"燃素"和"以太"则是没有指称的。可是,在科学史上,指称理论在经验层次上是不成功的。例如,化学的原子理论在 18 世纪是很不成功的,大多数化学家都放弃原子理论,喜欢更形象的亲和力化学。道尔顿的理论关于原子的许多断言是错误的,玻尔的电子理论也是有缺陷的。所以,与(S2)相反,有指称的理论可能有很大的错误。此外,劳丹还详细地列举地质学和 18 世纪化学中的具体案例来进一步表明,(S2)所陈述的指称理论确实是不变的或在经验层次上是成功的观点是错误的。

劳丹认为,(S3)的主要困难之一是,它似乎很难与下列事实相一致:许多相对成功的理论的中心术语在证据意义上是无指称的。例如,以太理论或燃素理论曾经是很成功的理论,但是,却是无指称的。因此,(S3)不足以允许实在论者利用指称说明成功。另一方面,实在论者对(S3)的论证是一个经验问题,他们会说,过去成功的理论的中心术语确实是有指称的。对这种假设的一个适当的经验检验是要求审查历史记录。这种审查会使实在论者把(S3)弱化为,一个理论的成功保证了至少它的某些中心概念(不是全部)是有所指称的。然而,这种弱化就不可能排除很成功的理论的中心术语是无指称的情形,结果,人们就没有理由相信没有接受检验的核心原理是近似真的。在这种情况下,一个理论可能是很成功的,也包含明显错误的重要因素。这种情形严重地威胁到实在论假设的论点(R1):成功预示着近似真理。因此,指称与成功之间的这种联系比普特南和波义德的讨论更糟糕。这样,如果实在论者希望继续坚持 CER,似乎将不得不转向近似真理,而不是指称。

劳丹把对近似真理与成功之间的关系的考察分成两个路径:下降的路径和上升的路径。从下降的路径来看,劳丹指出,不考虑指称问题,实在论者还会认为,归根结底认识的实在论承诺这样的观点:成功的科学理论,即使在严格的意义上是错误的,它们仍然是"近似真的"或"接近于真理的"或"似真的"。劳丹把这种断言归结为下列两个陈述:

(T1)如果一个理论是近似于真的,那么,它在说明的意义上是成功的。

(T2)如果一个理论在说明的意义上成功的,那么,它可能是近似于真的。

劳丹认为,实在论者所喜欢说的当然是下列断言:

（T1′）如果一个理论是真的，那么，它将是成功的。

（T1′）之所以引人注目，是因为它是不言自明的。然而，大多数实在论者回避引用（T1′），因为他们不太相信，他们能够合理地假定任何一个给定的科学理论都是真的。如果实在论者所说明的是，成功的理论绝对是真的，那么，他们的说明技巧是非常受限制的。这样，当向着更加广泛的说明范围的方向移动时，（T1）是相当有魅力的。毕竟，许多理论人们可能认为是错误的，但过去和现在它们在一个广泛的应用范围内都是很成功的，例如，牛顿力学、热力学和波动光学。也许实在论者在证据的意义上推测，人们能够根据这样的理论是"近似真的"假定，找到对实际成功的一种认识的说明。这样一来，他们就有可能把成功与近似真理联系起来，然而，这种联系需要进行独立的论证。

如果一个理论是近似于真的，那么，就会推出，这个理论将是可观察现象的相对成功的预言者和说明者。劳丹认为，这种推理是错误的，即使一个近似真的理论得到了清楚明白的说明，也不可能因此断定，一个近似真的理论将在说明的意义上是成功的。劳丹以波普尔（Karl Popper，1902～1994）的逼真性公式为例做了进一步的阐述。波普尔认为，当一个理论包含的真内容远远大于它的错误内容时，它就是近似真的，用下列公式表示：

$$Ct_T(T1) > > Ct_F(T1)$$

这里，$Ct_T(T1)$ 是从 T_1 中推出的真语句集的基数，$Ct_F(T1)$ 是从 T_1 中推出的错误语句集的基数。当这样阐述近似真理时，在逻辑上不能由此推出，一个任意选择的理论推论的集合将是真的。即使一个理论在上面显示的意义上是完全可信的，它的推论的检验也会是错误的。即使实在论者在语义学的意义上充分地阐明了近似真理或部分真理，即使这种语义学推出，一个近似真的理论的大多数结论是真的，但是，它仍然没有一个标准在认识论的意义上保证把近似真归属于理论。波普尔把理论的逼真度定义为理论所包含的真内容与假内容之差，来说明如果一个理论的真内容越多，假内容越少，它的逼真度就越高。但是，这种定义只是理论上的追求，它不仅没有可操作性，而且无法排除前一理论所得出并经过检验的结果，后来却被新的理论证明是错误的情况。因此，难以用逼真性的定义来解释理论的成就。因此，劳丹得出的结论是，实在论者的论点似乎来自长期的直觉，缺少关于近似真理的语义学或认识论。

那么，从上升的路径来看，即使我们同意（T1）的论证，那么，（T2）也可能会是错误的，说明的成功不可能被看成是判断近似真理的合理根据。原因在于，在科学史上，有一些被实在论者认为其核心名词是无所指称的错误理论（例如，以太说，燃素说等），却在一段时间内有所成就，说明了许多经验现象，指导了人们的实践；相反，有一些被实在论者认为是正确的理论，在其发展的一定阶段却是不成功的。这说明，科学理论所取得的成就与它接近真理的程度并不一定总是相一致。比如，医学中的气质说；地质学中的灾变论；热学中的热质说；生理学中的生命力的理论；电磁场理论中的以太；光学中的以太；自然发生论；等等。因此，在科学史上，科学的成功，不是确保科学是近似真理的充分必要条件，真理也不是对科学为什么会成功的最好解释。接近真理只是一个无法达到的超验目标，是一个乌托邦。事实上，理论之所以是成功的，仅仅是因为它是有效的，它具有解决问题的能力。理论解决的问题越多，就越成功，但是，不一定越接近真理。

劳丹进一步论证说，即使实在论者反驳说，上面列举的这些事例不是成熟的科学，因而不会对实在论的论点构成威胁。但是，一方面，对于实在论者来说，成熟的科学与不成熟的科学之间的区别只不过是方便之举，是实用主义的，因为他们会用这种方法排除 CER 基于不成熟的科学事例做出经验断言的明显反例。另一方面，如果实在论者只限于对成熟科学做出说明，那么，他们就完全不能说明一般的科学为什么是成功的。因此，实在论者需要尖锐地反驳下列明显似真的断言：在自然界的深层结构特征递增的精确性与现象说明、预言和操作层次上的改进之间没有必然的联系。不断增加的实验的精确性预示着理论层次上的更大的似真性，这种论证是成问题的。

3. 反驳"逼真"论证

劳丹认为，对实在论的"无奇迹"论证的反驳只考虑了关于 CER 的静态的或共时的看法。这种看法对似真性做出了绝对的判断。同样有吸引力的是 CER 的其他变量，比如，"逼真性"、"符合"或"积累"。关于 CER 的历时看法的拥护者，用一个附加的集合对上面讨论的（S1）~（S4）和（T1）~（T2）提供了补充论证。劳丹把他们的论证归结为下列三个论点：

（C1）在一个学科领域中，如果前面的理论是成功的，因而，按照实在论者的原理［比如，上面的（S3）］是近似真的，那么，科学家应该只接受保留了前面理论的适当部分的后继理论。

（C2）事实上，科学家确实接受了（C1）的策略，并在这个过程中，设法提出新的更成功的理论。

（C3）科学家在更成功的后继理论中成功地保留了前面理论的适当部分，这种事实表明，前面的理论确实真的有指称，它们是近似真的。因此，（C1）所提议的策略是可靠的。

劳丹认为，按照最流行的普特南与波普尔的观点，在成熟的学科中，有合理根据的后继理论一定包含有前面理论关于实体的指称，并把前面理论的定律与机

97

制作为一种极限情况保留下来。实在论者关于这种保留形式的讨论有许多，可归纳为这样几种情况：①（T2）推出（T1）；②（T2）保留了（T1）的结论或真理性内容；③（T2）保留了（T1）的"已被确证的"部分；④（T2）保持了（T1）理论的定律与机制；⑤（T2）把（T1）作为一种极限情况保持下来；⑥就（T1）的成功而言，（T2）说明了（T1）为什么会成功；⑦（T2）保留了（T1）的中心术语的指称。劳丹针对这些形式，提出了用来反驳的四个问题：其一，科学家会接受 CER 的这种保留策略吗？其二，后面的理论真的保持了前面理论的机制、模型和定律了吗？其三，根据实在论者的要求，理论有可能是逼真的吗？其四，新的理论应该说明前面的理论为什么是成功的吗？

劳丹根据科学史的文献对这四个问题进行了逐个考察。

首先，劳丹认为，如果大多数科学家接受理论的保留策略，那么，将会预计有大量的历史文献证明，后面的理论确实把前面的理论作为一种极限情况包含进来。然而，人们发现，除了极少数的情况之外，事实并非如此。例如，光的波动理论并没有因为不包含早期的粒子理论而受到批评；达尔文的理论也没有因为错误地保留了拉马克的进化论受到地质学家的质疑。因此，科学史并没有证明实在论者在科学中的评价策略的假设。就普特南和波义德对科学家的保留行为的说明而言，他们要说明的问题本身是错误的，因为在科学史上的普遍策略是，接受经验上成功的理论，与它是否包含了前面理论的定律和机制无关。

其次，劳丹认为，针对第二个问题，科学史上的反例更多。例如，日心说没有保留地心说；牛顿物理学没有保留笛卡儿的力学、天文学和光学定律；富兰克林的电理论也没有把前面的理论作为极限情况保留下来；相对论力学没有保留以太；统计力学没有合并热力学的机制；现代遗传学没有把达尔文的泛生论作为极限情况包括进来，等等。劳丹尖锐地指出，事实上，在每个层次上都会有损失：已被确认的前面理论的预言有时不能通过后面的理论来说明；甚至是前面理论说明了"可观察的"定律，总是得不到保留，甚至不会成为极限情况；前面理论的理论过程和机制有时被看成是无用的。关键问题在于，正是由于科学家愿意违背实在论者喜欢的"成熟的"科学遵守的、积累的或保留的限制，才会有最重要的理论发明。

"逼真"论证之所以是错误的，有其更深层次的理由，在某种程度上，它不得不利用科学中的本体论框架的作用和极限情况关系的本性。当科学家使用"极限情况"这个术语时，只有在（T1）中的所有（可观察的和理论的）变量的赋值是通过（T2）所指定的值，并且，在给定的初始条件和边界条件下，（T1）的每一个变量的值在与（T2）相对应的变量的值相同或非常接近的条件下，（T1）才能成为（T2）的极限情况。这似乎要求，只有当（T1）假定的所有实体在（T2）的本体论中发生时，（T1）才能作为（T2）的极限情况。然而，无论什么时候，理论的变迁总是伴随着本体论的变化，因此，（T2）不可能捕获到（T1）的本体论，于是，（T1）也不可能成为（T2）的极限情况。即使在（T1）的本体论与（T2）的本体论适当地重叠的地方（即，（T2）的本体论包含了（T1）的本体论），在给定的适当的限制性条件下，只有（T1）的所有定律能够从（T2）演绎出来时，（T1）才是（T2）的一种极限情况。同样，科学史上许多案例表明，这种描述是错误的。例如，从经典的以太理论到相对论力学和量子力学，有些经典定律作为极限情况保留下来，但是，却抛弃了以太与物质的相互作用、以太模型与机制等。退一步讲，即使在基本的本体论方面没有发生变化，许多理论也不可能保留其前面理论的所有说明的成功。众所周知，连续的经典力学不可能被转化为量子力学或相对论力学。如果科学家接受实在论者的限制，相对论力学和量子力学就不可能被看成是可行的理论。

再次，劳丹认为，实在论者把科学知识的增长看成是积累型的观点也是站不住脚的。劳丹引证别人的分析结果，从下列三个方面进行了论证：①一个后继理论（T2）必须既能把前面理论（T1）的真的结果看做真的，也能说明（T1）的反常，这种必要条件是相互矛盾的；②如果一个新理论（T2）包括了前面理论的本体论或概念方面的变化，那么，（T1）具有的真的和确定的结果就不会被（T2）所拥有；③如果两个理论（T1）和（T2）不一致，那么，每一个理论都会有另一个理论不能解释的真的和确定的结果。

最后，劳丹指出，第四个问题涉及更温和的实在论者塞拉斯的观点。塞拉斯认为，每一个满意的新理论一定都能够说明其旧理论为什么是成功的。根据这种观点，可行的新理论不需要保持旧理论的所有内容，也不需要把旧理论作为极限情况包括进来。更准确地说，这只是强调，一个可行的新理论必须说明为什么在一些情况下根据旧理论所设想的世界做出的预言是正确的或近似正确的。劳丹认为，这种要求是没有道理的。这是因为，如果新理论比旧理论有更多的确证结果（以及概念更具有简单性），那么，即使新理论不可能说明旧理论为什么是成功的，新理论也比旧理论更可取。反之亦然，如果新理论比旧理论有更少的确证结果，那么，即使新理论说明了旧理论为什么是成功的，新理论在理性的意义上也不比旧理论更可取。简而言之，新理论说明为什么旧理论是成功的可能性，对于新理论比旧理论更好的说法而言，既不是必要条件，也不是充分条件。

新理论应该说明为什么旧理论是成功的这种断言面对的另一个难题是，概念本身是模糊的。说旧理论是成功的一种方式，是说它共享了高度成功的新理论的许多确证的结果。但是，这并不是科学实在论所接受的一种"说明"，因为它没有参考也没有依赖对新理论或旧理论的评价。毕竟，工具主义者可能相当高兴地看到，如果新理论"拯救了现象"，那么，旧理论与新理论在可观察的意义上是相重合的结果，在实验的意义上是不可区分的，因此，旧理论也成功地拯救了现象。可见，这种比较的可能性没有给认识论的实在论提供任何根据。新理论应该说明旧理论为什么会成功的观念，来源于相互竞争的说明的"层次"图像，根据这种说法，新理论能推论出旧理论，所以，新理论应该充分地说明旧理论。显然这种层次图像有必要加以改进，因为众所周知后面的理论通常不可能推论出前面的理论。总之，当阐述理论间关系的一般论点时，为实在论的认识论所设计的支持，很难避免前面所讨论的难题。

因此，劳丹认为，实在论者对科学成功与近似真理之间的关系的论证，是没有说服力的，也是不成功的。CER 的论点与分析是经不起仔细推敲的。

4. 劳丹对科学成功的论证

劳丹把科学实在论者所论证的一般策略归结为从科学的成功到断定科学是近似真的、逼真的、有所指称的，或是这几个方面的任何组合。这种假设推理论证试图向怀疑论者表明，理论是以正当的方式获得的；向实证主义者表明，理论不可能约化为观察结果；向实用主义者表明，经验的认识范畴（真与假）是与元科学的话语相关的。然而，在哲学史上，对认识的实在论的批评从来没有间断过，拯救了现象的理论不能保证一定是真的。非实在论者之所以成为非实在论者，是因为他们相信，错误的理论同正确的理论一样，也能得出正确的结果。

劳丹最后总结出下列结论：[1]

（1）一个理论的中心术语是有所指称的事实并不能推出，理论将是成功的，一个理论的成功没有为理论的所有或大多数中心术语是有所指称的事实提供根据。

（2）近似真理的概念目前太模糊以至于人们不可能对下列问题做出判断：完全由近似真的定律组成的理论是否在经验上是成功的。明显的事实是，一个理论可以在经验上成功的，即使它不是近似于真的。

（3）实在论者没有说明诸如此类的事实：许多理论不是近似真的，它的"理论"术语似乎也没有指称，但是，它们依然通常是成功的。

（4）逼真论者关于"成熟"学科中的科学家在后继理论中通常保持或努力保持前面理论的定律和机制的主张，可能是错误的。当成功的后继理论保持了这样的定律时，我们就能根据所保留的定律与机制的似真性来说明后继理论的成

---

① Larry Laudan, A Confutation of Convergent Realism, *The Philosophy of Science*, edited by Richard Boyd, Philip Gasper, and J. D. Trout (Cambridge: The MIT Press, 1991), P. 242.

功，这种断言也会遇到前面注意到的近似真理面临的所有缺点。

（5）即使能够表明，指称理论和近似真理理论是成功的，实在论者对成功的理论是近似真的和当然是有指称的论证，恰好是非实在论所要否定的，换言之，非实在论者否认，说明的成功象征着真理。

（6）如果一个理论曾经被证伪，就没有理由预期，后继理论应该保留它的全部内容或它的已被确证的结果或它的理论机制。

（7）实在论者除了借助于命令之外，根本无法确定，非实在论的认识论者缺少说明科学成功的资源。

劳丹根据上面的结论认为，CER 所面临的反常似乎超越了它所能掌握的资源。实在论者认为，不能以非实在论的方式说明科学的可能性的推理是不成熟的，是失败的。希望相信什么和有更好的理由相信什么之间是有区别的，所有的人都乐见实在论是真的，也愿意看到科学的可行性是因为它掌握了自在实在。但是，这样的断言迄今为止并没有得到证明。

劳丹对科学实在论者的论证策略的反驳，以及对相对主义观点的批判，在《说明科学的成功：超越认识的实在论与相对主义》一文中明确地阐述了科学成功的工具主义的解释方法。① 劳丹认为，科学是一项成功地和有效地获取知识的事业，这个事实是显而易见的。实在论者认识到这个问题的重要性，但是，不能提供答案；相对主义者根本就不认同这个问题，更谈不上给予回答。劳丹对这个问题的回答是从考察"成功"概念的用法开始的。在劳丹看来，在一种活动中，成功的判断并不意味着认可这项活动。可能有成功的银行盗贼、成功的暴力犯罪、成功的军事战役，也有成功的理论。人们可以把科学和技术一直看成是有影响力的，也可以不这样认为；但是，这样的评价并没有预设或蕴涵劳丹对科学是成功的活动这一断言。劳丹的观点是，任何一项活动中的成功总是与目的和手段之间的关系相联系，更具体地说，是与目标和行为之间的关系不可分割。说一项活动是成功的，只是说促进了这项活动所要达到的那些目的。如果一个行动者有更好的理由相信，他的行动将会达到他的目标，那么，就可以事先说这种行动是理性的，同样，当一种行动实际上促进了行动者的目标，也可以事先说这种行动是成功的。因此，劳丹把"成功"这个术语看成是一个关系概念。

劳丹认为，这种理解不会使成功成为一个可评价的或规范的概念。判断一种行动是成功的，是对这项行动与其目标态的结果之间的关系下一个附随的、经验

---

① Larry Laudan, Explaining the Success of Science: Beyond Epistemic Realism and Relativism, *Science and Reality*: *Recent Work in the Philosophy of Science*, Essays in Honor of Ernan McMullin, edited by James T. Cushing C. F. Delaney Gary M. Gutting（Noter Dame: University of Noter Dame Press, 1984）, pp. 83 – 105.

的断言。因此，关于成功的断言是事实的，而且，与关于世界的任何一类经验断言一样，是可检验的。同样，科学是成功的论点相当于从经验上断定，科学家的行动事实上导致了或促进了一定的目标。那么，根据科学的哪个目标来判断成功与否呢？劳丹的答复是，这是一个既简单又复杂的问题。

说它简单是因为，与判断一个行动的合理性不同，判断成功不需要对行动者的目标或动机做出审查，人们质疑一位行动者的行动事实上是否导致了一定的结果，与行动者的意向性完全无关。正如只要清楚地把什么样的结果看成是"成功的"一样，人们也能在避开行动者的意向性的风险之条件下，高兴地做出成功与否的决定。没有必要根据行动者的目标做出"成功的"决定。科学家有各种不同的目标。当人们说科学是成功的时，通常不对科学家的目标做出分析。对于认识论和方法论的意图而言，科学家所要达到的目标并不重要。当判断科学是否成功时，人们做出的成功判定是要顾及到，科学是否有能力实现人们特别感兴趣的某些认知属性。只要承认所做研究能避免关于意向性、相互矛盾的目标、转移说明观念等争论不休的问题，并能回避确定科学有什么目标的其他难题。

说它比预计要明确地阐述人们利用的成功标准是什么的问题更加复杂，是因为任何一种行动都会有某些结果，总有可能找到一组描述使得一种行动好像是成功的。这是一条很容易接受的途径。据此，需要找到感兴趣的、与众不同的和所要求的一组结果，根据这些结果来判断成功。有一组认知结果是认识论者和科学哲学家一直感兴趣的。这些目标态是关于有兴趣的认识的和实用的属性。劳丹把这些有代表性的目标归纳为下列四个方面：

（1）人们在体验混沌而无序的世界时，获得关于这些经验的可预测的控制权。

（2）人们为了能够干预事件秩序，使得在特殊方面改变秩序，获得关于这些经验的可操作的控制权。

（3）增加反映人们说明自然现象的初始条件和边界条件的参数的精确性。

（4）整合和简化人们关于图像的各种元素。

劳丹认为，如果人们沿着这种思路定义认知的"成功"，那么，毫无疑问，近300年来的科学史是一个非常成功的故事。例如，现在能够比1 700年前预言更大范围的现象；能够干预自然界的秩序（如，许多疾病的进程），使得事情比过去更快地向着人们希望的方向发展；人们测量各种变量和常数的仪器比过去更加精密。即使人们受到科学的最终统一的困惑，但是，相当明确的是，与前辈相比，人们现在能够根据更少的一般原理来说明更多的不同现象。在这种认知的意义上，说科学是成功的，不一定断言科学要设法达到科学家的所有目标，也不用对科学做出是否有价值的或令人信服的判断。至少，对于这种分析的意图来说，不需要对科学已经达到的结果做出伦理的或社会价值的判断。劳丹强调说，他在这里只是注意到了科学发展史上非常明显的事实。因为没有先验的理由预期人们能够取得这种认知的丰功伟绩，也无法承诺能够确保这类特殊的成功，所以，面临的真正问题是，科学为什么是成功的？科学家在阐述与检验其理论的行为方式时，是什么使这类成功成为可能的？不论人们研究什么样的学科，接受哪一种哲学取向，都不可能自称以一种可理解的方式说明了科学，除非人们接受他所提供的关于问题的答案。显然，这种答案既不是实在论的，也不是相对论的。

劳丹在对科学成功的现象做了重新认定之后，试图避开先验地解决传统的归纳之谜的前提下，阐述科学的成功问题。劳丹认为，为什么后继理论比前面的理论更精确，更能使人们对自然界的现象做出预言和干预自然界的秩序呢？这是关于成功问题的一种比较的看法。劳丹以医学中从单盲实验到双盲实验的过渡为例说明，不需要从"很高的认识论"层面来理解事情的进展与原因。在不求助于实在论者关于科学理论的似真性断言的前提下，人们也能够说明各种测试程序的比较的可靠性。这种检验理论的"逻辑"，尽管不完美，但是，它使人们能够对各种研究方法的可靠性做出比较判断；经过某些检验的理论会比经过其他不太符合要求的检验的理论往往更有生命力。对科学成功的这种说明并不比实在论者的说明更神秘和更令人困惑。它增加了直接的可检验性的优点。

劳丹通过上面的分析得出了下列结论：科学之所以是成功的，是因为科学理论来自一个不断筛选的过程，对于检测关于世界的经验假设来说，它在可论证的意义上比其他技巧更有说服力和更有优势。在具体的案例中，人们通常能够表明，这些方法和程序为什么比别的方法更有可能产生出可靠的结果。这些程序不能保证产生出真的理论，它们通常也产生不出真的理论，但是，它们产生出的理论往往确实比依靠我们意识到的信念策略选择出的理论更可靠。科学方法不一定是最有可能的研究方法，它们选择出的理论也不可能是完全可靠的，但是，承认科学方法是不完美的，承认科学理论有可能是错误的，也没有损失什么。甚至在这种不太完美的状态中，人们拥有了一种研究手段，在可论证的意义上，这种手段比根据其他意图设计的手段能更好地选择出可靠的理论。根据比较可靠的科学方法来说明科学的成功，排除了哲学家和社会学家说明科学成功的神秘感。

二、范·弗拉森的建构经验主义

范·弗拉森是当代美国科学哲学家和杰出的反实在论者，也是科学的新经验主义的主要代表性人物。范·弗拉森把科学哲学的研究大体上划分为两种类型：第一类称之为关于理论的内容与结构的基础研究；第二类是涉及理论与世界及其使用者之间的关系的研究。他认为，关于理论的一般结构和理论内容的一般特征的哲学分歧是一直存在的。当前普遍接受的观点（不是完全没有争议的）是，理论通过假设不可直接接近的观察来说明现象；并且，根据理论的可能态来描述任何一种类型的系统。然而，共享这种理论结构观的许多哲学家，对理论与世界及其使用者之间的关系问题的看法并不一致。实际上，理论与世界的关系问题是关于科学理论的可接受性的问题。理论只需要对可观察量给出真的说明，把进一步假定的结构看成达到目的的一种手段。或者说，接受一个理论，只是因为它"拯救了现象"。除了经验证据之外，没有任何理由认为一个理论是真的。范·弗拉森在1980年出版的《科学的印象》一书中，创造了"建构经验主义"这个术语，来概括这种特殊的哲学立场。①

1. 建构经验主义的基本立场

在范·弗拉森看来，20世纪的科学哲学是作为逻辑实证主义的一个组成部分发展起来的。尽管逻辑实证主义的全盛时期是在第二次世界大战之前，但是，即使在今天，像"公认的理论观"这种表达，还是指由逻辑实证主义者所提出的观点。科学实在论的论证主要在批评逻辑实证主义时提出的。这些批评有许多是正确的和成功的。实证主义的科学图像是站不住脚的，迫切需要对科学的结构做出一种新的说明。应该如何理解科学理论和什么是真正的科学活动，这两个问题必须由科学哲学来回答。一种朴素的科学实在论的立场认为，科学向人们提供的关于世界的图像是真的，在细节上是可信的，科学所假定的实体确实是存在的。科学的发展是发现，而不是发明。这种断言是不成熟的。因为科学会随时不停地做出自校正，或者，更糟糕的情况是，很早就会发生大规模的争论。不过，这种朴素的主张回答了两个主要问题：其一，它把科学理论描述成是关于自在实在的故事；其二，它把科学活动描述成是一种与发明完全相反的发现的事业。范·弗拉森把科学实在论的这种立场概括为："科学的目的是在它的理论中向人们提供一个关于世界像什么的字面上真实的事物；接受一个科学理论包括相信它是真实的。"②

范·弗拉森对科学实在论立场的这种概括重点突出两个方面：一是有意地加了"字面上"这个词语来进一步限定他所批判的科学实在论的类型；二是涉及关于认识论的问题。但是，范·弗拉森认为，这并不意味着，任何一个人在形成实在论的信念时，都是有合理依据的。这样就必然给认识论的立场留出空间，当前引起广泛争论的一个问题是，一位理性的人绝对不会亲自把概率1赋予任何一

① Bas C. van Fraassen, *The Scientific Image* (Oxford: Clarendon Press, 1980), P. 5.
② 同上，P. 8.

当代科学哲学的发展趋势

个除同义反复之外的命题。为了理解什么是合格的可接受性，我们必须首先简单地理解什么是可接受性。如果一个理论的可接受性包括相信它是真的，那么，试探性的可接受性包括试探性地接受它是真的信念。如果有各种不同程度的信念，那么，也会有各种不同程度的可接受性，于是，人们可能会说，一个理论的可接受度包括它是真的某种可信度。这当然一定不同于相信这个理论是近似真的，它似乎意味着，相信以该理论为中心的某一部分是真的。在这个方面可能运用了实在论的阐述，没有考虑人们的认识论的说服力。

据此，反实在论的立场是，如果科学提供的并不是这种字面上真的故事，也能很好地达到它的目标，一个理论的可接受性所包括的东西，达不到相信它是真的程度。根据这种不同的立场，当科学家提出一个理论时，科学家不是维护它，而只是把它呈现出来，对它的优势做出陈述。这些优势可能不包括真理：也许是经验的适当性、可理解性、各种目标的可接受性。这是必须加以阐述清楚的，因为这些优势的细节不是通过否定实在论来确定的。范·弗拉森为了阐述理论的可接受性问题，首先需要澄清的一个关键概念是："字面上真的"说明的观点包括两个方面：其一，从字面意义上解释语言；其二，经过这样的解释之后，这种说明是真的。这种观点把反实在论者划分为两种类型：一是认为，经过确切地解释（而不是字面意义上的解释），科学的目标在于求真；二是认为，应该对科学语言做出字面意义上的解释，科学理论不需要是真的，而是好的。范·弗拉森所辩护的是第二种类型的反实在论。

范·弗拉森明确地指出，"字面解释"是什么意思，是很难表达的。这种观念也许来自神学，在神学中，基础主义者从字面上解释圣经，而自由主义者则持有各种寓言的、隐喻的和类比的解释，这种解释是"去神话的"。阐述"字面解释"的问题属于语言哲学的范围。范·弗拉森重点强调的观点是："字面上的"并不意味着是"真值"，对于一般的哲学用法来说，这个术语已经得到了很好的理解，但是，如果人们试图详细地解释它，他们发现自己会为自然语言提供一个适当的说明而困扰。把对科学的调查与解决真值问题的承诺联系起来是一个有害的策略。排除科学语言的字面解释的决定，排除了著名的实证主义和工具主义的反实在论形式。首先，根据字面解释，明显的科学陈述实际上是可能有真假的陈述；其次，尽管字面解释可能是详细的阐述，但是，它不可能改变逻辑关系。根据实证主义者对科学的解释，理论术语只有与可观察量联系起来时才有意义。因此，他们认为，两个理论，尽管形式上是相互矛盾的，但可能实际上说的都一样。这样的两个理论只有在不是字面解释的前提下，才能"实际上"说的一样。更具体地说，如果一个理论说，存在着某种东西，那么，一个字面解释就可以阐述这种东西是什么，不会取消存在的含义。

105

范·弗拉森认为，坚持科学语言的字面解释是为了排除对理论作为隐喻或明喻的解释，或者说，排除不保持逻辑形式的其他类型的"翻译"。如果理论的陈述包含"存在着电子"，那么，这个理论就说明了存在着电子。如果还包含电子不是行星，那么，在某种程度上，这个理论就说明了存在的实体不是行星。但是，并不是坚持科学语言的字面解释的每一种科学哲学立场都是实在论的立场。因为这种坚持与对待理论的认识态度无关，人们追求的目标不是建构理论，而只是正确地理解一个理论表达了什么。在确定了必须从字面上理解科学语言之后，人们仍然能够说，没有必要相信，好的理论就是真的，也没有必要简单地相信，理论假定的实体是真的。范·弗拉森把他所拥护的这种反实在论立场总结为："科学的目标在于向人们提供经验上适当的理论；一个理论的可接受性包括只相信它是经验上适当的。"① 他为自己的这种特殊的经验主义立场取名为"建构经验主义"。

范·弗拉森对这个名称的解释是，一方面，运用"建构的"这个形容词来表明，科学活动是一种建构，而不是发现；模型的建构一定能解释现象，可是，发现不了关于不可观察量的真理。另一方面，这种特殊的新经验主义与逻辑实证主义完全不同。逻辑实证主义者从语言学的方向为经验主义增加了语言和意义的理论。这种哲学立场在某些情况下对各种哲学困惑的思考是正确的，在本体论与认识论问题上的误解，确实是关于语言的问题。科学语言，作为自然语言的一个适当的组成部分，显然是逻辑哲学和语言哲学的主题。但是，这只意味着，当我们研究科学哲学时，能够解决某些问题，并不意味着，必须从语言学的意义上阐述所有的哲学概念。逻辑经验主义者及其继承人试图把哲学问题转变为关于语言的问题，这种做法太过分了。在某些情况下，他们的语言学的方向为科学哲学带来了灾难性的后果。可是，科学实在论的追求又犯了与排除形而上学恰好相反的错误。"建构经验主义"的观点认为，经验主义是正确的，但是，不可能蕴藏在实证主义者提供的语言形式中。范·弗拉森指出，这种哲学立场的洗礼，并不意味着渴望形成一种思想流派，而只是对科学实在论者为他们自己盗用的最有说服力的概念名称做出反思。

范·弗拉森认为，建构经验主义的阐述与上面的科学实在论的阐述一样，也是合格的评论。建构经验主义最关键的要点是"经验的适当性"。如果一个理论表达了可观察的事物和事件，即，"拯救了现象"，那么，它就是经验适当的，一个经验上适当的理论也可以描述隐藏的实在结构。更加明确地说，这种理论至少有一个模型把所有当前的现象都包括在内。"经验的适当性"这个概念与关于

---

① Bas C. van Fraassen, *The Scientific Image* (Oxford: Clarendon Press, 1980), P. 12.

科学理论结构的概念密切相关。一方面，当一个理论经得起许多检验，成为牢固确立的理论时，对待该理论的正确态度是，在一种特殊的意义上"接受"它，接受一个理论就是（1）相信它是经验上适当的；（2）当思考进一步的问题和试图扩展与提炼理论时，运用它所提供的概念。另一方面，建构经验主义强调的经验适当性的断言比实在论者喜欢的真理的断言弱了许多，而且，可接受性的约束把人们从形而上学中拯救出来。

此外，在范·弗拉森看来，在可接受性的意义上对实在论与反实在论的这种区分，只涉及包括多少信念的问题。理论的可接受性是一种科学活动现象，显然包括许多信念。因为人们从来不会遇到一个在每一个细节上都很完备的理论。因此，接受这一个理论而不是那一个理论，也包括了对一种研究纲领的承诺，包括了在这种理论提供的概念框架之内继续与自然界进行对话。建构经验主义的观点认为，即使两个理论在经验上是相互等价的，它们的纲领也是完全不同的，在可接受性方面也有很大的差别。因此，可接受性不仅包括信念，也包括某种承诺。如果可接受性过强，那么，在命令一个人的回答问题的意愿中，就体现了对说明者作用的人为假设。实际上，这一切与意识形态的承诺相类似。一种承诺当然既不是真的，也不是假的：只是有信心认为，这种承诺最终将会得到辩护。这是对理论的可接受性的实用维度的简要概述。实用的维度与认识的维度不同，不会在实在论与反实在论的分歧之间做出明显的判断。反过来说，实在论者与反实在论者在理论可接受性的实用方面没有必要不一致。除了经验证据之外，实用的功效不会向人们提供认为一个理论是真的任何理由，只能提供经验适当性的理由。

2. 对实在论论证方式的反驳

范·弗拉森根据建构经验主义的上述基本观点，进一步对塞拉斯、斯马特、普特南及波义德等人在论证科学实在论立场时，对所运用的最佳说明推理的论证方式和强调理论的说服力的论证方式进行了分析与反驳，并在此基础上，试图提供关于科学成功的另一种替代解释。

首先，范·弗拉森认为，逻辑实证主义统治了科学哲学近 30 年的时间。1960年，卡尔纳普在《明尼苏达科学哲学研究》第一卷登出的《理论概念的方法论地位》一文中，阐述了实证主义的最高纲领，试图把理论术语与观察语言联系起来解释科学，两年之后，麦克斯韦尔（Grover Maxwell）① 的《理论实体的本体论地位》一文被收录在同一系列的文集中。这篇文章的主题与论题直接与卡

---

① 这里把 Grover Maxwell 翻译为"麦克斯韦尔"，而不是翻译为"麦克斯韦"，是为了与物理学家麦克斯韦区别开来。

尔纳普的观点相反。这篇文章常被引证为支持理论与观察不可分的新实在论者的论点。然而，麦克斯韦尔对"理论实体"和"观察与理论二分法"的表述显然是典型的范畴错误。术语或概念是理论的，实体是可观察的或不可观察的。这似乎是抓住了某些要点，但是，他把这种讨论分成两个问题：人们能够把语言区分为理论语言和观察语言吗？另一方面，人们能够把对客体和事件分为可观察的和不可观察的吗？麦克斯韦尔对这两个问题都给出了否定的回答，但是，并没有对它们做出认真的区分。

麦克斯韦尔在这篇文章的开头指出，下列观点是与科学和理性的态度完全不协调的：（1）科学理论所指称的实体只是方便的虚构；（2）关于这种实体的讨论是可转移的，不是关于感知内容或日常的物理客体的讨论；（3）这种讨论应该被看成只是一种计算手段，没有认知内容。为此，麦克斯韦尔试图通过案例研究对这些观点提出建设性的批评，他得出的结论是：（1）在可观察的现象与不可观察的现象之间并没有明确的界限；（2）理论术语与观察术语的区分也是不合理的；（3）理论与观察之间的区别是无关紧要的，不会影响到理论实体的本体论地位。因为人们的观察范围会随着仪器的不断更新而不断扩展，例如，人们可以通过肉眼、眼镜、望远镜、低功率显微镜、高功率显微镜等进行观察。问题是，在一种观察与一个理论之间不可能画出一条明确的、客观的分界线，包括观察术语在内的所有语言都蕴涵着了理论。①

范·弗拉森同意麦克斯韦尔关于语言都被理论污染的观点。他认为，人们的谈论方式和科学家的谈论方式都受到已接受的理论所提供的图像的引导。在实验报告中，也是如此。健康地重构语言并不像实证主义者想象得那么简单。但是，实证主义的衰落，并不意味着人们必须成为科学实在论者。事实上，后者比前者更含混。人们允许语言被特定的图像所引导，在某些方面，并没有表明人们在多大程度上相信这个图像。因此，范·弗拉森不同意麦克斯韦尔反对区分可观察与不可观察的观点。他认为，"可观察的"这个术语属于推定的实体，与人类行为的分类相关，例如，独立的感觉行为是一种观察，在已知的力场中，对偏离轨道的粒子的质量的计算不是对质量的观察。在这里，重要的是，千万不要把观察到一个实体、事件或过程与观察出事物的实情相混淆。假定的观察行为的连续序列并不直接对应于假定的可观察的现象的连续。通过望远镜能观察到木星的卫星，天文学家相信，如果你靠近它，不用望远镜，也能看到。然而，在云雾室中观察微观粒子，则是不同的情况。在这里观察到的不是微观粒子，而是一种效应或一

---

① Grover Maxwell, The Ontological Status of Theoretical Entities", *Philosophy of Science*: *The Central Issues*, edited by Maitin Curd/J. A. Cover (New York/London: W. W. Norton Company, Inc., 1988), pp. 1052 - 1087.

种现象。因此，范·弗拉森认为，借助于仪器有可能不断延伸人的感觉器官的说法，是一种骗局。可观察与不可观察的区分是内在于科学的区分，是以人类为中心的区分，这种区分应该根据我们来划分，这是一个我们关于理论的态度问题。

其次，范·弗拉森对塞拉斯和斯马特等人运用最佳说明推理来论证科学实在论的立场的做法进行了批评。范·弗拉森举例说，我听到墙壁里有抓搔声，半夜里听到轻轻的脚步声，我的奶酪不见啦——我推断，我的屋里有老鼠。不仅这些是有老鼠的标志，不仅所有的观察现象将是好像有一只老鼠，而且确实有一只老鼠。范·弗拉森认为，这种推理模式不可能使人们相信不可观察的实体是存在的。他的反对意见包括下列两个方面。

（1）按照推理规则的一种意义是，谨慎而一致地"应用"这个规则，就像学生做逻辑学的练习题一样。第二种意义是，在某种意义上遵守规则不要求进行认真的考虑。这是很难严格执行的，因为每一个逻辑规则都是一种允许的规则。这种意义是很不严格的；在某种意义上，人们总是按照从前提推论出任何一个结论的规则行事。因此，遵守规则在一定的情况下是关于人们愿意做什么和不愿意做什么的一种心理学的假设。这是一种经验假设，可以接受证据的检验，也有相竞争的假设。范·弗拉森提出的一个相竞争的假设是：人们总是愿意相信最好地说明证据的理论是经验上适当的，即，所有的观察现象正如该理论所说的那样。在这方面，建构经验主义的观点能够肯定地说明，科学家是基于理论或假设的说明的成功来接受它们的。科学理论的可接受性相当于它是经验上适当的。这样，范·弗拉森提出了关于科学推理实例的两个相竞争的假设，一个与实在论的说明相符合；另一个与反实在论的说明相符合。

（2）即使人们同意最佳说明推理的规则是正确的或有价值的，实在论者还需要为他们的论证提供进一步的前提。因为这种规则只是表明在一组给定的竞争假设中做出选择。换言之，需要在应用规则之前对相信的一系列假设之一做出承诺。于是，在顺利的情况下，这会告诉人们在一定范围内选择哪一个假设。实在论者要求人们在某些方面说明了规律性的不同假设之间做出选择；但是，反实在论者也愿意在经验适当的假设之间做出选择。因此，在这种规则使人们成为实在论者之前，实在论将需要有特殊的额外的前提：自然界中每一个普遍的规律性都需要一种说明。正是这种前提把实在论者与他的对立面区分开来。规则只有在两种可能性之间不保持中立时才起作用。因此，范·弗拉森认为，从常识到不可观察的论证根本不是像塞拉斯、斯马特和普特南论证的那么简单。只根据科学中普通的推理，根本不会使人们明显而自动地成为实在论者。

接下来，范·弗拉森对实在论者把理论的说服力作为理论选择的标准的论证进行了考察。他认为，这确实是他不可否认的一个标准。但是，支持实在论的那

109

些论证只有当所要求的说明是最终的说明时，才会成功。范·弗拉森反对这种对说明的无限制的要求。因为这种无限制的要求，最后会导致关于隐变量的要求，这种要求至少与 20 世纪的量子力学的发展相对立。因此，在范·弗拉森看来，实在论的向往是在传统形而上学的错误理想中诞生的。如果说，理论是经验上适当的，那么，这只是提供了一种言辞上的说明。在反实在论者看来，与理论相符合的观察现象呈现的这些规律性，只是残酷的事实，既可以根据"现象背后"不可观察的事实来说明，也可以不这样做，这确实与理论的好坏无关，也与人们对世界的理解无关。范·弗拉森认为，科学说明实际上是一个语境概念，并没有提供新的经验内容，不可能作为理论选择的标准来使用。科学理论的说明的成功不是一种奇迹，因为任何一个科学理论都是在激烈的竞争中获得生命的，只有成功的理论才能幸存下来，这种事实也体现了自然界中的规律性。

3. 建构经验主义的认识论与方法论

从建构经验主义的观点来看，理论的建构不可能是最后的科学活动，因为理论除了回答科学家重点关注的关于可观察现象的规律性的事实问题之外，还有许多问题需要解答。只有当把理论化的其他方面理解成有助于追求经验的说服力和适当性，或者，有助于达到科学事业的其他目标时，这一点才是可理解的。为了进一步明确地阐述这种特殊的经验主义观点，范·弗拉森在《科学的印象》一书的第四章重点讨论了下列四个问题：（1）拒绝实在论所预设的或推论出的认识论将会违背自己的初衷走向怀疑主义吗？（2）除了科学的实在论解释之外，还能对科学方法论和实验设计做出其他理解吗？（3）根据经验主义的科学观，科学的统一理想乃至把不同的科学理论联合在一起的实践，是可理解的吗？（4）人们能够在什么意义上不可利用原为经验的适当性或说服力的理论优势（比如，简单性、一致性、说服力）呢？范·弗拉森试图通过对这些问题的进一步解答，来提供建构经验主义有可能替代实在论的具体理由。

首先，从认识论的意义上来看，建构经验主义者认为，科学实在论者基于证实它的证据，把理论或假设接受为是真的某些论证，是超越证据支持的论证。因为当理论蕴涵了无法观察到的实体时，证据不会确保理论是真的这种推论，或者说，证据从来不会为超越证据的推论提供依据。不接受超越证据的结论，阻止了非理性的诡辩的哲学理论。在现有证据的前提下，理论选择的一个主要标准是理论的说服力。当人们决定在一系列假设或两个理论之间做出选择时，人们会评价每一个假设或理论对证据的说明有多好。这种评价虽然并不总是能做出选择，但是，它可能是决定性的。在这种情况下，人们选择接受做出最佳说明的理论。做出接受最佳说明的理论的决定，就是做出了接受经验适当性的决定，而不是做出了理论是真的决定。这是不同于科学实在论的一种新的信念，这种信念不认为理论是真的，也不认为理论提供了关于自在世界的真图像，而该理论是经验上适当的。当假设或理论只是与观察到的现象有关时，两种程序是一样的。这时，经验的适当性与真理相符合，这种真理只是指对可观察的现象做出了真的描述。

然而，当这种程序使人们明显地断定观察到的现象像什么时，这已经超越了可供利用的证据范围。任何可供利用的证据只与所发生的情况相关，而经验适当性的断言也与未来相关。因此，在这个方面，像作为经验的事件和作为感知证据的实体，当它们不能在通常承认的观察现象的框架之内得以理解时，它们就是理论实体，而且是心理学意义上的理论实体，甚至不可能是科学的断言。因此，这些理论实体只是解释经验的一种假设，没有本体论的存在性。范·弗拉森明确承认，他自己是关于理论实体的怀疑论者。在范·弗拉森看来，一个完备的认识论必须对接受超越证据的结论的理性条件做出认真地研究，而不是在理性的意义上强迫人们接受这些认识决定。从这个意义上来看，建构经验主义比实在论会使得科学和科学活动更有意义，同时，也避免了夸张的形而上学。另一方面，建构经验主义与实在论一样都运用了最佳说明推理的推定规则，不会在认识论问题上受到怀疑论的威胁。

其次，在理论与实验设计关系的问题上，范·弗拉森认为，对于职业科学家来说，真正重要的理论是成为实验设计的一个因素的理论。这与传统的科学哲学所描绘的图像恰好完全相反。在传统的图像中，一切都服从于认知世界结构的目标。因此，核心的活动是建构描述这种结构的理论，实验的设计只是为了检验理论，为了明白这些理论是否准许成为真理的承担者，是否对世界的图像有所贡献。在这种图像中，关键的真理与库恩的"常规科学"甚至是科学革命的活动形成了明显的对比。科学家的目标在于发现关于世界的事实，即，世界的可观察部分的规律性。为了发现这些规律性，人们需要与推理和反思截然相反的实验。由于这些规律性是非常微秒而复杂的，因此，设计实验是非常困难的，这就需要建构理论和求助于已建构的理论来指导实验探索。正如迪昂（Pierre Duhem，1861～1916）所强调的那样，对新的更深层次的经验规则的探索是用理论语言表达的。范·弗拉森以测量基本电荷的实验为例说明，理论以两种方式进入实验：一是实验者所提供的回答采取的是理论陈述的形式：他正在填补理论发展中的空白；二是已接受的理论在仪器的设计中发挥了作用。

范·弗拉森重点强调理论的第二种作用。他认为，科学家在回答"什么是基本电荷"这个问题之前，必须先对"人们如何能够在实验意义上确定基本电荷"的问题做出回答。如果这是正确的，那么，从建构经验主义的观点来看，理论与实验一开始就是纠缠在一起的。对于理论的建构而言，实验有双重意义：

其一，检验了当前理论在经验上是适当的；其二，填补了理论的空白，也就是说，继续建构或完善理论。同样，理论在实验中也起到了双重作用：其一，以系统而简明的方式回答所阐述的问题；其二，在为回答这些问题所设计的实验中，作为一种引导性因素。这样，我们能够肯定地坚持，实验的目标是获得判断一个理论是否适当的经验所传达的经验信息。例如，原子物理学正在缓慢地发展成为一个理论，在每一个阶段都有需要填补的理论空白，人们不是先通过作为假设的推测性答案来填补这样的空白，然后，再检验这个假设，而是通过实验来表明，假如该理论是经验上适当的，应该如何填补这个空白。当这个空白被填补之后，该理论的建构就向前迈进了一步，不久，出现需要检验的新结果和需要填补的新空白。这就是实验引导理论建构的方式，同时，建构起来的理论部分引导着实验的设计，这个实验将引导继续建构理论。实验是理论建构的特殊手段的继续，实验手段的适合性来源于下列事实：科学的目标是追求经验的适当性。

因此，范·弗拉森认为，理论与实验之间的相互作用有两个特征：一方面，理论是实验设计中的一个因素；另一方面，实验是理论建构中的一个因素。波义德在把科学实在论作为唯一合理的说明来辩护时，只强调了理论与实验相互作用的第一个特征。按照波义德的观点，只有在科学实在论者对科学活动的说明中，才能描述理论在实验设计中所起的作用，这意味着，假设了所运用的理论的真理性。波义德论证说，以这种假设为基础的推测非常有效，以至于是实验方法成功的核心，或者说，考虑到科学方法论的成功性，除了科学实在论之外的说明都是不可能的。范·弗拉森认为，波义德的这种论证含有两个部分，其一是对反实在论者的经验等价性的批评；其二是利用科学认识论来说明科学方法论的可靠性原理。实际上，波义德的这种论证所指的是成为实验背景的已接受的理论所蕴涵的因果性机制的说明。波义德的这种说明不仅需要确定，作为一名实在论者，他能说明发生了什么，而且需要确定，相竞争的说明是不可行的。

然而，建构经验主义者也能使科学方法论的可靠性成为可理解的。因为实验者设计的检验总是会支持他的理论，反对其他可替代的理论。这种检验证明了该理论的经验适当性。关于因果性机制的讨论能够被解释为是关于模型的内在结构的讨论。这样，与波义德的方法相反，建构经验主义的方法使人们直接注意到，理论的模型簇使得完全消失在理论图像中的经验适当性成为有意义的追求。在逻辑实证主义阐述的定向于语言的科学哲学中，理论的经验输入被定义为是通过把理论的语言划分为理论语言和观察语言来实现的。这种划分是哲学上的划分，即从外到内。然而，在建构经验主义的观点中，理论的经验输入被定义为借助于科学自身做出的什么是可观察的和什么是不可观察的区分，是在科学内部完成的。在理论的经验适当性中，只能用科学语言来陈述理论的经验输入做出的认识承诺。在这种意义上，沉浸在理论世界的图像中，并不排除与其本体论的意义相提并论。毕竟，真正的世界是同一个世界，而关于世界的概念框架却是不断变化的，这种变化之间的关联是意向性。所以，只有在智力实践活动中解释科学和描述科学的作用，才能否认概念的相对主义。科学哲学不是形而上学，确实能够更接近于事实。

针对第三个问题，范·弗拉森认为，关于统一科学理想的论证，有些似乎是老生常谈；有些是传播物理学的扩张主义；有些是关注这种观念拥有的经验传播。无论哪一种回答都有很大的争议。科学家通常同时运用不同现象领域内提出的理论，例如，化学与力学、力学与光学、物理学与天文学、化学与生理学。有时，用特殊的名称把这些领域联合在一起，例如，物理化学、分子生物学。理论的这种关联似乎是最明显的，在实践中是无可争议的。但是，实在论者（范·弗拉森主要指普特南）强行令人接受的异议是，反实在论的观点无法理解这种实践。为此，范·弗拉森试图运用建构经验主义的观点对这种实践做出一种可替代的解释，来说明实在论者让人接受的反对意见是不合理的。范·弗拉森把实在论的反对意见描述为，如果一个人相信理论 T 和 T′ 都是真的，那么，他当然相信两者的联合也是真的。这种观点是推定的说明，相对论力学与量子力学至今都不可能联合在一起，而是需要进一步的修正。因此，如果 T 和 T′ 是经验上适当的，那么，它们的联合就没有必要是真的，甚至可能是不一致的。因为对不可观察的过程提供了不一致说明的两个相互竞争的理论，原则上，可能都是经验上适当的。科学的统一主要是做出某种修正，而不是联合。

针对第四个问题，范·弗拉森认为，当一个理论得到辩护时，除了经验的适当性与说服力之外，还有许多有用的特征：比如，数学、美、简单、更大的应用范围、在某些方面更加完备、能用来对不同现象做出惊人的统一的说明，特别是，说服力。相对于表达人们的认识评价来说，简单性和说服力的判断是直觉而自然的表达。在特殊情况下，人们的兴趣与爱好会使某些理论比另一些理论更有价值或更吸引人们。不管人们认为一个理论是否是真的，这类价值提供了运用或考虑该理论的理由，但是，不可能引导人们做出理性的认识和决定。因此，在分析科学理论的评价时，忽略被语境因素歪曲的评价是错误的。这些因素是由科学家从他自身个人的、社会的和文化的情形所导致的。把科学理论的评价看成纯客观的或与个人因素无关的，这种认识是错误的。理论的接受有实用的维度。就这些维度超越了一致性、经验的适当性和经验的说服力而言，它们并不关注理论与世界之间的关系；它们提供的喜欢该理论的理由，与语境因素有关，与真理问题无关。因此，说服力的追求是达到科学的核心目标的最佳手段。

为了进一步解释科学说明的问题，范·弗拉森把理论的特性与关系区分为三个方面：其一，纯粹内部的或逻辑的特性与关系，例如，公理化、一致性和各类完备性。简单性是一个有启发的情形，也显然是理论选择的一个标准，或至少是理论评价的一个因素。但是，放在这个层次会带来异议。它只是一个补充的优点。其二，语义学的特性与关系，即，关注理论与世界之间的关系。这里的两个主要特性是真理和经验的适当性。因此，这是实在论与建构经验主义确定科学的核心目标的一个区域。其三，语用学的特性与关系，即，理论评价的语言，更明确地说，"说明"这个术语在根本上是依赖于语境的；理论用来说明现象的语言在根本上也是依赖于语境的。语境因素引导着术语的运用与允许的推理。在这里，与逻辑实证主义主要强调科学语言与术语的逻辑特性与关系不同，也与普特南主要强调科学理论与术语的语义特性与关系不同，范·弗拉森强调了科学语言与术语的语形、语义与语用的统一，特别是，重点突出了科学语言与术语的运用的语境因素。

范·弗拉森认为，在科学的目标中，说明处于核心的地位，或者说，探索说明在科学中是最重要的，因为在很大程度上，说明存在于更简单、更统一和更有可能是经验上适当的理论探索中。这不是因为说服力是一个独特的不同的性质，能神秘地使其他性质更有可能，而是因为一个好的说明更有可能存在于具有其他性质的理论中。首先，最低限度的可接受性的最基本的标准是一致性：内在的一致性以及与事实的一致性。如果一个理论与所接受的证据相矛盾，人们一定会要么修改这个理论，要么否认这些证据是正确的。说明并不是这类最基本的最低限度的优势。如果所要求的对事实的说明以这种方式与事实相一致，那么，每一个理论都能说明其领域内的事实。其次，只有当人们接受了能做出说明的一个理论时，才能说人们拥有了一种说明。最后，说明是最卓越的优势。这意味着，如果有几个理论在经验上是等价的，那么，必须接受最有说服力的那个理论。例如，在量子力学与隐变量理论之间，现有的实验大多数支持了量子力学，反对其竞争者，量子力学缺乏对粒子的非定域性关联的说明，并不影响它的经验内容。因此，理论的形而上学的延伸只是哲学游戏。

范·弗拉森接着在《科学的印象》一书的第五章，通过对科学哲学家阐述的各种不同的科学说明观的历史考察，根据科学史的案例，专门阐述与强调了说明的语用学问题。

4. 科学说明的语用学

范·弗拉森认为，一种科学说明的观点被概括为这样一种论证：科学的目标是找到不同的说明，说明需要有真的前提，或者说，科学只有是真的，才能提供一种说明。这样，科学的目标是关于世界看来起来像什么的真的理论。因此，科学实在论是正确的。如果人们注意到"说明"这个术语还有另外一种用法，那么，人们就会发现，这种论证是不明确的。一方面，在这里，首先有必要在下列两种习惯性的表达之间做出区分：一个是"人们拥有一种说明"；另一个是"这个理论做出了说明"。前者能够被解释为"人们拥有一个做出了说明的理论"，但另一方面，"拥有"需要以一种特殊的方式来理解。在这种情况下，它并不意味着"有记载"或"已经得到了阐述"，而是带有约定的含义：默认了该理论是可接受的。也就是说，只有当你保证断言"我拥有一个理论，该理论是可接受的，也做出了说明"时，你才能合理地说"我拥有一种说明"。这里的要点是，只陈述"理论 T 说明了事实 E"携带有下列任何一种含义：该理论是真的；该理论是经验上适当的；该理论是可接受的。

从实际上的用法上来看，有许多事例表明，真理不是通过断言一个理论说明了某种事实来预设的。燃素假设就是典型一例。实际上，说一个理论说明了某些事实，是断言该理论与事实之间的相互关系，与理论是否符合作为整体的真实世界的问题无关。基于这种考虑，范·弗拉森对科学实在论的论证做出了下列修改：科学是试图把人们置于这样一种立场：人们拥有说明，而且，人们保证确实如此。但是，为了做出这样的保证，人们必须首先根据同样的保证断言，在说明中，人们用来作为前提的理论是真实的。因此，科学把人们置于人们拥有的理论，这些理论有资格被认为是真实的这样一种立场。

在这里，如果"有资格"的意思是说，以这种信念为基础，人们不可能被证明是非理性的，那么，这种结论当然是无害的。这与下列观点相一致：人们确保相信一个理论，只是因为确保相信它是经验上适当的。但是，即使以这种无害的方式来解释这种结论，也会怀疑第二个前提，因为它推出只做出经验适当性来接受理论的人，并没有站在说明的立场上。在第二个前提中，这种信心也许被表达为，拥有一种说明不等于是拥有一种做出说明的可接受的理论，而是拥有一种做出说明的真的理论。这种信心是与科学史的案例相冲突的。事实上，拥有一种说明并不需要一个真的理论。相信一个理论是真的与从经验适当的意义上接受一个理论是有区别的。但是，有资格相信一个理论和有资格接受一个理论之间没有真正的区别。范·弗拉森认为，实在论所说的如果理论说明了事实，那么，就有额外的好的理由相信它是真的，这是完全不可能的。因为除了证据之外，说明不是一个特殊的补充特征，能够为你提供好的理由相信，该理论与可观察现象相符合。此外，更重要的是，说明完全是实用的，与涉及该理论的使用者相关，不是理论与事实之间的新的对应。

为此，范·弗拉森总结说：（1）断言理论 T 做出了说明，或者，为事实 E 提供了一种说明，没有假定或蕴涵 T 是真的乃至经验上适当的；（2）断言人们拥有一种说明，最简单地被解释为是，意味着曾"记载"了一个做出说明的可接受的理论。范·弗拉森接受的是后一种解释。他认为，说明是一个依赖于语境的概念，说明的基本关系支持了与理论相关的事实之间的关系，与该理论是真的，还是假的，是可信的、可接受的，还是完全拒绝，没有任何关系。说明与描述不同，理论的描述几乎是准确的、提供了信息的：在最起码的意义上，事实一定会得到理论的认可；在最大程度上，理论实际上蕴涵了所研究的事实。但是，说明是理论、事实和语境三个术语之间的关系。成为一种说明在根本上是相对的，因为说明是一种回答，是与为什么的问题联系在一起的。所以，对说明的评价是相对于问题的。背景理论再加上相对于被评价的问题的证据是依赖于语境的。一种说明作为对一个问题的回答是由语境因素决定的。

因此，范·弗拉森认为，科学说明不是纯科学的，而是科学的应用。它是运用科学来满足人们的某些愿望。这些愿望在特殊的语境中是相当特殊的。这些愿望的内容和多么好地满足评价是随语境的变化而变化的。科学理论说明的成功，既不是由于人类的思想秩序适应于自然界的秩序，更不是由于它准确地表征了实在的本质特征，而是理论在经验上的适当性。科学理论是经过许多严格的评价标准的筛选而幸存下来的。没有被各种评价标准所排除的理论是成功的理论，而不符合科学家的要求和兴趣的那些理论会很快被抛弃。这些评价标准同时提供了建构理论和选择理论的一套程序，科学家在不断地进行尝试和排除错误的过程中，只有有效的那些程序才能被保留下来。所以，科学研究过程确保了科学的成功不可能成为奇迹。但是，成功的科学理论却不一定就是真理性的理论，因为寻找说明、追求说明的目标只能表明科学家的兴趣与需求，不可能有助于理解或增加关于独立存在的自然界的任何新知识，不存在脱离语境和不依赖于科学家兴趣与目标的说明。

同样，测量仪器所得到的一致性的测量结果，也是由仪器的设计过程决定的。当科学家在建造各种类型的测量仪器时，他们不仅运用理论来指导设计，而且还学会了如何矫正各种人为因素（例如，矫正颜色畸变），突出他们认为是真实的哪些特征，缩小被看成是人为干扰的范围。所以，不能把测量仪器显示出的一致性测量结果，看成是它揭示被测量对象的本质特征的有说服力的证据，因为这种一致性的测量结果，是科学家在设计测量仪器的过程中所事先蕴涵了的。当科学家"沉浸于"理论图像时，好像理论所描述的不可观察的实体的图像是正确的，但是，当他们具体执行某种操作时，他们的所作所为却仅仅是表达了理论或"模型"的形成过程，而不涉及有关不可观察实体的任何信息。实际上，支持科学理论的证据其实只是要求理论在经验上是适当的，经验的适当性与真理不一样，它不是字面意义上的真理，它只要求理论的语义学模型能使所有的观察语句为真即可，或者说，理论的任务是"拯救现象"，不是描述实在世界的真实图像。即使理论对可观察实体的描述是真的，也没有理由进一步假设，理论对不可观察实体的描述，也将会是真的，更没有理由设想，这种不可观察的实体是真实存在的。

三、柯林斯的相对主义实验纲领①

科学实在论的论证方式除了受到来自科学哲学内部的各种反实在论的反驳之外，还受到了 20 世纪 70 年代兴起的科学知识社会学的社会建构论观点的挑战。特别是近些年来，科学知识社会学的研究成果已经对科学哲学的发展产生了广泛的学术影响。与以默顿（Robert King Merton）为代表的传统科学社会学的研究方法截然不同，科学知识社会学家试图运用社会学的方法，通过对当代科学家的实验生活的跟踪调查，揭示科学研究过程中所蕴涵的长期以来一直被人们所忽略的社会因素的存在性，由此对科学知识的客观性与真理性提出质疑，并对科学的实在论立场提出挑战。在这些研究中有三个值得关注的学派：一是以巴恩斯（Barry Barnes）和布鲁尔（David Bloor）为代表的最早产生的爱丁堡学派；二是以拉图尔（Bruno Latour）为代表的巴黎学派；三是以柯林斯（Harry Collins）为代表的巴斯学派。其中，相对于科学实在论的挑战而言，柯林斯对相对主义经验纲领的阐述更令人关注。

1. 历史背景

柯林斯现任英国卡地夫大学的社会学资深教授，知识、技能与科学研究中心主任。柯林斯著作颇丰，论文的引证率也很高，并于 1995 年荣获美国"默顿文学奖"。柯林斯的学术观点主要是在维特根斯坦的后期哲学与库恩的范式论思想的启发下，在超越爱丁堡学派的学术带头人布鲁尔倡导的"强纲领"的基础上，在长期跟踪观察重建激光器与探测引力波两个物理学案例的实践过程中，逐步形成的。其核心思想是围绕"相对主义的实验纲领"（empirical programme of relativism）和实验者回归（the experimenter's regress）的观点展开的。布鲁尔的"强纲领"包括四个基本信条：（1）因果性；（2）无偏见性或公正性；（3）对称性；（4）反身性。柯林斯在 20 世纪 70 年代曾坚定地认为，以"强纲领"为核心的科学的社会建构论所倡导的是一种认识论的相对主义立场，他自己在当时完

① 本部分内容是根据成素梅、张帆：《柯林斯的相对主义经验纲领的内涵及其影响》（载《哲学动态》2007 年第 12 期）一文改写而成。

全认同与接受这种观点，并且明确地指出，"相对主义"的方法不仅对于科学社会学具有启发性，同时能够更深入地审视作为一种实践模型的科学在人类社会中所扮演的角色。[①]

然而，到 1981 年，柯林斯清晰地意识到，这种认识论的相对主义立场是无法加以证明的，而且，认识论的相对主义不能支持科学理论的经验主义，因此，有必要把认识论意义上的相对主义与方法论意义上的相对主义区分开来。他认为，分析科学主要有三种方式，这些方式随着把科学在多大程度上看成真的和确定的以及在多大程度上看成相对的变化而变化。一个极端是，把整个世界都看成确定的和真的，另一个极端是，把整个世界都看成可变的或相对的，中间方式要求分析者根据当时的目的，对在多大程度上把世界看成真的和确定的以及多大程度上看成相对的做出选择。柯林斯把这种相对主义称之为方法论的相对主义。[②]在柯林斯看来，方法论的相对主义态度要求，确立知识的分析方法不能从一开始就受到判断真假的常识标准的束缚；这需要有天真地怀疑平常已确定性事物的自我意识。柯林斯在运用这种方法论对他长期跟踪观察的重新建造激光器实验和探测引力波实验进行分析时，把相对主义和经验主义结合起来，提出并阐述了他的"相对主义的实验纲领"（简称为 EPOR）。

柯林斯认为，布鲁尔的"强纲领"是"作为一种方法论需求的激进的纲领"，他自己的 EPOR 则是说明科学知识的"常态的纲领"。在"强纲领"中，信条（2）和信条（3）是关键因素，信条（1）和信条（4）是没有必要的或是多余的，他提出的"相对主义的实验纲领"只认可中间的两个信条，即，无偏见性和对称性。在柯林斯看来，他的方法论的相对主义的研究方法只针对自然界，不针对人类社会，而布鲁尔的"强纲领"则要求，关于理解科学的模式同样应适用于对社会科学的理解。[③] 柯林斯认为，布鲁尔所采取的方法论预设属于"行动者的范畴"。这种方法论允许我们在研究自然界时可以不受任何约束，甚至可以采取一种错误的、不合理的、不成功的或退步的方式来研究自然界。他自己的方法论预设所追求的则是"真实的、合理的、成功的或进步的"（简称 TRASP）方式。TRASP 是 EPOR 的基础，它有助于约束行动者的行为。

---

① H. M. Collins, Graham Cox: "Recovering Relativism: Did Prophecy Fail?", *Social Studies of Science*, Vol. 6 (1976), pp. 423 – 444.

② 成素梅：《科学知识社会学的宣言——与哈里·柯林斯的访谈录》，载《哲学动态》2005 年第 10 期，第 51~56 页。

③ H. M. Collins: "What is TRASP?: The Radical Programme as a Methodolofical Imoerative", *Philosophy of Social Science*, Vol. 11 (1981), P. 216.

当代科学哲学的发展趋势

2. 基本含义

柯林斯基于 TRASP 的方法论预设，以一名社会学家的身份亲历重新建造激光器与探测引力波实验的现场与科学家进行直接对话，在具体地观察与解读科学家行为的过程中，他把 EPOR 归纳为下列三个阶段：①

其一，证明了科学家对实验结果的解释是灵活的。

柯林斯认为，在具体的科学实践中，科学家总是习惯于通过重复实验来检验科学发现或实验现象的真实性与可靠性，或者说，科学家把实验的可重复性看成是验证科学发现的公认基础和解决争论的决定性因素。在这种意义上，实验的可重复性成为科学系统的最高法庭，是一个显而易见的公理。在科学价值系统中，与种族、信仰、阶级、肤色等相比，实验的可重复性象征着科学的中立性。这对应于科学社会学家默顿所说的"普遍性标准"。任何一个人，不论他们是谁，原则上，都应该亲自做实验来核对一个科学断言是否有效。然而，柯林斯通过自己在实验室里的实地调查研究却发现，把可重复性看成检验科学发现或实验现象的标准，不只是一个价值问题，而是一个实践问题，在当代前沿性的科学实验中，科学家对科学实验的重复并非像过去认为的那么简单易行。

特别是，随着实验规模的不断扩大，实验费用的不断增加，实验难度的日益提高，科学共同体只重视与重复那些得到他们认可的实验结果。因此，对于一位科学家而言，他的研究成果能否得到科学共同体的关注与认可在很大程度上必然要经过一个社会化的过程。这样，如果科学家希望自己所获得的实验结果得到他人的认可，那么，他一定要形成一系列的公共规则，即"以相同的方式进行下去"的一套切实可行的方法，使得他的实验结果具有可重复性。柯林斯指出，"科学家们往往相信，由一组像算法规则那样的指令直接操纵的自然界的反映。这给人留下的印象是，做实验在字面意义上是一种形式。这种信念，尽管在遇到困难时它会被偶尔悬置起来，但是，在实验成功之后，它会灾难性地再次具体化。正是这种具体化和再具体化有助于维持现存的科学知识。"②

他在 20 世纪 70 年代跟踪观察一个小组重新建造激光器的工作过程中发现，一位物理学家即使曾经亲历了成功研制激光器的实验过程，从理论上掌握了与技能相关的知识与步骤，也不能保证他在另一个实验室一定会获得同样的成功。柯林斯通过实地考察研究后发现，建造一台激光器的技能的传播是一件非常复杂的事情。实验室之间的知识流动会受到许多因素的限制。除了有意的保密性成分等

---

① H. M. Collins：*Changing Order*，（Chicago and Lundon：University of Chicago Press，1992），pp. 25 – 26.
② 同上，P. 76.

外在因素之外，单就内在因素而言，在科学实验中，实验技能与规则的运用包含着意会性知识，而意会性知识是无形的，或者说，是难以被明确表达的。这种知识的传递很难靠形式化的语言体系或规则系统来完成，只能在熟练的实践者的长期指导下，在具体实践中来体会与感悟。因此，意会知识的传递是变化多端的，是因人而异的。实验者在对一个实验的重复取得成功之前，他根本不知道自己是否已经完全掌握了建造激光器的相关技能。

因此，柯林斯认为，就像根本没有私人语言和私人规则这样的事情一样，也根本没有私人发现这样的事情。语言与规则的稳定性是在社会中联合确立的，是一种社会约定。在科学研究实践中，科学共同体对一种实验现象或科学发现的认可，也是如此。特别是，当一个实验结果不可能被再一次成功地重新获得时，或者说，当实验无法提供一个公认的明确答案时，一方面，科学家对原有实验现象的理解与解释就会变得不统一起来；另一方面，因为科学家对同一种情况往往会有不同的感知，所以，科学家的行为又都具有合理性。[①] 这样，便使得科学家把他们理解与认可一种实验结果或科学发现的焦点从自然界转移到人类社会，呈现出解释的灵活性特征，也使得科学家关于科学发现的争论成为一件很自然的事情。

其二，关于制约解释灵活性的机制的描述能够使科学争论趋于结束。

在柯林斯看来，科学家先验地把实验的可重复性作为判定实验的可靠性与有效性的标准，是非常幼稚的，因为他们的这种做法只不过是对常识的一种延伸外推，没有意识到，"常识"事实上是基于规则的一种社会约定。因此，在科学共同体中，终止科学争论也应是一种社会行为。柯林斯在 1985 年出版的代表作《改变秩序》一书中通过对探测引力波实验的观察分析阐述了这一观点。柯林斯认为，探测引力波的实验与重新建造激光器的实验具有完全不同的性质。重新建造一台可运行的激光器，是在已经拥有成功的激光器应该是什么样子的前提下进行的，而且激光器的零部件都是肉眼容易看得见的，不要求"精度"很高，既没有高温、高压等要求，也不需要防电、防声、防磁或防震。因此，重建激光器实验是普通的和很容易的。激光器是否能够成功运行的标志是能否发射出激光。而探测引力波的实验则要复杂得多。

众所周知，引力波是爱因斯坦的广义相对论的一个理论预言。20 世纪 60 年代，一位名叫乔·韦伯（Joe Weber）的美国电气工程师和物理学家建造了一台引力波探测器，并宣布说，他成功地探测到了高通量的引力波。70 年代初，韦

---

① H. M. Collins：What is TRASP?：The Radical Programme as a Methodological Imperative，*Philosophy of the Social Science*，Vol. 1（1981），P. 221.

伯的工作引起了物理学界的广泛关注，其他实验室先后开始重复韦伯探测引力波的实验，并且就韦伯的实验是否合格，展开了争论。然而，令人遗憾的是，当时没有一个实验室的实验结果支持韦伯的断言，甚至到目前为止，也没有一个人提出了能在地面上检测到引力辐射通量的有效方法。1972 年，共有 12 个小组主动针对韦伯的结果进行实验，但是很快到 1975 年，随着争论的消失，除了韦伯本人的执著追求以外，再没有任何一个人继续从事这个方向的研究。物理学家达成的共识是，韦伯的实验是不真实的。韦伯自己也因此而被排除在柯林斯所说的科学家的"核心层"（主流的科学共同体）以外，不仅他的进一步研究工作不可能得到正常渠道的资金支持，面临着严重的资金短缺问题，而且，他以后在大家公认的权威性刊物上发表的同类研究成果，也很难再引起"核心层"的科学家的关注。

柯林斯分析说，其他科学家要想再现韦伯的观察结果，首先要重新制造出合格的测量仪器。然而，如前所述，由于技能知识的存在，当科学家还没有准确地知道正确的实验结果应该是什么样的前提下，对一个新的测量仪器的复制几乎是不可能的。退一步讲，即使其他科学家幸运地复制出一台测量仪器，那么，他们在没有探测到引力波之前，他们根本无法确定正确的测量结果是什么，更无法确定什么样的探测仪是合格的。这是因为，正确的结果所依赖的是，在检测辐射通量时，是否有引力波击中地球。为了搞清楚这一点，科学家必须建造一台好的引力波探测器进行观测。但是，在他们为此而努力并获得正确结果之前，他们并不知道他们所建造的探测器是否足够好。这样，就出现了柯林斯所说的"实验者的回归"这样一个循环。

柯林斯认为，在常规的科学实验中，由于有统一的实验质量判定标准，所以，这个循环并不明显，重建激光器的例子就是如此。激光器发出的激光具有很强的穿透力等独特性质，这构成了普遍认可的实验质量标准。激光器应该能够运行，这是毫无疑问的，而且，不管激光器是否正在运行，实验者都不会怀疑这一点。然而，在这样一个明确的标准不再适用的地方，实验者回归现象就很明显。实验者只能通过寻找定义实验质量的其他方法避开这个循环。柯林斯为了寻找科学家能够达成共识和结束争论的机制，在亲自采访与调查了几组科学家对待韦伯实验结果的态度后发现，在科学家中间，重复一个实验往往会变成对实验过程中每个零部件性能的测试与校准，变成对科学家本人的科学训练与素养的评价，变成对实验仪器是否合格和实验者的实验能力是否胜任的讨论，甚至变成对实验的每一个环节的可靠性的争论。在争论刚开始时，核心层的成员和有见解的任何其他人都是以二分法的方式思考实验的。他们只把支持他们自己观念的实验看成合格的。柯林斯把科学家关于实验者的胜任能力及其实验的完整性的观点予以排列，如图 4 - 1 所示。

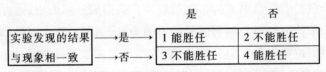

图 4 - 1　实验者的胜任能力及其实验的完整性

　　柯林斯在对物理学家探测引力波实验的实地考察中发现，科学家对引力波实验结果的异议说明范围是很广泛的：从评价仪器的相对灵敏度一直到评价每个实验者的个人品质。然而，科学家对韦伯实验结果的信任或怀疑所进行的"非科学"推理，暴露了他们没有一个很好的判定实验质量的"客观"标准。而当科学家缺乏正确地重复一个实验质量的"客观"标准时，社会因素便在未来试图确定把什么算做"以同样方式进行下去"的方式中起到决定性作用。因此，把什么算做好的引力波探测器的定义和裁定引力波是否存在的问题是相一致的社会过程。它们是实验者回归的社会体现。或者说，实验者所找到的打破循环的标准与实验本身的输出无关，① 是一种社会行为。社会因素所起的作用使得关于韦伯是否真的探测到引力波的争论已经结束。

　　其三，把结束科学争论的制约机制与科学文化与社会网络联系起来。

　　柯林斯认为，"实验者的回归"是由把实验的可重复性作为判定实验结果真假的标准所导致的。可重复性事实上等价于被科学地建制化了的感知的稳定性，而感知的稳定性又依次与相应概念的存在相共存。因此，如果科学家在实验检验中不能明确地揭示实验结果的可重复性，那么，就必然会回到这样的问题：在实践中如何确定可重复性和相对应现象的存在呢？在柯林斯看来，这种确定既与科学家所默认的先前的共识相关，也与他们运用概念的整个文化网络相关。这是因为，科学家之间的争论往往是为了坚持"关于自然界的理论概念和常规的实验实践的先前共识"所引起的，或者说，他们更喜欢最大限度地维护先前已经达成的联盟，尽可能地选择在科学网络中产生最小干扰的办法来解决争论。柯林斯引证皮克林（A. R. Pickering）所研究的关于是否存在"磁单极子"断言的争论等案例说明了这一点。②

　　在柯林斯看来，科学家结束争论的机制实际上与更广泛的科学文化网络与社会网络密切相关，是建立在确立了新约定的基础之上的。一方面，科学家的先前

---

　　① H. M. Collins：*Changing Order*（Chicago and Lundon：University of Chicago Press，1992），P. 84.

　　② H. M. Collins：Stages in the Empirical Programme of Relativism，*Social Studies of Science*，Vol. 11（1981），P. 5.

知识与理论共识是在科学训练的过程中形成的；另一方面，不是世界的规律性呈现在人们的意识中，而是人们把建制化信念的规律性附加于世界。科学家总是生活在一个社会化的网络当中，一种观念或一种实验结果，越是远离科学概念的核心网络，就越难以得到科学共同体的认可与接受。然而，概念网络的稳定性既起到了纠正错误的作用，同时，也限制了创造性的发挥。柯林斯通过对几个超自然的通灵实验的分析表明，这些实验之所以得不到大家的普遍认可，长期以来被排除在科学的核心层之外，正是由于它们远离了科学中心的概念网络。科学家如果要使某种稳定的概念网络发生了巨大的变化，必须发明和维持新的前进方式，形成能够用来作为继续进行下去的新规则。这是因为，一个人的创造性行为，只有能够成为建制化的行为，才会有价值。更广泛的社会与政治网络有可能为某些新的建制提供成功条件，有可能使科学家把"继续进行下去"的非正统的新方式"合法化"。

3. 影响及其受到的批评

柯林斯的 EPOR 的提出既产生了很大的学术反响，同时也受到来自多方面的褒贬不一的评论。在以柯林斯为代表的巴斯学派内部，EPOR 得到了进一步的巩固与加强，批评的声音则主要来自科学哲学家。大致可有代表性地概括为下列几个方面：

首先，在巴斯学派内部，柯林斯的追随者除了继续在这个纲领的指导下考察与研究其他的实验案例，以便进一步为 EPOR 提供更多的实验基础之外，平奇（T. J. Pinch）与比克（W. E. Bijker）在 1984 年合作发表的《事实和人造物的社会建构》[1] 一文中，通过对 19 世纪自行车设计的研究，把 EPOR 的观点直接推广到"技术的人文社会学研究"的领域，从而延伸了 EPOR 的应用范围。他们的主要目的是试图用技术建构论的观点来反对传统的技术决定论的观点。他们认为，人造物的设计与制造是依赖于社会文化语境的，不同的社会群体会对同一种技术设计或制造给予不同的解释；不同解释之争的终结取决于社会群体所达成的共识；这种共识同样也是与更广泛的社会文化网络与政治网络联系在一起的。或者说，人造物的意义是由相关的社会群体赋予的。

其次，柯林斯的 EPOR 受了科学哲学家劳丹的批评，包括两个方面：其一，劳丹站在自然主义的立场上认为，柯林斯断言社会学家明智地假设，人们关于世

---

① T. J. Pinch and W. E. Bijker: The Social Constraction of Facts and Artefacts, In *The Social Constraction of Technological Systems*, W. E. Bijker, T. P. Hughes and T. J. Pinch eds, Cambridge, MA: MIT Press (1987), pp. 17–50.

界的信念是与世界毫无关系的观点，是难以令人置信的。因为这种断言最终否认人们的信念来自于物理世界中的客体的因果相互作用，事实上，只要人们承认，在形成信念时，自然界起到了一种因果性的作用，那么，自然界就会对物理上可能的信念形成许多约束；其二，劳丹认为，柯林斯把相对主义与经验主义混合在一起是自相矛盾的。一方面，经验主义的前提假定，人们的科学理论与科学信念一定是建立在有效证据的基础上的，关于科学的先验推测应该让位于详细的经验案例研究；另一方面，强相对主义则主张，人们关于自然界的信念在很大程度上是独立于世界的。这两种观点很难结合在一起，特别是当劳丹把强相对主义的论点说成是根据案例研究确立起来的时候，更是如此！因为在任何一个经验研究的领域内寻找证据都是寻找反映了世界某些特征的陈述。证据这个概念是表示一种关系。证据总是某物的证据。因此，柯林斯是打着相对主义的旗帜，干着经验主义的事情，是在"同时拥护两种不可调和的观点"。①

柯林斯针对劳丹的这种批评回应说，一个假设的价值并不在于它的似真性，也不在于它的真理性，而在于它所突现出的职业价值。就此而言，职业本身有好有坏。他自己所推崇的是，社会学家应该以像科学家探索自然界那样的精神来探索人类社会。柯林斯强调说，这是一种"特殊的相对主义"，是科学知识社会学家的自然态度。社会学家的职业是人类社会，尽管科学社会学家的正确理解有时是分享自己学科关于自然实在的自然态度，但是，他们的工作仍然是要把这种态度搁置起来，以便进行其他类型的观察。站在社会科学家的立场上来看，关于自然界的相对主义的态度，有助于他们抓住时机观察到，明显确定的实在是在自然科学家的共同体中建立起来的。社会科学家搁置关于自然界的自然态度，却坚持了关于人类社会的自然态度。正像自然科学家的职业不可能考虑到科学知识的社会建构一样，社会科学家的职业也不可能考虑到社会科学知识的社会建构。社会科学家正是在人类社会中发现所确立的令人信服的实在。②

最后，美国的科学知识社会学家克诺尔－谢廷娜（K. D. Knorr-Cetina）也对柯林斯的 EPOR 发表了自己的看法。克诺尔－谢廷娜认为，就相对主义的运动而言，社会学虽然是后来者，不过是非常必要的。社会学家的工作是研究目前的自然科学家之间的理论共识是如何形成的。一方面，对于经验主义者来说，柯林斯关于限制解释的灵活性的机制是无效的。因为经验主义者认为，科学共识的达成是建立在不断积累的实验证据以及实验结果与先前接受的知识断言相一致的基础

---

① Larry Laudan "A Note on Collins's Blend of Relativism and Empiricism", *Social Studies of Science*, Vol. 12 (1982), pp. 131 - 132.

② H. M. Collins: Special Relativism-The Natural Attitude, *Social Studies of Science*, Vol. 12 (1982), pp. 139 - 143.

当代科学哲学的发展趋势

之上的，经验主义者是理性的，而不是社会的。另一方面，柯林斯的相对主义纲领已经克服了相对主义进路的固有弱点，它的最成功之处在于决定使他们的注意力远离相对主义的初衷，即，不是关注反对绝对主义，证明围绕实验"观察"进行的协商是存在的，而是转向关注说服的社会过程是如何运行的，如何包含于科学家的推理过程当中。[1]

柯林斯认为，克诺尔－谢廷娜对他的相对主义实验纲领的评论是正确的。但是，他们的观点不可能只停留于把积累的实验证据与已有传统相一致作为制约科学中解释的灵活性的机制这一层面。因为从他们所考察的实验来看，实验结果在解决争论的过程中不可能起到决定性的作用，结束争论靠的是各种政治的和修辞的策略。而有些实验只是给出了已形成的理论论证的可行性。事实上，实验的物理学与政治学是不可分离的。在他们所考察的实验中，实验结果的积累与一致性不足以说明争论的结束机制，需要涉及修辞的、权威的和文化的立场等属于兴趣与权力的因素。因此，在日常实验工作的一致性解释只有受到外在于实验工作的制约时才有可能达成，可以坚持把社会学的方法论问题与自然科学知识的建构问题分离开来，当试图根据科学方法的规范版本来辩护某些社会学的方法时，科学知识社会学的研究结果只需要精通社会学。[2]

四、非实在论者的诘难

除了典型的反实在论立场提出的挑战之外，科学实在论还受到一些值得关注非实在论的立场的批评。与反实在论者对实在论的诘难方式所不同，非实在论者试图超越实在论与反实在论之间的争论，通过中性的研究方法确立理解科学的新视角。其中，有影响的观点有两种，一是起源于欧洲大陆的文学评论领域内的解构论（deconstructionism）的观点，二是法因阐述的"自然本体论态度"（Natural Ontological Attitude，NOA）。

1. 解构论者的诘难

解构论者站在反本质主义和反基础主义的核心立场上，以边缘化、非中心化的态度对所有相互对立的理论、范式和学派所共同遵循的元科学纲领提出挑战。他们把科学论述看做符号化的劝导，而不是单纯的形式表征；看做境遇论述，而

---

① Karin D. Knoee-Cetina: Relativism-What Now? *Social Studies of Science*, Vol. 12 (1982), pp. 133 – 136.

② M. Collins: Special Relativism-The Natural Attitude, *Social Studies of Science*, Vol. 12 (1982), pp. 139 – 143.

不是纯粹的逻辑规则的推演；看做与特定共同体相关的劝导性论述，而不是简单个体经验的描述；看做有理由的修辞论证，而不是预设先验标准的理性的概念化；看做创造性的概念论述，而不是证明或说明模式的唯一结构。他们认为科学的许多内容和由人类经验所构成的科学文本是一样的，它不是关于独立于科学文本的世界的描述。或者说，不存在独立于文本的实在的知识，实在只能存在于科学理论的描述和论述之中。这种多元而碎片式的解构战略，以朝向元叙述的怀疑为基础，在多维的和不稳定的空间中，把非理性的"说服"作为根本的理论基础，在叙述和说明、修辞和逻辑之间掘出了一条不可逾越的沟壑，从而将叙述与科学认识割裂开来，使科学理性成为一局没有规则的游戏；使科学的一切表征与指称，彻底地背离了朝向揭示实在本质属性的收敛趋向，成为依赖于规则而不断地生成着的概念游戏，成为历史的和文化的变动着的发散运动。

一位持有解构论观点的代表人福勒（Steve Fuller）在《科学哲学与它的不足》一书中指出，最好把解构论者看成一种激进的实证论者，他们都认为哲学争论是无意义的。按照实证论者的观点，实在论与反实在论之间的争论并没有经验上的区别，都不可能解决科学争论，因为双方都不能对科学的具体行为做出任何区分；与此相对应，解构论者认为，实在论与反实在论者之间的争论是没有任何结果的，因为在非常强的意义上，双方都预设了对方的正确性。如果从任何一方出发，都只能是对方能获胜；然而，由于双方不能同时获胜，所以，也就没有一方能够真正获胜。这恰好是解构论惯于主张的不可调和的理性冲突。

福勒指出，为了解构反实在论，实在论者需要说明，经验的适当性或证实性并不是一种能够自圆其说的观念，而是内在地涉及了超越现象的实在；为了解构实在论，反实在论者需要证实，实在论本身是以某些经验的适当性为动机的。另外，实在论是建立在一种"信念"的基础之上，即，允许科学家假定容易理解的，甚至经过两百年之后的技术发展可能完全被理解的不可观察的实体或属性的存在。当这种"承诺"不可取得成功时，当他们的愿望不能实现时，那么，所谓的实体或属性便在科学中逐渐消失了，从而停止原来的假定和信念。解构论者认为，假定所有不可观察的量，最终能成为可观察的量，可能只是假设反实在论是正确的方法论的必要条件。即从这样一种必要条件出发，人们所给出的仅仅是确证了"实在的东西最终是可被观察到的"，而这恰好是反实在论所需要的。①

2. 法因的自然本体论态度

同范·弗拉森一样，法因也是在研究量子论的基础上来阐述自己的观点。所

① Steve Fuller, *Philosophy of Science and Its Discontents* (Westview Press, Inc., 1989).

不同的是，他不是站在反实在论的立场上来反驳科学实在论，而是试图以量子理论为基础，阐述一种中性地对待科学的哲学态度。① 法因认为，不论是实在论者，还是反实在论者都承认科学研究的结果是"真的"。他称这种接受的科学真理为"核心立场"（core position）。反实在论者把对真理概念的一种特殊分析加进这种核心立场之中，比如，实用主义的真理观、工具论的真理观和约定论的真理观；或者把对概念的某种专门分析加进这种核心立场，比如，唯心论的分析、建构论的分析、现象学的分析和各种经验论的分析。而实在论者把理论与世界之间的符合加进这种核心立场，从而延伸了日常真理与科学真理之间的内在联系。这两种做法都是不能令人接受的。核心立场既不是实在论的也不是反实在论的，它是介于两者中间的一种选择。法因称这种核心立场为自然的本体论态度（NOA）。

从这种态度来看，实在论与反实在论都把科学看成一种需要解释的实践，并且认为自己恰好提供了正确的解释。在根本意义上，实在论给 NOA 增加了一个外在的方向：即外部世界和近似真理的对应关系；反实在论给 NOA 增加了一个内在的方向：即真理、概念或解释向着人性方向的还原。NOA 认为这两种外加的方向都是不合理的，也是根本不需要的。NOA 坚决拒绝通过提供某种理论或分析（或者甚至是某种形而上学的图像）来放大真理概念的任何做法。而是认为，事实上，科学史和科学实践已经构成了一个丰富而有意义的集合。在这个集合中，科学的目标会自然地形成，不需要给科学外加任何人为的目标。

法因解释说，假如可以把科学研究看成一场大型表演或者一场戏剧，科学实在论与反实在论都认为需要对这场演出进行解释，他们之间的争论是要表明谁对这场戏的"解读是最好的"。而 NOA 认为，如果科学是一场表演，那么，解释本身也是这场表演的一个组成部分。即使对表演的意图或者意义有某种猜测，那么，随着剧情的发展也会有机会得到解答。而且，这个剧本绝不会结束，过去的对话也不可能确定未来的行动。这样一场演出不容许在任何一种普遍意义上加以阅读或解释，它自身已经选择了对自己的解释。

五、启迪与问题

从前面的分析中不难看出，科学实在论的论证策略确实存在着自身难以超越的内在矛盾。然而，反实在论与非实在论对科学实在论提出的挑战虽然各自都有合理的方面，也致使科学实在论陷入了困境，但是，这些挑战本身同样存在着自

---

① Arthur Fine, *The Shaky Game Einstein Realism and the Quantum Theory*（London：The University of Chicago Press，Ltd.，1986），pp. 112 – 150.

身难以克服的矛盾。

第一，劳丹站在非实在论的立场上，运用科学方法的比较可靠性的概念，对科学实在论的批判，不仅推动了科学哲学家反思科学实在论辩护策略进程，而且，促进了对科学成功、科学进步以及真理等许多基本概念的语义与语用的澄清。特别是，他从确立科学认识的目的出发，对"无奇迹"论证和"逼真"论证的诘难，合理地指出了实在论者在概念使用上的模糊性和预设主义的基本困难，使科学实在论者真正意识到，相信科学是成功的和科学是近似真理的信念，与有理由对这种信念做出论证，并不是同一件事情。这些见解是很有启迪性的。另一方面，劳丹对科学成功的阐述，使得与实在论相对立的观点从工具主义或虚构主义转向科学知识社会学家提出的关于科学的相对主义，这样，把关于实在论的问题放置在一个比通常的讨论更加广泛的语境当中，从而使得关于科学的实在论解释的缺陷变得更加明显。劳丹认为，实在论作为怀疑论者拒绝科学的一种替代立场，实际上是关于实在的一条有特权的方法，并不比相对主义的方法更能说明科学的成功，对科学成功的最佳说明方式，既不是由实在论提供的，也不是由反实在论提供的，而是由非实在论提供的。

但是，劳丹所提供的论述也存在着值得重视的致命弱点。

其一，劳丹对科学实在论的论证策略的反驳，过分依赖于对科学史上某些特殊案例的解释，忽略了对科学作为一项长期的社会实践活动的最终目的的追求。或者说，他的反驳最终都归结为理论术语的指称问题，忽略了对科学研究自身蕴涵的纠错机制的考虑。

其二，劳丹对科学史的解释似乎表明，过去理论的错误部分对理论能够取得的任何成功都不起作用。从整体论的观点来看，一方面，这种对理论的分割方法是不可取的。因为理论的错误是作为一个整体来出现的，不可能把一个理论分为正确的部分与错误的部分。退一步讲，即使有可能对一个理论进行正确与错误的分割，也将会面临如同波普尔的逼真度那样的困难。另一方面，如果一个理论的错误的部分在理论取得成功应用层次上不起作用，那么，正确的部分仍然可以用来解释科学的成功。

其三，劳丹对"成功"概念的理解过分狭窄。事实上，科学实在论者所理解的成功概念，"比仅仅是系统的实践，仅仅说出关于这种系统实践的形而上学的内涵包含有更多的东西。成功包含有处在独立于各种条件下的成功操作和探索微观结构的内在本质的因素"[1]。

---

[1] Robert Klee, *Introduction to the Philosophy of Scienc* (New York：Oxford University Press, 1997), pp. 235 – 236.

其四，劳丹对科学实在论的"无奇迹"论证与"逼真"论证策略的反驳，只是局限于方法论的意义，没有从逻辑起点上提供可替代的立场。因而，劳丹对科学成功的说明不过是回避了问题的实质，并不能证明对科学的其他实在论解释的不可能性。

第二，在反实在论的阵营中，与塞拉斯、斯马特、普特南和波义德等人重点批评的工具主义和现象论等反实在论的观点相比，范·弗拉森提出的建构经验主义的反实在论的观点，显然，更具有合理性，也更与科学事实相符合。它不仅对科学实在论的"无奇迹"论证和"最佳说明推理的论证"做出了另一种可替代的理性解释，而且，对传统科学实在论所预设的形而上学的实在观与真理观进行了强有力的批评，提出了许多值得科学实在论者认真思考的根本性问题，从而使科学哲学的研究更接近于经验证据的基础，远离各种形而上学的预设。另一方面，范·弗拉森的经验主义与逻辑实证主义的经验主义也有很大的不同，他不是在语言学或心理学的意义上阐述问题，而是以自然科学中的具体案例，特别是当代量子力学为理论背景，用进化认识论的观点来解释科学的成功。从本书所关注的论题来看，范·弗拉森阐述的这种建构经验主义的观点，至少在下列两个方面提供了有益的认识论与方法论的启迪。

其一，范·弗拉森把科学理论理解成是模型的集合，而不是命题的集合，完全超越了逻辑实证主义奠定的理解理论的视角，有效地强调了科学理论的内在结构的整体性，强调了观察必然负载理论的认识，强调了理论图像在经验层面上解读世界图像所起的基本作用，揭示了科学理论发展中的建构性因素。特别是，建构经验主义的观点使我们认识到，从科学史的发展案例来看，"成熟"的学科所描述的世界图像并不是绝对真理。因为人类的推理是为了启发式地探索、认可、记载和使用信息，这种启发是随机性的，总是在一个狭义的进化环境中进行的。人类的推理不可能完全摆脱错误策略而提供基本的认知，因此，我们接受的科学哲学观点应该有能力对科学理论发展的这种情形做出反思。从这个意义上来看，在经典实在论观点的基础上成长起来的传统科学实在论的观点，过分强调了科学成功的经验事实，忽略了在科学上曾是错误的理论，也对人类的认识推理起到过有益启发的现实案例。

其二，范·弗拉森对科学说明的语境因素的强调，从方法论的意义上，超越了传统的科学哲学家只从理论与世界之间的关系来阐述问题的狭隘性，突出了理论、世界与语境三者之间的相互关系，揭示了科学哲学的研究不是为了告诉科学家应该如何更合理地建构科学理论，而是有助于揭示出我们应该如何更合理地理解科学理论的成功和科学理论的发展与演化过程。而且，这种把关于科学理论描述的世界图像与世界的实际图像之间的内在关系，放置于语形、语义与语用相续一的语境中来理解的方式，突出了科学理论的建构者与使用者在科学研究过程中所起的积极作用，既是对逻辑实证主义提出的公认的理论观的一种超越，也是对传统科学实在论者把"成熟"的科学理论看成不变的真理或近似真理观点的一种修正。特别是，范·弗拉森对科学说明的语用学观点的阐述，把科学哲学家的研究视野从对科学语言的逻辑结构的研究和语义内涵的研究，推向了关于科学理论的语言与术语的语用研究的领域。这种研究视野的扩展，为进一步思考自然语言与科学语言之间的关系，反思科学术语的隐喻性特征，提供了新的方法论启迪。

然而，范·弗拉森把在可观察层次上做出最佳说明的理论只看成对理论的真理性的一种衡量的观点；认为理论的可接受性不可能提供超越可观察层次的任何本体论承诺的观点；认为理论在可观察层次上的"经验适当性"是理论的唯一的认识优势，把其他超越经验的理论优势，比如，简单性、一致性和说服力等，只看成是实用优势，而与理论的真理性的评价无关的观点；都遭到了许多批评。他的这些观点意味着，一个理论是经验上适当的，当且仅当，理论关于可观察到的现象所说的一切都是真的，因此，经验的适当性成为理论成真的一个必要条件。这种观点在某种程度上体现了范·弗拉森的建构经验主义的观点，是关于可观察实体的实在论和关于不可观察实体的反实在论的结合。而且，他借用进化论的观点对科学成功的解释，以及把科学理论只看成"拯救现象"的一种合理诠释的观点，至少存在着两大严重问题：

其一，范·弗拉森单方面地站在主体论的立场上，运用生物进化论的观点，对科学的成功所进行的解释是有待商榷的。因为他只是简单地强调了科学家在设计评价标准、研究程序和测量仪器时的主动性，而忽视了对理论自身在相互竞争的过程中之所以能够幸存下来的普遍的本质特征进行深入探索。幸存下来的理论的说明结构是什么？成功理论揭示出被研究实体之间的真实区别了吗？实验现象与研究对象之间存在着什么样的内在关系呢？它纯粹是由科学家借助于测量仪器与测量程序而人为地制造出来的吗？对诸如此类的问题的回答，恰好是在没有先验地假设自然秩序与思想秩序之间存在着神秘的对应性的前提下，补充回答了成功理论之所以能幸存下来的问题。所以，理论实体并不仅仅是语义学和心理学意义上的实体，它肯定包含有比隐喻本身更多的内涵。

其二，范·弗拉森只要求理论满足经验上的适当性，这意味着理论仅仅是为保证所有的观察语句为真，提供一种恰当的解释。从而隐含了要在观察陈述与理论陈述之间做出明确而强烈的区分的预设。然而，正如奎因在批评经验主义的两个教条时所揭示的那样，这种区分是不可能实现的。此外，范·弗拉森为了突出现象，还必须在可观察现象与不可观察现象之间做出明确的区分。从整体论的观点来看，这也是不可能实现的，因为已经达成的共识认为，观察总是渗透着理论。退一步讲，假如能够在观察陈述与理论陈述之间做出区分，反实在论者的任务也几乎是不可能完成的。因为在这种情况下，观察陈述比理论陈述低一个层次，范·弗拉森所坚持的只需要科学对所观察到的现象给出真实的说明的主张，就显得过分狭窄且没有说服力。

而且，范·弗拉森为了否定理论实体的本体论地位，在对科学测量仪器的作用的理解上是不一致的。他把测量远距离的宏观客体的仪器的作用理解成对人的感觉器官的一种延伸，而把测量微观实体的仪器的作用只理解成一种呈现现象的中介，否认这类现象背后的"理论实体"的存在性。理由是远距离的宏观客体，可以通过走近的方式，看到它的存在，而微观实体的存在性，却是永远无法看到的。或者说，他只承认用望远镜观察到的东西的实在性，否认用显微镜或云雾室观察到的现象背后的实体的本体性。这种观点显然是难以自圆其说的。或者说，他只承认有可能被肉眼观察到的实体的本体性，而否认不可能被肉眼观察的实体的本体性，这种观点也是不能令人接受的。这是因为，既然范·弗拉森承认，观察概念是负载有理论的，是附随在包含了这些概念的理论的整体性当中的，那么，可观察层次的本体论与不可观察层次的本体论一样，都是不确定的。因此，只承认可观察层次的本体论承诺，而否认不可观察层次的本体论承诺的观点，是毫无道理的。

第三，与爱丁堡学派的强相对主义的立场相比，柯林斯所阐述的"相对主义的实验纲领"只是一种弱的相对主义，或者，用柯林斯自己的话来说，只是一种方法论意义上的相对主义。这种弱的相对主义只承认自然界在科学研究中的本体性与对象性，而不承认自然界在科学知识形成过程中能起到决定性的作用的观点，受到了多方面的批评。实际上，在科学研究与实验的过程中，运用完全相同的理论 T 校准仪器，然后，再用这种仪器检验理论 T 的情况，是几乎不会发生的。大多数情况下，在校准检验仪器所使用的理论在逻辑上是彼此独立的。[①] 所以，在成熟的学科中，科学实在论者不必恐惧这种"实验者的回归"现象是一件严重的陷入绝境的事情。

另外，社会建构论者立足于科学社会学、人类学和文化学的视角，理解科学的发展，并对科学研究过程中存在的社会因素与建构因素的强调与分析，从科学哲学的视角来看，是有启发作用的，也是有可取之处的。但是，他们过分强调社

---

① Robert Klee. *Introduction to the Philosophy of Science* (New York Oxford University Press, 1997), P. 225.

会秩序在知识建构活动中的作用，而贬低自然界的作用，由此走向反科学道路的极端观点，则是十分错误的。20 世纪 90 年代末，轰动西方学术界的"索卡尔（Alan Socal）事件"足以说明，社会建构论的观点是对科学的误解，它降低了科学作为理性和客观范式的特权地位。[①]

可以看出，劳丹、范·弗拉森与社会建构论者都是反实在论者，但是，他们在许多重大的认识论问题上是有分歧的。劳丹和范·弗拉森都采取了分割论的方法，相信观察陈述与理论陈述之间存在着区别，而社会建构论者否认这种区别；广而言之，后者是整体论者，而前者则不是；劳丹和范·弗拉森承认科学是成功的和进步的；社会建构论者则认为科学的成功不是真正客观意义上的成功。这种根本意义上的差异说明，同实在论者一样，反实在论者也面临着如何能够超越不同的认识论范畴的重要问题。

第四，福勒试图解构实在论所存在的问题是，他错误地把希望达到的要求当成一种方法。事实上，实验者可能希望或想象被假定的不可观察的实体，将来有一天总会成为可观察的。但是，这并不能成为否认理论实体或属性具有本体性的充分必要条件。因为某些理论实体是在本质上不可观察到的，或者说，不可能随着仪器技术的发展，而使不可观察的客体变成可观察的客体（例如，粒子物理中的夸克等基本粒子）；另一些实体也许会随着对其认识的不断深入，改变过去对它的理解（例如，现代生物学认为，基因不再是某种实在，而是某种功能，功能是附着在结构之上的一种机理）。

NOA 主张让科学用自己的术语对自身做出解释，不要把某些东西塞进对科学的理解当中，或者说，拒绝对真理进行任何理论的、分析的和图像式的解释的观点，把真理概念变成了一种基本的语义学概念。在语义学的意义上，科学的成功并不意味着真理就是正确的，因为承认接受科学的成功结果没有说明科学理论是正确的，而不是错误的。这样，这种承认就成为是非理性的。另外，NOA 试图立足于本体论的立场，让科学对自己做出解释的做法，在实际的科学研究过程中，缺乏可操作性。它忽视了科学术语是如何形成的？科学陈述是怎样表达出来的？这样一些与主体的认知方式有关的重要问题。美国科学哲学家莱普林（Jarrett Leplin）在《科学实在论的新辩护》一书中，通过对 NOA 观点的细致剖析后认为，从本质上看，NOA 自身的论证更像是逻辑上有缺陷的实在论。[②] 甚至还有人认为，"NOA 是一种彻底的实在论的观点：在 NOA 的航船上，实在论者能够

---

① Alan Socal and Jean Bricmont, *Fashionable Nonsense：Postmodern Intellectuals' Abuse of Science*（New York：Picador USA, 1998）.

② J. Leplin, *A Novel Defense of Scientific realism*（Oxford：Oxford University Press, 1997）.

愉快地在充满各种批评的海洋里航行。"①

可见，尽管试图运用中性的研究方法，来超越实在论与反实在论之争，在原则上是可能的。但是，却不存在超越于实在论与反实在论之外的中性的观点或立场。从根本意义上看，解构战略由于具有极端的相对主义倾向，更像是弱的反实在论；而 NOA 坚持让科学对自身做出解释的观点，更像是弱的实在论。

综上所述，反实在论和非实在论虽然可以超越任何既定目标的限制，依据多元化的认知旨趣和多视角的解读方略，千方百计地抓住每一个可能的进攻点，对实在论进行的全方位的批评，是有一定的合理性的。但是，由于这些批评本身存在着各种各样的严重问题，从而为科学实在论提供了继续生存的希望。如果科学实在论能够从自身的困境中走出来，对科学进行实在论的解释还是完全可能的。那么，既然如此，科学实在论为什么会陷入困境？它的可能出路何在呢？

六、困境之因与出路所在

历史地看，科学实在论的命运总是同科学的发展紧密联系在一起的：科学研究对象越远离人的感官世界，科学研究过程越复杂，科学研究手段越先进，科学理论的模型化和建构性程度越高，科学概念和科学语言越抽象、越专业，辩护科学实在论的视野就越宏大、越宽广，同样，这种辩护本身所面临的挑战也就越严峻、越深刻。在 20 世纪之前，科学认识系统的两极（主体与客体）与认识中介之间的关系被认为是十分简单的。中介只不过是达到认识目标的一种手段，是纯客观地延伸人类感觉的机器。在目标实现之时，也是认识手段退出认识过程之时。所以，在牛顿时代，尽管哲学家培根（Francis Bacon）提出的"四假相说"（种族假相、洞穴假相、市场假相和剧场假相）已经揭示出人类认识过程中的主体性因素，但是，在科学家看来，科学理论无疑是对客观实在的真实描述。

20 世纪之后，当人类的认识视野推进到微观和宇观层次时，科学认识系统变得复杂起来。认识客体成为主体永远不可能直接触及的彼岸世界，中介成为使科学认识的已实现的一个永久性的基本前提。把认识中介理解为认识手段时，中介等同于延伸主体认识能力的各种仪器的总和，主要以物理操作为主；而把认识中介理解为产生认识的基本前提时，中介将包括了比仪器操作更多的内容，主要以思维操作为主。在以思维操作为主的认识背景下，不同的思维操作会对同样的实验现象，做出不同的理解和解释。正是这些理解与解释的多样性，致使实在论

---

① Alan Musgrave, NOA's ARK-Fine for realism, in The Philosophy of Science, edited by David Papineau, (Oxford University Press, 1996), pp. 45 – 60.

者不得不借助于理论与观察、观念与事实、解释与经验的分离，来论证他们的观点。而正是这种人为的分离在新的层次上助长了经验的自主性特征，产生了新形式的经验论和工具论。[①]

事实上，20世纪自然科学的发展已经内在地表明，理论与观察、观念与事实、解释与经验是一个不可分割的整体。它们之间存在着如图4-2所示的双向反馈式的整体运动。

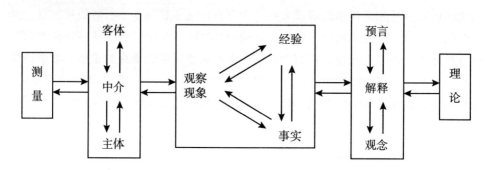

图4-2　测量与理论双向反馈式整体运动

在这种整体运动中，从测量到理论的方向上看，在一定的测量条件下，主客体与中介之间的相互作用把特定的观察现象呈现出来；观察现象经过思维加工内化为某种经验，经验经过语言概念的表述形成新的事实，事实是对现象明确而系统的整理；经过现象—经验—事实循环后产生的观察结果，通过与理论的预言—解释—观念的比较，形成对理论的调整。从理论到测量的方向上看，特定的理论框架将会通过新的预言和新的解释与观念，提出某些有待检验或确认的事实与经验；经过事实—经验—现象循环所形成的现象表述，创设了新的测量问题。从测量到现象，从现象到理论的过程，确保了客体信息的本体性地位；而从理论到现象，从现象到测量的每一个环节，都必然附加了难以消除的概念与思维操作的信息。这说明，理论对客体的描述既不是简单的完全复制，也不是随意的自由想象，而是内在整体的建构性复制的过程。

在理论的建构性复制过程中，劳丹把理论理解为具有解决实际问题的能力，忽视了对理论为什么具有这种能力之问题的思考；范·弗拉森把理论理解为是对现象的拯救，而没有对现象之所以产生的原因做出恰当的回答；社会建构论者站

---

① 之所以称之为"新形式"是因为，这些反实在论者既没有重新返回到逻辑经验主义的哲学阵营，而是立足于当代科学发展的现实基础来阐述自己的立场；也没有随波逐流地恪守本世纪初兴起的语言或概念的逻辑分析传统，而是吸取了解释学转向的语义分析方法重新回到认识论的立场上论证自己的观点，这些论述在经验的基地上，更彻底地促进了相对主义和经验主义的进一步扩张，表现为各种形式的反实在论。也正因为如此，这里暂时没有涉及与分析哲学传统相关的各种实在论与反实在论的论证方式，主要在本体论与认识论意义上讨论问题。

在整体论的立场上，强调了认识主体在科学认识过程中的能动作用，但是，他们对这种作用的过分夸大，忽视了对科学家建构知识的信息参照集的考虑；解构论者抓住了科学研究中思维操作的多元性和灵活性，但是，他们试图解构一切规则的反基础主义和反本质主义的做法，却使这种多元性和灵活性变成了没有对象的自由编造；与这些要么只重视理论作用，要么只强调主体作用的观点相反，法因的自然本体论态度试图在科学的实践中来解释科学，但是，却给人以忽视主体的认识能动性之嫌。

对于科学实在论者而言，由于不能合理地理解与把握上述观察与理论、经验与解释、事实与观念之间的双向反馈式运动，使他们的论证策略陷入了下列困境：其一，他们试图借助于技术的不断进步，无限制地对理论实体的现实存在性的追求，陷入了对科学的实在论解释的本体论困境；其二，他们试图剥去对理论实体描述的理论外衣，主张仅仅在实验操作的过程中追求理论实体的本体性的研究方法，陷入了对科学的实在论解释的方法论困境；其三，他们试图把对可观察的宏观实体的实在论解释，无原则地延伸扩展到对不可观察的理论实体的理解，陷入了对科学的实在论解释的认识论困境。

事实上，早在 20 世纪初，量子力学的发展已经揭示出，微观客体与宏观客体存在着根本的差异。宏观客体可以认为是宏观实体的简单集合，而微观客体却不可能单纯以理论实体的集合成为其终极存在，它是作为实体—关系—属性"三位一体"的有机整体存在着的。在这里，实体是属性的承担者并以属性标志其存在；属性取决于实体的内部关系；实体间的外部关系取决于关系双方的属性。① 微观客体作为研究对象，不像宏观客体那样，是作为定域的空间和时间上的存在而直接或间接地呈现出来，而是从宏观仪器上多种多样的实验现象的观测结果中，得出超感觉的非直观认识，是与具体的"制备"过程相关联的。

"制备"的过程，必然包含着两方面的信息：来自客体的信息与来自中介与客体相互作用所产生的附加信息。这样，与宏观客体所不同，微观客体只具有潜存性，它的存在形态依赖于测量环境的选择。事实上，把光子和电子这样的理论实体看做具有如同微小沙粒那样的现实存在性的天真观念，早在 1927 年量子论产生之后就不能继续有效了。在这种前提下，科学实在论走出上述困境的三条可能出路是：

其一，立足于量子理论的思想体系，阐述理论实体的存在性，这是科学实在论走出本体论困境的一条可能出路。单纯追求理论实体的现实存在性的本体论态度，使得实在论者按照理解宏观实体的实在性的方式，来理解理论实体的实在

---

① 申仲英、张富昌、张正军：《认识系统与思维的信息加工》，西北大学出版社 1994 年版，第 77 页。

性，认为可观察实体与不可观察实体之间没有明确的分界线，"可观察性"概念看成一个动态的概念。对于同一实体而言，使用不同层次的仪器，可以观察到不同层次的现象，从利用望远镜观看，到利用放大镜、低倍光学显微镜、高倍光学显微镜观看，再到利用电子显微镜观看……，存在着一个连续的统一过程。这表明，新的仪器永远能使人获得新的感知能力。

按照这样的推理逻辑所得出的结论是，人们没有理由相信可观察实体的存在性，而怀疑不可观察实体的存在性。或者说，亚原子粒子、电磁场等同桌子、椅子和人一样具有可观察性。退一步说，即使认为可观察实体不同于不可观察实体，人们也不应该仅仅以暂时不能"看到"实体为借口，来怀疑它的存在。因为实际上能为从未观察过的任何一种可观察实体找到它存在的依据，那么，同样，为什么就不可能获得有关不可观察实体存在的证据呢？正是这种机械式的外推理解方式，受到了建构经验论的强烈批判。

实际上，这种坚持追求理论实体的现实性的本体论态度，不可能从根本意义上揭示出微观实体与宏观实体之间的本质区别，不能合理地理解微观实体的潜存性。当代理论物理学的发展已经表明，微观实体的存在形态，不再具有宏观实体那样的永恒不变性，在一定条件下，它们都能够产生、湮灭和相互转化。在微观领域内，物质本身的不生不灭，并不等于物质形态的不生不灭。微观客体存在形态的这种易变性表明，观察仪器对自在实在的干扰是不可消除的根本意义上的干扰，只有通过对不可观察的理论实体的各种可能状态的把握，才能达到合理地理解理论实体的本体性的目的。

其二，立足于当代科学的发展模式，全面而系统地认识自在实在、对象性实在与理论实在这三个概念之间的区别与联系。这是科学实在论走出方法论困境的一条可能出路。科学实在论者基于对理论实体的现存性的简单追求，所采纳的分割论的研究方法，割裂了原本完整的科学认识系统中三大基本要素（客体、中介和主体）之间的内在联系；忽视了认识中介在认识过程中所具有的双重相关特点（对认识主体而言，它是主体为实现认识目的所创设的一类包含着理论构思的认识工具；对认识对象而言，它是自在存在转化为对象性存在的基本前提）；相对夸大了对象性存在的复制性，忽略了理论实体的建构性。在这个意义上，社会建构论者对实在论的诘难是有一定的合理性的。

其实，一个完整的认识系统有别于自然系统，它的特点不是消极地接受客体对主体的作用，而是通过主体的活动能动地建构客体。建构活动的实现主要取决于两类因素：一是客体自身的固有规定；二是社会历史条件所提供的现实手段；有别于人工物质系统，它的特点不是物质更新和能量转化，而是知识、观念等信息的产生，是主要以信息的输入、转化和输出为主；还有别于简单的信息转换系统，它是信息的多级分解、多级综合和多级提炼。所以，科学认识系统是一个多层级的信息重组和信息再生的开放系统。

在这个开放系统中，主体有目的的建构活动，使自在实在向理论实在的转化，不完全取决于自在实在的自身存在和规定，同时还取决于人类认识的社会历史条件和解决问题所存在的应答空间。自在实在的存在和规定性为建构性活动的实际进行提供了基本前提，只有在尊重存在物自身规定的基础上，才能进行建构活动。或者说，存在物的自身规定构成了主体提取信息的信源。在信息的传播过程中，主体通过对信息的重组和再生，形成了在特定条件下对自在存在物的理性理解；这种理性理解的自主性通过预言和逻辑推理的形式，揭示了新的自在存在物的理论规定，而后通过科学共同体的进一步确认，对这些理论规定的适用条件和存在界限进行适当的取舍，从而使理论实在在整体上达到了对自在实在的建构性复制。

理论实在的这种整体的建构性复制特点，说明理论实体不完全等同于微观对象。微观对象是理论实体在关系与属性条件下的多种可能存在状态的有机集合。所以，只有超越过去那种简单的分割论方法，站在整体论的立场上，才能真正合理理解理论实体的本体性。

其三，立足于微观认识语境，理解与阐述理论实体的实在性，这是科学实在论走出认识论困境的一条可能出路。立足于整体论的方法论前提，强调超越对理论实体的现存性的简单追求，走向关系与属性语境的可能状态的认识论空间，来理解理论实体的本体性问题的可能性，说明理论实体对主体在定义现象方面所起的主动作用进行的凸显，虽然是已成为历史的经典研究方式所未之前闻的，但是，这种理解和认识不仅不会否定它的实在性，相反，却更加密切地适应着我们与外部世界之间的真实关系，从而使科学的整个结构更贴近于实在。或者说，理论实体并不会因为它对关系或环境的依赖而丧失了它所存在的实在性，在这个问题上，引起变化的只不过是人们对实在性的理解方式。

对此，罗森菲尔德（L. Rosenfeld）强调提出，"意识到这一点，就有力地提醒人们想到自己在世界上所处的地位，以及和这种地位有关的科学的功能。人们不仅仅是思索世界，而且是在对它发生作用并从而改变它的进程。"[①] 在科学认识系统的实际运转过程中，理论实体的实在性地位，是由来自自在存在内在规定性的信息加以保证的。承认理论实体的本体性，虽然不是对终极实体的终极属性做出什么肯定性的断言，但是，却能把相对于一定认识条件所表现出的规律性揭示出来。这正是理论实体不同于可观察实体的本质特征。

[①] 雷昂·罗森菲尔德，戈革译：《量子革命》，商务印书馆1991年版，第149页。

这说明，追求对科学的实在论解释，并不意味着是要在科学研究语境中，忽略主观因素，强化客观因素，使不可观察的理论实体在未来技术发展的前提下，转化为可观察实体来加以阐述。而是应该立足于测量与理论的整体性，在理论上，不断地由强调单一转向兼顾多元，由重视绝对转向兼顾相对，由对应论转向整体论；在实践上，由强调逻辑转向兼顾社会，由概念转向叙述，由语形转向语用；在方法上，由形式分析转向语义分析、解释分析、修辞分析、社会分析、案例分析及心理意向分析等。这些理论、实践和方法上的"转向"在整体上是相互一致的，它反映了理论与测量之间的整体性，在不同研究层面的不同表现形式。所以，只有站在整体论的立场上，才能在科学研究的现实语境中，合理地理解科学理论的建构性复制的真实内涵，才能在实体、关系与属性的网络中，真正理解微观世界中的理论实体的实在性。

科学实在论走出困境的这三种超越，或者说三条可能的出路，不是相互矛盾和彼此孤立的，而是相互联系、相互补充和内在统一的。以此为基础，科学实在论者试图将对宏观世界的实在论解释，直接延伸外推到对理论实体的实在论解释的做法，是不合理的。这也是致使实在论论证陷入困境，并不断受到各种反实在论与非实在论诘难的主要原因所在。但是，承认这种延伸外推的不合理性，并不等于否定对科学进行实在论解释的必要性，而是主张要站在语境论的立场上，运用语境论的分析方法，来对科学实在论进行辩护。

七、结语：走向语境实在论

综上所述，20 世纪的科学哲学是在科学实在论者与反实在论者的"战争硝烟"中走过来的。他们之间长期的论战使科学实在论者越来越清醒地意识到，反实在论与非实在论的论证越来越复杂，越来越精确，同时，也越来越少有偏见；而实在论者自身的论证也正在越来越精致，越来越开放，同时，也越来越多元。问题在于，当科学实在论的各种辩护策略与论证方式经受了种种批判之后，当反实在论与非实在论的反驳策略也越来越有说服力的时候，仍然企图立足于原来的思维方式，继续为科学的发展提供实在论辩护是不会取得成功的。因此，如何批判地吸收各种论证策略的合理内核，立足于当代科学的认识论与方法论本性，综合哲学的"语言学转向"、"解释学转向"和"修辞学转向"提出的逻辑分析方法、语义分析方法和语用分析方法，提出一套新的以语境分析方法为核心的思维方式，基于新的本体论、认识论、价值论及方法论，把科学实在论的上述三条出路有机地结合起来，阐述一种全新的语境实在论体系是科学实在论目前面临的最重要的选择。

第五章

科学实在论的语境重建

科学实在论的存在从来不是孤立的，它总是围绕着一个时代的热点难题在与反实在论和非实在论的争论中发展的。当代科学实在论者一方面积极地探索着新的时代主题，另一方面试图对那些在 20 世纪波澜壮阔的演进中匆忙给出结论的重大难题进行反思，以求对过去的问题给出新的辩护或理解。但是，无论是开拓新的时代主题，还是对过去问题的新解，都依赖于新的研究方法或新的研究视角的整体性引入，否则，它的发展便会变得平淡乏力。正是在这样的背景下，科学实在论者为了能够将科学史、科学社会学、科学心理学、科学语言学、科学解释学、科学修辞学、科学政治学、科学人类学、科学文化学等因素有机地融合起来，为了更好地容纳、吸取和借鉴各种反实在论与非实在论的合理因素，为了能够将与科学实践相关的所有因素语境化，并通过语境化的过程及其内在的结构关联，从整体意义上将科学实在论的上述三条可能出路有机地联系起来，达到理解与解释科学进步的目的，从而展示科学实在论对于科学观的哲学含义的理解与推动作用，就需要自然而又必然地引入了语境分析法，以求在语境重建的基础上推进科学实在论的"柔性"发展。本章主要基于对语境概念及其意义演变、语境的本体论性与结构性的分析，阐述在对科学实在论进行全面反思与新辩护时为什么要做出语境选择与提出语境要求的原因所在，揭示科学实在论未来走向与语境原则之间的内在关联性。

一、语境概念及其意义的演变

无歧义地使用基本概念，无疑是有助于澄清问题并得出有效结论的必要手段之一。因此，在系统地阐述科学实在论者为什么要做出语境选择之前，有必要先探讨重要的"语境"概念及其意义的演变，以便说明本书所使用的语境概念的具体层面。

汉语中的"语境"概念与英文中的"context"一词相对应。"context"有两种含义：其一，指话语、语句或语词的上下文或前后关系或前言后语。可替换术语是"linguistic context"，"co-text"；其二，指话语或语句的意义所反映的外部世界的特征，说明言语和文字符号所表现的说话人周围世界的方式，可扩展为事物的前后关系、境况，或者，扩展到一个特定"文本"、一种理论范式以及一定的社会、历史、政治、经济、文化、科学、技术等诸多要素之间的相互作用和相互联系。可替换术语是"environment"，"context of situation"。① 前者主要是指由语言因素构成的上下文，语言学家称之为"言辞语境"，逻辑学家称之为内涵语境（intension context），哲学家称之为狭义语境；后者主要是指各种情境因素构成的上下文，语言学家称之为"言辞外语境"，逻辑学家称之为外延语境（extension context），哲学家称之为广义语境。下一章讨论科学解释语境时把前者称为显现的直接语境（简称为显现语境），把后者称之为潜在的关联语境（简称为潜在语境）。

按照语言学家的观点，语言既是一种社会现象，又是一种物质现象，社会上的一切都可能成为语境；自然界中的万事万物也都可能成为语境。② 这说明，语境是普遍存在的。任何语言活动都概莫能外地以一定的语境为其条件，或者说，一切关涉到语言的活动，都不可能离开其语言环境而独立存在。在抽象的科学语言活动中，语言、符号作为物质客体转变为能直接思维操作对象的中介桥梁，作为确保主体表达认知心理、交流和传播认知结果的现实载体，作为解读自然"文本"的特定的概念体系，也肯定以语境为前提，并受到语境的影响与制约。

历史地看，各门学科运用语境概念的历史都可以追溯到远古时代，但是，直到20世纪60年代以来，关于语境的元理论研究才引起了社会科学研究中许多分支学科的关注：③ 功能语言学中的"语域"，语义学中的"语义场"，心理学中"语意情景"，语法学中的"语法场"，现象学中的"视域"，科学哲学中的"观

---

① 参见 R. R. K. 哈特曼，F. C. 斯托克：《语言与语言学词典》，上海辞书出版社1981年版。
② 西稹光正：《语境研究论文集》，北京语言学院出版社1992年版，第37页。
③ 西稹光正：《语境研究论文集》，北京语言学院出版社1992年版。

140

当代科学哲学的发展趋势

察渗透理论",科学说明中的"整体观的意义理论",库恩的"范式理论",等等,所有这些概念与观念所强调的都是语境理论在本学科中的具体应用。这种在研究方法上的巧合绝不是偶然的,它正表明了语境在语言的理论研究和应用研究方面的重要性。不同的学科以及不同的学派研究语境的角度各不相同,因而,对语境及其意义的阐述也有所区别。

在科学哲学的发展史上,20世纪初,分析哲学的直接思想先驱弗雷格第一次在哲学研究中运用了语境的概念。他认为,在任何一种语言活动中,语词只能在语句的语境中获得意义,语句只能在语言系统的语境中获得意义。他的这种思想在《算术的基础:对数学这个概念所作的逻辑的和数学的研究》的重要著作中体现出来。在这本著作中,他阐述了在哲学研究方法论上具有重要意义的三条原则:(1)始终要把心理的东西和逻辑的东西、主观的东西和客观的东西明确区别开来;(2)只有在语句的语境中,而不是在孤立的词中,才能找到词的意义;(3)注意把概念与其对象区别开来。① 之后,经过罗素、维特根斯坦、卡尔纳普、艾耶尔(J. Ayer)、达米特(M. Dummett)以及伽达默尔(H. Gadamer)等哲学家的进一步拓展、引申、扩张与重解,语境概念的意义已经超越了单纯的语言环境之意,赋予了广义的理解与含义,泛指理解一个对象所依存的所有相关因素的集合。本书正是在这个意义上运用语境概念的。

在科学研究活动中,任何一种关涉理解的活动都必然与语境相关。正如解释学家海德格尔曾指出的那样,理解需要以"前有"、"前见"和"前设"所构成的"前结构"为中介。"前有"是指理解者所处的文化背景、知识状况、精神物质条件及其心理结构的影响而形成的东西,这些东西虽不能条理分明地给予清晰的陈述,但是,却决定着他的理解;"前见"是从"前有"中选出的一个特殊角度和观点,成为理解的入手处,通过"前见",外延模糊的"前有"被引向一个特殊的问题域,进而形成特定的见解;"前设"是理解"前有"的假设,从这些假设得出"前有"的结果。在这里,海德格尔所说的"前有"、"前见"和"前设"说明了理解语境的存在性。

伽达默尔也认为,对对象的理解与语境的存在是互为前提的,理解的对象是语境化的对象,而语境同时又是对象化的语境,对象不能超越语境,语境不会独立于对象,二者相互依存、合二为一。同时,理解本身是一个动态的活动,是理解主体与被理解对象在一定语境中的相互作用、相互融合的过程。在这种理解现象的背后,理解主体与文本处于历史的、社会的、空间的交往实践中,既不是主体完全用自己特有的概念框架和信仰去规范理解对象,从而形成完全主观的甚至

① 涂纪亮:《分析哲学及其在美国的发展》,中国社会科学出版社1987年版,第43页。

是相对主义的认识结果，也不是如同基础主义者所认为那样，只有完全摒弃了主体的意志、情感等非理性的、个体化的因素的影响，才能充分认识不受经验世界变化干扰的对象，获得普遍而客观的本质，求得"正果"。在伽达默尔看来，这种理解语境至少包括这样几个因素：其一，特定的理解主体；其二，特定的理解对象和文本；其三，产生理解对象的背景关联以及主体自身具有的背景关联；其四，理解对象与理解者以及其背景之间的相互作用与整合等。这样，伽达默尔理解语境的结构如图5-1所示：①

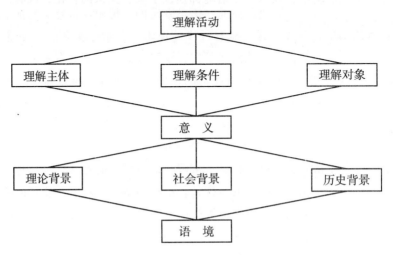

图 5 -1　伽达默尔理解语境的结构

这说明，只有在理解语境中，理解者才能通过特有的约定形式对可能的意义进行意向的说明、重构与筛选。特别是当一个理解对象从一种时空向另一种时空变换时，其指称与意义的同一性与非同一性，正是由语境结构的这种具体性所给定的。语境的结构性确保了意义由现象到本质、由一般到特殊的飞跃。因此，理解活动本质上是创造意义的活动，而不是对本文的内在意义的还原。理解语境所体现出来是一种理解对象与理解者直接当下的背景信念、价值取向、时空情景相关的真理性对话，而不是对对象固有特性的终极揭示。

显而易见，解释学家对语境概念的意义的理解已经远远超越了语言学家所理解的语句的上下文的含义，已经超出了文字语言本身，具有了更加广泛的意义，它包括了一切与理解活动相关的所有显现与潜在的要素和前提背景。这种理解语境与人们通常所讲的理解环境与理解背景等概念的主要区别之处在于，它内在地包含了主体意向性的成分。事实上，作为语境构成要素的社会背景、历史背景、实验设置

---

① 郭贵春：《语境与后现代科学哲学的发展》，科学出版社2002年版，第133页。

当代科学哲学的发展趋势

等都是由主体意向性地引入的。正是主体的心理意向性使诸语境因素具有了即时的、在场的和生动的意义，并为语境及语境中的理解活动展开了空间。因此，语境是给出了稳定思想基础、涵盖了多元方法论工具、包含了诸多相关因素的文体架构。

二、语境的本体论性与结构性

在科学实践活动中，任何一个语境都预设了某种关系的存在，或者说，各种背景之间存在的内在关系是形成语境的必要条件。这种关系既包括研究主体对相同背景的共同感知关系——共性，也包括研究主体对相同背景的不同感知关系——差异。所以，关系是语境存在的基本前提。这种关系首先演变成多重认知背景之间的黏合剂，然后，又在特定的语境中显示出独立的趋向。语境分析法正是要紧紧抓住语境概念的这一特性，强调研究者只有把研究对象置于由多重背景织成的交互关联的立体网络中加以研究，才能全面而系统地揭示研究对象的内在本质及其意义。所以，不同的本体论态度与不同的语境观相关联，科学家需要在不同的语境确立其对象的本体性，语境不同定义实体的意义就不同；反之，实体的意义不同，其本体论性就可能不同。物理学中，对时空的理解、对电子的理解；生物学中对基因的理解、天文学中对天体结构的理解，都是如此。因此，语境的本体论性的特征主要表现为：[①]

其一，语境是科学理解活动最"经济的"基础。可以把它看成用"奥卡姆剃刀"削去不必要因素的最直接的阐释基础，而不需要在形式上再做抽象的本体论还原。这是因为，在语境中理解对象，不是将对象特性与意义的表达仅仅作为终极真理的载体来看待，而是强调理解的当时性与相对性。这种理解避免了单纯真值理解的狭隘性，而且，从多重语境因素及其相互关联中理解对象，会使对对象的理解更加丰富或更加丰满。所以，从整体论的意义上讲，语境的本体论化既是一种有原则的"撤退"，同时，也是一种方法论性的"前进"；它在减少"还原"的同时，扩展了"意域"。

其二，在某种程度上，对语境的本体论化是一种关于意义的最强"约定"，它构成了判定意义的"最高法庭"。因为只有在这个"法庭"之内，一切语形、语义与语用的法则才是合理的、可生效的。在一个确定的语境内，人们可以通过特有的约定形式对可能的意义及其分布进行不同意向的说明和重构，甚至导致不同范式之争。但是，语境的本体论性的本质决定了不可能通过任何形态的约定，去生发或无中生有地构造意义。这就是说，语境的本体论性决定了它的约定性，

---

① 郭贵春：《后现代科学哲学》，湖南教育出版社1998年版，第89~91页。

而语境的约定性只是展示了意义的各种可能的现实性，不是它的本质的存在性。因此，语境的本体论化作为一种关于意义的"最高约定"，涉及主体的一致性评价问题。然而，值得注意的是，主体间的信仰的区别并不等同于特定语境下的意义的不同，信仰问题是一个潜在的背景趋向问题，而意义问题则是一个特定语境下各要素之间的协调和一致性的问题。二者虽然是相关的，但是，却有着本质的区别，不容混淆。语境的本体论性的现存性与约定的相对性之间既相互统一，又相互矛盾。正是这种矛盾推动了科学理解的深入展开。

其三，语境的本体论化是它的实在性的具体化。这种具体化是时间和空间上的具体化。它要求获得时间、空间以及在其间一切可观察的和不可观察的整个系统集合。这一集合包含对象的整个可测度的运动轨线、因果链条或合理的可预测性。当然，这一点可以是直接的或潜在的，显形的或隐形的，但绝对不是现存的。同时，这种具体化表明，任何一个有意义的语境都不是偶然的、绝对无序的，在它们的现象背后隐含着不可缺少的规律性和必然性；或者，反之，任何一个有意义的语境都不是完全必然的、绝对有序的，在它们的背后也同样隐含着必然的统一。即便是在以形式体系表现的科学语境中，"任一语境所需要的定律也都不能唯一地决定那些抽象的实体"，决定这些实体的必然是一个具体的系统集合。① 所以，这种具体化是要创造一种确定意义的环境，而这种环境必然能够突破逻辑本身的自限、形式表征的自限，甚至是人类理性的自限。这是因为，人们不可能在形式上求得完备的表征。而语境对于特定命题意义的规定性，只是在于它的内在的结构系统性。

其四，语境本体论化的根本意义是要克服逻辑语形分析与逻辑语义分析的片面性，从而合理地处理"心理实在"的本质、特征及其地位问题。命题态度作为讲话者对其提出的命题所具有的心理状态，例如，信仰和意愿，等等，是心理表征的对象。从语境的本体论性上讲，这种对象性就是一种实在性，即，承认实在地存在着具有意向特性的心理状态，并且这种状态是在行为的产生中因果性地蕴涵着的。另一方面，这种实在的意向性同样地具有语义的性质，即便是在表征科学定律的符号命题中也同样地存在着意向特性；而且，那些在因果性上具有相同效应的心理状态，同时在语义上也是有价值的。从这一点上讲，"关于命题态度的实在论，其本身事实上就是关于表征状态的实在论。"② 这样一来，就可将外在的指称关联与内在的意向关联统一起来，扩张和深化实在论的因果指称论，展示实在论发展的一个有前途的趋向。

---

① W. V. Quine, *From Stimulus to Science* (Harvard University Press, 1995), P. 73.

② Jerry A. Foder, *A Theory of Content* (MIT Press, 1990), P. 32.

语境本体论性的这些基本特征表明，语境不是一个单纯的、孤立的概念，而是一个具有复杂结构的整体系统范畴。这种整体论的语境观又恰恰是立足于实在论的立场上，去消解传统认识论中将主体与客体、观察陈述与理论陈述、事实与价值、精神与世界、内在与外在等进行机械二分法的方法论途径，它正是要从实在的语境结构的统一性上去解决认识的一致性难题。但是，对这一难题的求解，又会不可避免地涉及这样两个问题：

其一，语义的构成性（compositional）问题。语义的构成性是表征语言能够系统化的最关键的特征，尤其是，命题在句形上表现出的时间和空间序列性，或者语用上所表现的意义的具体性以及它们之间的关联，都必须通过语义的构成性来沟通，并使它们联结起来。

其二，心理操作的表征问题。主体在特定语境中的心理状态是由已具有意向内容的表征形式和控制它们的各种操作方式所构成的。因此，心理操作包含着"操作语言"，并且，"操作语言"是与心理"表征语言"内在地在心理结构上同一的。当然，这也不排除无意识状态下的操作。事实上，在语境中，所有非语言的表征（比如，想象）都要求通过与语言表征的结合去获得内容。语言与非语言的表征，仅仅是表征媒介的区别，而不是有无表征的区别。因而，形式上的分离，并不等于内容上的无关。

这两个问题表明，从微观意义上讲，语境也具有很强的结构性，并且是多重本质的同一。换言之，它是现象的和经验的、情感的和理性的、语言的和非语言的、表征的和非表征的统一。从这个层面看，语境的结构性如图 5－2 所示。

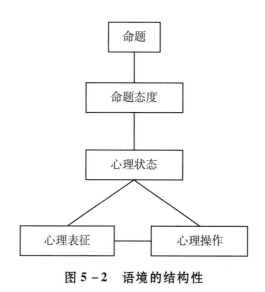

图 5－2　语境的结构性

所有这些结构要素都融为一体、不可分割，形成了不同语境的内在本质。而且，更需要注意的是，一切理论的、社会的、历史的宏观背景都会必然地渗入这个微观结构之中，并通过这一功能的不断扩张去推动语境的运动、变化与发展。借用罗蒂（Richard Rorty）的话来讲，语境的运动、变化与发展的过程，就是一种"再语境化"（recontextualization）的过程。从这个意义上，语境的结构说是命题态度的具体的、历史的和相对的系统关联结构。在这一结构的演进和变换过程中，新的命题态度不断地被容纳，旧的命题态度不断地被消解，从而造成了推动语境结构整体系统趋向变换的内在矛盾和张力。这些矛盾和张力，会在语境中不断地生成、消失、再生成、再消失……，以此创造着语境的动态平衡。所以，语境是动态的，而不是静止的。而且，语境在深度和广度上的变化越大，新语境的意义就越深厚，它的丰富的多样性就越具有时代性。一个新语境可以是一个新的目标集合、一部新专著，甚至一个新的谈话者……，总之，"这种可能性是无限的。"①

因此，在语境的理解活动中，"超语境"与"前语境"的东西没有直接的认识论意义，任何东西都只有在"再语境化"的过程中融入新的语境之中，才具有生动的和现实的意义。从这个基点上讲，语境的本质就是一种"关系"。也就是说，在语境的意义上，任何东西都可解构为一种关系，并通过这种关系理解其内在本质。而这种关系的设定则依赖于特定语境结构的系统目的性。这是因为，关系的趋向性的确定就是一种结构性的变换。同时，从关系的视角看，语境也是一个"结"，或者说，是一个必需的联结点。一切人类认识的内在和外在的信息，都只有通过语境才能得以联结、交流和转换。或者说，"再语境化"是一个"意义的创造性"的问题，它集中体现了人类思维和认识的发展程度和时代特征。各种相关要素只有在被语境和"再语境化"的过程中，才能必然地带有语境的系统性和目的性，而不会孤立地作为单纯的要素存在。与此同时，各种要素被语境化与"再语境化"的过程，也将语境本身历史化与过程化了。

所以，语境的本体论性与结构性决定了语境的灵活性与意义的无限性，它有可能为科学实在论取消一元论哲学的特权，摆脱二分法的固有困惑，走出追求终极真理的困境，在多元背景下重新审思科学，提供方法论的启迪。

三、对科学实在论的反思与语境选择

本书所运用的"语境"概念的基本意义，以及语境本身的本体论性与结构

---

① Richard Rorty, *Objectivity*, *Realism and Truth*（Cambridge University Press，1991），P. 94.

性，为科学实在论者做出语境选择提供了基本前提。根据前面的分析，20世纪科学实在论的发展与20世纪哲学的"语言学转向"、"解释学转向"和"修辞学转向"的哲学运动密切相关。以"语言学转向"为基础的逻辑经验主义的科学哲学隐含了语言本质论的假设，沿袭了经典实在论的科学观，把哲学的研究引向了经验基础的句法层面，把科学理性奠基于无错的经验事实和中性观察的基础之上，认为语言是对思想的表达，是对世界的表征，因此，哲学的任务就是通过逻辑分析和经验证实来澄清语言命题的意义，只有符合逻辑推理和能够被经验证实的命题才是有意义的。这种排斥主体意向选择的价值趋向以及社会的、历史的、文化的等诸多因素对意义的影响的做法，由于最大限度地忽视了语义的多层深入理解与语用的多变性和灵活性特质，为科学实在论的全面兴起埋下了伏笔。

"解释学转向"作为一种新哲学运动，为了纠正"语言学转向"不可克服的症结，试图站在语境论的基点上，从整体论的视域出发，主动地建构各种复杂要素之间的关联，使人类理性既不完全受语言逻辑句法规则的约束，也不仅仅由逻辑决定，而是根据语境历史地决定的，以境遇理性代替形式理性，有机地把人类的行为、科学、文化或整个历史时期作为一个"文本"来阅读。这种做法虽然在理论上有助于不断地由单一走转向多元，由绝对转向相对，由对应论转向整体论；在实践中，表现为由逻辑转向社会，由语形转向语用；在方法上，表现为形式分析转向语义分析、解释分析、心理意向分析等，但是，它却在反对科学主义的同时，极其容易走向其反面，滋长了相对主义的科学观。这种状况直接激发了科学实在论的繁荣与发展。

"修辞学转向"的兴起则促使科学实在论者进一步彻底地排除存在于理性与非理性、语言的形式结构与心理的意向结构、逻辑的证明力和论述的说服力、静态的规范标准与动态的交流评价之间的僵化界限，消除纯本体论立场的独断性，强调心理重建与语言重建统一，提供了方法论的启迪。把科学实在论者的研究视域，由单纯基于科学案例或科学史的成功与操作，来阐述理论实体的本体论地位，转向了关注在科学理论的形成与传播过程中，科学家之间的争论研究与合作研究，从而基于科学史的已有事实重新揭示成功的科学案例中所隐藏的修辞论证的成分，并为更真实地再现科学研究的实际过程，更合理地理解科学理论与概念的实在性问题，开拓了新的思路。

这三大转向对科学实在论的演变与发展的影响是根本性的。面对科学实在论两大论证策略的失败，面对形式多样的反实在论与非实在论的各种诘难，以及这些诘难本身存在的问题，对科学实在论进行辩护的策略必须进行根本性的转变。这是因为，随着对科学的人文社会研究（science studies）的不断加深与拓展，科学哲学与其他学科的跨学科融合的趋势越来越突出，具体表现为，各门学科的本体界限在有原则地放宽；各门学科的认识论疆域在有限度地扩张；各门学科的方法论形式在有效地相互渗透。与此相伴随，科学哲学研究的本体论性在给定的学科性质中不断弱化，认识论性在从给定的学科性质中摆脱了狭义的束缚，而方法论性则从给定的学科性质中解构出来。因此，对科学实在论的方法论辩护应该批判性地将哲学"三大转向"所提供的方法论统一起来，即，将逻辑的语形分析方法、解释的语义分析方法与劝说论证的语用分析方法内在地结合起来，在可推论、可构造、可论证的层面甩开具体形态的束缚，形成统一的语境分析方法，以使科学实在论研究的方法论更加普遍化。

因此，重新系统地审视科学实在论与反实在论争论的历史过程、争论的焦点转移、争论的方法论借鉴、争论的立场融合及其争论的认识论启示，从而在一个新的基础上重新评价它们的意义，并在这个基础上重构新的发展基础和趋向，无疑成为一个极为迫切的问题。正是在这种前提下，科学实在论者既需要重新回到科学实践的具体活动当中，倾听来自当前有生命力的基础科学研究成果（特别是作为描述微观世界语言系统的量子力学）的声音与教训，而不是摘取有利于自己观点的科学家的只言片语，也需要立足于哲学"三大转向"提供的具有普遍性的语境分析方法，把科学研究过程中隐藏的各种背景因素有机地融合起来，在较弱的立场上辩护科学的实在论立场。

"语境"之所以在科学实在论的重构中会具有这样的命运并不是偶然的。首先，从方法论的意义上讲，逻辑经验主义者在经验的层面上，将经验命题与理论命题割裂开来，然后，由理论命题向经验命题的"还原"的这种"割裂—还原"的途径是失败的；其次，倘若把经验放在一个"悬搁"的位置上，仅从经验的逻辑可能性上去理性地解决这个问题，从而使真理性判断走向"内在化"，那将消解论证自身的生动性和最直接的意义，因而也是不适当的；再其次，如果仅在行为的层面上去评价理论，把行为自然主义化，以求在行为的层面上将经验和理论自然主义地融为一体，也是不可行的。因为这样一来，那些内在的、逻辑的和需要相对分离的东西就被解构了；最后，假如从纯语言的命题分析或语义分析上去逻辑地看待问题，或者，从纯行为的分析上去语用地看问题，或者，从纯逻辑的分析上去可能性地看问题，如此等等，都具有其不可克服的局限性。

这说明，人类在经验上和理论上设定的双重界限和双重"自限"，都无法要求在任一种单纯的确定趋向上求解重大难题。在这种双重"自限"之内，求解科学实在论的难题，一方面需要进行有意义的综合，使各种研究趋向均有一个可相互融合、相互借鉴并相互关联的整体范围；另一方面，要有一个共同的基础，在这个基础上各种本体论、认识论、价值论及方法论的东西可共存和互补。这就是说，研究的视角在走向整体性时，所要消解的不是各种走向的内在特性，而是它们的极端性；当同时走向共存时，不是消除各自的地位，而是妨碍它们共存和互补的歧义性。到目前为止，许多科学实在论已经意识到，只有语境是获得这种本体论、认识论、价值论和方法论的统一，获得逻辑分析、语义分析和语用分析的统一，获得经验、理性与行为的统一的基础。这也就是说，语境在横断的意义上具有自身存在的地位与功能，在横断的意义上给出了所有发展趋向的共同生长的舞台，在横断的意义上确定了其他一切意义的现实可能性。

科学实在论者为了在语境的基础上重建科学实在论，他们需要在理论上进行有防御性的"撤退"。这主要表现在：其一，弱化自然主义传统的评价标准，将这一标准看做"临时的、暂时的"可选择的解释。莱普林认为，"如果这是一种撤退的话，那么，这在当代哲学的意义上也是一种可测量的撤退。"① 其二，超越对客观本体论的分析，在撤退的"语义要素的构成基础"上去重建科学实在论的洞察，以确定科学实在论的新辩护。② 事实上，这是一种撤退到与反实在论具有同一方法论层面的基础上去捍卫科学实在论的明智选择。其三，把科学实在论研究的对象和知识形态从哲学研究的一阶学科降低到二阶学科的层面上去给出提问的方式，更多地注重语言学的或概念的分析，而避免那种在纯哲学的抽象世界中"高处不胜寒"的终极追问。③

总而言之，在自然主义的评价标准与许多可选择的解释途径之间，在本体论的分析与语义要素的构成分析之间，以及在哲学的一阶学科和二阶学科提问的方式之间都不存在绝对的界限，科学方法论的这种"撤退"也仅仅是一种新的辩护策略而已。更进一步讲，科学实在论的走向之所以选择了这种更鲜明的"撤退"战略，正是为了在人类知识结构行为的系统建构上，能够从语境的基础上进行重建。尽管这种策略存在着方方面面的缺陷与不足，它至少表明，当代科学实在论回溯或反思历史的时候，不在一个重新论定的新的基础上去看待历史是没有出路的。只有在新基础上去看待历史、重构历史，才能具有展望未来，朝向新的可选择方向发展的动力和基础。科学实在论的语境重建，正是这一历史发展的内在要求所在。

四、科学实在论的辩护与语境要求

科学实在论的根本宗旨，就是在与反实在论的论辩中彻底地抛弃对科学的怀

① Jarrett Leplin, *A Novel Defense of Scientific Realism* (Oxford: Oxford University Press, 1997), P. 189.
② R. F. Hendry and D. J. Mossley, *British Journal of Philosophy of Science* (1999), pp. 150 – 175.
③ Jerrold J. Katz, *Realistic Rationalism* (Cambridge: The MIT Press, 1988), P. xv.

疑主义，或者说，科学理论的表征与说明是完全可以实现科学实在论的认识论的。一种科学说明之所以适当的原因，就在于它赋予了我们对待特定语境中难题的求解。因此，没有任何证明或说明是唯一正确的，不同语境中的不同说明不存在绝对的同一性，因而在不同语境中，说明的意义或语境的意义是不同的。所以，莱普林认为，从某种意义上讲，"不存在超语境的、具有独立意义的正确说明"。① 具体地讲，在特定理论 T 与经验现象 e 之间的语境关联中，存在着内在的无法避免的"语境要求"（context requirement）。这种关联的语境要求至少表现在下列几个方面：

（1）关联要求（relational requirement），即，e 与 T 之间存在着双向关联的关系。

（2）前知识要求（antecedent knowledge requirement），即，e 对 T 所具有的新颖性在于，对 e 的认知是先于 T 的提出的。说明 e 的重要性是提出 T 的一个理由或原因，并且它已经预示了除非 e 可能由 T 推演出来，否则，T 将是无法接受的。

（3）说明要求（explanation requirement），即，对于 T 来说，如果 e 是新颖的，那么，T 便提出了对 e 的说明，而不存在其他可行理论对 e 提供的说明。

（4）使用要求（use requirement），即，对于 T 来说，如果 e 是新颖的，那么，e 最可能会以偶然的或非本质的方式被用于提出 T，因为 T 能够被本质地提出，即使 e 是不适当的。

（5）独立要求（independent requirement），即，对于 T 来说，如果 e 是新颖的，那么，e 将非常有意义地不同于那些提出 T 时所依赖的结果，同时，也有别于其他可选择理论所说明的结果。

（6）认识的要求（epistemic requirement），即，如果 e 对 T 是新颖的，那么在某种程度上，T 成功地预言 e 的能力至少可将某种真理性归之于 T，而且说明 T 的成功，e 必须被看成是对 T 的证实，以提供某种理由认为至少 T 含有真理的某种成分。

（7）历史的要求（historical requirement），即，e 对 T 是新颖的，在于它是历史的，是用于验证的可描述的假设主体；而且不可能期望验证程序比一般经验更确定。在任何给定的案例中，都无法保证这一新颖性是决定性的。不过，许多新颖性在实际案例中，都无法保证这一新颖性是决定性的。不过，在实际案例中，许多新颖性均没有清晰的指示，这一点具有普遍的意义。

不言而喻，以上的"语境要求"实际上表达了新颖性分析或辩护的语境限

---

① Jarrett Leplin, *A Novel Defense of Scientific Realism* (Oxford：Oxford University Press, 1997)，P. 11.

制问题。或者说，任何新的、有创造性的辩护是必然地与语境的整体要求相一致的。离开了语境的要求，就不存在任何成功的说明，无论这种说明是否能给出可预言的实验结果。同时，也决不能把 T 与 e 之间的关联单纯地看做某种经验归纳或理论演绎的关系，而必须将其看做某种整体语境之内的结构性的关联要求。所以，在对科学进行实在论辩护时有必要特别注意以下几个方面：

第一，科学实在论辩护的历史语境性。正如期待新颖的历史要求那样，科学难题均是在历史语境中由其自身的地位所决定的。换言之，科学实在论所面临的难题，也是历史的语境难题。因此，对一种理论的辩护不仅仅是一种语境的历史地使用，而且是一种历史语境的意义映射，因而，描述的语境是多样的。在大量的科学说明的案例中，科学理论术语的使用及其特定地映射于其他语境中，从而使语境的使用性和映射性统一构成了历史语境的真正意义。所以，科学辩护的语言并非是任意的。其中一个重要的原因在于，科学实在论的主要论题并非科学方法本身，而是由科学方法所导致的理性结论。无论这个结论与世界是一种什么样的关系，都既不会是纯概念的，也不会是纯经验的，它依赖于对科学辩护的历史语境性的特征的整体把握。这些历史语境性的特征可以简单地归结为：客观性——现实存在性；过程性——传统的可持续性；使用性——实践的语用性；敏感性——理解的内在性；映射性——意义的确定性。

这五种特征表明，科学说明的历史语境是动态的，随着时间的演变，语境的结构相关性是会发生变化的。然而，历史语境的这种时间性也是一种限制性。在变动的过程中，这种限制的相对性和绝对性的统一，决定了语境意义在某种程度上的相对性与绝对性的统一。这便是历史语境的"时间之矢"的作用。

第二，科学实在论辩护语境的理性论。对科学实在论进行辩护的任务是艰巨的。因为它既要立足在实在论的立场上向一切反实在论与非实在论的观点展开论辩，又要在修正传统实在论的立场上防止各种反实在论与非实在论的攻击，因此，走向辩护语境的理性论，成为科学实在论发展的重要选择。这种新颖的实在论的理性论与传统的实在论的理性论所不同，它总结了 20 世纪哲学发展的历史特征，在纠正语形、语义和语用的片面性的基础上，将三者结合起来，并在这个新的基点上实质性地推进实在论的理论辩护。在这里，把语境的存在性看做客观性与先验性、语用性与逻辑性、具体性与可能性的统一，如图 5-3 所示。

图 5-3　语境存在性的统一关系

可见，科学实在论的辩护语境在理性的形式上具有它的必然性，而在它的实在论形式上具有偶发性。所以，科学实在论辩护的语境观在本质上是实在论的理性论与理性论的实在论的统一。把科学实在论的辩护奠基在这样一个基础上，是当代科学实在论走出自身困境的一种有意义的和明智的选择。

第三，科学实在论辩护的语境整体性。科学实在论辩护的语境化的一个重要目的在于，将相对主义从科学说明中排除出去，同时，消解由相对主义和理性主义论争所导致的"僵局"，重建科学说明的语境整体性。① 这种语境整体性特别强调了两个方面：其一，要用"当代的学术语境"去取代其他的研究视角。在这种语境化的概念下，将科学实在论的辩护由"局域的"层面转向"有确定基础的"（from local to located）整体。这样，其意义就在于超越那些论争的"死结"，而使各种视角在论争的基础上统一起来。其二，通过学科规则的语境化，使它在说明语境中起到规范的作用。这样做的意图是，要消除那种被称之为"方法论恐怖"的方法论的万能论观念，从而正视"解释循环"的不可避免性，并且在语境化的历史链条中，将社会语境、历史语境、文本语境及特定瞬间的语境统一起来，构成科学实在论辩护的整体合理性。②

五、科学实在论的走向与语境原则

当代科学实在论进步的最基本的前提之一是必须走出形而上学的"贫困"，重新评价形而上学的意义，自觉地开拓认识论与方法论领域的新局面；前提之二是既超越经典实在论的信仰，又超越建构经验主义者的"经验适当性原则"。这是因为，根据规律和理论的真理性来定义科学实在论，将会使实在论处于无法防御的地位。③ 反思科学实在论与反实在论之争的历史，这一教训是深刻的。科学实在论的理论决不能确立在单纯对科学理论及其规律的真理性的信仰上，而只能确立在坚实的科学分析方法或论证方法的有效性和合理性上。在这一点上，反实在论者与非实在论者常常显得比较灵活和聪明。另一方面，"经验适当性原则"是反实在论的立足点之一，科学实在论者为了辩护自己的实在论立场，必须对"经验适当性原则"做出恰当的解读。因此，打破现有科学实在论研究的方法论体系，从更开放的视角自觉地引入修辞学、语言学、心理学、社会学等各个领域

---

① Mario Biagioli, From Relativism to Contingentism, In：P. Galison and D. Stamp, *The Disunity of Science* (Stanford University Press, 1996), pp. 189 – 190.

② Simon Schaffer, Contextualizing the Canon, In：P. Galison and D. Stamp, *The Disunity of Science* (Stanford University Press, 1996), P. 209.

③ Anthony Derksen, *The Scientific Realism of Rom Harré* (Tilbury University Press, 1994), P. 5.

当代科学哲学的发展趋势

的研究方法，并将它们有机地融合起来，是当前科学实在论的基本走向。

科学实在论的这一方法论走向的具体表现形态，就是将与科学研究相关的所有因素语境化，从而使一切理解都变成一个过程，并在过程中逐渐地消除偏见，使本质的、内在的东西显露出来。在语境的理解中，超越需要在相互的竞争理论之间做出选择问题，超越是对一个科学陈述的经验证实或经验证伪的问题。因为在语境中，一个科学理论或范式的结束不是由于其他理论或范式的直接取而代之，而是由于其自身不再适应科学生态的环境了。这样一来，科学实在论面临的难题便在科学体系和科学的社会建制的语境中被求解了。而这种语境化，也正是某种科学理性要求的局域化或具体化。科学实在论的未来走向的这种理性重建，在科学理论进步的说明中构筑了一个可供所有研究方向不必要再向历史还原、不必要再向更深层本体还原、不必再向其他概念还原，也不必再向其他可选择的理论模型或范式还原的语境基础。从而在形式分析方法与历史分析方法之间构建了由此及彼的桥梁：逻辑的和定量的方法不但没有被局限在完备科学系统的"共时"研究，而且还被用于科学变化的"历时"研究中去。

科学实在论的未来走向的这种方法论选择，突出了重建"语境原则"的方法论地位与优势。"语境原则"首先由弗雷格提出，他试图用"语境原则"将康德关于数的知识问题转变为语言学的问题来理解。"语境原则"的一个本质之点就是，强调了在语境分析的基础上理解科学。在这一点上，作为反实在论者的范·弗拉森对科学实在论的语用走向给出了极大的启迪。他把科学说明理解成是理论、事实和语境三者之间的关联。他认为，说明就是对问题的解答，因而一个问题（Q）只有在具有论题（P_k）的情况下才能被理解。同时，与对照集（X）相关时也可以被理解，在这里，$X = \{P_1，P_2，\cdots，P_k，\cdots\}$。这也可以被看做具有某些相关条件（$R$）。所以，问"$P_k$是为了什么？"可以理解为是问"为什么是$P_k$，而不是其他可选择的论题呢？"也就是说，是$P_k$，而不是$X$中的其他$P_i$成员，在这里，$i \neq k$。而且，相关条件（$R$）支配了满意回答的适当条件。

可见，假设一个问题的论题是真的，并且不存在某些可选择的对照集是真的，这也假定了至少存在一个真命题（A），它与论题和对照集具有相关关系。论题、对照集和相关关系共同构成了已被接受的背景理论和事实信息的相关体，也就形成了一个问题的特定语境（C）。在一个语境（C）中提出问题，只有在如下条件中才是可能的：其一，C并不隐含所有的命题A是假的；其二，C隐含了P_k是真的；其三，C隐含了许多P_i是假的，这里，$i \neq k$。倘若在一个语境C中提出问题，直接的回答就是适当的。在这里，B是对问题$Q = <P_k，X，R>$的直接回答，如果存在某些命题A，诸如A具有对$<P_k，X>$的相关关系R，如果（P_k；并且$i \neq k$，而不是P_i；且A）是真的，那么，在这里，$X = \{P_1，P_2，\cdots，$

P_k, …}，B 是一个真命题。[1]

这些分析表明了语境所具有的结构性的关联关系，这些关系包含着语用的和非语用的多重关联，对问题的求解具有非常重要的语境原则性。事实上，范·弗拉森很明确地指出过，"一个问题能否被真正地提出，依赖于 C 是否隐含了核心的命题。"[2] 而 C 就是一个具有相关原则的共同语境，也只有在 C 中进行提问和回答才能现实地进行操作。实际上，他提出了一种"综合语境"（comprehensive context）的概念，并且这种语境的原则可以进行如图 5-4 所示的关联性分析。[3]

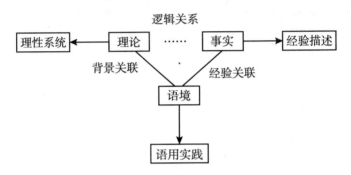

图 5-4 语境原则关联性分析

不言而喻，语境原则的确立本然地要求对科学问题的分析、论证、判断和解答要联系特定的语境（特定的问题域）来进行。在这里，特定时空中构成的对科学问题的解答语境，只能被有意义地超越，而决不能被无意义地抛弃。因此，正是在语境分析方法的扩张和语境原则渗透的基础上，科学实在论者应该敞开批判性的借鉴与吸收反实在论者的论证策略的胸怀，使他们既有可能在方法论共享的平台上走向某种有条件的融合，同时，也有可能推动科学实在论自身的进步与发展。

六、结语：方法论的重建

总之，语境意义的包容性、语境存在的本体性以及语境运动的结构性，为科学实在论的语境重建提供了方法论基点。同时，这种语境重建既是科学实在论历史发展的必然选择，也是科学实在论走出经典实在论的强本体论限制，从而朝着新的认识论与方法论的前沿探索。科学实在论者只有自觉地运用语境分析法，来

① Martriu Bunzi, *The Context of Explanation* (Boston: Kluwer Academic Pulishers, 1993), P. 13.

② Bas C. Fraassen, *The Scientific Image* (Oxford University Press, 1980), P. 145.

③ 郭贵春：《科学实在论的方法论辩护》，科学出版社 2004 年版，第 42~46 页。

重新阐述科学实在论所面临的难题，才能有理由地摆脱各种形式的反实在论者与非实在论者的责难，才能系统地对科学目的、科学方法、科学手段、科学论述、科学争论以及科学理论与概念做出可接受的实在论的解释。在这里，人们把这种基于科学实践活动的历史与社会语境的发展，运用语境分析法所论证的科学实在论，称之为"语境实在论"。问题在于，如果把语境实在论作为科学实在论的当代发展类型，那么，这种实在论的思维方式与现有的科学实在论的思维方式有哪些本质的区别？或者说，语境实在论的基本研究纲领是什么呢？为了对这个重要的核心问题做出解答，下一章有必要先对一些相关的基本概念做出区分，并在这种区分的基础上重建方法论原则。

动构成了科学理论的三个清晰的目标。①

  首先，在拥有公式或算法规则的意义上，理论具有的再现观察数据的能力，说明了理论的"经验适当性"。例如，在物理学理论发展的早期阶段所提出的一些现象学的或半经验的计算公式。这些公式只是表达了某些物理量之间的一种关系和人们能够使用实验结果的一些规则。因为这些关系或规则只是在理论计算与实验数据之间提供了一个必要的连接，缺乏从更深的基础上把它们演绎出来。因此，这些公式或算法规则很容易出现问题，是不可靠的，它们还只是对实验结果的一种经验描述，通常也被称之为经验公式。这些经验公式仅仅是科学家在系统的理论提出之前对他们所观察到经验现象的一种规律性描述。

  其次，"形式说明"是由一组方程和应用规则构成的成功的形式体系。它相当于科学哲学家讨论的演绎—规律模型或覆盖率模型中的"科学说明"一词。"形式说明"的目的在于借助于共同的数学模型来解答表面上各不相关的实验现象，运用一种蕴涵式的方式给不同的物理现象赋予"为什么"会如此的阐述，其陈述形式一般是"如果……，那么……"，或者是，"因为……，所以……"。在基本的意义上，"科学说明"的出发点是建立在科学理论的基本假设之上的。如果科学理论的基本假设所蕴涵的固有意义是明显可理解的，或者说，是不会引起更多歧义的。那么，对它的理解本身就隐含了一种一致性的解释；如果科学共同体对科学理论的基本假设的理解是不一致的，那么，他们就需要进一步对这些基本假设进行"解释"。因此，科学理论的说明不能得出人们对理论基本假设和数学模型的一种"理解"。说明与理解之间的不同，强调了在科学研究中可能存在着经过更一般的框架推论出一致性的基本要求。或者说，一致性是能够形成"理解"的一个重要方面，是有可能形成解释的逻辑起点。

  科学共同体对理论的一致性的追求，主要体现在两个方面：其一是对理论的基本假设的反思；其二是对基本假设所建构的世界模型的理解。只有当他们一致性地理解了能够把握现象之间的关联和特征的形式体系时，才有可能形成对理论的一致性"解释"。毫无疑问，在科学理论的理解中，最容易得到肯定性辩护的理解是科学实在论意义上的理解。因此，基于理解意义上的"科学解释"，显然包括了实用的因素和语境因素（contextual factors）。"科学解释"的语境依赖性特征已经超出了纯粹的认识论范围，打上了历史的、心理的、技术的甚至是社会的烙印。

  在这里的科学解释概念与解释学家所运用的对文本的解释概念具有同样的意

---

① James T. Cushing, *Quantum Mechanics*: *Historical Contingency and the Copenhagen Hegemony*（Chicago：The University of Chicago Press, 1994），pp. 10 – 11.

义。科学解释学正是借鉴解释学家的观点与方法对科学文本的解释学研究。这种研究至少可以反映出，在任何一种解释活动中，都必然存在着先存观念、先存知识和先存方法的引入问题。所以，在原则上，对任何一个科学理论的理解都包含一个以现象为基础的关于世界的本体论故事，这种理解就构成了一种"科学解释"。比如，爱因斯坦曾经把物理学理论区分为两种类型：一种是原理性理论（principle theory）。例如，狭义相对论；另一种是构造性理论（constructive theory）。例如，气体动力论或洛伦兹的电子论。爱因斯坦指出，在物理学中，人们能够区分出各种不同类型的理论。在这些理论中，大多数理论是构造性的。这些构造性理论试图从相对简单的形式框架出发，建立一种来自物理世界的较复杂现象的图像。当人们说，已经成功地理解了一组自然现象时，总是意味着，人们找到了能够覆盖被研究的物理过程的一个构造性理论。另外一个最重要理论是"原理性理论"。这些理论运用的是分析方法，而不是综合方法。构造性理论的优点是，它是完备的、适应性较强的和清晰的；原理性理论的优点是，它在逻辑上是完美的，在基础上是可靠的。

显然，在爱因斯坦看来，只有原理性的理论才是真正成熟的理论。但是，从根本意义上看，不管是原理性理论，还是构造性理论，都潜在地蕴涵着一系列形而上学的约定。这些约定是理论的出发点，它们存在于由表述理论的基本假设的元语言所蕴涵的意义当中，是隐藏在基本假设的表象意义之后，在语言、符号的创造与运用中所设定的观点与目标，它们是对理论在理解上的一种内在说明，是理论说明的逻辑起点。因此，接受一种物理学理论，事实上，也就等于承认了这种理论体系所预设的各种说明前提，并且，这些约定不可能在蕴涵它的理论体系中，对它们做出"为什么"的元理论的再解释。如果这些约定不与常识观念相冲突，那么，就不需要对此做出进一步的解释；如果这些约定与已经被认可的常识观念相差甚远，那么，就需要在理解的基础上，对它们进行解释。所以，在这个意义上，"科学说明"与"科学解释"是两个不完全相同的概念，下面运用物理学中的两个具体事例来进一步阐述这种观点。

在经典物理学中，一个典型的事例是对开普勒的第一定律和第二定律的解释。开普勒定律是在分析经验数据的基础上总结出来的。用这两个公式来描述观察数据时，具有经验上的适当性。但是，这个层次上，人们并不知道开普勒为什么会得到这种特殊的关系式。后来，牛顿第二运动定律和万有引力定律提出之后，开普勒定律成为牛顿定律的一个直接推论。然而，牛顿定律和万有引力定律对开普勒定律的说明，并没有对为什么行星会沿着椭圆轨道运动的原因提供一种理解。于是，有些物理学家试图运用超距作用的概念为行星的运动提供因果性的说明，甚至牛顿希望用以太把超距作用归结为接触力。由于这种说明并不是一种

159

图像式的因果性说明，因此，关于引力如何传递的问题一直争论不休。直到爱因斯坦的广义相对论提出之后，物理学家才用时空弯曲的概念，为行星的运动提供了一种可理解的图像式的因果性说明。

在经典物理学中，另外一种有代表性的事例是，对热力学中的波义耳定律的解释。波义耳通过对理想气体的研究后，总结出在一定的温度条件下，气体的压强与体积成反比的结论。即 $PV = $ 常数。在这个层次上，这个公式是基于经验数据得到的一个现象学的规律。后来，人们能够从统计力学的形式体系中推论出与此类似的更加具体的公式。但是，这种演绎式的说明，没有为人们提供为什么会出现这个结果的物理机制的理解。直到气体动力学理论提出和确立之后，这种图像式的因果性说明才成为可能，并且提供了对热现象的一种类型的理解。

这两个具体事例说明，在传统物理学的研究方式中，物理学家并不满足于原理性的说明，总是习惯于为理解实验现象，揭示实验现象之间的关联，坚持不懈地寻找着图像式的因果性说明模型。问题是，物理学家的这种努力，在微观领域内，遇到了至今难以克服的困难。例如，在玻姆（D. Bohm）对 EPR 关联的重新表述（习惯上称为 EPRB 关联）方式中，虽然现有的量子力学的形式体系能够给予说明。但是，这种说明没有提供出，为什么当测量得到一个粒子是自旋向上时，另一个粒子肯定会处于自旋向下的状态的机理性理解。这种理解正是目前寻找量子测量解释所要解决的一个核心问题。理解量子现象的多元性，直接导致了关于量子测量解释的多元性。到目前为止，物理学家还不能够在许多并存的解释中，确定哪一种解释是合理的。这也许正是量子测量解释成为物理学家和科学哲学家长期以来共同感兴趣的一项内容的重要原因所在。

为了简单明了，上面的分析可用表 6 - 1 的形式呈现出来：

表 6 - 1 科学说明与科学解释

经验的适当性	说明	解释
开普勒第一定律和第二定律	牛顿第二运动定律和万有引力定律	"以太"的解释；广义相对论的解释
波义耳定律	统计力学的形式体系	气体动力论
EPRB 关联	量子力学的形式体系	哥本哈根解释；多世界解释；玻姆的本体论解释

这表明，在科学理论的形成过程中，科学共同体所追求的最高目标始终是，希望能够对实验现象给出因果性的一致性理解。从这个意义上看，把"科学说明"等同于"科学解释"，实际上，混淆了理论的形式与对理论的解释之间的联系与区别。因为"科学说明"总是从已有的某些基本原理或规律出发进行的研

究，而"科学解释"却是对用来说明现象的这些基本原理或规律的进一步理解。从特定的基本原理或规律出发，对特定的现象总会给出同样的说明，但是，对特定的原理或规律却可以有不同的理解，从而形成不同的解释。因此，"科学解释"是一个依赖于语境的概念。理论的抽象化程度越高，理解与解释的语境依赖性就越强、越复杂，甚至越多元。①

二、科学解释语境的构成

历史地看，科学解释问题是随着科学理论的模型化、数学化和符号化程度的显著提高而产生的。因为当代科学理论体系的建构主要是在符号约定—符号投射—符号运演—符号反演的过程中得以实现的。这样，如何对抽象的理论模型和概念符号给予恰当的理性诠释，以便在科学理论的表征、交流、传播与应用等过程中占有越来越突出的地位。科学家在进行科学解释的过程中，对科学理论与科学概念的语义、语用和语形的理解是一项依赖于理解语境的工作，根据前面关于语境概念的理解，这种语境可划分为与符号语言活动直接相关的显现语境，以及与对科学解释活动产生间接影响的潜在语境。

在这里，显现语境主要是指由特定科学理论中的基本公设（包括本体论与认识论预设）、定理、推论、数学程式和符号间的关系等因素所构成的语言空间和逻辑空间；潜在语境主要指由主观语境因素和客观语境因素构成的心理空间与背景空间。虽然各类语境因素在时间上是变化不定的，在空间上是无限发展的。但是，通常情况下，主观语境因素主要是指由研究者的目的、兴趣、先存观念与先存方法、学识水平、研究方式、手段及研究技能、预见能力、直觉、悟性与灵感等因素构成的内在素质；客观语境因素主要可分为实验语境和社会语境，实验语境主要由实验设计、研究对象、测量过程、实验观察技术等因素组成；社会语境主要由特定的历史、经济、文化、科学、技术及其它们之间的相互关系所构成。客观语境因素通常隐藏在主体的理解活动中，并通过主体的解释行为表现出来。潜在语境虽然不是直接的语言符号本身，但是，它和显现语境一样，在确定语言符号形式的价值和解释概念的意义时起着非常重要的作用，科学解释语境的基本结构与其分类密切相关，或者说，不同的语境分类维度将会带来不同的语境结构。从讨论问题的视角来看，科学解释语境的宏观结构如图 6-1 所示。

① 成素梅：《在宏观与微观之间：量子测量的解释语境与实在论》，中山大学出版社 2006 年版，第 24~34 页。

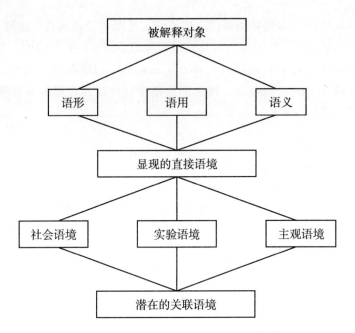

图 6 - 1　科学解释语境的宏观结构

科学解释语境的上述宏观结构说明，被解释对象的意义选择与显现的直接语境和潜在的关联语境之间的相互作用是双向的。一方面，潜在语境通过显现语境的表征，将社会语境、实验语境和主观语境的影响内化到被解释对象的意义之中；另一方面，被解释对象通过特定的语形、语用和语义的确定，将显现语境的内在规定性传递到潜在语境的整体设置当中，从而使解释语境具有动态性和一致性。

在一定的社会语境条件下，对科学解释语境的微观结构的大致总结如图6 - 2所示。

在科学解释语境的这种微观结构中，主观语境通过解释视角的确定，将与主体相关的信息内化到被解释对象的意义之中；显现语境通过与现象相符合的模型，把与解释相关的信息表征出来，对被解释对象意义的确定发生直接的决定性作用；实验语境通过得到证据支持的实验现象，把与实验相关的信息抽象出来，确定与调整被解释对象的意义；模型是对现象的某种表征；现象通过观察与实验表现为某些数据，模型通过推理与计算得出某种预言，数据与预言之间的一致性将会作为证据，一方面，确证模型与现象之间的符合关系；另一方面，支持被解释对象的意义选择。①

---

① James Grisemer：Development, Culture and the Units of Inheritance. In *Philosophy of Science*, Supplement to Vol. 67（2000），No. 3.

当代科学哲学的发展趋势

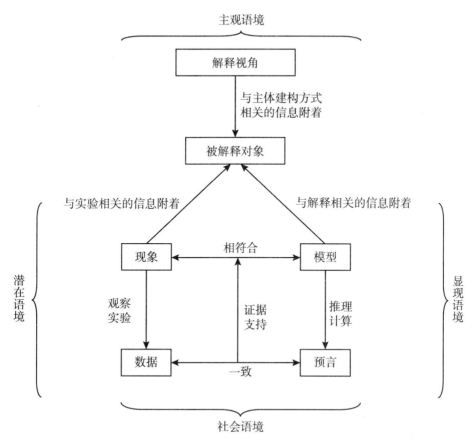

图 6 - 2　科学解释语境的微观结构

　　科学解释语境的宏观结构表明，显现语境设定了被解释对象的释义空间和逻辑空间。显现语境越抽象，它的内在设定性就越远离经验，同样，潜在语境的作用就会越突出，或者说，潜在语境对理论、概念与符号的意义所起的决定作用，同显现语境的抽象化程度成正比。显现语境与潜在语境之间的相互作用越复杂，理解科学理论或概念意义所依赖的语境基地就越丰富，解释的视角就越多样，科学与哲学之间的相互影响也就越深刻。

　　科学解释语境的微观结构表明，被解释对象的意义选择是由一定社会语境条件下的主观语境、显现语境和实验语境共同决定的。观察与实验越复杂，理论模型越抽象，被解释对象意义的选择就越难以确定，从而对主观语境和实验语境的依赖性程度就越高，实验数据与理论预言之间的关系也就会变得越来越重要。为了更深入地理解科学解释语境对确定被解释对象意义的决定性作用，下面对科学解释语境的功能做出进一步的讨论。

三、科学解释语境的功能

科学解释语境的宏观结构与微观结构揭示了科学解释活动的运行机制。在科学研究活动中，一旦特定的科学解释语境形成之后，便自然而然地决定了它所负载的一系列基本功能，这些功能不仅说明了科学解释的相对自主性与动态的运动性，而且表明了科学解释语境的复杂性与不确定性。具体来讲，这些功能主要表现为下列六个方面：

（1）制约功能。任何科学解释语境一旦被作为一种特定的研究"范式"、"研究纲领"或理论"文本"得到科学共同体的认可与接受，就必然会对科学概念与符号的提出、理解与应用有所影响与作用。其一，在研究范围上，表现为整体制约与部分制约。整体制约是指，特定的解释语境所预设的本体论、认识论、价值论和方法论前提，对科学家的研究视野的制约，容易使他们形成思维定势；部分制约是指，这些前提对科学语言与符号的活动范围的制约；其二，在研究方式上，表现为技术制约和经验制约，即在一定的历史条件下，不仅科学研究的深度与科学技术的发展水平成正比，而且科学共同体的洞察力与其特有的经验积累成正比；其三，在研究内容上，表现为社会环境的制约与理论背景和实验语境的制约。社会环境制约是指，任何一种形式的科学研究活动的开展都直接与社会资源的分配、政府政策的导向等密切相关。[①] 理论背景与实验语境的制约是指，在一定程度上，科学解释语境内在地决定了，研究者在实验中观察什么，在理论中所运用的概念与符号的意义是什么，什么是最需要解释的事实，而把那些暂时没有能力解决的问题"悬置"起来。

（2）解释功能。科学语境的解释功能主要在科学交流和科学预言活动中表现出来，是指一个特定的科学解释语境能使科学语言形式和科学的概念符号与某个特定的意义联系起来，并对理论、概念与符号的使用具有解释和说明的能力。语境解释包含三个层次：其一，语义阐释。指科学概念与符号在特定的语境中被赋予意义，或者说，概念与符号的指称条件的确定依赖于主体的认识论背景和理论背景，确定指称的方式不同，说明它所依赖的理论背景或认识论背景的内容也不同。[②] 例如，在经典物理学中，时间是可逆的；而在非平衡自组织理论中，时间具有了方向性。其二，语用预设。指解释语境能为理解科学概念与符号提供

---

① Donald E. Stokes：*Pasteur's Quadrant*：*Basic Science and technological Innovation*（Washington，D. C.：Brookings Institution Press，1997）.

② Howard Sankey：Translation Failure Between Theories. In *Studies in History of Philosophy Science*，Vol. 22（1991），No. 2，P. 226.

信息结构，帮助研究者辨认歧义，获得准确信息，以达到澄清使用科学概念的模糊性和歧义性的目的。其三，语形规定。指解释语境所体现的意义解读空间 S，是显现语境 T 处于一定的潜在语境 F 状态下的表现，三者之间的关系是：

$$S = F(T)$$

这个关系式表明，同一个显现语境或命题内容处于不同的潜在语境，将表现出不同的意义解读空间，但是，两者之间的内在关系一旦建立起来，就只能体现一个特定的解读空间。例如，将量子论的基本原理运用到化学研究中，形成了量子化学的解读空间；运用到生物学的研究中，将形成分子生物学的解读空间。

（3）滤补功能。科学解释语境的滤补功能主要在科学假设和科学推理活动中表现出来，是指语境能够为研究者筛滤多余的信息，补充欠缺的信息。一般来说，在信息交流与信息传播的过程中，信息多余容易造成理解的歧义现象，而信息欠缺又会使理解失真。研究者既可以借助语境筛滤不必要的多余信息，又可以凭借语境增补缺少的信息，以达到准确掌握信息的目的。例如，狭义相对论的语境滤掉了物理学家长期以来难以寻找到的"以太"假设，直接从相对性原理和光速不变原理出发，构建了理论的解释体系，表达了一个不同于经典物理学语境的时空结构；而经典电磁场方程组的创立者麦克斯韦（J. C. Maxwell）在试图用数学术语，把法拉第（M. Faraday）等人的实验概括为精确的定量理论的过程中，则大胆地依据"电磁以太力学模型"所提供的语境信息，增加了"位移电流"和"电磁扰动传播"的概念，并预言了电磁波的存在，从而完整地揭示并解释了经典电磁场的物质性和运动性。

（4）转化功能。科学解释语境的转化功能主要在科学发展和科学成果应用的活动中表现出来，是指科学概念与符号的意义和用法，会随着解释语境的变化而变化，即，同一个概念和符号所表达的意思和所适用的范围，在不同的解释语境中会有所不同。例如，在经典力学的语境中，质量和能量是两个互不相关的概念，质量是表示物体惯性大小的物理量，能量是对物质运动的一般量度，是表征物质系统对外作用力的能力大小的物理量；但是，在狭义相对论的语境中，质量与能量通过质能关系变成了两个相互关联的物理量，在一定条件下，不仅能量能够转化为质量，而且质量也能够转化为能量，从而使得惯性不再成为物质的一种基本性质和一种不可简约的量，而是成为能量的一种性质。物理学家正是利用这种质能关系成功地解释了原子核的"质量亏损"现象。

（5）生成功能。科学解释语境的生成功能主要在科学发现和科学评价活动中体现出来。其一，在科学发现的过程中，解释语境具有生成新的实验现象的功能。这是指研究者在为某种实验事实寻找解释的过程中，却意外地发现了另外一种新的实验现象，围绕这种新的实验现象，又生成了一系列值得进一步研究的新问题，以推动科学理论的不断发展。例如，19 世纪末的物理学家为了解释"阴极射线是什么"这一问题，带来了在物理学发展史上具有划时代意义的三大发现：X 射线、电子和放射线。其中，X 射线和电子的发现是寻找阴极射线解释的直接结果，放射线又是在进一步研究 X 射线的基础上发现的。这三大发现为原子物理学的诞生奠定了基础；其二，在科学评价和解释的过程中，解释语境具有生成概念与符号的新语义的功能。这是指同一个理论语境和客观语境因素会由于主观语境因素的差异，造成对同一概念与符号的语义理解的差异，说明不同的个体在对同一客观语境的理解会有所不同。例如，关于量子力学解释之间的争论就是如此。物理学家面对同样的数学形式体系，和同样的客观语境因素，却得出了不同的理解，从而赋予态函数以不同的解释。

（6）再语境化功能。科学解释语境的再语境化功能主要在科学表征和科学发明活动中表现出来，指在科学解释活动中产生的新语境是旧语境运动变化的结果。其一，表现为在"语境发现"（discovery of context）的基础上，给特定的科学表征增加新的表征内容，使原有的解释语境在运动的过程中，得到不断的改造与重建，从而使解释语境本身历史化与过程化。例如，在量子论的发展史上，检验贝尔不等式实验所得出的否定结果和玻姆—阿哈罗诺夫（Y. Aharonov）效应的实验证明，在量子论的表征形式中增加了非局域性表征的内容，为物理学家彻底抛弃定域隐变量解释，寻找更可靠的量子论解释提供了新的依据；其二，表现为在语境应用（application of context）的基础上，获得前所未有的科学发明，从而产生新的解释语境。例如，当把经典力学的解释语境应用于电磁场理论时，"以太"作为传递电磁波的特殊媒介，便成为理解电磁场理论的基础。然而，物理学家正是在寻找"以太"解释的过程中，通过发明新的研究方法和新的基本概念，创立了相对论的解释语境。①

科学解释语境的上述基本功能不是彼此分离的，而是内在相关的。不同的功能反映了与科学解释活动相关的不同侧面。因此，对科学进行实在论解释时，有必要引入语境分析的方法。

四、语境分析的方法论意义

语境分析（contextual analysis）是语境论最核心的研究方法。从康德开始，经由边沁、维特根斯坦到奎因和戴维森，语境论越来越明晰地表明，任何一个语境要素的独立存在都是无意义的；任何要素都只有在与其他要素关联存在的具体

---

① A. Einstein：How can I created the theory of relativity. *Physics Today* (1982)，No. 8，P. 45.

的或历史的语境中，才是富有生命力的。所以，一种科学解释只有在整个科学理解的语境中，才能会成为可交流的解释。语境论一方面为语境概念规定了它在复杂系统或复杂结构中的适当性；另一方面，它又确定了语境化的系统是发生在整个历史的因果链条或事件关联之中的。因此，语境论给出了语境分析得以进行的纵横交错的丰富视角与层面。

语境分析方法的展开是非常具体的。首先，语境分析在狭义上是语形分析、语义分析和语用分析的有机融合，它依赖这种综合的分析能力给出特定理论的语言符号形式是如何、为什么以及何时形成的，并从历史和现实、学派和风格、交流的内容和目的、对话的主体与客体的统一上表明理论形成的关联与意义。其次，通过对特定科学理论体系的确认，明确给出语境难题，对其假设的历史渊源、语义演变及求解逻辑进行分析，使语境分析能够有意义地阐释建立在洞察基础上的科学陈述。第三，由于语境分析突出了确定表征形式体系的结构性，并使这种结构性超越了形式本身的静态约束，而显示了创造性研究方法的动态的启迪性，反过来，强化了创造性形式的有效性和合法性，使其能够成为可选择的模板。第四，语境分析能够阐明理论范式的特点及其与其他范式之间的区别和各种背景差异，使范式的阶段性与连续性、个体性与普遍性、解构性与重构性的意义在语境的基础上获得统一。第五，语境分析不是单纯孤立存在着的，它与科学的修辞分析、科学的心理意向分析以及科学的行为分析是统一的。所以，语境分析绝对不是解构，而是对科学文本的情景重构或再语境化。因此，语境分析概念是广博的、丰富的。

语境分析方法通过对自身语境的对象性、结构性、参照性等条件的分析批判，达到了超越自身而引向自身的批判的批判，从而使主体在建构与批判的循环中反观与反证了语境存在的意义。应该特别注意的是，语境分析的这种方法论意义表明，其一，一切都在语境之内。在语境的动态运动中，人们只需要信念与欲望之间的证明关系与可能世界之间的因果关系，而不需要"准确表征"和"对应符合"的观念。这样，语境化的过程把客体消解成功能，把本质转换为瞬间关注点，把认识当作信念与欲望的成功编织，从而把"表征"彻底地解构了。由此，在语境分析中，传统的物质与精神的对立消失了。其二，所有的语境都是平等的。语境分析的基本特点之一是强调平等对话的权利，并把一切与论证相关的证据语境化，确立语境论的"真理观"。这种真理观把真理看成有条件的，一旦条件改变，真理性就会消失。其三，语境分析有助于主体研究的视界升华。这是因为，语境分析不是静止的、机械的，而是主体在语境事实的激发与背景趋向统一的作用中，达到一个新境域的过程。

另外，从上述所讨论的科学解释语境的宏观与微观结构来看，任何一个理论模型与实验模型都给出了特定的 "语境假设"（contextual assumption）。这种假设的条件、结构及其目标是在现有语境中构造的结果。它既存在着强烈的理论背景，又蕴涵着明确的心理意向。所以，科学解释的语境化不仅强调了公理化形式体系的完备性，以及经验证实的相关性，强调了科学概念与术语的约定性及其范式说明的可接受性，而且强调了科学解释的劝导性、境遇性及发明性。因而从语境分析的视角来审视与评价科学，实际上是与对科学研究方法的展开、运用与选择的语境性相一致的。或者说，这也是科学研究方法具体语境化的自然趋向。①毫无疑问，科学解释语境的构成为语境分析方法的具体应用与展开，提供了平台。

五、语境分析法的基本原则

科学解释语境的基本结构与语境分析的方法论意义已经表明，任何一种观念的形成，一个概念的提出，一种理论的产生，都不可能突然地出现或孤立地存在，而总是以一定的时间、场合、目的或方式等为其条件，存在于包括研究者在内的多重复杂要素的相互关联体中。如果忽略了这些现实环境，就根本无法理解概念、观念或理论的具体含义。与传统的归纳—推理和假设—演绎方法相比，以多层次、多视角理解概念、观念和理论的内在意义和言外之意为目的的语境分析法，具有其独特的方法论优势。这些优势通过运用语境分析法应该坚持的基本原则表现出来，而这些原则又是由科学解释语境的功能所决定的。语境分析法的基本原则主要表现为：

（1）整体性原则。科学解释语境的制约功能体现了科学解释活动的整体性特征，表明解释语境中的每一个基本因素都不可能彼此孤立地存在着，而是语境整体中的一个有机组成部分，并且本质地携带着语境的系统性与目的性。历史地看，虽然语境中每一个基本因素的演化与发展都有各自的轨迹，但是，它们之间内在地存在着的相互关联决定了，只要一个语境因素发生原则性的改变，都有可能导致其他语境因素发生根本性的变化，从而在深层次上产生新的解释语境。所以，在运用语境分析法研究问题时，必须立足于整体性原则，才有可能真正将语义的整体性与条件性、语用的历史性与关联性和语形的逻辑性与一致性统一起来。

（2）层次性原则。科学解释语境的解释功能体现了科学解释活动的层次性和多元性特征，表明在一定的潜在语境的条件下，解释语境中的语形规定、语用

---

① 郭贵春：《语境分析的方法论意义》，载《山西大学学报》2000 年第 3 期。

预设和语义阐释之间存在着递进型的互反馈关系，特定的显现语境决定了特定的语形规则，特定的语形规则预示着特定的语用范围，而特定的语用范围将会体现出特定的语义阐释或特定的指称条件。反过来，在某种程度上，语义阐释的变化有可能增减或调整已有的语用预设，语用预设的变化有可能扩充或修正已有的语形规则，语形规则的变化则有可能更替或扩展已有的显现语境。可见，语形、语用与语义之间的这种相互决定、彼此影响的运动变化过程，揭示了不同理论语境之间存在着的相互关联与差异，显示了科学理论发展的层次性和相对性，如图6-3所示。

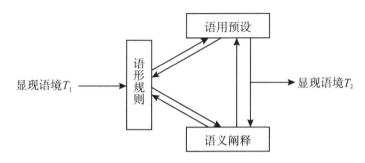

图6-3　语形、语用和语义之间的互动过程

显现语境运动的上述图式尽管只是一种理想化的形式，但是，从科学内史发展的视角来看，它构成了理论语境转换的关键部分，并且所有其他因素对理论语境的直接或间接影响，都必须借助于上述关系体现出来。所以，只有多层次、多视角地全面分析问题，才能够在不同解释之间建立起真正的对话平台，出现视界融合的可能。

（3）自主性原则。科学解释语境的滤补功能体现了科学解释活动的自主性特征。在科学研究的过程中，不管科学假设怎样提出和科学推理怎样进行，都更多地依赖于研究视角的选择，更多地受潜在语境的影响，只要它一旦被科学共同体所确认，便显示出一定程度的自主性，显示出新旧显现语境之间的差异性。这种自主性一方面有助于解答旧的科学难题，解决已有的科学困惑，另一方面，又有助于提出新的科学预言，设计新的实验操作，形成新的思维观念，产生新的测量程序，得到新的测量数据，从而在更深的层次上解读世界的本质，推动科学的发展；差异性则体现了理论真理所蕴涵的语境特征，体现了被解释对象意义的语境依赖性。历史地看，自主性的体现以差异性的存在为条件。这种互为前提的存在关系说明，科学假设与科学推理的自主性不是无差异的统一，而是有条件的一致，从而赋予自主性以相对性的特征。所以，在运用语境分析法分析科学解释问题时，应该在语境的基础上，把本文的自主性确立为具体的认识起点。换言之，只有遵从自主性原则，才能在理解本文的基础上达到合理解释意义的目的。

（4）相对性原则。科学解释语境具有的转化功能体现了科学解释活动的相对性特征。在传统的科学研究中，解释概念与符号意义所运用的方法，主要是追溯其本源，根据是否真实，在逻辑上是否一致去解释其能否成立，并将意义问题和命名事物的性质联系起来，或者和陈述的真实性和确切性联系起来，使概念与符号借助于思想活动，再现被研究对象的内在本质。但是，随着科学研究的抽象化程度的不断提高，这种本质主义的理想研究方法，越来越失去其普遍存在的基础。在当代科学研究中，过去能够作为判定意义标准的对象性存在，如今必须依靠仪器的制备才能呈现出来，从而不仅使对象的呈现成为一种依赖于中介的存在物，[①] 而且解释证据的获得也成为依赖于测量语境的产物，即，支持理论的证据来自具有稳定性、可重复性的效应、过程或现象，支持现象的证据又来自数据的获得，数据则是对测量和实验结果的公共记录，是依赖于语境的。[②] 然而，中介和测量语境的选择总不可避免地携带着主体的设计理念，这样，对表征制备对象特性的理论、概念和符号意义的解释，就只能是相对于实验语境和测量语境的一种解释。这种意义解释的相对性表明，在运用语境分析法分析问题时，还需要坚持相对性原则。

（5）动态性原则。科学解释语境的生成功能体现了科学解释活动的动态性特征。在科学发现与科学评价的过程中，观察渗透理论、证据对理论的不充分决定性（underdetermination）等观点的阐述，足以表明，科学发现和科学证明的过程是有价值负载的（value-laden）。[③] 这种价值负载把解释活动置于意义不断生成的过程之中，从而使意义解释具有了灵活性、多元性和无限性的动态性特征，成为永远都在进行之中的一项活动，而不再是通过一次性认识就可以完成的活动。在科学研究活动中，意义解释的这种动态性特征又使过去所追求的独白式的我——它研究模式（即科学是对自然界的纯粹客观的描述，人与自然的关系是一种透视性关系），逐渐地转变为对话式的我—你研究模式（即科学是人与自然对话的产物，人与自然的关系是一种相遇性关系），从而使科学解释活动中的主体间性，建立在了交流理性、实践理性和价值理性的基础上，使意义解释过程变成了不断地建构与解构或生成与消解的过程。所以，只有坚持动态性原则，才能在不断生成与不断变化的解释语境中，使意义图景变得清晰起来。

（6）开放性原则。科学解释语境的再语境化功能体现了科学解释活动的开

---

① 成素梅：《论科学实在：从物理学的发展看自在实在向科学实在的转化》，新华出版社1998年版。

② Jim Woodward：Data, Phenomena and Reliability. In *Philosophy of Science*, Supplement to Vol. 67（2000），No. 3，P. 163.

③ Noretta Koertge：Science, Values and the Value of Science. *Philosophy of Science*, Supplement to Vol. 67（2000），No. 3，P. 45.

放性特征。在科学表征和科学发明的过程中，其一，科学表征范围的日益扩展，逐渐打破了传统的学科界限，出现了学科间的不断交叉、融合和概念与方法的相互移植、渗透，创造了新的学科生长点和融合不同科学解释视界的对象域；其二，科学表征内容的日益抽象和科学发明形式的不断丰富，在概念与符号的指称活动中，逐渐消解了过去只追求绝对真理的僵化思维模式，凸现出了真理的历史性、过程性和语境依赖性，从而把科学解释活动扩张到，不断地需要进行意义重建和意义再解的各个层面。科学解释活动中的这种永无止境的开放性特点，要求人们在运用语境分析法分析科学解释问题时，坚持开放性原则。

为了便于直观上的理解，科学解释语境的功能与语境分析法的基本原则之间的这种内在关系如表 6 – 2 所示：

表 6 – 2　　科学解释语境的功能与语境分析法的基本原则之间的内在关系

科学解释语境的功能	语境分析法的基本原则
制约功能	整体性原则
说明功能	层次性原则
滤补功能	自主性原则
转化功能	相对性原则
生成功能	动态性原则
再语境化功能	开放性原则

运用语境分析法所坚持的这些原则说明，在科学解释活动中，只有立足于语境的视角，才有可能透视不同层次的物理操作与思维操作之间隐藏的一致性，才能揭示出在共同的客观语境与显现语境的情况下，为什么存在着由于主观语境因素的差异会带来意义的歧义性等现象，才能避免传统的主客观二分法所带来的一系列不足，使解释活动呈现出立体的和动态的网状图景，才能真正找到不同解释之间可能出现融合的现实界面，消解僵化而片面的观念纷争，从而达到合理地理解理论与经验现象之间的内在联系的目的。[①]

六、结语：实在观的重建

综上所述，对科学语境概念的意义的辨析，对科学解释语境的构成与功能以及语境分析的方法论意义与基本原则的阐述，为我们进一步讨论语境实在论提供了概念前提与方法论前提。但是，有必要指出，语境分析方法不是万能的、完美

[①]　成素梅、郭贵春：《科学解释语境与语境分析法》，载《自然辩证法通讯》2002 年第 2 期。

的，更不是凌驾于其他方法之上的，它不能离开其他方法而孤立地发挥作用。只有在与其他方法的相互渗透与互补中，才能获得恰当的地位。同时，科学解释语境也不是固定不变的，而是不断发展的，正是它的发展构成科学的进步与繁荣。科学解释语境中内含的主观语境成分，不仅有利于揭示研究主体在解释过程中自觉地或不自觉地蕴涵的各种意向选择，有利于科学家之间在相互承认差异性的前提下，达成有差异的共识，而且它表明，科学解释的存在性与多元性是与科学研究的抽象性与复杂性程度成正比的，因此，对语境实在论的阐述不仅离不开对在科学史上有典型意义的科学说明案例的研究，而且是建立在从当代科学理论特别是量子理论中抽象出来的微观实在观的基础之上的。这样，实在观的重建成为科学实在论辩护的一个重要基础。

第七章

语境论的实在观

语境论的实在观是阐述语境实在论基本纲领的重要前提之一。与经典实在观是建立在以经典物理学的理论体系为核心的经典科学的基础上一样，语境论的实在观理应是建立在以量子力学的理论体系为核心的当代科学的基础之上。这是因为，量子力学虽然不是终极理论，更不是绝对正确的理论，而是有条件的和在一定范围内相对正确的理论，但是，在人们还没有找到它的适用边界之前，它不仅提供了迄今为止描述微观现象的最成功的语言符号与算法规则，而且以它为基础正在孕育着一场新的更深刻的技术革命，它所呈现出的新的方法论与新的认识论思想，彻底地改变了过去的观念，使人们对客观物理世界有了更本真的认识与说明，并且在新兴起的非线性理论中得到了加强。本章主要基于量子力学的一些基本实验，通过对量子力学提供的统计因果性观念、测量现象的非定域性或语境依赖性思想的阐述，通过对经典概率与量子概率的比较，确立语境论的实在观的基本前提，从而达到重建新的实在观的目的。

一、统计因果性

在量子力学的发展史上，量子论的产生不是物理学家凭空想象的产物，而是在宏观经典观念与微观实验事实的不断冲突中，在宏观思维方式与微观理论建构的多重矛盾中，在新老物理学家的新旧观念的争执与交融中成长起来的。量子世界呈现出经典世界所不具有的新特征，这已是不争的事实。1926 年，玻恩在《量子力学中的绝热原理》一文中指出，波动力学的表述方式并不一定非用连续统来诠释，完全可以把它和量子跃迁的描述方式结合起来，这种结合的结果得出了对波函数的统计诠释：波函数的绝对值的平方表示在单位体积内发现粒子的可观察量取某一可能值的概率。这样，波函数可以表示为不同变量的函数。例如，或者是与波相联系的粒子的位置的函数，或者是与波相联系的粒子的动量的函数。波函数的表示形式取决于所测量的物理量的选择。玻恩的这一见解首次提供了如何把波函数向外扩展的性质与被测量的物理量的局域性质调和起来的一条思路。在这里，波函数表示的不是实际蔓延的粒子，而只是在确定的值域内，发现粒子的局域值的概率。

玻恩把波函数解释成是几率波的见解所带来的一个新问题是，能够简单地把波振幅的平方看成是人们通常所理解的经典概率吗？在经典物理学中，人们习惯性地认为，概率是人们掌握系统值的一种量度。概率之所以引入物理学的描述中，是由于人类认识能力的局限性所造成的。随着人类认识的局限性的解除，对系统的准确认识总是可能的。所以，概率只有在主体的认识局限性的范围内，才能找到它的意义，是一个二级变量。然而，在量子领域内的实验事实却证明，不可以把量子概率理解为是经典概率。例如，在双缝衍射实验中，如果波函数的平方只代表经典概率，而不代表世界中的物质波，那么，就不可能发生干涉现象。因为通常的经典概率彼此之间根本不可能产生干涉。为了便于理解，下面通过三个理想实验现象来说明，量子概率与经典概率是有区别的，前者包含了有比后者更多的信息，这些信息是由神秘的波函数的性质所带来的。这种性质所体现出的是一种统计因果性的思想。

（1）双缝衍射实验。在双缝实验的语境中，有一束光通过两个可以打开或关闭的狭缝，落在狭缝后面的屏幕上。如果打开其中的一个狭缝，关闭另一个狭缝，这时，人们获得光在屏幕上的分布集中在打开狭缝的区域内。如果两个狭缝同时打开，屏幕上的图样则不是分别单独打开任意一个狭缝时所得分布图样的总和，而是出现了著名的干涉图样。即使入射光的强度微弱到一次只有一个光子通过狭缝到达屏幕，干涉图样同样会出现。这表明，所获得的干涉图样不可能解释为是通常光子之间的因果相互作用的结果，似乎光是作为波通过两个狭缝，而作为局域的粒子被屏幕所吸收。如果在每一个狭缝后面放置一个检测器，来检测是否有光子通过该狭缝，这时，干涉图样消失了，屏幕上显示出的图样是两个缝单独打开时的图样的相加。当用不同的光源通过每一个狭缝时，也会得到同样的图样。在这里，人们看到，不仅传播着的光会对它的环境做出反映；而且单光子实验的实现已经说明，爱因斯坦把传播的光看成是粒子流的观点是值得商榷的。[①]

---

① 关洪、成素梅：《从光子概念看量子实在的新特征》，载《哲学研究》1993 年第 5 期。

（2）双路径实验或延迟选择实验。在这个实验语境中，让一束光分裂成两束，每一束沿着不同的路径传播，并且分裂开的两束光能够在某一点汇合在一起。这时，我们能够选择希望完成的实验类型。我们做过一个实验：在每一条路径的汇合处放置探测器，当且仅当沿着一条路径传播的光子被检测到后，探测器将会做出反应。如果这束光的强度是被平均分离的，实验记录的结果将与下列假设相一致：即，似乎分光器把一束粒子分成两半，其中，由一半粒子组成的光束只沿着路径 A 传播；由另一半粒子组成的光束只沿着路径 B 传播。但是，如果我们换一个实验，让两束光在一个新结合点处重新结合在一起，那么，利用探测器会检测到两束光之间产生的干涉图样。这些干涉效应所显现出的数据与下列假设相一致：似乎分光器实际上把一个波分裂成两个部分，其中，一个部分沿着路径 A 传播；另一个部分沿着路径 B 传播。由于这两束光彼此之间保持同相，所以，当它们相遇时，将会发生波的干涉现象。

惠勒（J. A. Wheeler）指出，应该注意的是，在这个实验中，当光束分裂并被送入各自的路径一段时间以后，才在最终的汇合处选择所要完成的实验。因此，也可称为"延迟实验"。如果试图通过实验结果和实验选择来确定，光的哪一种分裂形式——粒子性还是波动性——是对量子世界的真实描述，都不可能同时解释这两种效应。似乎在光束的分裂过程中，可以把量子客体看做既具有分裂成明显的粒子的性质，也具有分裂成相关联的波的性质。在这个实验中，好像实验者所做出的决定在某种意义上影响了过去的微观粒子将会怎样的行动。这显然是不可能的。这个实验事实说明，运用经典式的概念图像模式，即，要么用经典的波动图像，要么用经典的粒子图像，来理解微观粒子的存在形式都是不准确的。在测量之前，微观粒子具有不同于宏观粒子的存在形式。与宏观粒子不同，微观粒子的存在形式依赖于它的测量环境。下面的实验进一步强化了这种认识。

（3）斯忒恩—盖拉赫实验。在这个实验语境中，让一个电子束通过一个磁场，这个磁场在与电子的运动方向相垂直的那个方向是不均匀的，除此之外，其他所有方向的磁场都是均匀的。由于电子具有自旋的性质，所以，它将会在非均匀的磁场方向上偏离原来的运动轨道，或者向上偏离，或者向下偏离。如果选择一个方向作为电子上—下偏离的方向，并且在这个方向上的磁场是非均匀的。这时，电子束将会在磁场中分裂成向"上"的一束电子和向"下"的一束电子。现在，让这束电子从这种上—下机器中产生出来，并且吸收所有向下的电子。然后，把得到的这束"纯粹向上"的电子送到另一个机器中，这个机器在上—下机器的右面的磁场是非均匀的，称为左—右机器。人们发现，在左—右机器的输出端，有一半电子出自左面，另一半电子出自右面。如果人们挡住左—右机器的右面的电子束，把左面的电子束送到一个新的上—下机器里，结果，出自第二个上—下机器的电子是一半向上，另一半向下。如果挡住左—右机器的左面的电子，重复这个实验，会得到同样的结果。

但是，如果使出自左—右机器的左电子束与右电子束重新结合在一起，然后，让新结合起来的电子束通过第二个上—下机器。这时，从上—下机器出来的所有电子变成了都是向上的电子束。这说明，出自左—右机器的左电子束和右电子束是相互关联的，在某种程度上，"记得"原先输入的电子束具有全是向上的性质。当电子束重新结合时，它们相互"干涉"，产生的不是左电子束与右电子束的"混合"，而是所有的电子都是自旋向上的。然而，如果像在双缝实验中那样，在左电子束和右电子束的路径上放置探测器，探测每一个输出的电子是左电子还是右电子，然后，再让这些电子重新结合在一起，并让它们通过上—下机器。这时，从上—下机器出来的电子，将不再是全部向上的电子，而是有一半电子是向上的，有一半电子是向下的。这说明，试图测量从左—右机器输出的自旋，一定是向上的还是一定是向下的，将破坏两束电子的一致性，它们重新结合不会再产生出纯粹向上的电子束。

这个实验现象说明，电子的干涉效应既与电子的空间分布有关，更与它们具有的可观察的特征相关，即，与环境相关。左电子束与右电子束的叠加，不同于放置了探测器后，左电子束与右电子束的混合。处于相干叠加态的电子束包括了处于混合态的电子束所没有的信息。在这种情况下，从左—右机器输出的这些信息是由输入它的纯粹向上的电子束所决定的。[1] 或者说，处于叠加态的电子束保留了开始输入时电子所具有的某些基本特征。

可见，这些不同实验语境所表现出的干涉实验现象表明，描述微观粒子运动变化规律的波振幅的平方所代表的概率具有不同于通常概率的新特征，量子力学中的波函数是一个与经典概念根本背离的新概念。如果仍然简单而传统地把它解释成是通常的概率测量，显然，既不合理，也行不通。按照这种经典理解方式的一个推理结果是，如同经典统计力学中的概率是建立在牛顿力学的基础之上一样，物理学家也希望为波函数的统计性寻找一个隐变量的决定论基础。然而，到目前为止的实验已经证明，这种追求是徒劳的。与现有的实验事实不矛盾的隐变量理论，也只是非定域的或语境论的隐变量理论，而不是经典思维方式下的定域的隐变量理论。这说明，按照经典实在论的观点，把现有的量子力学体系理解成是不完备的观点难以成立。反过来，如果接受现有的量子力学描述，那么，也就等于接受了世界的统计因果性的本性。

在量子力学的形式体系中，虽然只是出现了概率，还没有像非平衡自组织理

---

① Lawrence Sklar, *Philosophy of Physics* (Oxford University Press, 1992), P. 169.

论那样,引进微观层次的基本的不可逆性。但是,可以肯定,在物理学家的研究从决定论的可逆过程转向不可逆的过程中,量子力学起到了承前启后的重要作用。这种思维方式上的变革说明,康德把严格的因果性原理看成是人类理解的先验假设的观点不是普遍有效的。在这个问题上,量子力学使物理学家敢于第一次大胆断言:人们拥有一个关于世界的新理论,这个理论承认,并不是每一件发生的事件都可能从它的过去态中找到其发生的充分理由。这种断言不是意味着人们没有能力找到事件发生的原因,而是意味着,根本就不存在它所必需的原因,它的发生完全是随机的。因此,当把现有的量子力学看成是正确的和普遍有效的情况下,必须从根本意义上重新思考过去关于世界的形而上学的图像。这种思考的结论是:与经典物理学描述的定域因果性的世界相反,在微观领域内的世界是统计因果性的。这是早在玻尔年代就得到的结论。这些结论也得到了非线性科学的支持。

二、非定域性与整体性

如果说,统计因果性观念的确立是与波函数的统计解释密切相关的,并且很早就得到了量子力学实验的支持,那么,随着爱因斯坦与玻尔论战的不断深入,关于量子测量中所存在的非定域性问题则首先是与思想实验或形而上学的假设联系在一起的。量子测量中的非定域性问题最早起源于 1935 年爱因斯坦与波多尔斯基(B. Podolsky)和罗森(N. Rosen)合作在美国有影响的《物理学评论》上发表的《能认为量子力学对物理实在的描述是完备的吗?》这一具有重要历史价值的论文。[①] 作者在这篇论文中,试图立足于一些形而上学的基本假设,从逻辑上论证现行的量子力学是不完备的。物理学家通常把这一论证简称为 EPR 论证。这个论证所隐含的一个基本假设是:在测量时,曾经相互作用过的两个粒子,当它们分离后,对一个粒子的测量,将不影响另一个粒子的状态。这个假设通常被称为定域性假设。经典物理学及相对论力学都满足这个假设。然而,在进行量子测量时,却违反了这个假设。爱因斯坦等人因此得出量子力学是不完备的结论。

20 世纪 50 年代,玻姆为了数学上的简便,把 EPR 论证中的波函数换成了自旋函数,考虑一个由两个自旋为 1/2 的粒子组合成的系统,阐述了他的隐变量量子理论。1964 年,贝尔为了在量子论中讨论非定域性问题,在题目为《关于

---

① 《爱因斯坦文集》(第一卷),商务印书馆 1976 年版,第 328~335 页。

EPR 悖论》的文章中，①首先推广了 EPR—玻姆的思想实验，推导出一个不同于量子力学预言的、符合定域隐变量量子理论的关于自旋相关度的不等式，接着，贝尔用归谬法推翻了量子力学预言和贝尔不等式的预言相等的可能性，说明任何定域的隐变量量子理论，不论它的变数的本性是什么，都在某些参数上同量子力学的预言相矛盾。定域隐变量量子论给出的自旋相关度比量子力学给出的自旋相关度要小。这就是著名的贝尔定理。自从贝尔定理提出以后，物理学家的研究分别向着两个不同的方向延伸：一个是具体的实验研究方向；另一个是更深层次的理论研究方向。

实验研究是试图明确地证明量子力学与定域的隐变量量子理论之间孰是孰非的问题。自 1982 年以来所完成的实验，大多数结果都支持了量子力学的预言，反对定域的隐变量量子理论的预言。到目前为止，理论物理学家已经普遍承认，量子力学是非定域性的。在量子测量过程中，所谓非定域性是指，在空间中彼此分离的两个系统之间存在着相互纠缠，也称之为量子纠缠，它是实现量子通讯的基础，可以形象地以图 7-1 表示。

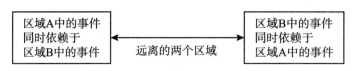

图 7-1　量子纠缠

与实验研究有所不同，理论研究是试图进一步探索与检验贝尔定理的可靠性和普遍性的问题。柯诚—斯佩克特定理（Kochen-Specker theorem，简称 KS 定理）证明，在一般情况下，对于一组含有共轭变量的可观察量而言，单个量子系统不可能拥有确定的值。KS 定理是直接从现有的量子力学的形式体系中得出的，而不是仅仅求助于海森堡所阐述的不确定关系；1989 年，格林伯格、霍姆和泽林格（Greenberger-Horne-Zeilinger，简称 GHZ）通过研究三个相互纠缠的粒子之间的关联，进一步支持了贝尔的结果；1990 年，牟民（David Mermin）超出贝尔定理的范围证明，经典关联和量子描述的关联之间的差别会随着处于纠缠态的粒子数的增加而指数地加大，或者说，量子力学违背贝尔不等式的程度随着粒子数指数地增加。②20 世纪物理学家认识非定域性概念的历史过程可以归结为图 7-2：

---

① J. S. Bell, On the Einstein Podolsky Rosen paradox, *Physics*, Vol. 1 (1964), pp. 195-200.

② N. D. Mermin, Extreme Quantum Entanglement in a Superposition of Macroscopically Distinct States, *Physical Review Letters*, 65 (1990), No. 15.

当代科学哲学的发展趋势

图 7 - 2 认识非定域性概念的历史过程

贝尔定理的主要目的是试图证实量子力学与定域性之间的不一致。理论与实验表明，在总体上，非定域的结构是试图准确地重新提出量子力学预言的任何一个理论所具有的特征。针对这样的实验结果，贝尔指出，"依我看，首先，人们必定说，这些结果是所预料到的。因为它们与量子力学预示相一致。量子力学毕竟是科学的一个极有成就的科学分支，很难相信它可能是错误的。尽管如此，人们还是认为，我也认为值得做这种非常具体的实验。这种实验把量子力学最奇特的一个特征分离了出来。原先，我们只是信赖于旁证。量子力学从来没有错过。但现在我们知道了，即使在这些非常苛刻的条件下，它也不会错的。"[1] 也许正是在这个意义上，伯克利粒子物理学家斯塔普（H. P. Stapp）把贝尔定理说成是"意义最深远的科学发现"[2]。

问题在于，虽然实验结果似乎使 EPR 论证失去了对量子力学的挑战性，证实了非定域性是量子力学的一个基本属性。但是，按照贝尔的观点，非定域性将意味着超光速传播。而超光速传播与狭义相对论的基本假设相矛盾。这就涉及一个关于更深层次的物理学发展的基本问题：在 20 世纪物理学发展史上非常成功，并且被誉为是两大突破性进展的基础性理论——量子力学与狭义相对论——之间竟然存在着内在的不一致性。这无疑会使物理学家感到非常困惑。为了有助于澄清问题，物理学家开始质疑，贝尔的非定域性与爱因斯坦的非定域性是否具有相同的内涵？是否像贝尔所认为的那样，量子领域内的非定域性将一定意味着微观信息的超光速传播呢？为了回答这些基本问题，近些年来，对贝尔定理的前提假设的研究和对非定域性概念的意义与内涵的理解等问题，受到了理论物理学界，特别是物理学哲学界的普遍关注。综合起来主要有下列几种值得关注的观点：

首先，法因认为，贝尔—定域性是指测量和观察；爱因斯坦—定域性是指"系统的一个真正的物理态"。[3] 这些态决定真正的物理量，而这些物理量不同于量子力学的变量。用不着为测量量子力学的变量时出现的非定域的行为而担忧。爱因斯坦—非定域性恰巧是爱因斯坦的下列观念的中心部分，即，人们也可能找

① Andrew Whitaker, *Einstein*, *Bohr and The Quantum Dilemma* (Cambridge University Press, Cambridge, 1996), P. 42.

② H. P. Stapp, Are superluminal connections necessary? *Nuovo Cimento*, 40B (1977), pp. 191 - 205.

③ A. Fine, *The Shaky Game: Einstein*, *Realism and the Quantum Theory* (Chicago: University of Chicago Press, 1975).

到一个比量子论更基本的理论，在这个理论中，没有任何实在会直接地受到超距作用的影响，而量子论将会成为该理论中的某种极限情况。可以确信，没有任何一个人假定，像贝尔定理那样的结果能够实际上拒绝爱因斯坦的这种观点。法因论证道，贝尔的隐变量方案其实正是爱因斯坦所拒绝的一种类型的观点，这种方案的失败在某种程度上支持了爱因斯坦的一个直觉：放弃把波函数看成描述单个体系的解释，采取对波函数的系综解释（ensemble interpretation）的观念。

其次，霍华德（Don Howard）从区分出分离性假设和定域作用假设出发，得到了理解贝尔定理的物理意义的一个新视角。他认为，定域性不是贝尔不等式成立的唯一前提条件，可以从两个独立的假设——分离性假设和定域作用假设—推论出贝尔不等式。所谓"分离性假设"是指，在空间上彼此分离开的两个系统，总是拥有各自独立的实在态；所谓"定域作用假设"是指，只有通过以一定的、小于光速的速度传播的物理效应，才能改变这种彼此分隔开的客体的实在态。或者说，只有通过定域的影响或相互作用才能改变系统的态。他还证明，任何一个其预言满足贝尔不等式的隐变量理论都是可分离的理论，至少在贝尔实验语境中所隐藏的态是分离的。以这种观点为基础，霍华德得出了非定域性并不意味着超光速传播的结论。他指出，"如果我对贝尔不等式的推论是站得住脚的，那么，对贝尔实验结果的解释就变得很简单。我们必须或者放弃分离性，或者放弃定域性。这个选择分别对应于是接受非分离的量子力学，还是接受非定域的隐变量理论。但是，如果我们只能够做出一种选择，那么，大多数人很可能会站在狭义相对论的定域性约束的立场上，宁愿牺牲拯救分离性，而喜欢第一种选择。此外，还因为我们已经拥有了一个高度成功的非分离的量子力学，但却没有任何一个令人满意的非定域的隐变量理论。"[1]

霍华德认为，一方面，由于物理学家缺乏对非分离的隐变量理论的认真思考，极大地影响了对贝尔不等式的起源问题的真正研究。事实上，贝尔不等式所揭示出的非定域性，指的是定域的非分离性，而不是指非定域的相互作用。在这个意义上，量子力学与相对论并不矛盾。另一方面，这种理解也与爱因斯坦本人的方法论原则相一致。在爱因斯坦的观点中，定域作用假设如同质能守恒定理和热力学第二定律一样，具有较高层次的约束性，能够引导我们的理论发展；而分离性假设如同原子论假设一样，更像是一种"构造的"原理，这类假设经常会成为科学进步的障碍。因此，正如狭义相对论的建立，是由于修改了运动学，即论述空间和时间规律的学说，广义相对论的建立，是由于放弃了欧几里德几何，

---

① Don Howard, Einstein on Locality and Separability, *Studies in History of Philosophy of Science*, 16, 3 (1985), pp. 171–201.

使直线、平面等基本概念在物理学中失去了它们的严格意义一样，量子力学的形式体系所反映出的非分离性，无疑已在一定意义上超越了许多传统的经典认识。因此，无条件地接受量子力学所提供的非分离特征，自然也是理解物理学发展的一种可能选择。

按照霍华德的这种理解方式，在量子系统的测量过程中，不论测量结果是违背分离性假设，还是违背定域作用假设，都将被视为是非定域性的。或者用逻辑的语言来说，定域性概念是分离性假设与定域作用假设的合取，只要其中一个假设不能得到满足，就会导致非定域现象的产生。这样，一个非定域的系统将可能以三种不同的方式来理解：非分离的、定域作用的系统；分离的、非定域作用的系统；非分离、非定域作用的系统。霍华德举例说，量子力学是定域的、非分离的理论；玻姆的量子论是分离的、非定域的理论；广义相对论是分离的、定域的理论。但是，他没有指出非分离、非定域的理论。目前，霍华德的这些观点还没有得到学术界的普遍认可。但是，尽管如此，他的工作无疑在更深的层次上激发了人们研究贝尔定理和非定域性概念的热情。

第三，塞勒瑞（F. Selleri）[①] 指出，爱因斯坦所追求的新理论，至少应该满足下列三个要求：（1）实在性要求。原子物理学中的基本实体是独立于人类和人的观察而实际地存在着的；（2）可理解性要求。原子客体的结构、演化和过程有可能根据与实在相对应的概念图像来理解；（3）因果性要求。人们在阐述物理学规律时，至少能够给出引起任何一个被观察到的效应的原因。塞勒瑞指出，因果性与决定论之间是有区别的。决定论意味着在现在与未来之间存在着一定的联系；而因果性则意味着现在与未来之间的关联是客观的，但是，也可能是概率的。对因果性的辩护是可能的，而对决定论的普遍有效性的辩护则是不可能的。塞勒瑞在运用对因果性的这种定义分析了贝尔定理之后，把贝尔所理解的定域性看成是概率的爱因斯坦的定域性。

塞勒瑞认为，爱因斯坦的非定域性不完全像人们通常认为的那样不合理，为了检验贝尔不等式，物理学家对全部已完成的原子级实验所进行的分析都借助了某些附加假设。对这些假设的逻辑反驳，要求在爱因斯坦的定域性和到目前为止已存在的经验证据的量子预言之间，恢复完全的一致性。目前，这种逻辑反驳是否可能，还是悬而未决的问题。相反的主张则揭示了通过意识形态所选择的旧观念的偏见。在塞勒瑞看来，任何一个科学理论都既包含一些客观的内容，也包含一些逻辑上任意的内容。客观的内容是几乎不可能在基本意义上改变的内容，它会在新理论中得以保留；而逻辑上任意的内容可能是由宗教偏见、文化传统或权

---

① F. Selleri, *Quantum Paradoxes and Physical Reality* (Kluwer, Dordrecht, 1990).

力结构所决定的内容，它会在以后的理论中被抛弃。从这种观点出发，塞勒瑞把非定域性看成是逻辑上任意的内容，认为在未来的理论中，它可能被修改或者被抛弃。

还有一种观点认为，量子力学在运动学的意义上是非定域的，而相对论（包括相对论的量子场论在内）要求的是动力学意义上的定域性。如何能够使这两个方面同时富有意义和协调一致起来？如何能够用运动学的非定域性概念来定义动力学意义上的定域性？这些都是需要进一步研究的更深层次的基本问题。在传统物理学的术语中，动力学的定域性意味着，只有在运动的光锥内，"这里"的态不可能影响到"那里"的态。然而，一个系统的量子态所表述的是在测量时各种属性所呈现的可能性。量子理论通过所谓的纯态来完成这样的表述。对于一个复合的量子系统而言，当复合系统处于纯态时，构成这个复合系统的子系统没有自己的纯态［或者说，$\Psi(AB) \neq \Psi(A)\Psi(B)$］。薛定谔（Erwin Schrödinger）为了强调量子力学的这一新特征，把这种量子态称为量子纠缠。也就是说，在复合系统中，一般的量子态不是空间中的延伸，不是在这里或者在那里，它们是相互纠缠在一起的，量子态的变化是一种整体性的变化。这种整体性也在某种程度上强调了量子系统的非分离性。

虽然上面扼要介绍的观点只是各代表了一家之言，还远远没有达成任何共识，但是，却从一个侧面反映了研究这个论题的复杂性与重要性。现在，在量子物理学界把非定域性理解为非分离性，把量子力学理解为是一种非分离的理论的看法，只是到目前为止的一种主要趋势。在没有否定信息的超光速传播的肯定性证据出现之前，就像物理学家已经确立了场的观念之后，仍然有一些人坚持为"以太"的存在寻找证据一样，为信息的超光速传播提供证据的各种各样的努力，也一直在非主流的理论物理学研究中进行着。但是，不管怎样，关于如何理解非定域性与非分离性问题的讨论，既是理论物理学更深层次的概念问题，也是当代物理学哲学研究的核心内容之一。但是，无论如何，关于这个问题的讨论是在认可量子测量的非定域性特征的基础上进行的，或者说，量子测量的非定域性特征已经成为一个不争的事实。

总而言之，量子测量现象的非定域性特征已经明确地揭示了微观世界不同于宏观世界的内在本质，揭示了量子测量的整体性特征，说明了量子测量是依赖于测量环境的一种测量，或者说，是依赖于语境的测量。其实，在量子力学的早期岁月里，玻尔正是直觉地抓住了量子测量的这种整体性特征，对 EPR 论证进行了反驳。量子测量的非定域性不仅会带来新的认识论革命，而且正在带来新的技术革命。因此，当代科学实在观的确立离不开统计因果性与量子非定域所揭示的测量现象的整体性基础。

三、语境论的实在观

在理论物理学的发展史上，大多数物理学家都普遍地接受了以玻尔解释为核心的量子力学的标准观点，承认量子世界的统计因果性与非定域性特征。但是，在可理解性的意义上，玻尔解释是非常成问题的。正如著名的物理学家盖尔曼所指出的，"量子力学是神秘的、混乱的一门学科，我们中的每一个人除了知道如何使用它之外，没有人真正地理解它。到目前为止，我们能够断定，它在描述物理实在方面是完全行得通的，然而，正如社会科学家所言，它是一种'与直觉相悖的学科'。量子力学不是一个理论，而是我们相信任何正确的理论必须与之相符合的一个框架。"①

一方面，量子论的发展史已经表明，经典实在观中关于物理实在的核心信条并不是完全可靠的。这些信条包括：（1）物理实在独立于观察者而客观地存在着；（2）需要对物理过程进行因果性（即决定论）的说明；（3）物理世界具有定域性或可分离性。在玻尔与爱因斯坦的争论中，玻尔扮演了胜利者的角色。然而，近几十年来，以波粒二象性为基础的互补性原理正在受到越来越多的批评与指责。因此，虽然实验支持了量子力学的预言，证明了量子力学的胜利，但并不等于证明了玻尔解释的胜利，更不能够成为抛弃对量子力学进行实在论解释的依据。或者说，到目前为止，物理学家还不足以依据现有的实验事实，来决定关于量子力学的哪一个形而上学的解释可能是正确的。因此，在这种背景下，简单而过早地依据量子论创始人的某些言论，草率地得出量子论与实在论相矛盾的结论，显然是不恰当的。

另一方面，如果说，在量子论的早期岁月里，当物理学家首次面对量子世界的新特征与经典观念的强烈冲突时，以爱因斯坦为代表的保守派与以玻尔为代表的激进派之间的争论，主要表现为，是选择以新理论为背景舍弃旧观念，还是选择以旧观念为前提改造新理论之争的话，那么，当今，确凿的实验事实对旧观念的改造与放弃已有迹象表明：其一，量子力学绝不仅仅是整理经验的一种工具，而是蕴藏着对实在的某种描述；其二，经典而宏观的世界图像只是日常经验世界的一种理想化形态，它缺乏普遍的有效性。因此，附着在经典理论基础之上的经典实在论的观点，不是必须应该成为物理学家理解微观世界的出发点。同时，抛弃经典实在论，也不等于是在普遍意义上否定了实在论的哲学前提。哲学意义上

---

① James T. Cushing, *Quantum Mechanics: Historical Contingency and the Copenhagen Hegemony* (The University of Chicago Press, 1994), P. 24.

的实在论（Realism）与经典实在论（realism）是有区别的。后者只不过是前者的一种最直接、最具体的阐述形式而已。从这个意义上看，不应该在重新理解量子世界的细节还很不清楚的情况下，先验地放弃对量子测量过程进行实在论解释的努力。这也许是许多理论物理学家和科学哲学家总是喜欢从实在论的立场出发，寻找新的测量理论来解决由神秘的波包"塌缩"带来的量子测量难题，以使量子论所揭示的世界的特殊本性获得明确意义的初衷所在。

从人类认识世界的本性来看，在更广泛的意义上，超越对丰富多彩的量子现象仅仅能够进行抽象的数学说明的现状，追求为这种说明框架提供某种实在论的理解，确实是符合人类本性的一个诱人目标。因为在某种一致性的理解还没有形成之前，站在实在论的立场上，寻找对成功而深奥的量子理论的通俗理解，具有非常重要的实用效果：它既有可能为更深入的研究找到意想不到的突破口；也有助于使更多的非物理学专业的人员更容易理解量子论本身。但是，在物理学家的工作还不可能提供一个可接受的具体的解释模型之前，从科学哲学的意义上，对现存的问题进行形而上学的分析与讨论，将显得更加重要而有意义。正如美国当代科学哲学家凯茨（J. Katz）所言，哲学不是科学的继续。在科学研究停止的地方，正是形而上学研究发挥效用的地方。[①]

到目前为止，虽然关于量子力学的解释还在进一步的探索之中。但是，现有的解释都是在承认量子力学的统计性与非定域性为前提的条件下论证其观点的。在量子测量的玻尔解释语境中，玻尔主张要用两种不同的语言对同一个测量过程进行描述的观点，在客观上要求把一个完整的量子测量过程分成了两个部分：被测量的系统与测量仪器系统。他认为，前者要用量子力学的术语来描述，后者要用经典物理学的术语来描述。玻尔把对量子现象的描述建立在使用经典物理概念的基础之上的观点，同他提出的原子模型一样，也是半量子、半经典的解释，因而是站不住脚的。后来，自冯·诺意曼（J. von Neumann）的工作向物理学家说明，如何用纯粹的量子力学的语言来分析整个测量系统之后，"在被测量系统与观察者之间做出分割"的观点变得更加坚定。问题是，沿着这种分割的思路，最终必然出现"薛定谔猫"[②] 实验所揭示的悖论。为了解决这个令人困惑的测量问题，多世界解释和玻姆的本体论解释，不管在想象力方面是多么的离奇与不可思议，他们在解决量子测量问题时，对待量子测量过程的共同态度是值得令人关注的：即，他们都用量子力学的术语描述整个测量系统，把量子测量系统作为一个不可分割的整体，抛弃要求在"被测量系统与观察者"之间做出任何区分的

---

① Jerrold J. Katz, *Realistic Rationalism*（Cambridge：MIT Press，1998）.
② 指奥地利物理学家埃尔文·薛定谔（Erwin Schrödinger，1887～1961）试图证明量子力学在宏观条件下的不完备性而提出的一个实验。——编者注

传统做法，来避免投影假设所带来的悖论。

按照量子测量的多世界解释的观点，在量子力学的意义上，把包括观察者在内的整个宇宙当作一个系统，全部用量子力学的术语来描述。这样，既不需要在被测量系统与观察者之间进行任何分割，也拒绝了被认为是量子力学的主要特征的非决定论；同时，还不存在波包的"塌缩"现象，不存在"非定域"的相互作用。因为这种观点认为，在测量时，不是宇宙从一个态非决定论地跃迁到另一个态，而是宇宙分裂成几个平等的不同世界，观察者分裂成不同的自我。在数学意义上，整个宇宙与它分裂出来的世界都始终按照薛定谔方程进行因果性地演化，态函数可以破译所有这些世界的信息。每一个世界对应于一个具体的态，每一个世界中的观察者都能决定性地得到一个具体的测量结果，不同世界中的观察者彼此观察不到对方的测量结果。表面上看，多世界解释似乎以客观概率为基础解决了量子论面对的所有问题。但是，其付出的代价是：其一，假设多元本体论；其二，最终需要由隐变量（即首选基）来决定世界的分裂。与玻姆的理论不同，这里的隐变量可能是一种全知全能的"上帝"。作为一种测量理论，它的对错理应由物理学的发展来评判。至少在形而上学的意义上，它主张放弃对量子测量系统进行任何分割的企图，为人们解决问题提供了一条思路。

按照玻姆的本体论解释的观点，把波函数理解成是某种实际的量子场，把粒子的运动理解成是与量子场相伴随的轨道运动，认为粒子的运动轨道表示了一个真正的随时间演化的经典类世界的粒子图像。然后，通过与波函数相关的量子势概念的构造，把量子理论揭示出的非定域性特征赋予本体论的地位，成为与粒子运动相伴随的场的性质，量子势起着通知或控制粒子运动的作用。这样，粒子加场的组合系统同样构成了一个因果性的运动系统。基于这些新的概念，玻姆同冯·诺意曼一样，用量子力学规律描述整个测量系统。不同的是，他把量子测量过程理解成是量子跃迁的一种特殊情况来处理。这种理解同样避开了波包"塌缩"的困难，从实在论的立场上解释了测量过程。到目前为止，玻姆的理论只是在可观察的意义上与量子力学的结果相吻合，还没有给出明确的可以用实验加以检验的独特预言，也没有得到主流物理学家的认可。但是，它与多世界解释的一个共同之处是，同样把量子测量过程当作一个不可分割的整体来处理。

量子力学的统计解释则以非常鲜明的方式突出了量子论的统计性特征；玻尔解释在强调量子论的统计性特征的同时，明确地强调了量子测量系统中的整体性特征；多世界解释把量子测量看成物理系统之间的一种特殊的相互作用，构造了一个决定论的理解方式，这种理解强化了量子测量结果的相对性与整体性特征，使量子测量结果与观察者之间的关系，类似于相对论中的粒子的位置与坐标系之间的关系，具有了根本意义上的相对性。多世界解释比玻尔解释中的整体论理解更进一步的是，它不要求在被测量系统与观察者之间做出任何分割。因此，更加突出地揭示了测量系统的整体性；玻姆的解释虽然是试图建立一个新的理论体系，但是，对整体性的强调也是玻姆理论的一个重要出发点。可以看出，这些解释都在不同程度上，以各种不同的方式强调了量子测量系统的整体性。

从量子论诞生时起，包括爱因斯坦在内的许多大物理学家都认为，在量子领域内坚持实在论的观点，最不能容忍的就是理论对测量结果的统计预言，或者说，是理论的非决定论特征。从德布罗意、EPR 论证到玻姆的量子论都在试图解决实在论与决定论之间的矛盾。但是，从纯理论描述的意义上看，量子论的"非决定论"特征并没有在它的数学形式中反映出来，描述量子态演化的薛定谔方程仍然是一个因果性的方程。所以，如果只限于在公理化的意义上，谈论决定论是毫无意义的。只有当把理论结构与关于测量对象的实验联系起来时，非决定论的问题才变得尖锐起来。

自 20 世纪 80 年代以来，物理学家在实验事实面前已经一致性承认把量子概率理解成经典概率是不可能的。他们在承认客观概率的本体性的同时，开始把在量子领域内坚持实在论观点的矛盾焦点转向关于"贝尔定理与定域性"问题的讨论。但是，如果我们把非定域性理解成是量子系统的非分离性，那么，理解非分离性的重要结果是必须面对量子系统的整体性。这对于系统和态具有可分性的经典直觉而言是非常奇特的。然而，却正是量子论的整体性特征使它在贝尔实验中提供了正确的预言。令人感到困惑的是，相对于人们理解物理世界的本性而言，在量子论的形式体系内，它本身既没有对非分离性提供更深层次的说明，也没有对它的意义做出明确的阐述，而是把它当成一种出发点。当物理学家希望明确理解量子测量过程的各个细节时，需要研究专门的测量理论。

然而，当冯·诺意曼用量子力学的术语描述整个测量过程时，无法解决理论计算的结果与具体实验事实之间的不一致问题。最后不得不借助于"投影假设"来描述微观客体在受到测量时的演化方式。而运用"投影假设"描述测量过程，不可能找出被测量系统与观察者之间的分界线，从而导致了测量问题的产生。自从多世界解释产生以来，现在，越来越多的物理哲学家支持从整体性的视角把量子测量理解成是一种相互作用的物理过程的观点，并且提出了各种不同于多世界解释的理解模型。[①] 目前所有这些研究还正在进行之中。本书无意再去进一步追溯其发展，而只是指出，如果把量子力学看成是普遍有效的理论，把量子测量理解成一种物理相互作用来处理为话，那么，必须放弃在物理实在的量子力学描述

---

① Richard Healey, *The Philosophy of quantum mechanics：An interactive interpretation* (Cambridge University Press, 1990).

与观察者之间进行分割的经典要求。假如把这种研究趋势提升到哲学的层面，在形而上学的意义上，可以把物理学家在量子论的领域内理解物理实在的核心信条，总结为下列三个基本假设：（1）世界的独立性假设，即，在本体论意义上，承认世界的独立存在性；（2）统计因果性假设，即，物理学家对物理过程的说明是统计因果性；（3）整体性假设，即，物理世界是作为一个相互联系的整体而存在的。或者说，微观测量具有非定域性特征。

在这三种假设中，第一个假设是科学研究之所以可能的最起码的假设，没有它，科学预言就无从谈起，也不可能。所以，不管物理学家在对待物理理论的态度上持有什么样的哲学见解，第一个假设是他们共同认可的基本假设，同时也是对理论进行实在论解释的一个基本前提；第二和第三个假设是我们从量子论的基本特征中总结出来的、区别于经典实在观的两个基本假设。前面的分析表明，第二个假设实际上并不与实在论的命题存在着实质性的矛盾。因为人们可以把严格的因果性理解成是统计因果性的一种特殊情况；问题的关键出在第三个假设上，或者说，量子力学与传统实在论之间的矛盾，恰好发生在整体性的概念上。因为按照这个假设，如果人们把量子测量系统看成一个整体，并且放弃在被测量系统与观察者之间做出任何分割的要求，那么，在不考虑观察者的情况下对物理实在进行纯客观描述的梦想将会彻底破灭。正是在这个意义上，玻尔立足于传统的真理符合论的观点，多次强调指出，在原子物理学中，对物理实在的客观描述，不再是指对客观存在的世界本性的描述，而是变成一种在主体间性的意义上的客观性。第三个假设显然与观察者总是能够客观地观察与记录物理现象的定域实在论的观点相矛盾。也正是在这个意义上，传统的量子物理学家宁愿相信具有整体性特征的量子理论，而抛弃传统的实在论立场。[①]

现在，如果立足于科学史的发展，把从成功的量子理论的基本表述中总结与抽象出来的这三个基本假设，理解成是语境论的量子实在观的基本前提，那么，一方面需要像玻尔那样，对"现象"、"观察"、"属性"及"测量"等日常概念进行重新理解。把量子测量的结果理解成是依赖于测量语境的相对表现，而不再是对客体固有属性的最终揭示。另一方面，又不至于像玻尔那样需要改变"客观性"概念的传统意义，给人以走向反实在论之嫌。为了达到这个目的，必须要对实在论的最核心的概念——真理——进行重新理解。因为把量子测量系统理解成是一个包括观察者在内的整体，把测量过程理解成是一种物理相互作用，那么，就必然意味着要放弃长期以来西方人早已习以为常的真理符合论（详见第

① 成素梅：《在宏观与微观之间：量子测量的解释语境与实在论》，中山大学出版社2006年版，第93～150页。

八章第一节）的观点。问题在于，真理符合论能够被抛弃吗？抛弃真理符合论
还能够坚持实在论的立场吗？或者说，真理符合论是坚持实在论立场的一个必要
条件吗？如果不是，那么，与这种语境论的量子实在观相一致的语境实在论将会
带来哪些思维方式的改变呢？

四、结语：真理观的重建

如同经典物理学为经典的科学研究提供了语言与符号系统和思维方式一样，
到目前为止，量子力学也为当代的微观领域的科学研究提供了一套成功的语言与
符号体系，不仅出现了许多富有成果的与"量子"这一术语相关的交叉学科，
而且其应用范围也在不断地扩大。所以，人们有理由认为，基于量子力学的新特
征抽象出来的语境论的量子实在观的三个基本假设，也是语境论的实在观的三个
基本假设。现在的关键问题是，从科学哲学的意义上来看，接受这三个基本假
设，特别是接受整体论的科学观与世界观的假设，比科学哲学家普遍认可的观察
渗透理论或事实负载价值的整体论思想更彻底。如果说，后者主要强调的是认识
论意义上的整体性，那么，前者则明确强调的是本体论意义和方法论意义上的整
体性。问题在于，强调这种整体性，将会对自逻辑经验主义以来形成的科学哲学
的传统研究方式进行怎样的改造呢？或者说，将会在本体论、认识论、方法论以
及价值论的意义上带来怎样的思维方式的改变呢？这就提出了关于真理观的重建
问题，也构成了我们下一章要讨论的核心主题。

第八章

语境论的真理观及其思维方式

基于量子力学的统计因果性和非定域性思想所确立的语境论的科学实在观，是一种整体性的实在观。值得注意的是，语境论（contextualism）不完全等同于整体论（holism），两者虽然在看法上是一致的，可侧重点与出发点完全不同。语境论强调即时性，此时此地的经验与认识，或者说，"存在于当前的事件"；而整体论则不以此为前提，整体论所感兴趣的是现象的不同方面的联系。语境论者认为，世界是变化不定的，变化过程中的因与果既不可分离，也不能离开它们所发生的语境来理解，强调对世界的认识取决于不断变化与发展的语境，这种认识总是一头联系着过去，另一头联系着未来。因此，人类对世界的当前认识永远不会是最终形式，更不可能是绝对真理。这说明，如果人们接受语境论的科学实在观，那么，就意味着，人们对科学的实在论的辩护不是从揭示客观真理的视角出发，而是反过来，立足于当时的研究语境，从承认科学研究中包含有主观性成分为科学研究的起点。这种辩护视角的反转，必然会同样地带来思维方式的大变革。本章主要基于对传统的真理符合论的评判和对模型化方法与隐喻思考的阐述，来论证真理是科学追求的目标与语境论的真理观的基本特征及其主要优势，然后，以此为基础进一步在本体论、认识论、方法论、价值论和伦理学的意义上，综合地论述一套全新的语境论的思维方式。

一、真理：科学追求的目标

在西方哲学史上，关于真理本性的哲学讨论与哲学本身一样古老。最早出现的，也是最直观的真理论是真理符合论（the correspondence theory of truth）。真理符合论通常可追溯到亚里士多德对真理的定义："说是者为非，或者，说非者为是，即为假；而说是者为是，以及说非者为非，即为真。"这个定义是真理符合论的最简单的说明，但是，并没有提及"符合"一词。中世纪的托马斯·阿奎那（Thomas Aquinas）在亚里士多德定义的基础上，提供了真理符合论的第一个形而上学解释，他认为，当一个判断与外在实在相一致时，才被说成是真的。到了近代，由于受自然科学思维方式的影响，真理符合论被作为理所当然的观点接受下来。像笛卡儿（R. Descartes）、洛克、莱布尼兹、休谟以及康德等著名的近代哲学家主要关注认识如何可能或通过什么方法获得真理性认识等问题，凸显出经验论与唯理论之争，从来没有对真理的意义产生过任何怀疑。例如，笛卡儿就曾把真理作为先验的概念接受下来，认为在严格的意义上人人都知道真理就是指思想与对象相一致。但是，他们对"符合"与"实在"等词的理解却是有差异的。

真理符合论最核心的主张是，把真理与实在联系在一起。通常认为，一个陈述 P 是真的，当且仅当，P 所描述的世界是真实的，即，真理与事实相对应。例如，"雪是白的"这个陈述是真的，所借助的事实是，雪确实是白色的。一般表示为如下的形式：

（1）P 是真的，当且仅当，对应于一个事实。

在上述定义中，真理被理解为是与实在的某一部分相联系的一种关系特性（a relational property）。问题是，对这种观点的表达方式并不是唯一的。第一，真理符合论所提供的是什么？是信念？是思想？是观点？是判断？是陈述？是断言？是意见？是语句？还是命题？第二，相关关系是指什么？是符合？是一致？是全等？是复制？是描绘？是意示？是指称？还是满足？第三，实在的相关部分是指什么？是事实？是事态？是情境？是事件？是特性？还是比喻？第四，谓词"是真的"扮演着把词与世界联系起来的角色，但是，精神实体与物质实体是两个不同性质的实体，它们如何达到相符合呢？这一点是至关重要的。因为我们通常是在我们之外来定义真理的：即，真理的存在不是依赖于我们，而是依赖于世界。第五，在当代科学研究中，许多事实是不可能用肉眼直接观察到的，我们所谈论的是实验室里的研究结果，那么，这种结果是事实还是信念呢？

罗素于 1918 年在《逻辑原子主义的哲学》一文中，以及维特根斯坦于 1921

年在《逻辑哲学导论》一书中，分别站在逻辑原子主义的立场上，对上述基于事实的真理符合论进行了修改。他们把真理的基本定义局限于原子命题，即，原子的真理承担者（truthbearers），而非基本命题或分子命题依次根据逻辑结构和更简单的构成要素的真值来说明。这种对真理的逻辑原子主义的改造所隐含的本体论假设是，世界是由原子事实构成的。在原子事实的层次上，原子命题与原子事实具有一一对应关系。超出这个层面，命题与事实就没有一一对应关系。这种原子论的本体论假设被后来的逻辑经验主义者所继承。维特根斯坦在其著名的《逻辑哲学导论》一书中，把真理的这种符合论观点表述为：就像唱片是声音的画像并具有声音的某些结构一样，命题所描述是事实的画像，并具有与事实一致的结构。因为用语言来思考和说话，就是用语言来对事实作逻辑的模写，它类似于画家用线条、色彩、图案来描绘世界上的事物。所以，用语言描述的图像与世界的实际图像之间具有同构性。这种观点与近代自然科学家长期以来信奉的价值基础相吻合。但是，这个定义同样面临着许多问题。

1933 年，塔尔斯基（A. Tarski）为了克服真理符合论的所面临的问题，首先从区分对象语言与元语言出发，提出如下著名的语义学定义：

（2）"雪是白的"是真的，当且仅当，雪是白的。

塔尔斯基认为，要想使"'雪是白的'是真的"，这个句子本身成真，当且仅当，"雪是白的"这个句子表达的内容是真实的，即能够得到"雪是白的"这一经验事实。虽然波普尔曾评价说，"塔尔斯基的最伟大成就和他的学说对经验科学哲学的真实意义在于这个事实：他重新确立了绝对的或客观的真理符合论，这使人们可以自由地使用与事实相符这个直觉的真理观念。""多亏了塔尔斯基的研究，客观的或绝对的真理这个观念（真理在于与事实相符合）现在似乎已被所有理解它的人所真心接受。对它的理解之所以有困难，似乎有两个原因：其一，把极其简单的直觉观念和执行它所引起的技术纲领的相当复杂性结合在一起；其二，流行的但错误的教条认为，一个令人满意的真理学说必定是一个关于真信念（有充分根据或合理的信念）的学说。"然而，塔尔斯基却发现了"似乎平淡无奇，但它们包含着对如何说明与事实相符以及真理这个问题的解答"①。

当然，波普尔的评价是否真正理解了塔尔斯基的观点，至今仍存有争议。不过，不可否认的是，塔尔斯基的真理论明显地包含了两个主要分量：其一，引号中的陈述只是一个真陈述的定义，不是一般意义上的真理的定义；其二，为了避免导致"撒谎者"悖论的出现，主张必须用另外一种相关的语言——元语

---

① 波普尔：《真理、合理性和科学知识的增长》，载《科学哲学名著选读》（湖北人民出版社 1988年版），第 571～572 页。

言——来定义对象语言中的真理，从而把语言分为许多等级。一般情况下，塔尔斯基的定义只能适用于形式语言，不适用于日常语言。另外一个问题是，这种形式的定义虽然使人容易产生歧义的"事实"和"对应"这两个术语不再起作用，或者说，避免了符合论在术语运用方面的歧义性理解。塔尔斯基的真理论只是局限于语言层面讨论问题的，并没有把语言学的理论与形而上学的理论区分开来。说明"真的"这个术语是语言学的事情，而说明真理的本性则是形而上学的事情。从这个意义上看，塔尔斯基的理论是关于语言学特征的，似乎没有提出形而上学问题。

总而言之，关于真理本性问题的热烈讨论是 20 世纪以来 100 多年的事情，是随着分析哲学、语言哲学和科学哲学的诞生而深入下去的。受到分析哲学训练的哲学家往往习惯于认为，对给定概念的分析总是有某种正确的方式理解它。给定一个概念的意义，那么，对于这些概念就不可能有歧义。有歧义的词是那些人们赋予不同意义的词。于是，他们习惯于抛开语言，回到原始概念，分析真理问题；语言哲学家则认为，抛开语言的意义与用法，单纯立足于逻辑形式结构来讨论问题是非常幼稚的。于是，他们分别从符号论、指称论、生活实践等层面阐述新的真理论。目前有代表性的真理论主要有，融贯论（coherence theory）、实用论（pragmatic theory），还有其他与认识相关的真理论，近年来，又有人提出了紧缩论（deflationary theory），等等。在很大程度上，这些真理论大多数与唯心主义、相对主义以及反实在论联系在一起。

从当代科学哲学的视角来看，这些真理论大致可归为两大类：一类是基于经典自然科学的研究实践，首先强调把科学理解成是建立在纯客观的证据和普遍可靠的方法论基础之上，然后，把纯客观的证据理解成是与研究者无关的、可重复的、可传播的实验结果或感知经验或逻辑推理，把方法论理解为是确保获得真理性认识的一组方法，或一组技巧、或一套程序、或一系列规则等具有可操作性的规定或准则，其作用是确保所获得的实验结果或感知经验或逻辑推理的普遍性与正确性，因此而把科学的形象归属于理论的必然性、无错性和客观性等与主体无关的特征；另一类是基于实验室研究或对科学史案例的剖析或对科学成功的说明，强调把科学理解成建立在逻辑的融贯性、理论的实用性或解决问题的实际能力以及科学家之间的协商与谈判或主体间性之基础上，从而明显地弱化了实验证据与感知经验或逻辑推理的决定性作用，强化了研究者个人的主导性与社会性地位，把科学的形象归属于理论的一致性、有用性、协商性或论辩性等与自然界无关的特征。然而，这两类真理论尽管对科学形象的理解存在着如此大的实质性差异，但是，在深层次的基本思路上，它们却都没有跳出真理符合论设定的思维定式，隐含着相同的基本假设：一方面，它们都把真理理解为是科学研究的结果；

另一方面，显现的或潜在的假设，科学研究结果一定是纯客观的，即，排除主观性的。其次，再为这种纯客观性寻找方法论与认识论根据。在这一点上，培根、笛卡儿、莱布尼兹、穆勒等人之间与波普尔、库恩、拉卡托斯、费耶阿本德、劳丹、范·弗拉森等人之间并没有本质性的差别。或者说，他们的事业是相同的，他们都运用着同样的思维方式，支持着共同的基本假设。正因为如此，在事实判断的基础越来越弱化，价值判断的地位越来越突出的当代科学研究中，由于研究对象的隐藏性、研究方法的多元性、理论与观察的交互渗透性以及研究活动中的社会性等因素的存在，使得科学哲学家不得不做非此即彼的选择，即，从对客观真理的强调转向对主观真理的强调。

更明确地说，科学哲学家要么基于客观真理论，把科学大厦理解成如同垒积木一样一层一层地拔地而起，其中，每一块积木都是真理的代表。对科学的这种理解在20世纪50、60年代达到了高峰，当时，逻辑经验主义者试图用科学的研究方法改造哲学，科学社会学则把科学家描述为一个具有普遍性、公有性、无私利性及有组织的怀疑主义的特殊人群，把科学研究中的社会因素的介入理解成是对科学的干扰因素或"污染源"；要么，走向其反面，基于主观真理论，把科学理解成是社会建构的产物或主观意愿的满足等。20世纪70年代之后，随着科学知识社会学的深入发展，随着科学哲学研究中的解释学转向与修辞学转向的深入展开，对科学研究中存在的人为因素与社会因素的强调越来越占有市场，甚至出现了过分夸大，走向极端的相对主义的倾向。

从科学史与科学哲学的发展来看，在科学哲学家中间，基于共同的前提假设所发生的这种认知态度的转变的确是有根据的。首先，其科学根据主要来自数学、物理学和生命科学领域。在数学领域内，非欧几何的诞生使人们认识到，曾经作为普遍真理的欧几里德几何是可以被修改的；在物理学领域内，相对论与量子力学革命庄严地宣告，曾经作为绝对真理的经典力学定律并不具有无条件的普适性。围绕量子测量问题的争论更是明确地表明，以传统的真理符合论为前提理解量子测量过程时必然存在的"观察者悖论"。这是因为，对量子测量系统进行的任何一种形式的分割，都必然会导致像"薛定谔猫"那样的悖论；在生命科学中，随着人工生命等新型研究领域的开拓，关于还原主义、物理主义、随附性、复杂系统中的组织与自组织的研究，颠覆了把科学理论理解成是由各种真理性陈述构成的一种语言结构的观点，确立了把科学理论理解为是对真实世界进行模拟的模型论观点。

其次，其哲学根据主要来自对科学实践的重新解读。从概论意义上看，20世纪物理学的发展明确地表明，曾经被当做清晰而明确的决定性、因果性、时间、空间、物质、质量、测量、现象等基本概念，都无法幸免于被修正的命运；

从而致使康德意义上的先验范畴失去了应有的普遍性，并赋予了其经验的特征。这些来自科学领域的对传统哲学概念的语义学与语用学的修正，导致了对科学概念与理论的实在性的重新反思。从一些典型的科学史案例来看，不论是伽利略对其立场的执著辩护，还是达尔文对其思想的广泛传播，还是当代科学实验（比如探测引力波与磁单极子的实验，记忆力传递实验等）的具体实施，都内在地表明，科学家在为自己的理论辩护时，并不完全是用事实来说话的，其中包含了不同程度的修辞论证因素。特别是，当前盛行的对科学的人文社会学研究成果已经表明，从科学活动的每个环节从符号、语言、仪器、推理规则的运用，到实验的设计、申请、批准、实施和检验的进行，再到科学事实的形成和科学理论的传播等中间的各个环节都与人的因素相关。因此，科学的认知方法不应该排斥科学的心理方法与社会方法。

问题在于，虽然当代科学的发展明显地颠覆了真理符合论所塑造的理想化的传统科学形象，这已经是不争的事实，但是，这些真理论由于把真理理解为是科学研究结果的共同假设所决定的二值选择逻辑，即，要么把真理理解为是对世界本质的揭示；要么把真理理解为是主观意愿的满足，都不足以反映当代科学研究的真实本性。一方面，承认科学事实与理论所蕴涵的人为性、社会建构性，并不完全等同于说，它们就是纯主观的；而另一方面只是说明，科学事实与理论是主客观统一的产物，理论的变化与更替是向着揭示更高层次的客观性因素的方向演进的。正是存在着这种逼近客观性的发展方向，才构成了科学研究的实际进行与不断追求的内在动力。因此，排斥主观性的真理观，是片面的，但是，走向另一个极端，完全排斥客观性的真理观，同样也是片面的。共同的思维前提，决定了必然会得出这种截然相反的逻辑结论，这是不足为奇的。

现在，如果人们站在语境论的立场上，不再把真理理解为是科学研究的结果，不再把单一的科学研究结果看成是纯客观的，或者说，不再把纯客观性作为科学研究的起点，而是把真理理解为是科学追求的目标，把科学研究结果看成是主客观的统一，或者说，把真理理解为依赖于语境的概念，那么，就会使人们有可能把已有的这些真理论看成从不同视角对真理的多元本性的揭示，看成互补的观念。在这种意义上，人们虽然承认，任何一个现实的科学研究过程都是对世界进行概念化的过程，这个过程是以主客观的统一为起点的，而且还承认，科学研究的对象越远离人的感官世界，对研究条件的要求就越高，揭示其属性过程中的创造性与社会性因素就越多，其主观性的发展空间也越大。但是，科学理论的发展变化、科学概念的语义与语用的不断演变、运用规则的不确定性、科学论证中所包含的修辞与社会等因素，不仅不再构成关于科学的实在论辩护的障碍，反而是科学理论或图像不断逼近实在的一种具体表现，使科学研究中蕴涵的主观性因素有了合理存在的基础，并成为科学演变过程中自然存在的因素被接受下来。这样，科学认知价值的语境化，体现了科学真理的语境化，形成了一种新型的真理论——真理的语境理论（contextual theories of truth）。

二、语境论真理观的主要特征

与现有的真理观完全不同，语境论的真理观把真理理解为科学追求的理想化目标，而不是个别研究的单一结果。它既强调真理的条件性与过程性，也强调真理发展的动态性与开放性。但是，强调真理的条件性不等于走向任何一种形式的相对主义。这是因为，相对主义最典型的特征是突出理论、方法或价值之间的不可比性或相对性，而条件性不等于不可比性或相对性。强调动态性意味着，在科学研究实践中，现存的真理论只代表了主客观相互作用方式中的两种极端的理想状态，而实际存在的却是许多中间状态，这些中间状态体现了不同程度或不同层次的主客观的统一。因此，应该始终在一个动态的、开放的主客观统一的语境中理解科学理论的真理性。科学的形象既不是像真理符合论所要求的那样是对世界的镜像反映，也不像各种形式的主观真理论所描述的那样，是社会运行的产物或主观意愿的满足，而是关于世界机理的一种整体性模拟。模拟活动的表现形式体现了理论模型描述的可能世界与真实世界之间的相似性。所以，语境论的真理观使真理成为一个与科学研究过程相关的程度性概念，而不再是一个与科学研究结果相关的关系概念，它至少具有以下五个方面的主要特征：

（1）语境性。语境论的真理观把真理理解为科学追求的目标，明显地突出了语境论真理观的语境性特征。这种特征一方面说明，人类对世界的当下认识既是主客观统一的结果，具有一定的稳定性，也是特定语境中的产物，具有可变性，或者说，总是处于不断变化之中的，永远不会是最终的形式，更不可能是绝对真理，是有待于进一步完善与发展的认识；另一方面，体现了人类认识的批判性、继承性、相对性与局限性。

（2）动态性。真理的语境依赖性决定了语境论真理观的动态性特征。这种动态性是通过理论与世界之间的相似性程度体现出来的。这种相似性程度处于根本不同到完全相同这个变化范围之内。在规范的科学实践中，理论所描述的可能世界与真实世界之间的相似性程度，既是动态发展的，也是有条件的。理论系统的模型集合与真实世界之间的相似程度决定着理论的逼真性。逼真度越高的理论，越具有客观性，也越接近于真理。真理成为理论的逼真度等于1时的一种极限情况。这是对基本的认识论概念的逆转：传统的逼真性理论是用命题或命题集合的真理作为基本单元，来衡量理论距真理的距离，这种做法由于没有可操作性早已遭到了许多科学哲学家的批评；真理语境论则正好反过来，是通过对逼真性概念的理解来达到对真理的理解。因此，它是对"把科学研究的目的理解为追求真理"这句话的最好解答。

（3）层次性。基于相似性用理论的逼真度来衡量理论的真理性认识的要求以及理论模型的更替发展，决定了语境论真理观的层次性特征。这种特征表明，其一，在特定语境的论域内，理论说明的成功是理论逼近真理的一个象征或一个结果或一个必要条件。凡是逼真的理论都必定能够对实验现象做出成功的说明，但是，反之则不然，并不是每一个拥有成功说明的理论都是逼真的理论。在理论的说明中，理论的逼真度与不断增加的成功之间的联系通常是一个认识论问题，而不是一个语义学问题。其二，科学认识是从较低层次的主客观统一运动到较高层次的主客观统一。在这个运动过程中，低层次的认识模型会在高层次的认识模型中找到自己的边界。所以，在科学认识活动中，主客观统一的难易程度与认识层次的高低成正比，即，认识层次越高，达到主客观统一的过程就越复杂，理论选择的难度就越大。

（4）开放性。真理发展的动态性和层次性决定了语境论真理观的开放性特征。这种特征是科学家在科学探索活动中不断地去语境化（de-contextualized）与再语境化（re-contextualized）的结果。去语境化是对过去认识中的主观性因素的扬弃；再语境化是对新的客观性因素的接纳。数学中关于数的意义的讨论、物理学中关于场概念的理解等都是很好的事例。在科学实践中，语境的不断变迁与运动通常向着纵横两个方向同时发展。语境的横向运动是通过学科间的交叉与融合体现出来的，是对已有认识的扩展与检验；语境的纵向运动表现为学科自身的演进与变化。

（5）多元性。真理的语境依赖性以及把理论的逼真度作为理论选择标准之一的主张，决定了语境论真理观的多元性特征。在科学探索活动中，科学家对世界进行概念化的方式通常是多元的，即，不是唯一的，语境论的真理观既允许存在着相互竞争的理论体系，也允许共存有多学派的观点。在科学共同体内，这些理论与观点都是主客观统一的结果，或者说，相互竞争的图像分别在不同程度上模拟了世界的某些内在机理，理论的选择是根据理论模型与世界之间的相似性比较来进行的，通常情况下，越经得起实验检验并越具有预言能力的理论的逼真度会越高。这样，通过逼真度或相似性的比较，在相互竞争的理论之间做出的选择，如同生物进化那样是自然选择的结果，是在科学实践的规则与活动中的自然求解，这时，被淘汰掉的理论并非一定要被证伪，尽管证伪也是因素之一。语境论真理观的多元性特征内在地表明，科学总是在探索中前进的，前进的道路并非是平坦的或一帆风顺的，科学探索的动力是不断地揭示世界的秘密，探索的方向是不断地逼进真理。

三、语境论真理观的主要优势

与把真理理解为是科学研究结果的现有的真理观相比，把真理理解为是科学追求目标的语境论的真理观至少拥有下列特有的优势：

首先，在认识论意义上，它比较容易理解为什么后来被证明是错误的理论，却在当时也曾起到过积极的作用，这个沿着传统的科学哲学思路所无法回答的敏感问题。例如，天文学中的"地心说"、化学中的"燃素说"、经典力学中的"以太"等，它们虽然分别被后来的"日心说"、"氧化说"和"以太不存在"的理论或观点所推翻，但是，应该承认，在这些新理论和新观点提出之前，被抛弃的那些理论与观点至少在当时起到过促进科学研究的积极作用，从而为科学实在论坚持的前后相继的理论总是向着接近于真理的方向发展的假设提供了很好的辩护，也有力地批判了各种相对主义的科学哲学对科学实在论的质疑。在科学史上，后来证明是错误的理论，并不等于一无是处的理论，反过来说，科学史已经表明，即使是正确的理论也会有一定的适用范围。

其次，在方法论意义上，比较容易理解关于科学概念与科学观点的修正问题，科学研究越抽象、越复杂，研究中的人为因素就越明显，科学家之间的交流与合作就越重要。2006 年的国际天文学联合国大会所采取的解决科学争端的方式就是典型一例。2006 年 8 月 24 日来自国际天文学联合会大会以投票的方式宣布了关于新的行星定义的结果。有趣的是，天文学家认为关于新的行星定义在科学上是正确的、进步的决定，而在程序上却是以近 2 500 名天文学家投票的方式来决定的，而不是通过某个权威的经验结果或公认事实来决定的，这在科学史上是极其少见的。这个新的行星定义推翻了 70 多年来一直使用至今的行星定义，把 1930 年由美国天文学家发现的冥王星从行星的位置降低为"矮行星"，或者说，从那一时刻起，天文学家将把冥王星从行星的范畴中驱逐出去，修改早已被大众所接受的太阳系有九大行星的定义。这必将带来一系列的改变，特别是教科书、字典、词典等的修订。这种有趣的方式更明确地揭示出天文学家之间存在的激烈争论，以及他们最终采取的解决争论的一种有效方法。

第三，在价值论意义上，能更合理地理解与反映科学的真实发展历程。例如，诺贝尔物理学奖获得者丁肇中在中国的多次演讲中以人类认识宇宙构成单元的历史为例，阐述了"物理上的真理是随着时间而变"的观点。中国古代对物质基本结构有两种不同的看法，一种看法认为最基本的结构是粒子，粒子是可以数得出来的；另外一种认为宇宙中最基本的结构是连续性的。粒子的观念起源于阳和阴。连续性观念是公元前 600 年道家创始人老子提出的。在过去的 2000 年里，西方国家对基本粒子也有不同的看法。在 2000 年以前，西方认为土、气、水、火是最基本的东西。16 世纪，人们认为最基本的东西除了土、气、水、火以外，还有水银、硫黄和盐，变成了 7 种。在 100 年以前，所有的科学家都认为人们已经知道宇宙中最基本的东西就是化学元素，制定了元素周期表。20 世纪 60 年代，人们认为宇宙中最基本的东西是原子核，也有 100 多个。到了 60 年代末期，人们认为宇宙中最基本的东西不是原子核，而是好几百个基本粒子。现在宇宙中最基本的东西是 6 种夸克和 3 个轻子。

可见，科学观念或科学事实上总是处于不断的调整之中，而进行这种调整的目的，正在于不断地探索实在的深层奥秘，不断地接近于真理。站在语境论真理观的立场上看，人类的这种观点不断调整与变化，不仅没有为各种不同形式的相对主义或反实在论提供了依据，反而恰好证明，人类对实在的认识是在不断地修改偏见，向着客观理解的方向发展的。这也说明，科学家所阐述的理论事实上是一个产生信念的系统，是在特定语境条件下对世界的隐喻式描绘，这种描绘总是有条件的，是真假成分的融合。它们构成了一个信念整体。真理语境论允许科学理论中含有主观的东西，承认主观性存在于科学研究的起点，追求客观性是科学研究的目标。意思是说，在科学研究活动中，研究主体的意向性不仅参与了语境的建构，而且同时也受到语境的影响，从而构成了动态的、发展的、变化的、丰富多彩的研究活动。正是由于人类渴望揭示包括自身在内的大自然的秘密，才赋予人类共同的求知欲望。问题在于，这个大自然的"秘密"并不是永远不变地存在于那里，等待着好奇的人类去捕获，而是也在与人类的相互作用中发生着变化。因此，大自然本身也是在语境中变化不定的。当前的大气变暖便是一个很好的例子。

真理语境论与符合论一样都承认科学的客观性。但是，它们在许多方面是有很大差异的。首先，前提不同。真理符合论通常与经典实在论联系在一起，是以经典实在观的下列三个基本假设为基础的：世界的独立性假设、因果性假设和可分离性假设。而真理语境论是与语境实在论联系在一起的，是以语境论的科学实在观的下列三个基本假设为基础，即，世界的独立性假设、统计因果性假设和非定域性假设。因此，它们两者对世界的理解是有所差异的。其次，出发点不同。真理符合论忽略了认识中的主观性，从客观性出发阐述问题；而真理语境论恰好相反，是以承认科学研究中包含有主观性为出发点，探索与揭示更高层次的客观性。第三，思维方式不同。真理符合论主要源于常识性认识，其基本思维方式是从宏观领域延伸外推到微观领域或宇观领域，认识论者始终扮演着"上帝之眼"的角色，只是科学研究活动的操纵者与观察者，而不是参与者；而真理语境论则源于当代科学的前沿性认识，其思维方式是从微观领域或宏观领域的新认识到重新评价宏观领域内的常识性认识。

与各种建构主义的真理观和相对主义的真理观相比，语境论的真理观虽然也承认科学认识是依赖于人心的，承认科学研究活动中蕴涵了主观创造性，但是，却用不着担心会走向相对主义或反实在论，而是一种弱实在论的立场。所谓弱实在论立场，是指在根本意义上坚持实在论立场，但是，又不同于经典实在论以客观性与真理为出发点来阐述问题的方式，而是以主客观的统一为出发点，以提高客观性为目标来阐述问题。这种方式，既避免了社会建构论或各种反实在论一旦抓住科学研究中存在的主观性，就会得出全盘否定科学的客观性的极端认识，同时，又有利于把现有的各种主观论的真理论有机地结合起来，使它们分别成为语境论真理观的一个侧面或一个维度，因而从个体性、社会性、实践性等维度，系统地揭示了语境论真理观的客观性、动态性、过程性、可变性、一致性、实用性、条件性等本性。

总而言之，语境论的真理观是在反叛传统思维方式的基础上形成的。一方面，它维护了科学认识的客观性；另一方面，它也容纳了科学认识的社会性与建构性。从而使科学认识的社会化与符号化过程有机地统一起来，把逻辑和理性从它们先前高不可攀的高度降低到历史和社会的网络当中，把作为一个维度和一种影响的心理、社会和文化等因素从科学的对立面融入理性的行列。因此，语境论的真理观是一个有发展前途的值得深入研究的真理观。

四、模型化方法与隐喻思考

基于把真理确定为科学追求的目标，使真理成为一个程度概念，而不再是关系概念，所提出的语境论的真理观必须回答的一个基本问题是，作为主客观统一的科学理论是如何对世界进行描述的？为了回答这个问题，需要重新阐述科学研究中的模型化方法与隐喻思考的地位与作用，需要重新思考与评价科学理论与世界之间的关系问题。

如前所述，语境论的科学实在观以整体性为前提，整体性强调了世界的关联性，而语境性又强调了世界的变动性。整体性与语境性特征表明，科学理论对世界的描述不再可能是一个一个真命题的叠加，而是一种隐喻式的模拟性描述。具体到理论物理学的研究中，任何一个物理学理论都是把科学共同体所理解的不可能被观察到的世界，以模型化的方式模拟出来。由这些理论模型所描述出的世界与真实世界之间的关系是一种内在的、整体性的相似关系。这种相似分为两个不同的层次：其一，在特定的语境中，模型与被模拟的世界在现象学意义上的初级相似。这种相似是指，在这个层次上，人们只是能够通过某些关系把现象描述出来。但是，对现象之所以发生的原因给不出明确的说明。其二，在特定的语境中，模型与被模拟的世界在认识论意义上的高级相似。这种相似是指，理论模型达到了与真实世界的内在结构与关系之间的相似。所以，现象学意义上的相似，最后会被成熟理论所描述的认识论意义上的结构相似所包容或修正。

这两个层次之间的相似关系都是建立在经验基础之上的，而不是建立在逻辑或先验的基础之上。这样，虽然科学共同体在建构理论模型的过程中，总是不可避免地存在着许多非理性的因素。但是，在根本的意义上，他们的建构活动是以最终达到使理论描述的可能世界与真实世界之间的结构与关系相似为目的的。因此，测量语境的存在成为科学共同体的建构活动的一个最基本的制约前提。建构理论模型的活动是一种对世界的认知活动。建构活动中的虚构性将会在与公认的实验事实的比较中不断地得到矫正，直至达到与真实世界完全一致为止。或者说，在一定的语境中，当从理论模型做出的预言在经验意义上不断地得到了证实的时候，类比的相似性程度将随之不断地得以提高；当科学共同体能够依据理论模型所描述的可能世界的结构来理解真实世界时，相似性关系将逐渐地趋向模型与世界之间的一致性关系。所以，真理是物理模型与真实世界之间的相似关系的一种极限。

如果把科学活动理解成是对世界的模拟活动，那么，在理论的建构活动中，科学理论的概念与术语所描述出的可能世界，只在一定的语境中与真实世界具有相似性。所以，相对于不可能被观察到的真实世界而言，科学的话语（scientific discourses）将不再具有按字面所理解的意义，而是只具有隐喻的意义。只有当理论与世界之间的关系趋向于一致性关系时，对某些概念的隐喻性理解才有可能变成直喻的字面语言的理解。所以，在科学研究的活动中，研究对象越远离日常经验，科学话语中的隐喻成分就越多。这也许是为什么在量子理论产生的早期年代，物理学家在理解微观现象时，不可能在微观对象的粒子性和波动性之间做出任何选择的原因所在。实际上，微观粒子的波—粒二象性概念只是在现象学意义上的一种典型的隐喻概念，它们并不拥有概念的字面意义，而只具有隐喻的意义。因此，它们不是对真实世界的基本结构的实际描述，物理学家自然也就不可能在实验事实的基础上，选择用其中的一类图像对另一类图像进行解释。只有当关于微观世界的内在结构在可能世界的模型中得到全部模拟时，原来的波—粒二象性的概念，才被一个更具有普遍意义的新的量子态概念所取代。

如果科学语言只具有隐喻的意义，科学理论所描述的是可能世界，那么，科学共同体对测量现象的描述，也只是一种隐喻描述，而不是非隐喻的按照字义所理解的描述。这种描述既依赖于观察者的背景知识，也依赖于当时的技术发展的水平。就像格式塔心理学所阐述的那样，同样的图形、同一个对象，不同的观察者会得出不同的结论。在这个意义上，测量与观察不再是纯粹地揭示对象属性的一种再现活动，而是观察者与对象发生相互作用之后，受到测量语境约束的一种生成活动。在这个活动中，就现象本身而言，至少包含有两类信息：一是来自对象自身的信息；二是包括观察者在内的测量系统内部发生相互作用时新生成的信息。从这个意义上看，微观粒子在测量过程中表现出的波—粒二象性只是一种现象学意义上的相似，而不是微观粒子的真实存在。在大多数情况下，现象还不等于是证据，把现象作为一种证据表述出来，还要受到科学共同体的背景知识和社会条件的制约，甚至受到已接受的可能世界的基本理念的制约。按照对测量的这种理解方式，量子物理学界长期争论的量子测量问题，就变成了提醒物理学家有必要对过去所忽视的物理测量过程，进行更细致的理论研究的一个信号，成为进一步推动物理学发展的一个技术性的物理学问题，而不是观念性的与实在论相矛盾的哲学问题。

　　玻姆的量子论是试图用非隐喻的字面语言对真实的量子世界进行描述，而现有的量子力学在它的产生之初则是用隐喻的语言，对量子世界的一种模拟描述。正是由于理论模型的客观性，才使得薛定谔的波动力学与海森堡等人的矩阵力学能够得出完全相同的结果，并最终证明两者在数学上是等价的。在量子力学的语境中，不论是波动图像，还是粒子图像，都只是理论与世界之间的现象学意义上的初级相似。在以后的发展中，量子力学所描述的可能世界的预言与真实世界的实验现象相一致的事实说明，当冯·诺意曼在希尔伯特空间以量子态为基本概念，建立了量子力学的公理化体系之后，这些现象学意义上的相似已经上升到认识论意义上的结构相似，说明量子力学描述的可能世界与真实世界在非相对论的微观领域内是一致的。这时，以波—粒二象性为基础的隐喻图像被整体论的世界图像所取代。这也许正是物理学家可以在抛开哲学争论的前提下，从关注技术性要点出发仍然可以推动以量子力学的基本原理为基础的许多开发应用的一个原因所在。而相比之下，玻姆的理论不过是追求传统意义上的非隐喻的字面图像和传统哲学观念的一种理想产物。

　　在对理论意义的这种理解方式中，理论与世界之间的一致性关系不是建立在命题与概念的层次上，而是以测量语境为本体，建立在物理模型与世界之间从现象学意义上的初级相似到认识论意义上的结构相似的基础之上的。测量语境的本体性，成为人们在认识论意义上承认科学理论是一个信念系统的同时，拒绝后现代主义者把理论理解成是可以随意解读的社会文本的极端观点的根本保证。所以，真理的意义不是取决于词、概念和命题与世界之间的直接符合，而是在于理论整体与世界整体之间在逼真意义上一致性。由于可能世界与真实世界之间的这种一致性关系在一定程度上是依赖于社会技术条件的动态关系。因此，以一致性为基础的真理是依赖于语境的真理，它永远是一个动态的和可变的概念，而不是静止的和不变的概念。这显然是对"把科学研究的目的理解为是追求真理"这句话的最好解答。[①]

五、语境论的思维方式

当人们把对理论、真理和意义的这种理解方式应用于对真实世界的认识时，也可以在测量语境的基础上，对理论进行实在论的解释。所不同的是，这种实在论不再是把科学理论理解成是提供关于世界的某种镜像图景的、以客观真理为出发点的那种实在论，而是把科学理论理解成是通过先对世界的模拟，然后，与真实世界趋于一致的、依赖于测量语境的实在论。不同的理论模型和测量语境可以提供对世界的不同描述。但是，通过进一步的观察或实验，可以判断哪一个模型能够更好地与世界相一致。在这里，理论模型与世界之间的关系是一种相似关系，而不再是相符合的关系；测量结果与对象之间的关系是在特定条件下的一种境遇性关系，而不再是一种纯粹的再现关系。人们称这种实在论为"语境实在论"。用语境实在论的观点取代传统实在论的观点，需要以语境论的思维方式取代传统的思维方式。这种思维方式的逆转主要体现在下列几个方面：

第一，在本体论意义上，用整体的本体论的关系论（global-ontological relationalism）的观点取代传统的本体论的原子论（ontological atomism）的观点。承认关系属性或倾向性属性的存在，承认概率的实在性，承认世界中的实体、属性与关系之间的整体性。传统的原子本体论总是把世界理解成是由可以进行任意分割的部分所组成，整体等于部分之和，牛顿力学是这种本体论的一个典型范例；关系本体论则把世界理解成是一个不可分割的整体，整体大于部分之和，量子力学是这种本体论的一个典型范例。与原子本体论中认为实体可以独立地拥有自身的属性所不同，在关系本体论中，实体及其属性总是在一定的关系中体现出来。这里存在着两层关系：一层是实体之间的内在关系属性；另一层是实体固有属性表现的外在关系条件。前者具有潜存性，后者为潜存性向现实性的转变创造了有利条件。

第二，在认识论意义上，用理论模型的隐喻论的观点取代理论模型的镜像论的观点。传统的模型镜像论观点把理论理解成是命题的集合，命题与概念的指称

---

① 成素梅：《在宏观与微观之间：量子测量的解释语境与实在论》，中山大学出版社 2006 年版，第212~217 页。

和意义是由对象决定的，它们的集合构成了对对象的完备描述；而模型隐喻论的观点虽然也认为理论能够以命题的形式表示出来，但是，理论不是命题的集合，而是包含有模仿世界的内在机理的模型集合。理论与世界之间的关系不是传统的相符合关系，而是在一定的语境中，理论描述的可能世界与真实世界之间的以相似为基础的一致性关系。理论系统的模型与真实系统之间的相似程度决定理论的逼真性。这样，真理不再是命题与世界之间的符合，而是成为理论的逼真性的一种极限情况。或者说，当理论所描述的可能世界与真实世界相一致的时候，理论的真理才能出现。这是对基本的认识论概念的倒转：传统的逼真性理论是用命题或命题集合的真理作为基本单元，来衡量理论距真理的距离，即理论的逼真度；而现在正好反过来，是通过对逼真性概念的理解来达到对真理的理解。

第三，在方法论意义上，用语义学方法取代传统的认识论方法。在传统的认识论方法中，是用命题的真理或图像与世界之间的逼真度的术语来表达科学实在论的一般论点。然而，这种方法使我们从开始就需要清楚地辨别对一些解释性描述的理解。例如，在相同的研究领域内，人们为什么能够说，一个理论比与它相竞争的另一个理论更逼近真理或更远离真理？对于诸如此类的问题，如果没有一个明确的和可辩护的回答方式，那么，逼真性概念要么是空洞的；要么就是不一致的。结果，对理论的逼真性的论证反而成为对"认识的谬误"（epistemic fallacy）的证明，并在某程度上支持了认识论的怀疑论观点。但是，如果在语义学的语境中，通过对逼真性概念的分析与辩护，然后，衍生出理论的真理，对上述问题的理解方式将不会陷入如此的认识论困境，而且从认识论的怀疑论也不会推论出语义学的怀疑论。

第四，在经验的意义上，用现象生成论者的测量观取代现象再现论的测量观。所谓现象再现论的测量观是指，把物理测量结果理解成是对对象固有属性的一种再现，测量仪器的使用不会对对象属性的揭示产生实质性的干扰，它扮演着一个单纯意义上的工具角色。理论术语能够对这些观察证据进行精确的表述。观察证据的这种纯粹客观性成为建构与判别理论的逻辑起点；而现象生成论者的测量观则认为，测量是对世界的一种透视，测量结果是在对象与测量环境相互作用的过程中生成的。测量结果所表达的经验事实，不是纯粹对世界状态的反映，因为经验事实存在于人们的信念系统之中，而不是独立于观察者的意识或论述之外与世界的纯粹符合，只是在特定的测量语境中的一种相对表现，是相互作用的结果。或者说，测量语境构成了对象属性有可能被认识的必要条件。所以，理论的逼真度与科学进步之间的联系，应该在经验的意义上来确立。科学进步的记录并不是真命题的积累，而是从模型系统与真实系统之间的相似性出发，用逼真度的概念衡量科学研究纲领接近真理的程度。在这里，相似性绝不是一个命题，也不是两个世界之间的一种固定不变的关系，而是依赖于语境的。因为它的内容将会随着我们对世界的不断深入的理解而发生变化。所以，科学进步不是真命题积累的问题，而是理论的成功预言与经验事实的函数。

第五，在语义学的意义上，用整体论或依赖于语境的隐喻语言范式取代非隐喻的字面真理范式（literal-truth paradigm）。从17世纪开始，非隐喻的字面真理的范式就已经被科学家广泛地接受为是理想的语言。其动机是期望把理论模型的言语和论证，建立在优美而简洁的数学和几何的基础之上。当时的理性论者和经验论者把科学语言当成理想的合乎理性的语言，或者说，把科学的经验和知识看成人类经验和知识的典范。这种观点认为，所有的知识与真实世界之间的关系是根据表征知识的命题方式来讨论的，科学语言与概念的意义由它所表征的世界来确定，它们不仅在本质上具有固有的字义，而且语言本身的字面意义就是使用词语的标准。语言的意义不仅与语言的用法无关，而被认为是客观地对应于世界的各个方面。科学的话语总是关于自然界的现象、内在结构和原因的话语，科学所谈论的对象就是自然界本身。

然而，在整体论的隐喻语言范式中，理论所讨论的是由科学共同体提出的关于世界的因果结构的信念，知识与真实世界之间的关系是根据可能世界与真实世界之间的相似关系来讨论的。在这里，两个世界之间的相似程度的提高是它们共有属性的函数。在隐喻的意义上，语言与概念的意义是极其模糊的和语境化的，隐喻的表达通常并不直接对应于世界中的实体或事件，即按照字面的意义理解隐喻的陈述常常是错误的。例如，在理解量子测量现象时，实验已经证明，或者强调使用粒子语言，或者强调波动语言都是失败的。这也是玻尔的互补性原理在量子力学的时期岁月里容易被人们所接受的高明之处。关于微观世界的粒子图像或波动图像只不过是传统思维惯性的一种最显著的表现而已。事实上，这两种图像都只是一种隐喻意义上的图像，而不代表微观世界的真实图像。隐喻与其他非字面的言辞是依赖于语境的。正如后期维特根斯所言，语言与概念的意义依赖于活动，使用一个符号的充分必要条件必须包括对活动的描述。

第六，在逻辑的意义上，用多元逻辑的辩证思维方式取代传统的二值逻辑的思维方式。如前所述，在传统的二值逻辑的思维方式中，要么把科学理解为是纯客观的，禁止心理学、社会学、经济学及政治学等外部条件在科学研究中发挥作用，要么走向其反面，认为科学之所以能够得以传承，完全是因为允许曾经被先验地禁止的那些非证据类因素的存在。在当代科学技术的发展中，这种非此即彼的思维方式，显然是不足取的。多元逻辑的思维方式始终是在主客观统一的语境中动态地思考科学的客观性与真理性，辩证地分析理论与证据之间的整体性依存关系，强调科学研究对象与研究中介的条件性与时代性，并使科学方法语境化，使研究主体社会化，使科学理论与科学实验历史化，因此而揭示修辞论证与辩证逻辑在科学研究与传播过程中的现存性。这种多元逻辑的思维方式在一定程度上反映出，科学家对客观实在的认识既是基于理性和非理性交织的一个社会化过程，也是科学共同体在劝说论证的辩论过程中达成的具有内在说服力的一个主客观统一的符号化过程。在这种思维方式中，逻辑和理性融入了历史与社会语境当中，而心理、社会和文化等因素从科学的对立面进入了理性的行列。

从哲学意义上看，这种多元逻辑的思维方式不仅有助于揭示出，当代科学哲学家总是倾向于站在最有利的立场上来克服科学的"内部因素"与科学的"外部因素"之间和规范的科学哲学与描述的科学哲学之间的紧张关系，而且能够内在地表明，科学的外部因素是如何转化为科学的内部因素的，同时，科学的内部因素又是如何受到科学的外部因素制约的。从文化的意义上看，作为一种意识形态的理性的科学形象（科学主义）已经导致了不切实际的抱怨：知识使人们远离了实在和生活。相反，作为一个"概念网络"、一种"文化形式"或"权力意志"的科学形象，冒着产生另一种意识形态之风险，也冒着带来另一种抱怨之风险，即科学向人们提供的不是知识。相比之下，多元逻辑的思维方式可以做得更好些：它有助于人们用一种更人性化的方式来理解科学，有助于人们开始理解科学在文化与自然界之间的处境，以及有助于人们依据科学所提供的认识来重视科学，不会因为科学所无法提供的认识而谴责科学。

第七，在实在论意义上，用语境论的实在观取代经典实在观。前面的论述已经表明，经典实在观是建立在以经典物理学的理论体系为核心的经典科学的基础之上的，它存在的三个基础前提条件是：其一，物理实在独立于观察者而客观地存在着；其二，需要对物理过程进行因果性（决定论）的说明；其三，物理世界具有定域性或可分离性。语境论的实在观是一种整体性的实在观，是建立在以量子力学的理论体系为核心的当代科学的基础之上的。这种实在观的三个基本假设是：其一，世界的独立性假设，即在本体论意义上，承认世界的独立存在性；其二，统计因果性假设，即物理学家对物理过程的说明是统计因果性；其三，整体性假设，即物理世界是作为一个相互联系的整体而存在的。或者说，微观测量具有非定域性特征。

第八，在知识论意义上，用社会知识（social knowledge）观取代个人知识（individual knowledge）观。肇始于笛卡儿的传统知识观是一种关于个人知识的理论观点。这种预设了理想化的知识观的局限性，在当代科学研究的条件下已经暴露无遗，它不仅忽略了科学研究中的社会因素，而且很容易把科学知识理解为是绝对真理，从而致使在以个人知识观为基础的科学哲学框架内，不可避免地呈现出旷日持久的围绕真理等问题的争论。在这个框架内，这些争论是难以解决的。社会知识观是试图通过对科学知识形成与传播的社会交流过程、技巧及其形式等方面的研究，提供一条探索人类知识增长的新途径，试图在科学应该是什么的规范的科学哲学进路与科学实际上是什么的描述的科学哲学进路之间架起融合的桥梁，把科学家作为社会群体和科学共同体的成员，从对科学产品的关注转向对科学实验与实践过程的关注，认为把社会因素理解为是削弱了知识的真理性和客观性，因此而走向相对主义的观点是一种误导。追求在科学知识社会化的过程中赋予其理性与客观的解读，从跨学科的视角重建知识论体系，探索有利于促进科学知识产生与发展的社会条件。

第九，在价值论意义上，用语境论的网络评价观取代追求确定性的单一评价观。追求确定性的单一评价观既容易把科学评价的目光聚集于形式化的科学研究产品，而不是聚集于活生生的科学研究过程，也容易忽视科学研究的创造性与多元化特征。而语境论的网络评价观是追求在一个多元的、动态的以及开放的网络系统中进行科学评价。其中，评价网络的变化是不断地去语境化与再语境化交替演变的一个过程，科学发展正是在这个过程完成了主客观的统一。或者说，这个过程既有可能将科学知识的客观性与主观性内在地统一起来，也有助于系统地揭示出科学家在产生科学事实、形成科学信念以及提出科学预言时的语境依赖性与相对性特质。与各种形式的相对主义观点所不同，这种语境依赖性与相对性不仅蕴涵了客观性与真理性成分，而且现实地"弱化"了科学具有不可错性的绝对权威性，理性地揭示了科学知识的历史性与社会性。

六、结语：科学隐喻观的凸显

综上所述，把真理理解为科学追求的目标，是理论与世界相似性程度不断提高的一个极限概念，而不是理论与世界相符合的结果，更不是关系特性。这种理解突出了模型化方法与隐喻化思考在科学研究中的作用。在此基础上形成的语境论的思维方式与长期以来形成的思维方式正好相反，不是只强调客观性，并尽可能地排除主观性，而是一开始就承认主观性，然后，在测量的基础上，不断地达到客观性。这是一套全新的思维方式，它不仅首先把世界看成相互联系的整体，而且把理论本身也看成相互关联的信念之网。由于这种语境论的思维方式第一次明确地把隐喻思维引入科学研究当中，因此，需要进一步从语言学的层面对科学隐喻的方法论意义进行更详细和更专门的讨论。

第九章

科学隐喻的方法论意义[①]

随着当代科学研究的不断深入，隐喻在科学研究中所占的比重越来越大，人们对隐喻（metaphor）的认识也越来越发生了根本性的变化，科学隐喻的方法论意义问题随之明确地凸显出来。虽然上自亚里士多德下至逻辑实证主义者都表示反对在科学理论语言中使用隐喻，但是，在科学的历史发展中，无论在理论中还是实践中，都没有真正实现过。事实上，在过去几十年中，科学隐喻问题已经引起了越来越多著名的科学哲学家的关注，诸如玛丽·赫西（Mary Hesse）、罗姆·哈瑞（Rom Harre）、狄德瑞·詹特纳（Dedre Gentner）、罗伯特·霍夫曼（Robert Hoffman）和理查德·波义德（Richard Boyd）[②] 等，都在不同的方面努力致力于科学探索过程中隐喻方法的现实性研究。他们创造了"隐喻转向"的提法，推动了隐喻作为一种科学研究方法论的发展进程。随着有关研究的不断深入，科学隐喻的合法性地位确立起来并不断得以巩固，成为当代科学哲学发展的一个新的生长点和有前途的方向。因此，我们在阐述语境论的思维方式时，把隐

[①]　本章内容由郭贵春《科学隐喻的方法论意义》（《中国社会科学》2004 年第 2 期）一文修改而成。

[②]　Mary Hesse, *Revolutions and Reconstructions in the Philosophy of Science* (Indiana University Press, 1980); Rom Harre, *Varieties of Realism* (Basil Blackwell, 1986); Dedre Gentner, Are Scientific Analogies Metaphors? In *Metaphor：Problems and Perspectives* (New York：The Humanities Press, 1982); Robert Hoffman, Metaphor in Science, In A. Ortony ed. , *Cognition and Figurative Language* (Hillsdale：Lawrence Erlbaum Associates, 1989); Richard Boyd, Metaphor and Theory Change, In *Metaphor and Thought* (Oxford University Press, 1993).

喻作为科学方法论研究的一个重要组成部分，是具有可行性与前瞻性的。本章主要通过对科学隐喻的本质的讨论，揭示科学隐喻的方法论特征与功能。

一、科学隐喻是方法论研究的必然要求

狭义地讲，隐喻是指语言中某些语词的特殊用法，往往是事物 x 的名称用以指称 y 事物；广义地讲，隐喻则可以指概念化以及再概念化的过程本身。也正是在后一种意义上，人们可以认为所有思想都是隐喻性的。隐喻的本质是创造性和开放性的，但这也往往使人容易错误地将其与歧义性、含混性以及非逻辑性联络起来。正因为如此，当科学哲学中的"语言学转向"把形式化的科学理性推向峰巅的时候，隐喻被排除出了科学方法论研究的领域。在"解释学转向"开始之初，人们还仅仅把隐喻看成修辞方法的单纯附庸物，一般辞典都把隐喻定义为一种"言语的修辞格式"（figure of speech）。而伴随着"修辞学转向"运动的展开，许多科学哲学家都意识到了仅仅把隐喻看成修辞特征的观念太狭隘也太绝对化了；事实上，随着人类科学认识的不断深化，"隐喻已经被看做科学中语言生成、概念构造及相互关联的重要的、不可或缺的手段"[1]。

"科学隐喻"的本质意义在于将一般的隐喻理论应用到科学理论的具体说明中，并由此形成一种科学说明的方法论思想。著名隐喻研究专家马克·约翰逊（Mark Johnson）指出，"对隐喻的审视是经由基本逻辑的、认识论的和本体论的问题，而核心地深入对人类经验的任何哲学理解之最有成效的方式之一。"[2] 对这一看法，人们是普遍地承认的，但存在至少三种不同的视角：其一，应当用语用学、对话理论或言语行为理论来补充语义学，以便更从容地应对隐喻的问题；这包括保罗·格赖斯（Paul Grice）、约翰·塞尔（John Searle）等人的观点。其二，作为语言使用的隐喻的意义就在于，它抵制了任何一种如语义学或语用学的一般理论说明，而注重理论的个体言论；这包括戴维森（D. Davidson）、罗蒂以及库柏（D. Cooper）等人的看法。其三，历史上隐喻一直处于传统语义学讨论范围之外的事实，是传统贫乏的例证，因而应当彻底修正甚至全盘扬弃经典语义学，同时应当避免仅仅在纯粹科学的或数学的语言基础上来思考隐喻的问题；这包括乔治·莱考夫（George Lakoff）及其学派以及保罗·利科（Paul Ricoeur）等人的见解。

尽管这三种视角表达的观念不尽相同，但却共同认为隐喻根本不可能仅仅在

---

① Hanua Pulaczewska, *Aspects of Metaphor in Physics*（Max Niemsyer Verlag Gmblt, Tübingen, 1999），P. 1.

② Josef Stem, *Metaphor in Context*（The MIT Press, Cambridge, 2000），P. II.

语义学的狭窄范围内得到充分解释。这就是说，隐喻与语义学必须打破传统的界限而真正地统一起来：一方面，语义学应建构性地促进对隐喻的理解；另一方面，隐喻应创造性地强化对语义的阐释。总之，必须在特定意义理论的语境角色中才能较为彻底地澄清并说明隐喻的方法论意义。事实上，对隐喻作为一种科学说明的方法论来理解和评价的不同视角隐含着一个最基本的要求，即隐喻应当是语形、语义和语用综合作用的系统趋向，而不是纯先验的东西。理解隐喻生成的方式就是理解隐喻语句形式中语词相结合的语用方式，所以隐喻语句的合理性表达了本质特征，直接导致了对隐喻方式的语义理解，并提供了处理所有传统哲学难题的基础。传统分析哲学尤其是逻辑经验主义过时的一个重要的原因，就在于忽视了活生生的现实的隐喻语言。

隐喻作为一种科学说明的方法论要求的展开过程，就是特定隐喻生成的过程。这种展开或生成的过程是存在于不同层面的。因为从隐喻直觉到隐喻理解、从隐喻语词到隐喻语句、在隐喻框架和非隐喻框架中使用隐喻语句、隐喻焦点和隐喻框架等，其意义均是不同的。在这里，隐喻生成过程事实上包含了特定语词意味的多重使用，而这正是隐喻生成的不可避免的方法论的展开过程。在这一过程中，语词意义的时间扩张与空间延伸是密切伴随的，语义的可能性和现实性是在不断转化的，而语用的确定性和不确定性是相互关联着的。所以，在语形的层面，隐喻是被构造的；在语义的层面，隐喻是被转化的；在语用的层面，隐喻是被选择的。在一个特定隐喻的生成过程中或它的方法论要求的展开过程中，这些层面是内在地统一的和同时作用的；或者说，是在一个特定的语境中相互作用带来的系统结果。因此，一个隐喻描述必须在语言转换的语境中历时和共时地加以理解。

从隐喻的方法论要求的结构上来讲，主要存在两大类隐喻：其一，"混合隐喻"（mixed metaphor）；其二，"扩张隐喻"（extended metaphor）。这就是说，首先，从本质上讲，隐喻作为科学说明方法论手段的展开，就在于建立不同状态之间的一致性，同时也是不同语言结构层面的"混合"，因为它是对不同状态、不同描述结合的产物；其次，一旦建立了这种一致性，通过与不同状态描述的继续结合，就会生成"扩张隐喻"的可能性。从隐喻的语言学的机理看，"扩张隐喻"的过程是理智的；然而，一个隐喻是否并且如何被成功地、创造性地扩张，却是由语境的整体特征所决定的。不言而喻，从本质上讲，隐喻的生成是语境的功能，隐喻的转化是语境的交换，隐喻的更迭是"再语境化"的结果。总之，包含隐喻的句子与包含论证的句子一样，在不同的语境中表达不同的命题内容。但这里必须做出两种重要的区分：首先，应当区分这类句子在其言语语境中实际上表达的内容与它在其他语境中可能表达的内容；其次，应当区分在一种反事实条件评价下，实际上隐喻地表达的命题真值与可能表达的命题真值之间的差异。对于隐喻与论证来说，相关的或适当的命题内容总是那些在其言语语境中表达的内容，而这与评价其真值的条件无关。

正因为如此，隐喻只有超越了语法转化的形式规则的界限，才能成为一种科学的修辞手段。这种修辞手段的表现形态本身所内聚的语义内容，在具体的使用语境中，形成了"多重隐喻"的有力策略，从而又超越自身而形成了一种把握实在意义的方式。也就是说，将鲜明的文字意思转换成为具有颠覆性的（subversive）的隐喻，这就是隐喻修辞的效果。从这一点上讲，"隐喻既是非常丰富的，又是非常困难的语言使用"①。所以，在特定的语境中，语法转换的语形规则的要求携带了隐喻修辞，而隐喻修辞内嵌了语义内容，因为隐喻修辞必然要超越这些形式规则的要求而在语用中实现自身的修辞特征，从而使隐喻的方法论功能得以展开和实现。虽然这些形式规则是先在地给定的，但隐喻这一功能的实现却是在给定的语境中瞬时地赋予的。到目前为止，有四种较有影响的隐喻理论，它们内含着各自不同的隐喻倾向性：

其一，将隐喻倾向性置于指称层面的理论。这种理论的基本思想就在于，隐喻是将某一对象的名称用于其他对象的命名。就比如将 A 称为 B 的结果，将 A 看做 B，并探索 A 和 B 之间的比照。这一理论形态的实质就在于指明了这样一个重要的隐喻称谓：不适当的指代预设了不适当的意义。每一个隐喻事实上都引起了一种二元指称（dual reference），利科把这种特殊的隐喻指称命名为一种"破裂指称"（split reference）。

其二，将隐喻倾向性置于语词意思层面的理论。换句话说，在单一的语词内确定它的隐喻倾向性，并在这一过程中最终超越给定语词特殊意义的要求。因为这一意思实际上的持久特征是在特定语境中无法给出的。作为对隐喻的解释或说明，这一理论存在着逻辑上的巨大困难，因为它一方面要将隐喻倾向性置于语义下降的最小单位（唯一单位），另一方面又要同时创造另一个语词的意思或那个意思的影子。

以上两种理论的主要缺陷，在于将一个隐喻语词的使用限制在一个太小的语言单位中，以至于无法解释复杂的隐喻意义。

其三，将隐喻倾向性置于语句层面的理论。在这个层面上，会出现"语言学的混合"（linguistic hybrid），或者说，一个句子应用了两种不同的语词。也就是说，它的自然的倾向性存在于整个语句的复杂表征之中。如果说在马克斯·布莱克（Max Black）的意义上，隐喻的张力是由句子所包含的来源域和目标域的

---

① Hanua Pulaczewska, *Aspects of Metaphor in Physics*（Max Niemsyer Verlag Gmblt, Tübingen, 1999），P. 32.

互动所引起的；那么，在利科看来，这种张力更本质地来自对这个隐喻句的两种不同解释。这两种明显相互冲突的说明，正是通过将其所指带入语义近似的同一域，从而生成了特定隐喻并赋予其以意义。

其四，将隐喻倾向性置于隐喻语句的特定使用层面的理论。这种隐喻倾向性试图超越句子，走出语句的语言学结构的束缚，从而诉诸语句的整体使用。这种倾向性是被建构在一种"张力"之中的，即对一个语句的期望与对它的使用的张力之中。严格地讲，这种理论不是被作为隐喻语句的理论，而是作为隐喻言语或"讲话行为"的理论而被描述的。①

以上这几种理论各具特色，对于全方位地理解隐喻的本质特征均不可或缺；但同时又都存在着各自的缺陷。只有在一种动态的、开放性的隐喻框架中，在语境的基础上进行整体构建，才能展示隐喻的方法论的真正要求。这是由于，"隐喻是高度复杂的语言结构，对这一点的任何简单化，都将失去或缺乏适当描述隐喻全域（full range）的逻辑复杂性"②。总之，隐喻并非单纯的"语言游戏"，它关涉并以一种复杂的方式指称实在。隐喻对一般指称进行悬置，并在此基础上做出一种"二阶指称"（second-order reference）。它的本质就在于通过这种方法对科学理论的理性陈述加以解释和说明。科学隐喻的这种方法是对客观实在的一种语境化的把握，而语境必然是有特定限制的。所以，只有语境的不断重构，才能给定隐喻语境的存在及其把握实在本质的有效性。这种有效性更多地体现在了作为一种科学解释方法把握实在对象的目的性、可能性、合理性和现实性的统一。所以，仅仅从合理性的标准去评判科学隐喻是不符合科学发展的历史现实的。

二、科学隐喻的方法论特征

离开了语境的整体性来谈论隐喻的方法论意义是无用的。在科学说明中，一个给定的语境是所有假设条件的前提，它一方面表明该语境与特定隐喻之间的关联，另一方面又作为该隐喻倾向的可能性展现了出来。所以，"真理就在于离开了语境使人们绝对地一无所事"③。如果人们立足于语境的整体性去分析隐喻的方法论意义，会发现如下特征：

1. 隐喻方法是理解与选择的统一

给定一种隐喻的说明，事实上就是对一个概念的意义转换如何理解的问题。

---

① Roger M. White, *The Structure of Metaphor*（Blackwell Publishers, Cambridge, 1996）, P. 166.

② 同上，P. 12。

③ 同上，P. 213。

如果不是在一个给定语境中去理解隐喻意义，而仅从字面意义上去注释，将会导致巨大的发散性和高度的思辨性。因为并不是所有的隐喻陈述都有一个潜在的字面的相似性陈述与之对应。即便有这种相关联的字面相似性陈述，二者的真值条件也不可能相同。

首先，隐喻可理解为"多重图像"。每一个"图像模型"都包含着一次对经验环境的概念模拟或理想化复制。也就是说，它有着一个极大的对照网络，这些对照在特定的语境中组合成了整体的隐喻图景。倘若仅仅局限在独立的个体对照上，就看不到整体语境隐喻。在这里，对特定对照的选择不是排他性的，而是多重整合；也正是对这种多重整合的理解决定了对单一对照的特定选择。

其次，在语言学的层面上，对隐喻的注释明确地表现了解释隐喻的任务，隐喻是作为已给定的一种特定使用的解释和说明而存在的。通过隐喻的使用引入特定的思想网络，这意味着给出真正说明的必然是一个有系统理解能力的思想网络，而非仅仅基于隐喻语词的个体单位的狭窄理解。

最后，这些作为"释解"（construe）的语词不仅属于隐喻地被使用的语词范围，而且"释解"一词必须被看做"可分叉的"（bifurcated），即可基于多重选择的。① 在特定的科学语境中，隐喻的本体与喻体系统都是由自然律法则的网络所高度地组织起来的；而在一个特定的语言思想交流中，瞬间语境的可能趋向性与想象的特定本质的一致性，决定了对给定语境的选择。正是在这种状态下：第一，人们只接受或认可那些描述了事物本质和熟悉状态的候选词句来作为隐喻；第二，通过对想象的状态与实际状态的比较，进一步将隐喻的可能趋向具体化；第三，接受那种在其瞬间语境中容纳隐喻的理想语句。总之，一个隐喻的生成过程或理解过程，也就是特定语境条件下的选择过程，正是在这一意义上隐喻是建构的。

2. 隐喻方法是经验与概念的统一

概念化的途径与经验的形式之间存在着一种系统关联，因为概念的形成在孤立于经验基础的情况下是完全不可能的。通过隐喻的意义交叉功能，可以成功地发明出新鲜的、原创性的概念，但这一过程同样不能脱离经验的基础。隐喻的本质是实验性的，但它同时包含了经验的相关性。通过隐喻去理解经验的能力已经

---

① Roger M. White, *The Structure of Metaphor* (Blackwell Publishers, Cambridge, 1996), P. 76。

成为一种与看、触、听一样的感觉，隐喻提供了理解人类经验世界的特定途径。[①] 但必须看到，隐喻的转换或传播是与经验相关的，但并不必然地受制于经验的"所予"（givens）。隐喻的表征允许特定的选择概念化，但深层的隐喻却只能当某种选择概念化的可能性能够实现时，才能作为一种隐喻显示出来。也就是说，隐喻在经验的层面上通过概念化是可以显现的，但从深层隐喻到可实现的浅层表征隐喻的"隐喻上升"是有条件的，是特定科学语境整体决定的结果。

之所以说"空间隐喻"构成了"概念隐喻"的基础，就是因为它虽然并不直接地由概念来表征，但却起到了一种生成语言表征的基础的作用。库恩指出，"理论是模型结构，而隐喻被用于提供对这些结构中要素的说明。"[②] 也就是说，"一个理论对经验的所有应用都包含着隐喻的使用，因为在任意一个案例中，现象都是在特定模型的'光芒'中被'见到的'"。[③] 隐喻不仅使人们看到了不同的经验现象，而且使科学理论中概念术语的意义转向了隐喻的意义，诸如"和谐"、"共振"等概念术语被用于量子波动力学的模型所给出的意义。在这里，隐喻建立起了科学概念与经验世界之间的内在联结。

3. 隐喻方法是语义结构与隐喻域之间的统一

由于隐喻的性质产生对某种特定的科学认识论的考察，所以"可将概念结构看做构成言语基础的一种语义结构"。[④] 这种语义结构是与它所相关的隐喻域一致的。隐喻作为一种方法论的考察力就导源于对概念体系的语义结构与相关隐喻域之间的重新整合，从而使新的关联在重新组合的概念语义的结构中生成新的理解和新的隐喻趋向。语义结构是由语义网络体现的，而语义网络存在着两种基本的语义框架，如图 9-1 所示。

所有这些语义框架类型都有自己的亚形态。这种语义图景是一种多阶的、具有多语义结（semantic nodes）的整体网络。所以，语义框架是一个相互联结的语义结的系统。"部分框架"是一种涉及部分和整体关系的系统。在这里，"语义场"（semantic field）是语义网络的一个亚系统，而作为语义背景的"语义记忆"则存在于一个或多个语义场中。在"语义场"中术语关联的紧密性赋予了它们语义关联的重要意义，而且这种关联被建构的本质提供了不同语义场要素之间的类推关联的建立。在这种语义结构中，尤其是涉及部分和整体的关系时，存

① George Lakoff & Mark Johnson, *Metaphor We Live By* (Chicago: University of Chicago Press, 1980), P. 239.
② T. Kuhn, Metaphor in Science, In Ortony ed. *Metaphor and Thought* (1979), P. 415.
③ Michael Bradie, The Metaphorical Character of Science, In Philosophia Naturalis 21 (1984), P. 237.
④ Jaako Nintikka ed., *Aspects of Metaphor* (Boston: Kluwer Academic Publisher, 1994), P. 41.

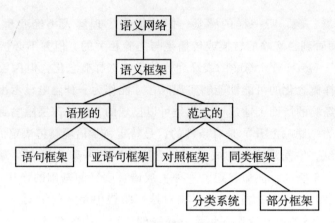

图 9 - 1　语义网络的语义框架

在着特别重要的两个原则：

其一，跨媒介的整体性原则（the principle of intermediate wholes）。它要求：如果 x 和 y 同处于一个语义场 F 中，并且倘若 x 包含 y 时，无论多么间接，在 x 和 y 之间的任何整体媒介都处于 F 的"部分封闭"（mercological closure）之中。从形式上看，可用"部分链上升"（ascending mercological chain）的概念来表征这个原则。

其二，起码的最大整体性原则（the principle of least maximal wholes）。这一原则被用于决定"部分层级"（mercological hierarchy）的范围，因而"部分封闭"之间的这种层级结构被嵌入了语义场。如果在这一层级结构中 x 包含 y，那么 x 在这一结构中比 y 高，是一个更大的整体；反之，y 在这一结构中比 x 低，所以说是一个更小的整体。[①]

以上这些分析事实上是给出了一种隐喻域的大小、层级结构的高低、它们之间的关联等与语义结构的关联性，从而发现隐喻生成的语义基础以及概念"再隐喻化"的可能基础。可以看出，一个隐喻术语的意义是由它的关联结构所决定的。根据关联对一个术语的意义进行定义是由具有相同意义的两个术语意味着什么的考虑所激发的。倘若两个术语具有同样的关联，就将具有同样的意义；如果两个关联具有同一个"结"，并且具有同一个语义视角和语义结，那么它们的隐喻也必定是同一的。正是层级结构，即概念结之间的关联，控制着隐喻中不同域之间的可能映射。[②] 隐喻一旦概念化、表征化、形式化，它就不可避免地要处在特定的语义场中，从而也就有了确定的隐喻域，也就决定了隐喻与理性陈述之

---

①　Michael Bradie, The Metaphorical Character of Science, In *Philosophia Naturalis*, 21 (1984), P. 45.

②　Eileen Cornell Way, *Knowledge Representation and Metaphor* (Boston: Kluwer Academic Publishers, 1991), P. 174.

间某种必然性的关联。

4. 隐喻方法是理性与非理性的统一

隐喻与科学理论的理性陈述之间的复杂关联，不仅仅起源于隐喻实现的不同形式及其途径，而且起源于如何实际理解理性陈述的问题。不同学科在各自的领域内生成了不同的概念，但也同时产生了不同理性陈述之间的关联性。一方面，语言的隐喻性（包括学术语言和交流）似乎否定了知识和真理奠定在坚实的经验事实、严格的逻辑推论和清晰的概念范畴之上的观念。所以，隐喻常常被错觉地看做理性构造的对立方甚至"颠覆物"。另一方面，隐喻有可能防止理论范畴的过分僵化，同时它联结不同语境的强大能力在各个学科之间敞开了交流和互动的大门。"正是在这个意义上，隐喻被看做理论陈述可构造的、现实的途径。"① 隐喻所具有的实在的学科角色以及它的各种独特功能，说明了隐喻作为一种方法论的横断性，即它不可能成为任何一门学科独有的特权和独享的专利品。隐喻不仅可以超越学科之间的界限，而且可以凭借直觉的创造性的途径去解构它们，因而在隐喻和理性陈述之间的关联就必然表现为一种相互融合的方式。

可见，隐喻的使用不仅不是理性陈述的对立物，相反，它是理性陈述之间具有可通约性的必然的方法论要求。在超越不同学科界限或理性陈述界限的同时，隐喻不断导致了对新的假设和理性的洞察。理性陈述正是依赖隐喻将可观察的和不可观察的对象联结起来的途径并进行建构的。具体体现在：其一，在特定理性陈述中显现和潜在隐喻的建构性作用；其二，对特定隐喻功能的检验；其三，对给定隐喻域的语言学的和历史背景的解释学重构；其四，对隐喻概念的含义和隐喻描述主体之间的关联分析；其五，对隐喻的真理性和认知内容的考察。② 这说明，无论是对理性或非理性的陈述来讲，隐喻都不是预设的实体，而是在科学理论研究过程中被构建的。隐喻在直接当下的意义上似乎是非理性的，但是，当把它放在一个理性系统中去分析时，就会清楚地发现它具有特定的，甚至是长期的科学理性思维的背景，以及长久的科学实验的行为背景。没有这种理性的背景，科学隐喻的出现是不可能的。总之，一个原创性的科学隐喻往往首先以一种"佯谬"的形态展示自身，但它又总是很快地通过常规化的过程成为科学范式的特定要素。

---

① Berwhard Debatine, Timotly R. Jackson and Daniel Steuer ed., *Metaphor and Rational Discourse* (Tübingen: Max Niemeyer Verlay, 1997), P. 4.

② Jaako Nintikka ed., *Aspects of Metaphor* (Boston: Kluwer Academic Publisher, 1994), P. 6.

三、科学隐喻的方法论功能

自开普勒时代起，物理学的发展就逐渐被数学的形式化语言所支配，以保证物理洞察的精确性和可靠性。但是，作为一种描述语言，数学的形式体系不可避免地存在着自身的局限性，因为数学公式必须与可测量的对象相关联才能产生它的物理意义。量子力学作为一种形式体系与其应用于具体物理测量过程中所获得的物理意义的关联，就是鲜明的例证。同时，数学化的语言形式与非形式化的概念结构需要提供物理意义的一致性。因此，物理学对隐喻方法的引入就成为一种自然而然的选择。在物理学的发展史上，隐喻是由科学共同体所集体约定并广泛认同的，具有确定的稳定性和一致性，而不是瞬间的、暂时的和权宜的东西。更主要的是，它具有重要的方法论的功能，而且常常是自然地、非强制地、潜在地、微妙地发挥着它的功能；同时，隐喻作为一种思维工具，是科学共同体为了求解难题，突破理论发展的概念"瓶颈"的一种集体约定的结晶，它不仅促进了科学共同体主体间性的统一，同时通过提出新的理论假设引导出新的科学预测，推动了科学假设的创立和发展。具体地讲，隐喻的方法论功能主要表现在以下方面：

1. 科学理论的发明功能

隐喻并不是一种适当的、严格意义上的哲学表达，但它却能够产生出有意义的哲学表达。同样，科学隐喻起初也许不是一种规范的科学话语，但它却能够产生出重要的科学发现甚至导致科学革命的发生。隐喻化代表着一种从字面意义的束缚中解放出来的途径，发散性和创造性内在地构成了它的本质。在科学活动中，科学家使用隐喻并不是出于审美的兴趣，而是主要为了理论创新，这正如戴维森说的那样，"理解一个隐喻像创造一个隐喻一样需要大量创造性的努力。"①隐喻意义更多地含有"建构出"的创造性因素，而不仅仅是对所指称对象的一种匹配。概而言之，隐喻中的意义发明是先于指称的，同时对个体说明的超越，在不同语境中有效地实现了意义的交换，正是表明了隐喻所具有的人际间的规则性（interpersonal regularity）。

这种规则性说明，从依赖语境的使用到非语义地位的关联是把握隐喻创造性功能的重要视角。在某种意义上可以认为，决定隐喻内容的语境作用越"强"，相应地语言学意义上语形规则的约束性就越"弱"，而特定隐喻的语义创造的空

---

① Josef Stem, *Metaphor in Context* (The MIT Press, Cambridge, 2000), P. 10.

间就越"大"。而特定隐喻意义空间的大小，同时也决定了隐喻创造性的深度、广度、有效性、针对性和整体的完备性。隐喻的科学"生产力"正是在这个意义创造空间中，在语形和语用的张力中，展开了其创造性意义的丰富性和独特魅力。所以，各个语境要素的整体背景水平的高低，确定了这个张力的弹性空间的延展和它的特色、水准、层面和理论的可接受性。隐喻所具有的那种特定的可把握或可分析的特性，也正是存在于这种创造性的空间之中。隐喻的方法论功能展开于这种创造性的空间，而同时又在这种创造性的空间中得以把握，并实现它的特有功能。

隐喻在探索未知世界，在理论尚未给定完备的解释和证实的对象之前，具有强烈的引导性；在给定这些解释和证实之后，具有明确的可借鉴性；而在具体的说明中，又会产生有效的说服力。所以，隐喻的方法论功能告诉人们："没有隐喻的科学世界是枯燥的和呆板的。"事实上，在一个给定的科学语境中，特定"语义单元"（semantic unit）的运用可能完全不同于它的起源意义。如果科学家被理论的原有语义规则所束缚，就不可能有新的理论创造。而新的理论创造恰恰是对旧的语义规则的突破，是新的语义概念在语形中引入的结果。当代物理学家之所以不满足于近代传统物理学的规范，就在于传统规范所具有的语形和语义的约束已严重地制约了物理学的当代进展。例如，爱因斯坦相对论的建立，首先就在于它的两个基本假设前提所具有的隐喻性对牛顿理论隐喻的革命性背离。可见，科学理论的革命正是隐喻变革或创造性发展的结果。正是在这一意义上，阿彼德（M. Arbid）和赫西指出，对于科学理论的发展而言，"隐喻是潜在的革命性的"。①

2. 科学理论的表征功能

许多科学哲学家都承认，隐喻是对特定科学实体、状态或事件的术语表征。因为在特定语境中，某种表征往往会较之于其他表征具有更强的可接受性，这也就从语言学的层面给出了科学隐喻的表征域。之所以有人提出隐喻是理论模型的基础，就在于：一方面特定模型是相关隐喻的表征；另一方面，它又是而后理论模型得以构建的潜在源泉，即"再隐喻化"的基础。再隐喻化内在地要求人们不断改善甚至更换理论模型，允许人们不断地改变看待事物和接受外部世界的方式。换言之，隐喻正是为不断调整人们对世界的表征而起作用，并在这一过程中为人们提供关于世界的新信息。马克斯·布莱克指出，只有在某种特定描述覆盖

① Michael A. Arbid & Mary B. Hesse, *The Construction of Reality* (Cambridge: Cambridge University Press, 1986), P. 156.

下的世界，或者说，从某种特定视角审视的世界的存在才是必要的，而只有隐喻才是这种特定描述和审视的表征者。这种表征在某种意义上就是创造。

所以，在一定意义上讲，隐喻是"前科学"的直觉与科学经验的概念化之间、科学的"前理论"与"替代理论"之间由此及彼的桥梁。这主要体现在两种隐喻的表征功能上：第一，本体论的隐喻。它允许人们指称某种特定的测量对象，从而扩张人们的经验，并据以构成理论表征的基础。如夸克、基因等就属于此种隐喻。第二，空间隐喻。这种隐喻提供了特定的语言，用这种语言可以表征物理特性的关联和变化。如将"状态"看做"容器"（container）、薛定谔"猫"等，就是这种隐喻的例子。隐喻的这两种表征功能均属于其"元理论"的功能，这种"元理论"的功能不仅构建了物理学的研究对象，给出了物理世界的本质关联和可认识性的假设，同时还表示了经验的主客体之间的关联，形成了科学发展及其自身解释的方向。从一般的意义上讲，物理学的某些形式符号同样是科学隐喻存在的特例。当它们表征某种可能的测量对象时，并不存在绝对的一一对应关系，而是给出了某种科学认识的可能趋向性。无论当这种趋向性是被逻辑地证明，还是被测量地证实，均是隐喻的这种表征功能所引导的结果。所以，科学隐喻与科学表征之间的可通约性，是物理学研究的内在要求。

此外，科学隐喻的直觉性与科学表征的逻辑性之间也不存在绝对的界限，它们常常是融合在科学语言的一致性之中的。当沃森和克里克发现 DNA 双螺旋结构时，那种隐喻性的直觉与在严格测量基础上的表征并没有此岸和彼岸的对立。如果从相似性这一视角着眼，可将隐喻划分为两大类："存在性隐喻"（epiphors）和"可能性隐喻"（diaphors）。所谓"存在性隐喻"指通过比较引起意义的溢出和延展的隐喻，其相似性和比较都不必非常明确，因此它可视为一种"基于相似性的隐喻"；"可能性隐喻"则通过并列创造出一种新的意义，可视为一种"创造相似性的隐喻"。很明显，"可能性隐喻"比之于"存在性隐喻"具有更强的理论表征功能。惠尔赖特（Wheelwright）曾指出，"可能性隐喻"最本质的可能性就在于那种广泛的本体论事实，新的量和新的意义从迄今为止未分类的元素结合中产生出来。[①] 正如不同的、原本是独立存在的分子或原子等通过温度、压力等适当条件下的共置而生成全新的化合物，能够独立存在的不同意义也通过前所未有的并列而导致新意义的诞生。在这里，"可能性隐喻"强烈地表征了一种理论综合的过程。由此可见，隐喻作为形式化科学表征系统的必要补充，是导向科学发现的重要途径之一。

① 转引自 MacCormac Earl, *A Cognitive Theory of Metaphor*（The MIT Press, 1985），P. 97.

3. 科学理论的说明功能

20 世纪物理学的发展方向，很鲜明地显示了从物体到过程、从稳定到流动、从决定论到概率论、从确定的到相对的研究范式转换。这决定了在物理学的描述语言与发展要求的适当性之间的分岔，从而也决定了隐喻说明在科学理论解释中的功能的必要性。正如玛丽·赫西恰当地指出的，科学理论的说明可视为对现象域的一种隐喻的重新描述。在这一意义上，传统的科学说明的演绎模型应当进行适当的修正和补充。物理学理论的隐喻说明是在约定的语形（形式系统层面）、公认的语义（意义分析层面）以及共享的语用（演算操作层面）之间的相互结合与渗透中进行的。隐喻在语形层面说明了符号系统关联源泉的隐喻基础，以及科学模型构造的概念背景；在语义层面说明了语义的变化和关联，尤其是指称的扩张、符号的转换以及物理图景的意义；在语用层面说明了隐喻所具有的修辞学的功能、增强了物理理论的理由及其可接受性。

"熵"与"麦克斯韦妖"是两个非常有意义的说明隐喻。人们普遍地认为，"麦克斯韦妖"问题的本质就在于，它为信息理论的应用提供了一个非常杰出的案例，并且非常清晰地表明了信息与"熵"之间的关联。① 所以，在两个隐喻说明之间的关联也是隐喻的。这种隐喻关联的说明沟通了热力学与信息论之间的联系。在这里，将负熵带入系统，由这一负熵所获得的信息以及作为结果在系统中熵的减少等，都是这种关联说明的结果。"这个案例可以最简洁地表明，隐喻和范式不仅仅对创造秩序是必然的，隐喻选择本身就决定了人们在一个系统中所能接受的熵的程度。"② 可见，隐喻的说明功能具有任何其他理论说明方法所缺乏的那种更为"迷人"的修辞学功能。

4. 科学理论的评价功能

一个隐喻说明首先是陈述性的，而一个内嵌隐喻的陈述至少表达了两种不同的语句状态：其一，经验地被描述了的状态；其二，隐喻假设的意向状态。正是这两种语句状态的比较才使得所谓的隐喻评价能够存在，才使人们有了某种评判理论可接受性的独特标准。具体地讲，第一，隐喻状态本身存在着各种语境要素的相互作用，这些相互作用决定了隐喻选择评价的可能趋向；第二，这种相互作用是一个陈述的命题态度与评价主体的心理过程的统一，带有特定的价值趋向性；第三，隐喻载体不是实际的测量对象或测量状态，而是常常表现为一种预设

---

① Jaako Nintikka ed. , *Aspects of Metaphor* (Boston: Kluwer Academic Publisher, 1994), P. 127.

② 同上，P. 128。

的情态；第四，隐喻过程的心理意向性是必然地存在着的。正因为如此，隐喻陈述传达出比通常解释更多的信息内容，也正是这些信息内容确定了隐喻评价的功能基础。因为在对一个相关理论的评价中，评价者的心理意向是必然地存在着的，所以意向条件的确定是一个非常重要的隐喻评价的问题。在这里，隐喻评价与心理意向分析不可分地密切相关，从而决定了隐喻评价的价值取向和功能。

在物理学中，波—粒二象性的不同描述及其互补性，本质上就是两种隐喻评价的功能互补。有人从语言学的意义上将这二者的互补称为相互的"隐喻的重新描述"。[①] 例如，当代量子力学的发展使物理学的语言越来越远离经验世界，因此，量子力学理论的概念发展也就不是现存语言体系所能支撑得了的。这就为量子力学理论语言的隐喻性使用及对测量对象的"隐喻的重新描述"留下了更为广阔的空间；换句话说，隐喻评价功能的发挥也就有了更为宽广的"自由领域"。正如在海森堡的著名定理中，物理学家更明确地意识到了物理学研究的对象"不是自然本身，而是人们的提问方式所揭示的自然"[②]。正是这种提问方式的转变，不可避免地将隐喻评价带到了物理学的前沿，并且成为在经验等价的情况下，存在着多种理论选择的可能性的方法论基础。

5. 科学理论的交流功能

科学理论在科学共同体成员之间的交流对推动科学理论自身的发展无疑具有极为重要的意义。此外，科学理论在科学共同体与其他社会成员之间的交流也是必要的。一个特殊的科学共同体内部之间的交流往往基于某种特定的学术语言，而这种语言是由与该共同体密切相关的认知模型隐喻所创建的。在理论交流过程中，共同体成员通常使用一种特殊的、经过集体约定的隐喻语言。此外，如果在科学探索的过程中发现了一些新的观察事实或经验，科学家也常常用隐喻语言进行表达以便于其他科学家理解。当代认知科学理论表明，人类对概念的理解不仅仅基于客体或现象内在的、客观的性质，同时，也决定于主体与客体之间的交流互动。为达到理解世界的目的而构造出的各种科学理论知识是主体与环境以及主体与主体之间互相作用的结果。一种科学理论不但必须与基本的感知层次相融洽，同时也必须被相关的科学共同体所理解和接受。如果它能够成功地做到这一点，就会被纳入人类的知识体系。

从认知语言学的角度看，意义不是某种能够独立自存的东西，它必须与一个语言共同体的成员具有某种联系才具有了存在的现实性。此外，在交流一种新的

---

① Hanua Pulaczewska, *Aspects of Metaphor in Physics* (Tübingen：Max Niemsyer Verlag Gmblt, 1999)，P. 23.
② 同上，P. 27.

理论知识的过程中，相关科学共同体经常从其他科学学科门类借用现成的概念用以构成本学科内部的隐喻。隐喻将不同的科学共同体以及不同的学科领域之间某种可通约的主体间性的建立提供了有效的途径，从而实现了科学理论在共同体内部、各共同体之间、科学共同体与社会之间的充分理解和交流。大家知道，即使一个交流过程的每一个参与者都享有某种相同的知识，意义也不可能得到全部的转换。这样，对于交流一种不曾共享的经验来说，隐喻的使用就成为必要的了。科学家正是通过用已知知识来描述未知知识从而达到表达和交流的目的。

四、结语：图像隐喻论的复兴

总之，"隐喻是智慧的开始，是最早开始采用的科学方法"，它并不是仅仅作为一种修辞手段和语言游戏而存在的，这一点已得到绝大多数科学哲学家的普遍赞同。[①] 但同时也不能不警惕并反对那种认为隐喻具有某种"魔性"（magical quality）的神秘主义观点。从本质上来说，科学隐喻与科学类比推论同样属于一种合情推理的思维方式，是科学发现的过程中不可或缺的重要组成部分。科学隐喻成功地搭设了科学理论中所予与映射、判据与猜想、常规与假设之间的桥梁，使科学家从当下的科学事实和经验观察材料向可能的、有理由的理论建构迈进，并为最终为实现科学理论的创造性飞跃架起了跳板，从而超越了一维的字面意义和单纯的经验判据，消解了稳态的指称理论与僵化的逻辑架构，摆脱了严格的因果决定论的逻辑限制与束缚。值得注意的是，现有一些科学隐喻的批评者援引了一些在科学史中不当的隐喻事例试图对隐喻的方法论意义加以否定。但是，这些事例并不能成为科学隐喻在方法论上整体失效的根据。正如马克斯·布莱克所指出的："毫无疑问，隐喻是有其可能的危险性的——尤其是在哲学方面。但若因此而反对隐喻的使用，这就将对人们的研究能力造成一种蓄意的和有害的限制。"[②] 隐喻的语言学机理在科学哲学中主要是作为对模型和理论术语的隐喻而使用的，可以说，每一种科学学科都应用了不同的隐喻方式来达成其描述功能。这是因为，"在科学词汇表的历时发展过程中，隐喻是描述现象的类比性再概念化的一种非常必要的语言学资源"[③]。这一特殊资源的有效利用具有重大的方法论意义和价值，从而也成为复兴科学的图像隐喻论的基本保证。

---

① Zdravko Radman, *Metaphor: Figures of the Mind*, Kluwer Academic Publishers, Boston, 1997, P. 43.

② 马克斯·布莱克：《隐喻》，载涂纪亮编：《当代美国哲学论著选译（第三集）》，商务印书馆1991年版，第105页。

③ Daniel Rothbart, *Explaining the Growth of Scientific Knowledge: Metaphors, Models, and Meanings*, The Edwin Mellen Press, Lewiston, 1997, P. 71.

第十章

语境实在论

当代科学哲学家试图对科学研究如何影响人们的知识观和实在观获得更好的理解或更一致性的解释，体现了科学哲学的发展向着更古老的哲学传统的回归。这种努力与逻辑经验主义不同，它不再关注作为哲学研究的原始资料的语言，而是关注经验研究的过程与结果；不再取决于作为澄清概念和论证工具的逻辑，而是尽可能系统地表明知识问题的各个方面是相互联系在一起的。这意味着理解科学的一种新框架："语境实在论"（contextual realism）。在英文文献中，"contextual realism"这个术语是由美国乔治·华盛顿大学的理查德·斯拉哥尔从"cntextualistic realism"简化而来的。他最早在1966年9月《哲学与现象学研究》杂志上刊载的《科学真理与日常语言》一文中使用了这个术语，并在1986年出版的《语境实在论：当代科学的一种形而上学框架》一书中，基于哲学史的发展和量子理论中关于微观实体的理解，简明扼要地阐述了"语境实在论"的观点。范·弗拉森也曾根据语境论的观点来论证他的建构经验论的立场。海伦·朗吉诺则基于案例研究，揭示了语境价值在科学研究过程中产生的影响，阐述了"语境经验主义"（contextual empiricism）的观点。这些研究说明，语境论作为一种方法论与世界观，正在越来越受到人们的普遍关注。本章试图通过对科学理论的图像隐喻观及其选择标准的系统阐述，对理论与实在关系的重新剖析，论证一种语境实在论立场，并总结出语境实在论的基本原则。

一、语境论的科学观

如何理解科学？科学对人们有什么效用？科学实在论者认为，科学的主要目标是描述世界的真实结构，并告诉人们世界是什么样子的，事件发生的原因是什么。因此，科学既探索说明，也寻找描述。这样，人们面临着"如何理解证据"与"如何理解说明"的问题，即什么样的证据能使人们相信科学理论是真的；人们的理论如何提供说明。这两个问题是相互联系在一起的。关于这方面的文献有很多。从 1948 年由亨普尔和奥本海默（Paul Oppenheim）阐述的科学说明的覆盖律理论，到因果性理论和统一性理论，再到当前涌现出的说明"多元论"，把分析说明的视野推向了语境论的立场。语境论的说明观认为，好的说明标准部分地依赖于科学语境，或者说，说明概念是内在于不同科学领域和历史时期的。库恩在 1977 年的一篇物理学史的文章中对这种观点有所阐述，之后，范·弗拉森在 1980 年说明"语用"的解释时明确地提出了"说明是随语境而变化的"观点。问题在于，当说明的标准依赖于语境时，虽然避免了经典实在论所陷入的绝对主义的困境，但是，却有走向相对主义之嫌。因此，近些年来，试图通过新的方法论的探索，在绝对主义与相对主义之间，理性的科学观与非理性的科学观之间，在强实在论立场与反实在论之间，寻找中间出路的努力一直没有停止。

如前所述，理性主义的科学观把成熟科学提供的知识理解成是确定无疑的、是不可错的和客观的，认为科学是一项提供真理性知识的理性事业，科学方法的可靠性确保了科学知识的真理性，其他的社会因素则一律被看成权威科学的潜在"污染源"而加以排斥。而非理性主义的科学观则主要立足于 20 世纪以来的当代科学研究的现状，尽可能地揭示科学方法的局限性，突出当代科学知识形成过程中必然蕴涵的各种形式的人为因素。这种科学观认为，如果科学知识的增长和科学判断不可能只根据与人无关的证据、逻辑、理性特别是科学方法做出充分地说明，那么，社会与历史等语境因素就会进入科学知识的说明或解释当中。因此，在科学知识的产生过程中，社会条件与社会因素并不是科学知识的"污染源"，而是科学知识的产生、保持、扩展与变化的必要前提或基本要素。正是在这个意义上，作为一个维度和一种影响的"社会"因素与证据和理性的因素相并列，在知识产生与理论选择中占有了合理的位置，因而得出科学向人们提供的并不是客观的或确定无误的知识，科学不是一项理性事业的极端结论。

这两种对立的科学观，事实上，都起源于同一种二值逻辑的思维方式，要么，基于成熟科学的成功应用，强调科学知识的真理性与客观性，忽视主体性因素；要么，基于具体的科学案例分析，强调科学知识形成与理论选择过程中必然蕴涵的各种非证据类因素，由此而认为科学是纯粹的社会建构，得出科学提供的不是知识的极端结论。从当代科学研究的实践来看，这两种观点都是失之偏颇的，或者说，都是对科学的片面理解。这种理解的片面性在很大程度上都隐含了把真理理解为科学研究结果的前提以及对科学方法论的信赖。正是基于这种潜在的共同前提，关于科学的文化与社会研究对理性主义科学观的批评与反叛，必然会走向其反面。同样，在科学哲学的发展史上，从以卡尔纳普和赖欣巴赫为代表的逻辑经验主义者强调"辩护语境"而排斥"发现语境"的科学哲学，到以库恩和拉卡托斯为代表的历史主义者将两者整合起来的整体论的科学哲学；从基于成熟科学的理论与实践而复兴的对科学的实在论辩护，到各种形式的反实在论的诞生，其研究思路与假设前提都是相同的：即科学理论是纯客观的，这种纯客观性一旦丧失，就必然走向其反面。或者说，他们都坚持自康德以来形成的哲学立场：把科学理论的客观性作为科学研究的出发点。

因此，如果仍然沿着传统的研究思路，显然，无法达到恰当地理解科学的目标。根据前面所阐述的语境论的真理观及其思维方式，如果把科学放在社会、文化、历史、政治的整个语境中来理解，确立一种语境论的科学观，那么，就既不需要担心由于一旦发现科学知识的语境性与可错性，便会盲目地走向非理性主义的科学观，也不需要在排斥人文文化的前提下来捍卫科学实在论，相反，这种科学观有助于把多个学派的观点联系起来，为真正地架起科学主义与人文主义沟通的桥梁提供可能，而且更加重要的是，有助于阐述一种新形式的实在论观点。与经典实在论所不同，这种实在论不再是从科学的纯客观性与绝对真理性出发，而是从科学的语境性与可错性出发，在科学知识的去语境化与再语境化的动态发展中，阐述一种语境论的实在论立场。由于这种实在论与现有实在论（不论是理论实在论，还是实体实在论）的思维方式正好相反，是基于有能力容纳各种反实在论立场的一种实在论形式，因此，它是一种最弱意义上的实在论，或者说，是一种最低限度的实在论。这种实在论能够为全面理解科学提供一个新的视野。

二、理论的图像隐喻观及选择标准

与语境论的真理观一样，语境论的科学观要求把科学看成依赖于语境的产物，是人类认识的主客观统一的结果。现在，为了有助于更明确地说明问题，让我们进一步假设，在科学认识论的坐标上，有两个理想化的端点：一端是纯客观性的认识；另一端是纯主观性的认识。传统的科学实在论与包括关于科学的人文社会学研究在内的各种形式的反实在论的科学哲学研究思路，通常都是立足于纯客观性的端点来思考问题的。这种思维方式既没有把科学研究看成一个过程，也没有为研究主体的存在留出任何空间，或者说，在这个起点上，研究主体只能扮演着"上帝之眼"的角色。一旦立足于其他维度，人们很容易发现这个起点的局限性，或者说，一旦发现科学研究的现实过程有偏离这个起点的倾向，那么，理解科学的起点便会向主观性的方向移动。然而，任何微量的移动都会掺入主观性的成分，这也就是为什么对科学的实在论辩护很容易陷入困境，而各种形式的反实在论很容易得出科学提供的不是知识等偏激结论的根本原因所在。除此以外，从这个起点出发，人们往往基于常识，习惯于把科学语言理解为是对自然界的直接描述，把科学理论理解为是命题的集合，把命题与实在的符合，看做真理的判别标准，认为科学理论描绘的图像是关于自然界的真实图像。

当人们把理解科学的思维方式逆转过来，承认在科学研究的过程中，一开始就蕴涵有主观性因素作为起点，把客观性与真理性看成科学追求的目标时，上述问题就不再存在。然而，特别值得注意的是，承认科学研究中从一开始就蕴涵有主观性成分的观点，一方面，能够包容反实在论的各种立场，使它们成为理解科学过程中的一个具体环节或一种视角，得以保留；另一方面，这也不等于把科学研究看成如同诗歌或散文等文学形式那样，是完全随意的主观创造和情感抒发。在科学研究实践中所蕴涵的主观性，总是要不同程度地受到来自研究对象的信息的约束，是建立在尽可能客观地揭示与说明实验现象和解决科学问题的基础之上的。根据语境论的思维方式，在这个意义上建构出来的科学理论只具有整体性的意义，或者说，科学理论只是在特定语境下对自然界内在机理的整体性模拟。在这种模拟活动中，科学的话语并不是在直接的字面意义上对自然界本身的言说，而只能是在隐喻的意义上对自然界的认识结果的阐明。因此，科学理论所描述的图像是表达科学思想的一个结果，不是与认识语境无关的绝对真理。在这里，与实在相关联的，不是科学理论的具体内容、原理、概念和规律，而是它的图像与预言，或者说，科学理论的内容只属于图像本身，不属于自然界。这种观点提出了一种不同于维特根斯坦论述的传统图像论的另外一种图像论，这种新的图像论被称之为"科学理论的图像隐喻观"（the view of picture metaphor for scientific theories）。

维特根斯坦早期哲学中所阐述的图像论的基本观点可以简单地归纳为下列四个方面，他认为，第一，命题中的简单要素对应于事态中的简单要素；第二，基本命题对应于原子事实，基本命题是命题中最简单的命题，原子事实是事实中最简单的事实；第三，复合命题对应于复合事实，经过逻辑分析，可以把复合命题还原为基本命题，同样，也可以把复合事实还原为原子事实；第四，命题的总和

225

与事态的总和对应于事态的总和。一方面，名称的组合构成基本命题，基本命题的组合构成复合命题，所有命题的总和构成语言。另一方面，对象的结合构成原子事实，原子事实的结合构成复合事实，全部事实的总和构成现实或世界。在这两个方面之间，各个层次都是相互对应的。① 这种关于科学理论的图像论的观点与近代自然科学家所持的观点基本吻合。

与此不同，在科学理论的图像隐喻观中，是主张把理论作为一个整体而不是作为命题的集合来理解的。承认任何一个科学理论或图像是对实在世界的一种理解，并且认为，理论所描述的只能是模拟实在的暂时结构，不是最终结构。因此，这种观点允许同一个领域内的实在能够同时对应于多种理论或图像，或者说，在特定的科学研究背景下，允许同时有几种不同的理论并存。这也说明，在科学理论所描述的任何一个图像中，除了含有关于实在的本质联系之外，还可能会包含有无价值的成分，或者说，包含有"多余的或空洞的"非本质的联系。在科学理论的变化发展中，科学家总是可以任意地"增加或取消"图像中的那些"多余的或空洞的"元素。但是，这些元素是智力起源和图像特征所不可避免的。这是因为，科学家在特定的研究时空中，由于当时的条件所限，不可能随意地扩展现象的范围，只能扩展关于现象的知识，通过归纳新的元素在演绎意义上使关于现象的知识系统化，例如，力学中的质量和力；电动力学中的电荷和偏振；量子力学中的波函数等。这些概念不属于观察现象的范围，它们是为了达到说明的目标而被专门提出的。这些新概念无疑是科学家发明的，它们的存在状态与观察现象的存在状态所不同，只存在于关于现象的特殊理论中，构成了说明现象的一个特定的假设集合。

因此，在科学认知的进程中，思想的合乎逻辑的推论与实在之间的一致，即理论预言与经验事实之间的一致性，尽管是非常重要的，但是，并不总是能够像逻辑经验主义者所主张的那样，确保唯一地决定出一种理论表征，或者说，不能保证在关于同一实在的多种理论图像中做出明确的选择。科学理论中所包含的建构性成分体现了科学家对实在及其属性的理解。这就决定了与常识所不同，科学家通常需要借助于一系列的评价标准，才有可能在并存的多种理论中做出选择。这些评价标准既包含有经验与事实的因素，也离不开理论自身的因素，还有科学家对这些因素的理解与把握。从最简单的意义上看，这些标准至少应该包括下列三个层次：

首先，逻辑的自洽性或逻辑一致性标准。这是一个科学理论存在的起码条件，是由理论自身的推理逻辑所决定的。意思是说，科学理论的形式体系不应该

---

① 涂纪亮：《分析哲学及其在美国的发展》（上），中国社会科学出版社1987年版，第137页。

包含有逻辑上的内在矛盾。但是，相对于同一个研究领域内所现存的实验现象或实验事实而言，有可能同时并存着几个同时满足逻辑自洽性的理论，因此，这个标准对理论的多样性起不到任何约束作用，只是表明，科学理论的建构必然蕴涵有科学家的创造性因素，是科学家发明的结果，不是对自然界进行机械复制的结果。或者说，逻辑自洽的科学理论所描述的图像是人类智力的图像，是对实在的本质联系的模拟，不是关于实在自身的图像。类似于波普尔所说的大胆猜测时期和库恩所说的前科学时期，在这个时期，科学家尽可能地进行发散性思维，最大限度地创造新的理论体系。理论的多样性是这个时期的最显著的特征。科学研究的内容与对象越远离人类感官的感知，经验事实所起的约束作用就越弱，理论形成中的创造性因素就越多，理论并存的形式也就越多样。这些理论构成了关于同一对象的相互等价的说明。相反，对于相同的对象而言，如果没有可选择的理论或图像，反而成为科学家缺乏科学想象力或是智力贫乏的表现。

其次，经验的适当性标准。这是自然科学理论区别于其他人文社会科学理论的基本条件，也是范·弗拉森阐述他的经验建构论思想的立论基点。意思是说，任何一个逻辑自洽的科学理论必须能够对所研究领域内现存的实验事实或现象做出一致性的说明，并尽可能地提供新的预言。这个标准把最低程度的约束附加于可允许的图像内容当中，成为理论可能存在的经验基础，从而在某种程度上揭示了思想中的因果必然性与自然界中的因果必然性之间的一致性，揭示了理论图像与实在之间的相似性，并把这种一致性与相似性限定于实在的本质联系方面。然而，由于科学理论总是从几个基本原理与核心假设出发，达到演绎与统一观察现象的目的，需要进一步通过新预言达到与经验事实相符合，所以，思想中的因果必然性与自然界中的因果必然性之间的一致性不是绝对有效的，或者说，理论的经验适当性标准虽然约束了理论的多样性，但是，对于一种效果或目标来说，一个理论或一个图像可能比另一个理论或图像更适当，因此，当人们试图在可能理论当中做出唯一的选择时，经验的适当性标准是不充分的。这正是在当代科学哲学的不同阵营中，围绕经验证据对理论的非充分性论题展开激烈争论的焦点所在（第十一章将专门论述非充分决定性论题）。

最后，简单性标准与明晰性标准。这两个标准不是对自然界的限制，而是对人们关于"自然界的推理"的约束。与逻辑一致性标准和经验适当性标准相比，这两个标准是很难明确定义的。一般来说，简单性标准是要求一个理论或图像不包含有多余的元素，即这些元素的存在与否对理论的任何可观察的结果都是无效的；明晰性标准是一个补充条件，要求一个理论或图像所包含的元素足以表征所观察到的现象之间的所有客观联系。这样，如果一个理论或图像能够全部描述可观察现象中的所有客观联系，那么，它就是明晰的。① 这两个要求具有相互补充与相互制约的作用。为了达到理论的明晰性目标，会带来引入新的多余元素的危险，反过来，为了达到理论的简单性目标，又会带来由于消除太多元素而失去可观察现象中的某些客观联系的风险。这两个要求用来进一步对经过逻辑自洽性与经验的适当性标准的筛选后剩余理论之间的选择。此外，理论的明晰性标准还与理论的完备性标准联系在一起。

如果把理论的逻辑自洽性标准称为理论的逻辑维度，把理论的经验适当性标准称为理论的经验维度，那么，简单性标准与明晰性标准（包括完备性标准）构成了理论的审美与社会维度。正是这个维度对科学家的"理论推理"提供了进一步的约束，要求理论能够从过去的现象中最大限度地推演出未来的现象。图像隐喻论既不像传统实在论者所假设的那样，认为理论或图像是由外在世界的本性所能决定的，也不像唯心主义者所坚持的那样，认为理论或图像是与世界完全无关的，而是介于两者之间，以达到简化人们"理解"现象的理论或图像之目标。理论在满足这两个要求的过程中，最大限度地扩展了其预言范围和经验内容。这样，在理论的图像隐喻观中，不是把理论的多样性考虑为是永久的状态，而是看成开始状态或过渡状态。审美维度的可操作性通常由科学的社会维度来保证，即只体现在特定的科学共同体内部，并遵守特定的学科规范。在这个层面，科学修辞学家所强调的科学研究过程中存在的劝说论辩因素，以及科学知识社会学家所强调的社会因素，有可能起到关键性的作用。但是，这些作用受到基于经验事实的推理论证与理论的可预言性的制约。一些非理性因素会在科学共同体的讨论与认可的过程中，达到最小化。随着一个理论或图像预言的进一步证实及其物化成果的成功应用，关于实在的单一图像取代图像的多样性成为可能，也使理论或图像最终向着越来越接近于实在的本质联系的方向发展，即向着越来越接近于客观性与真理性的方向发展。

一般来说，在科学研究的实际进程中，这三类标准或维度通常相互交织在一起混合使用。其中，理论的变化、概念的语义与语用的演变、运用规则的不确定性、科学论证中所包含的修辞与社会等因素，不再构成关于科学的实在论辩护的障碍，反而是理论或图像不断接近于实在的一种具体表现。在此，有必要指出，从物理学的发展史来看，人们所阐述的关于科学理论的这种图像隐喻观，并不是新的创造，而是对物理学家赫茨（H. Hertz）所倡导的物理学理论的图像隐喻观的扩展与重新强调。赫茨早在 19 世纪末出版的《论电磁力的传播》与《力学原

---

① Ulrich Majer, Heinrich Hertz's Picture-Conception of Theories: Its Elaboration by Hilbert, Weyl, and Ramsey, In *Heinrich Hertz: Classical Physicist, Modern Philosopher*, Edited by Davis Baird, R. I. G. Hughes, and Alfred Nordmann (Dordrecht: Kluwer Academic Publishers, 1998), P. 238.

当代科学哲学的发展趋势

理》两本书中对图像隐喻论的阐述已经表明，图像隐喻绝不是纯粹的哲学虚夸，而是具有新的支柱。在今天看来，这种观点仍然具有相当的革命性。[①] 赫茨的哲学思想曾对维特根斯坦早期在《逻辑哲学导论》中阐述的图像论观点产生了重要影响。但是，最近有一项研究表明，维特根斯坦对赫茨的图像隐喻观的理解是相当表面的，而且是一种误解，他的工作只是试图将赫茨的图像论与弗雷格和罗素的逻辑联系起来。[②] 这种联系并没有达到真正理解科学的目的。其实，维特根斯坦理解科学的出发点与传统实在论的出发点是一致的，正是因为如此，当他在晚期哲学研究中发现了运用规则的不确定性和语用的语境性等特征时，立足"生活方式"走向语言游戏理论，是很自然的。

三、理论与实在的关系

与维特根斯坦阐述的图像论所不同，图像隐喻论所表达的不是关于自然界的陈述，而是关于理论思考的陈述。科学家在对现象之间的关系进行理论化说明的特殊过程中，虽然离不开语言、概念与推理规则的运用，但是，在科学语言系统中，语言并不是像维特根斯坦所理解的那样是由简单命题组成复杂命题的严格的规则系统，相反，在科学研究中，语言是科学家为了超越实际给定现象的限制，扩展认知范围，创造新符号的一种灵活的智力工具。因此，图像隐喻论认为，科学理论是关于认知内容的陈述，是人们如何形成具有预言能力的新的"理论观念"的表达。[③] 在理论的图像隐喻观中，科学理论与世界或实在之间的关系是一种整体性的模拟关系：理论或图像只是对真实对象之间有规律性的结构及其因果关系的模拟，或者说，理论化的目标是超越直接给定的现象域，是进入不可还原为现象的理论元素范围。在这个范围内，追求真理作为科学共同体默认的一个长远目标，尽管是非常重要的，但是，在当下特定的经验基础上，追求真理有时不再成为科学家进行理论化的唯一向导，理论评价与选择的其他难以量化的方面，比如，简单性、明晰性及完备性等，同样会起着重要的作用。

正如前面在谈到科学解释与科学说明的区别与联系时所分析的那样，科学家对现象进行理论化说明的过程至少可大致区分为三个阶段：第一阶段是追求经验的适当性；第二阶段是提供说明性理论；第三阶段是提供解释性理论。追求经验

---

① Ulrich Majer, Heinrich Hertz's Picture-Conception of Theories: Its Elaboration by Hilbert, Weyl, and Ramsey, In *Heinrich Hertz: Classical Physicist, Modern Philosopher*, Edited by Davis Baird, R. I. G. Hughes, and Alfred Nordmann (Dordrecht: Kluwer Academic Publishers, 1998), P. 226.

② 同上，P. 233.

③ 同上，P. 230.

的适当性通常只是在现有的理论模型不能解释新现象的情况下才出现，这时，科学家完全是凭借经验与直觉构造出概念之间的关系来推算现象演变的规律性，但是，这只是经验公式，提供不了对现象之所以发生的机理性说明与因果性解释。量子假设的提出便是一个著名的事例。众所周知，在 19 世纪末，由于 X 射线、放射性、电子和塞曼效应的发现，以及黑体辐射中的紫外灾难、固体比热等问题的出现，成功应用了 200 多年的经典物理学体系面临着严重的危机。为了解决当时理论与现象之间的矛盾，德国物理学家普朗克在已有研究成果的基础上，完全根据推测，于 1900 年 10 月 24 日以"正常光谱中能量分布的理论"为题在德国物理学会上宣读了与当时实验数据相吻合的普朗克公式，并大胆地提出了作用量子假设。这一思想的提出不仅严峻地挑战了长期以来物理学家普遍接受的"自然界无跳跃"的思想，而且成为之后理论物理学发展的转折点。

说明性理论所提供的是超越旧理论的一个全新的理论框架，它是从特定的基本前提出发，用理论术语系统地阐述新提出的数学公式与假设，赋予这些数学公式与假设以明确的物理意义，并使它们成为这个理论体系的一个部分。例如，20 世纪 20 年代量子力学的形式体系的确立，不仅发明了几率波、光量子、算符等新的理论术语，而且使量子假设成为理论的一个自然推论，并为人们对微观物理现象的思考与认识提供了普遍有效的语言工具，带来了日新月异的信息技术革命和新学科的成长。说明性理论由于其提供了说明，所以，它通常是在经验上可检验的理论，即可能被经验所证实或证伪。如果一个说明性理论的预言能够得到经验的证实，那么，它一定在某种程度上告诉了人们实在像是什么样子的，说明性理论提供的是关于实在的数学模型与物理模型的集合。

解释性理论与说明性理论不同，它是作为本体论的概念出现的，它既不可能被经验所证实，也不可能被经验所证伪，它所提供的是形而上学的观点，是对实在世界的基本假设。这些假设通常是特定的说明性理论的基本前提所蕴涵的一种哲学解释，是在总结过去认知结果的基础上形成的。但是，它不等同于认知结果，"假设的目的不是提供说明，而是解释世界，即依据根本的本体论，把某一结构归于世界，或者，归于世界的具体领域。"[①] 解释性理论所提供的假设通常有两种类型：一类是科学研究得以进行的普遍假设，即适用于任何学科的假设，例如，自然界是可理解的、是有规律的、是统一的；另一类是从自然界中推出的特殊假设，即与具体学科发展相联系的假设，例如，决定论的因果性、自然界具有简单性、自然界无跳跃，物理学中的机械论，生物学中的活力论，地质学中的

---

① ［意］马尔切洛·佩拉著，成素梅、李宏强译：《科学之话语》，上海科技教育出版社 2006 年版，第 19 页。

渐变论等。说明性理论与解释性理论之间的关系是不对称的。或者说，这两个层次的理论变化是不同步的。解释性理论的变化必然会导致说明性理论的某些变化，但是，反之则不然。

因此，科学理论在模拟实在的过程中，只是在意向性的意义上理解实在，而不是在一一对应的真理符合论的意义上描述实在。理解实在与描述实在是两个完全不同的概念。描述实在所提供的是关于实在本身的直接断言，是对实在行为变化的言说，或者说，它告诉了人们实在是什么样子的，描述的对错只能根据存在于那里的实在作为参照来判断，或者说，由实在的构成或行为来判断理论命题的真假。认识主体在很大程度上扮演着"上帝之眼"的角色，不仅能够真实地揭示世界的规律，而且能够真实地记录他们的所见所闻，从而赋予经验事实具有不可错性的优越地位，并把科学理论理解为是各个真理性的定律与规则的命题组合，传统认识论正是沿着这种思路思考问题的。而理解实在只是在特定条件下对实在的认知内容的表达，是对实在机理的间接模拟，不是对实在本身的直接言说。间接模拟只能是一种内在地蕴涵有形而上学假设的整体机理的模拟，而不是一一对应的镜像反映。这个模拟过程是在逐渐地去语境化与再语境化的动态过程中完成的。在这个过程中，认知主体由观看者与记录员的身份变成了参与者与建构者的身份。因此，对于同一实在而言，科学家理解实在的方式可能会多种多样，理解实在的视角也可以有所差别。不要求对理论中的某一命题进行简单的真假判断，而是通过理论的变化发展和理论预言的成功来丰富理论的经验含量，提高理论图像与实在的相似程度。这种把科学理论理解为是谈论实在的观点至少具有下列两大明显的优势：

首先，能够有助于内在地架起融合科学主义与人文主义的桥梁。如前所述，科学主义者和人文主义者对科学的理解，事实上提供的是两种极端的观点：一方是从科学研究结果入手，抓住科学产品的成功应用，过分地夸大了科学的客观性和权威性因素；另一方则是从科学研究过程入手，抓住科学产品在制造过程中所蕴涵的各类人为因素，过分地夸大了科学的主观性与建构性成分。这两种极端的观点隐含的共同前提是，两者都把科学理解为是在描述实在，而不是在理解实在。共同的前提与假定，不同的视角与焦点，得出相反的结论与立场，是一件非常自然的事情。如果把科学理论理解为是在理解实在，而不是在描述实在，那么，有可能为这种两极对立的观点提供一个对话的平台，使双方真正意识到，像逻辑实证主义者那样，主张把社会科学还原为物理学的观点，或者，像女权主义者那样，主张把物理学还原为社会科学的观点，都是失之偏颇的。科学认知的过程事实上永远是理解实在的过程。

其次，能够有助于在允许科学理论包括有建构性与主观性成分的基础上，基于实在论的立场来理解科学史上前后相继理论之间的更替发展，理解概念的语义与语用的变化，理解对同一实在会提供不同图像的可能性，以及理解科学进步等问题，并且使科学的社会建构论与各种反实在论的立场成为理论演化过程中的一个视角与阶段。举例来说，在数学领域内，长期以来，人们一直都相信，欧几里德几何由于其前提的自明性，所以，它是提供"纯"知识的典范，康德就曾认为，人们对空间的感知一定符合欧几里德几何，因为欧几里德几何是人们直觉的一种形式，换句话说，人们的经验一定与欧几里德几何相符合。然而，通过黎曼（Riemann）、爱因斯坦、闵可夫斯基（Minkowski）等人开创性的工作，以及诞生了在逻辑上同样自洽的其他形式的几何体系，不仅彻底地颠覆了欧几里德几何曾经占有优势的立场，而且使科学家发现，宇宙的几何学并不一定总是像欧几里德几何所描述的那样。同样，在物理学领域内，经典力学的成功应用曾使有的物理学家在 19 世纪末确信，理论物理学的大厦已经建成，今后物理学的发展只不过是精确度的提高而已。然而，当大量新出现的实验现象无法在原有框架内得到合理的说明时，寻找新理论的动机便会应运而生。后来，相对论与量子力学的诞生，不仅向人们重新阐述了全新的物理学理论形式，重新解释了时间、空间、质量、能量、因果性、决定性、概率、测量和现象等概念的意义及它们之间的关系，提供了新的时空观和质能观，产生了像几率波、非定域性、统计因果性之类的新概念，而且提出了新的认识论教益。

当然，特别有必要声明的是，人们主张把科学理论看成是在理解实在，而不是在描述实在，这种观点并不等于是说，人们必须放弃长期以来形成的科学有可能使人们认识实在的直觉与追求，因为科学努力的意向性目标始终是要达到认识实在的目的；人们更不需要放弃存在着独立实在的本体论前提，因为没有实在，就没有科学研究的对象，更无法设想有科学。相反，这种理解方式却更明确地表明，当科学研究的视野超越人类感官直接感知的阈限时，科学家的研究直觉、实验仪器、语言、推理规则等中介环节起着非常重要的作用，对仪器信息的解读，对语言概念的语义与语用的理解，以及对推理规则的灵活使用都会成为一件依赖于语境的事情。这种理论观一方面承认追求真理是整个自然科学的事业，承认理论所谈论的实在具有某种程度的客观性与真理性，反对对科学知识无根基、无原则的怀疑与解构。另一方面也承认，科学知识具有历史性和社会性的特征，承认科学认知过程中存在的辩护与修辞因素也是对科学真理的探索、论述和阐释。这种认识论有可能对把科学理论理解为是描述实在的传统认识论进行合理的修正与完善，是介于封闭而僵化的经典实在论与开放而多元的相对主义视野之间的一种中间领域的认识论。

当代科学哲学的发展趋势

四、语境实在论的基本原理

如果人们把科学理论看成是理解实在，而不是描述实在，那么，应该如何看待理论实体的本体论地位呢？毫无疑问，这是坚持任何一种科学实在论立场必然要回答的一个敏感问题。为了回答这个问题，有必要先区分出与观察相关的两个基本概念——"看见"与"看出"——之间的区别与联系。通常情况下，"看见"是"与认识无关的看"，而"看出"是"与认识相关的看"。① 或者说，"看见"在更大的意义上是对任何一个正常人都具备的一种生理状态的表达，在这里，仪器的使用是对人的生理功能的延伸，人们对"看见"的情形的描述，只是表达了所看见的现象；而"看出"则要求观察者具备与被感知对象相关的理论背景，是对观察者的认知内容的表达，在这里，仪器的使用不再仅仅是一种生理功能的延伸，而且还充当着参与认知过程的一个中介的角色，观察者必须根据理论背景才能从他们所"看见"的现象中，推论出某种结论。因此，"看见"是比较直观的初级观察，而"看出"则是蕴含有认知推测的高级观察。

在科学的萌芽时代，科学家为了弥补他们关于可能世界推理过程中的不足，曾把观察活动当作是确立事实的基础，即人们为了确立事实，需要观看实际的演示过程，这时，解说者扮演着目击者的角色。这种做法是把观察结果放置于产生结果的方法语境中得以认可的。因此，"看见"这种共有的且可重复的观察被公认为是产生关于客观实在的科学思想的基本前提。到了20世纪，逻辑经验主义的科学哲学家将观察活动与观察结果分离开来，把观察活动简化为是证实或证伪理论提供的观察陈述的基础，并且假定，他们能够明确地辨别出观察陈述的真假。"这种假设使哲学家省掉了说明科学家的实验怎样显示出真假观察陈述的困难任务"，② 然而，在科学哲学发展史上，这种做法只能求助于科学史学家与科学知识社会学家来提供答案。科学史学家与科学知识社会学家的研究表明，观察并不像逻辑经验主义所认为的那么简单，观察陈述不可能独立于理论的某些假设来为理论提供观察证据。这是因为，"看出"的结果必须要得到解释，而解释总是要涉及关于现象或证据的理论假设。

---

① ［意］马尔切洛·佩拉著，成素梅、李宏强译：《科学之话语》，上海科技教育出版社2006年版，第151页。

② ［英］W. H. 牛顿—史密斯主编，成素梅、殷杰译：《科学哲学指南》，上海科技教育出版社2006年版，第143页。

佩拉曾以"太阳黑子"为例说明了这两种概念之间的差异。[①] 他说，假如某个人 P 承认，他观察到了"太阳黑子"，这说明，这个人 P 看见过某些现象 a_1，a_2，…，a_n，例如，一个发光的圆盘，圆盘上面的一个阴影区域，等等。如果这个人对天文学一无所知，那么，他就不可能从"看见"的现象中得出"太阳黑子"的结论。因为他没有具备与自己感知有关的概念系统。从现象中"看出"某种结果依赖于观察者所具备的说明性理论与解释性理论的背景。这说明，这个观察结果的得出，除了与特定的感知现象相关之外，还与理论元素相关，或者说，关于"太阳黑子"的观察报告不完全是由实验情形本身决定的，而是由实验情形与理论背景共同决定的。因此，进一步的推论是，任何一个观察报告都是理论性的。然而，如果观察报告是理论性的，那么，只能说这个报告是在谈论实在，即谈论不依赖于人的某些事情，而不是描述这些事情。

从这个意义上讲，理论实体的概念通常是在根据一系列的实验操作和能够对这些操作结果做出解释的成熟的理论框架内发明的。它的指称既依赖于理论语境，也依赖于实验语境。佩拉把这种依赖于理论语境的指称称为"假定的指称"（putative reference）或"理论上的指称"（theoretical reference），把不依赖于理论语境的指称称为"真指称"（real reference）。佩拉认为，"真指称是实在本身的一个元素：它是事实的真相，是存在的，或者，它与人的知识状态无关。假定的指称总是有一个标志（例如，卢瑟福的电子和玻尔的电子）。"[②] 然而，在当代科学研究中，科学家很难在忽略理论语境的情况下只依靠观察与实验语境来理解理论实体。这是因为，如果忽略理论，那么，理论实体就没有指称。因此，真指称事实上只是理论指称的一个极限。它是当下无法达到的，是理论指称在去语境化与再语境化的过程中不断地增加经验含量，最终可能达到的一种理想状态。在当下的科学研究中，只能认识理论上的指称，即不直接对应于实在但又与实在间接相关的指称。这种理论上的指称所对应的是对象性实在，而不是自在实在。

正如本书第二章在谈到当代科学实在论的困境与出路时所分析的那样，应该超越对理论实体的现存性的简单追求，走向关系与属性的理论语境的可能状态来理解理论实体的本体论地位。因此，对理论实体的本体论地位的这种理解方式，不会违反理解科学的直觉前提，即人们既能坚持认为存在着独立实在的概念，也能说科学的目的是认识这种独立存在的实在。理论实体在主体间性的意义上是客观的，在科学语境的动态演变过程中是主客观统一的，但是，在认为科学是描述实在，或者说，是提供与独立存在的实在相符合的陈述的意义上，是不客观的，

---

① ［意］马尔切洛·佩拉著，成素梅、李宏强译：《科学之话语》，上海科技教育出版社 2006 年版，第 151 页。

② 同上，第 153 页。

因为理论实体是依赖于语境的，是对实在的经验建构，而不是对实在的直接复制，或者说，不是对实在的镜像反映。

这样，基于所阐述的语境论的真理观、实在观与科学观，可以把这种语境实在论的观点总结为下列六个基本原则：

（1）本体论原则：在科学测量的过程中，科学家所观察到的现象是由不可能被直接观察到的过程因果性地引起的。这些不可能被直接观察到的过程是独立于人心而自在自为地存在着的。

（2）方法论原则：对一个真实过程的理论模型的建构，是对不可能被观察到的真实世界的机理和结构的模拟。对于真实世界而言，它在现象学意义上的表现与它的内在结构或机理在定性的意义上具有一致性，或者说，理论模型具有经验的适当性。

（3）认识论原则：理论描述的可能世界与真实世界只具有整体的相似性，它们之间的相似程度是它们具有的共同特性的函数。这些共性是在实验与测量语境中找到的。

（4）语义学原则：在一定的语境中，理论模型与真实系统之间的相似关系决定理论的逼真性。在理想的情况下，真理是理论描述的可能世界逼近真实世界的一种极限。

（5）价值论原则：科学理论的建构在最终意义上总要受到实验证据的制约，科学理论的发展总是向着越来越接近真实世界机理的方向发展的。

（6）道德原则：在科学探索的过程中，科学家的信念受其态度、兴趣、感情和社会、政治及文化等多重因素的影响，但是，科学研究规范最终会纠正科学家的失范行为。

五、结语：科学进步观的重建

总而言之，综观哲学史的发展不难发现，任何一个新思想的提出都必然伴随着一套新的思维方式的产生，不可能只是基于原有思路进行兼收并蓄式的改造。尽管这种兼收并蓄的方法是基础性的，但是，它只能是一种启发，而不足于形成新的思维方式。在科学哲学发展史上，把科学看成是绝对正确的，或者，看成是完全主观的，这两种极端的看法，都是不可取的。语境实在论的立场认为，科学家总是以试探性的方式工作的，或者说，科学研究是一项探索性的事业，科学认知既包含来自实在的信息，也有主体建构的信息，是主客观统一的结果，认知程度的提高构成了科学发展的未来。如果把已经发展的一切均看成是固定不变的绝对真理，那么，科学的发展一定会停止，人类的进步也会停止。语境实在论的立场与观点正是在对传统科学哲学的研究思路进行彻底清理与深入剖析的基础上形成的，它是一种动态的、开放的和运动的实在论，是一种最低限度的实在论立场。这种立场不仅提供了一套崭新的思维方式，而且有能力容纳已有的各派观点。现在的问题是，按照语境实在论，如果把理论模型和隐喻看成科学语言与科学推理的中心，把理论理解为是在谈论实在，那么，在充满隐喻和以类比模型为基础的科学语言与推理中，人们将如何理解理论的变化和科学进步问题呢？或者说，应该如何重建科学进步观呢？这正是第十一章将要讨论的主题。

第十一章

语境论的科学进步观

语境实在论者认为，在科学认知的过程中，所有的科学理论毫无疑问都是经验感知与观念建构相统一的结果。这是因为，一方面，如果人们没有关于对象的感知，就不会获得关于世界的知识；另一方面，如果人们没有形成某种观念，同样也不会获得关于世界的知识。在获得科学知识的过程中，科学理论蕴涵的经验信息量越大，关于世界的认知基础就会越深厚，所以，科学理论之间的不断更替与演变是向着不断地揭示世界的内部机制的方向进行的，这种演变构成了科学进步。但是，必须指出，在人类科学发展的进程中，指望科学有朝一日完全揭示出世界的内在机制这个理想化的目标是从来不会达到的。原因在于，一旦这个目标得以实现，那么，科学研究就会走向终结。从语境实在论的观点来看，科学进步既不像逻辑实证主义者认为的那样，是不断积累的过程，也不像库恩等历史主义者认为的那样，是不断革命的过程。然而，科学进步不是积累性的，并不意味着科学进步不是对科学知识的扩展；科学进步不是不断革命性的，也不意味着科学进步不会带来革命性的理论。科学进步是在不断地去语境性和再语境化的过程中实现的。本章主要通过对困扰传统科学实在论者的非充分决定性论题的内涵、挑战及其带来的启发的考察，阐述科学发展的语境生成论模式。

一、非充分决定性论题的内涵

传统科学实在论受到的最大挑战之一就是如何理解理论与证据之间的关系问

237

题。近几十年来这个问题已经从对观察渗透理论的强调，明确化为各种形式的反实在论者最广泛使用的基本论据"非充分决定性论题"（the thesis of underdetermination）。[①] 从词源上讲，"非充分决定性"一词的英文是"underdetermination"，它是动词"underdetermine"的名词形式。在 1989 年出版的《牛津英语词典》中，"underdetermine"解释为"To account for（a theory or phenomenon）with less than the amount of evidence needed for proof or certainty"，[②] 这句话可翻译为"用少于足以证明或确信所必需的证据数量来说明（一个理论或现象）。" "underdetermination"的意思是指"the state or quality of being underdetermined"，即"非充分决定的状态或性质"。1991 年由上海译文出版社出版的《英汉大词典》中，把"underdetermine"解释为"证据不足地说明（理论、现象）"。[③] 从词语的构成上看，前缀"under-"具有"不足、不充分、低于"之意，"determination"具有"决定、确定"之意。

"非充分决定性论题"（下面简称，UDT）所表达的事实是指，证据不足以在几个相互竞争的理论之间充分地决定哪一个理论是正确的。在科学哲学的发展史上，这一论题的明确提出和被广泛应用，是 20 世纪 60 年代以后的事情。但是，其间接的思想渊源可追溯到笛卡儿关于梦的论证和休谟对因果关系的质疑；而直接的思想渊源则主要来自 19 世纪末、20 世纪初的彭加勒的约定主义思想，以及迪昂关于判决性实验是不可能的论述。迪昂在《物理学理论的目的与结构》一书中，通过对天体力学和电动力学两个具体事例的考察后指出，"试图把理论物理学的每一个假设与这门科学赖以立足的其他假设分离开来，以便使它孤立地经受经验的检验，这是追求一个幻想；因为物理学中的无论什么实验的实现和诠释都隐含着依附整个理论命题的集合。"[④] 所以，从事实证据既不能推出理论的真，也不能推出理论的假，物理理论和证据之间的关系是一种整体性的关系。

迪昂从这种整体性出发，把理论检验的逻辑结构总结为，如果已知与本质相关的一组特定假说为 H；与一组辅助假设或背景知识相关的初始条件为 A；那么，从假说 H 和初始条件 A 可以推出观察结果 O。如果 O 没有出现，那么，被否定的不是某个孤立的假设 H_n 或某个辅助假设 A_n，而是一组假说 H 和整个辅助假设 A，即：

———————————

① 指超出非充分决定性在科学哲学中的含义，它在后实证论者关于翻译的不确定性、指称的不可理解性及知识社会学的各种强纲领中起着关键的作用。这里的讨论仅限于科学哲学的范围。在国内已有的科学哲学文献中，由于对"underdetermination"一词的译法不统一，所以，有必要阐明为什么把"underdetermination"翻译为"非充分决定性"的理由。

② J. A. Simpson and E. S. C. Weiner eds, *The Oxford English*（Oxford：Clarendon Press, 1989），P. 960.

③ 陆谷孙主编：《英汉大词典》（下卷），上海译文出版社 1991 年版，第 380 页。

④ 皮埃尔·迪昂著，李醒民译：《物理学理论的目的和结构》，华夏出版社 1999 年版，第 222 页。

已知 $\{H+A\}\rightarrow O$（其中，H 代表 H_1，H_2，$\cdots$，H_n；A 代表 A_1，A_2，$\cdots$，A_n）

如果 $\neg O$

那么 $\neg(H+A) = \neg(H_1, H_2, \cdots, H_n, A_1, A_2, \cdots, A_n)$

20 世纪 50 年代，著名的科学哲学家奎因把迪昂所论述的这种整体论思想，从物理学领域扩展到包括数学、逻辑学和语言学在内的整个知识体系。奎因认为，判决性实验完全是一种逻辑上的虚构，是不可能得以实现的。全部科学，不管是自然科学，还是人文社会科学，都不足以被经验充分地决定。[①] 奎因指出，当假说 H 与观察结果 O 发生矛盾时，可以是 H 和 A 中所包含的任意一个成分，或者，是推出 O 的规则或原理的任意一个部分发生错误，只要对错误加以否定或修正，就可以使 H 与 O 一致。科学哲学家常常把这类整体论的推理方法，合称为"迪昂—奎因"论题。这一论题的实质在于说明，单凭观察证据本身既不可能否定任何一个理论，也不能用来检验单个科学假设，而只能检验科学假设的整个体系。即不可能从科学假设的整个体系的假，推断出这一体系之网中的任何一个组成要素的假。它告诉人们，面对经验的法庭，实验的判决，理论并不是以单一假说的形式接受检验，而是作为一个整体系统受到评判。如果 H 是一种核心假设，那么，人们总能够通过修改 A 而保留 H。

"迪昂—奎因"论题通常也被称为"确证的整体论"（confirmational holism）命题，它所反映的观察证据对理论的非充分决定性特征，是对科学方法和科学认识的实证性证明或证伪的一种挑战。但是，"非充分决定"一词是一个十分模糊的概念，它没有明确地说明，证据对理论的非充分决定的程度有多大。概念自身固有的这种内在模糊性或不明确性，使得科学哲学家在对 UDT 的基本含义进行更明确的表述时，带来了理解方式上的差异。目前，在科学哲学家中间，对 UDT 的基本含义存在着下列两种不同强弱程度的表述。[②]

弱的非充分决定性论题（简称 WUT）主要来自迪昂的论述。这种观点认为，如果理论 T_1 与所有的证据 E 相一致，存在着与 T_1 不一致的另一个理论 T_2 也与同样的证据相一致，那么，从现有的证据出发，没有理由相信 T_1 是正确的，而 T_2 是错误的。即经验证据不可能为理论的选择提供充分的基础。例如，把在一张纸上的有限数量的点想象为代表有效的证据，人们总是可能画出不止一条曲线连接那些点。那么，如何决定采纳哪一条曲线或哪一种理论呢？一个基本的反映是看这些理论能否做出不同的预言，然后，通过寻找新的证据来决定哪一个理论

---

① 威拉德·蒯因著，江天骥等译：《从逻辑的观点看》，上海译文出版社 1987 年版。

② W. H. Newton-Smith（ed），*A Companion to the Philosophy of Science*（Oxford：Blackwell Publishers，2000），P. 532.

的预言是正确的。问题是，如果人们在进行选择时，根本不可能收集到这些新的证据。那么，这时人们对理论的选择，或者是无知论者，或者是希望寻找其他非观察证据，甚至是心理学的或社会学的因素，来帮助人们解决问题。

强的非充分决定性论题（简称 SUT）主要来自奎因的论述。这种观点认为，如果理论 T_1 与所有的证据 E 相一致，存在着与 T_1 在很强的经验意义上是完全等价的，但在理论上却是不相容的、具有竞争性的无数个理论，那么，在所有可能的选择规则中，没有任何一个合理的选择规则有助于选择理论。或者说，包括未来的任何观察在内的所有可能的证据，都不足以在这些相互竞争的理论中，充分地决定理论的选择。奎因指出，"在任何情况下任何陈述都可以认为是真的，如果我们在系统的其他部分做出足够剧烈的调整的话，即使一个很靠近外围的陈述面对着顽强不屈的经验，也可以借口发生幻觉或者修改被称为逻辑规律的那一类的某些陈述而被认为是真的。反之，由于同样的原因，没有任何陈述是免受修改的。"① 劳丹把这种强解释表述为，"任何理论都可能与任何证据相符合"。②

劳丹认为，对非充分决定性论题的解释，不是在经验等价的条件下得到的。因为经验的等价主要是关于理论的语义学的论点，相反，非充分决定性论题是关于理论的认识论的论点。因此，为了更加明确地澄清 UDT 的基本含义，1996 年，劳丹依据不同的标准，把 UDT 的各种理解划分为四对强弱不同的类型。③

第一，在认识论意义上，劳丹把 UDT 区分为：描述的看法（descriptive version）和规范的看法（normative version）。所谓描述的看法是指，当理论面对不一致的经验证据时，科学家能够通过调整他们的信念，在心理学的意义上仍然坚持过去所坚持的理论；所谓规范的看法是指，科学家不仅能够在心理学意义上坚持过去的理论，而且能够合乎理性地想尽一切办法"拯救"他所坚持的理论。这两种观点的区分主要取决于，是否指出科学家有能力做什么，或者说，科学合理性的规则允许什么。劳丹认为，在前一种观点的意义上，UDT 没有任何哲学意义，真正有意义的是后一种观点。因为在规范观点的意义上，UDT 强调了认识论的规范约定作用，表明科学家只要想"拯救"一个理论，他们就有能力使理论成为可辩护的和合理的。

第二，在逻辑学的意义上，劳丹把 UDT 区分为：演绎的看法（deductive

---

① 威拉德·蒯因著，江天骥等译：《从逻辑的观点看》，上海译文出版社 1987 年版，第 40～41 页。

② Larry Laudan, *Beyond Positivism and Relativism: Theory, method, and evidence* (Colorado: Westview Press, 1996), P. 19.

③ Larry Laudan, *Beyond Positivism and Relativism: Theory, method, and evidence* (Colorado: Westview Press, 1996), pp. 31－50.

version）和扩展的看法（ampliative version）。前者是指，面对任何一组有限的证据，都可能存在着无数个不同的理论，每一个理论都能够符合逻辑地推论出（entail）这些证据。例如，如果 E 是理论 T 的证据，那么，T 逻辑地蕴涵 E，但是，E 并不蕴涵 T。因为可以存在着与 T 不同的 T'、T'' 等同样会蕴涵 E。这种观点表明，不仅不可能从现象唯一地归纳出理论，而且演绎逻辑的方法也是不充分的。因为无论有多么广泛的证据，都不能够使人们肯定地确定哪一个理论是正确的。所以，假说不能在演绎逻辑的意义上加以证明，成功地"拯救现象"并不是坚持信念的根本保证；后者是指，即使将演绎逻辑扩充为演绎逻辑加归纳逻辑（即概率逻辑），证据也不可能蕴涵一个正确的理论。即通过适当地调整人们对自然界的其他假设，任何理论都能够与任意顽强的证据（recalcitrant evidence）相协调。所以，无论面对什么样的可想象的证据，都不足以通过归纳推理在相互竞争的理论中充分地决定选择哪一个理论。这两种观点的区分取决于，非充分决定性是依赖于演绎逻辑的规则，还是依赖于更广泛意义上的归纳逻辑的规则。

第三，从理论与证据之间的相互关系上，劳丹把 UDT 区分为：相容的看法（compatibilist version）和导出的看法（entailing/entailment version）。相容的看法是通过建立理论与证据之间的相容关系，使理论与顽强证据之间达成一致，说明可能提出的任何一个理论，都必须在逻辑上与任何一个证据相一致。正是因为如此，证据不足以决定理论的选择；导出的看法认为，理论与证据只在逻辑上相一致是不够的，建构理论是为了从逻辑的意义上推论出证据。这两种观点的区分在于，人们是通过建立理论与顽强证据之间的相容关系，使理论与顽强证据相一致，还是通过建立理论与顽强证据之间的单向推理关系，使理论与顽强证据相一致。这两种观点是对扩充观点的两种不同强弱程度的解释。相容的观点认为，可以通过在整体假设的网络中排除任何一个辅助性假设，使理论达到与顽强的证据相一致；而导出的看法坚持，总是存在着一组新的辅助性假设，能够用它取代先前旧的辅助性假设，并精确地推论出它所面对的证据。

第四，从经验支持的不同程度上，劳丹把 UDT 区分为：多元的看法（non-unique version）和平等的看法（egalitarian version）。前一种观点认为，为了使任何一个理论和任何一组证据或者是相容的，或者是从理论中推论出证据，那么，至少将存在着在逻辑上与第一个理论不相容的另外一个理论，这个理论同样也是与证据相容，或者能推论出那些证据。这说明，相对于已知的一组证据而言，至少存在着两个或两个以上的相互竞争的理论，或者与这组证据相容，或者都能够推论出这组证据；后一种观点认为，存在着无限多种这样相互竞争的理论，事实上，每一个理论都在选择的基础上，或者与证据相容，或者推论出任何一个证据。在认识论的意义上，所有这些理论都是平等的，即它们能够在同等程度上得到证据的支持。

这四种不同类型的论题形式之间存在着内在的相互包容的交叉关系。其中，演绎的看法与扩充的看法代表了两类不同的家族，是 UDT 普遍存在的两种基本类型。多元的看法和平等的看法不是演绎的非充分决定性观点的简单重复，它们涉及经验支持的问题，因而是一个认识论的论题，而不只是逻辑语义学的论题。也就是说，它们内在地包含了"经验支持"的成分，而"经验支持"正是扩充推理的焦点。对演绎的和扩充的非充分决定性的两种不同的认识，就是描述的看法和规范的看法；对扩充看法的两种不同强弱的经验支持，就是相容的看法与导出的看法；除此之外，在其他三对看法之间也存在着彼此交叉的关系。多元和平等的看法既可以是相容关系，也可以是导出关系；相容和导出的看法也可能是多元的或平等的，这取决于它们只是承认存在着经验等价的理论，还是认为所有理论都是经验等价的；多元和平等的看法也可以是描述的或者规范的，这取决于科学家是从事实的描述还是从规范的认识论上理解非充分决定性论题。

二、非充分决定性论题的挑战与启发

劳丹以分类的方式对 UDT 的基本含义的分析既深刻又富有启发性。在一定程度上，劳丹的论述揭示出理论与证据之间的下列四种相互关系：其一，在方法论意义上，理论与证据必须相一致；其二，在逻辑意义上，能够从理论中推论出证据；其三，在认识论意义上，理论应该对证据做出某种说明；其四，在经验意义上，理论应该得到证据的支持。问题在于，证据与理论之间的这些相互支持关系并不能够充分地确保，从一组相同的观察证据中只能唯一地得出一种可供选择的理论。在这种情况下，证据对理论的经验支持既不是建构理论的逻辑起点，也不足以成为判别理论真伪的事实依据，而仅仅是作为一类辩护性因素在起作用。理论越抽象、越复杂，它的建构性与整体性特征就会越显著，观察证据对理论的支持或反驳程度就会越来越弱化。

为此，WUT 的观点认为，除了已有的观察证据之外，科学家还可以借助于其他的非观察类证据，帮助他们选择理论。在理性论者看来，这些非观察类证据来自科学理论本身。例如，科学家可能会更喜欢符合下列条件的理论：（1）具有内在一致性的理论；（2）能够正确地做出让给定的背景假设感到惊奇的预言的理论；（3）经得起广泛经验考验的理论。此外，理论的预言能力、可理解性、解释功能、实用性、适用范围和简单性等因素，也会在理论的选择中发挥一定的参考作用。但是，理性论者的这些主张，遭到了各种形式的非理性论者的批评，他们认为，对理论的实用性、简单性、一致性等问题的评价标准是难以确定的，事实上，科学家所借助的这些非观察类证据不是来自理论自身，而是来自社会因素与科学家的心理因素。

比 WUT 的非理性论者的观点更加极端的 SUT 的观点认为，科学家根本不可能借助于任何因素在相互竞争的理论之间做出选择。其原因是，这些理论在经验意义上是完全等价的，或者说，彼此不一致的理论 T_1 和 T_2 能够给出完全相同的可观察的预言。在这种情况下，即使一个在可观察的意义上能够完全知道宇宙的过去、现在和未来的可观察态的全知全能的上帝，也不可能在理论 T_1 和 T_2 之间做出选择。科学家既然有能力通过修改或调整理论的基本假设，使理论经得起经验的考验，也一定有能力在修辞学的意义上为他们所拥护的理论的合理性进行辩护。所以，在这种观点看来，理论的可变性，使得科学家即使能够得到所有可能存在的观察证据，也不可能有助于他们在相互竞争的理论当中做出合理的选择。

近些年来，不同的科学哲学家在不同的认识论和本体论的意义上，对这个论题做了不同的理解与辩护。[①] 在科学哲学的历史主义的代表人物中间，"迪昂—奎因"论题主要在逻辑学和认识论意义上得到了不同程度的阐述。库恩在《科学革命的结构》一书中宣称，从来没有证据能够说明一个旧的范式会变得"不合逻辑或成为非科学"，科学范式是多因素、多层次内容构成的整体，是理论知识、哲学信仰、价值标准、研究方法和实验仪器等因素构成的"分解不开的混合物"；[②] 费耶阿本德否认存在着普遍的方法论原则，主张经验事实根本不可能禁止多种理论的并存与发展，他提倡"怎么都行"的多元论的、无政府主义的方法论；古德曼（N. Goodman）认为，在相互竞争的"建构世界"的方式中，没有客观的理由能对一个好的理论做出选择。

与历史主义者的理解有所不同，社会建构论者主要立足于方法论的意义理解 UDT。他们认为，既然观察证据不足以充分地决定理论的选择，那么，理论的选择就一定是在科学家受到了各种各样的非观察证据和"非理性"因素的影响之下做出的决定。例如，布鲁尔声称，UDT 表明，使"非认知的"社会因素在科学家对理论的说明和选择过程中发挥作用是必要的，可以证明，只考虑方法论与观察证据，不足以说明理论的选择；柯林斯断言，UDT 使人们相信，世界在形成或抑制人们的信念方面几乎不起任何作用；像德里达（J. Derrida）这样的人文理论家则更进一步，把 UDT 作为"解构论"观点的一个合理部分，认为每一个社会文本都有各种各样的解释，文本自身不足以在这些解释中做出选择，所以，文本没有确定的意义。

① Robert Klee, *Introduction to the Philosophy of Science* (Oxford University Press, 1997), P. 64.
② T. Kuhn, *The Structure of Scientific Revolutions* (University of Chicago Press, 1962), P. 159.

针对这些相对主义的观点，许多科学家与传统实在论者坚持认为，在某种程度上，证据对理论的非充分决定性不可能瓦解科学理论的客观性与实在性，相反，它会使科学的成功变得更加卓越。传统实在论者的论证理由是：①

第一，他们认为，WUT 的非理性论者的观点和 SUT 的观点，是在预设了证据与理论之间的二分法的基础上，得出了相互竞争的理论在可观察的层次上能够给出相同的结果，而在理论层次上又对世界得出不一致的解释这样一个结论。如果可观察的结果与不可观察的结果之间不存在任何区别，那么，这一结论就不能得到很好的辩护；

第二，可观察的结果与不可观察的结果之间的区分是随时间而改变的。因此，理论的经验结果是相对于特定的时间而言的。理论在经验上的等价是暂时的，未来总有机会将它们区别开来。因为在可观察现象范围内的任何一种情况，是相对于当时的科学知识和观察与探测中可资利用的技术资源而言的，两个理论在经验上的等价也会随时间而改变；

第三，从科学发展史来看，没有充分的理由相信，面对同样的一组证据，两个理论会在很强的经验意义上是等价的，因为在很强的经验意义上是等价的理论很少出现，即使出现也不是真正的理论；

第四，经验的等价性不等于证据的等价性。

除了传统科学实在论的反驳之外，科学家也开始以"恶作剧"的方式批判这种十分嚣张的相对主义思潮与非理性主义的观点，来捍卫和挽救传统的科学真理观。如前所述，20 世纪末在国际学术界掀起的著名的"索卡尔大战"便是典型的事例。索卡尔所坚持的观点，向人们强化了理论是对客观世界的真实描述，"硬科学"是真理的化身这样一种传统观念。按照索卡尔的观点，理论陈述是对世界的描述，假如在世界中存在着标有 a，b，c，……的物体，这些物体分别具有 F，G，H，……等属性以及它们相互之间的内在关系，那么，就有一组陈述 F_a，G_b，……与这些属性相对应。这些陈述构成了在客观意义上是真的理论。由语言构成的理论与客观世界之间的关系如图 11 – 1 所示。

这种观点的核心是，要求对命题与概念的指称和真理进行标准的客观性的说明。或者说，要求在科学研究中坚持严格的指称和真理的符合论标准。测量结果是对物体的内在属性的某种揭示；用来描述测量结果的语言拥有它字面上所表达的意义；科学理论是确定无疑的、是不可错的和客观的。围绕"索卡尔事件"的科学大战确实揭示出，WUT 的非理性论者把理论的可接受性标准完全归结为

---

① James Ladyman, *Understanding Philosophy of Science* (New York：Routledge Press，2002)，pp. 170 – 180.

是与真理无关的科学家的兴趣与心理因素的观点，以及 SUT 的拥护者把科学理
论理解成是可以随意调整与解释的社会文本的观点，是对理论与证据之间的整体
性论点的一种无边界的夸大，是对科学的客观真理观的根本背离，是对科学实践
的一种错误理解。已经走向了极端的怀疑主义和相对主义的主观真理论，走向了
科学的反面。

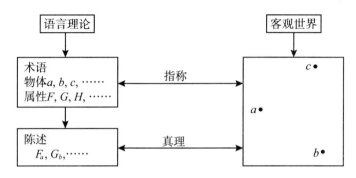

图 11 – 1　语言理论与客观世界的关系

但是，也应该看到，一方面，索卡尔在捍卫传统科学观的同时，他的观点进
一步加深了人文科学与自然科学之间的对立，是从一个极端走向了另一个极端。
事实上，科学史的发展表明，传统的认识论与方法论并不足以支撑整个科学大
厦。在科学研究过程中，修辞学方法一直起着重要的作用。[①]　另一方面，传统的
科学实在论者对自己观点的上述辩护，充其量也只是某种信念的表露和强调，并
没有从根本意义上解决问题，也没有充分的说服力。从科学的发展历史来看，非
充分决定性论题的提出不是毫无根据的。它确实反映了证据与理论之间的某种整
体性特征，向自休谟以来的传统经验论的核心观点——观察的客观性或经验的可
靠性——提出了挑战。它有助于人们逐渐地改变，要么像逻辑经验主义者那样，
把经验证据与理论之间的关系理解成以经验为基础的证实关系，要么像波普尔
那样，理解成是以经验为前提的证伪关系，这两种极端的看法；揭示出除了证据
之外的其他因素在理论选择中所起的重要作用；带来了对科学理论的性质、科学
评价、科学检验、理论选择等传统观点的再思考；并在反驳激进的逻辑实证主义
的观点和批判传统实在论的教条时，担当着重要的角色。也正是由于存在着这些
合理因素，才使得传统科学实在论者不能够充分地驳倒相对主义者对 UDT 观点
的论证。

在根本意义上，不论是非充分决定性论题的提出，还是传统科学实在论者对

---

①　Henry Krips, J. E. McGuire, and Trevor Melia ed. , *Science, Reason, and Rhetoric* (University of Pitts-
burgh Press, 1995).

它的反驳，都以客观测量为基础。他们首先把实验现象和观察证据理解成是纯粹客观的和可靠的，认为测量结果直接反映了物体的固有属性；其次，把用表述实验现象的语言和公理系统理解成是对世界图景的客观再现。然而，科学研究过程中表现出的理论与证据之间的整体性关系说明，对理论命题的指称与真理的这种客观说明不过是一种乌托邦的理想。相对主义者的论证之所以有存在的合理性和一定的生命力，就在于它揭示出追求这种客观真理所带来的悖论：科学家承认有一个关于世界的唯一正确的理论，但是，他们运用最好的方法都不能够充分地保证得到这个正确的理论。或者说，甚至不能够充分地保证他们的科学研究是正在向着正确的方向进行的。也正是在这个意义上，在量子物理学的领域内，科学哲学中的实在论与反实在论之间的争论占据着十分显著的地位。

例如，在理解量子力学的实在性问题上，玻尔与爱因斯坦之间的争论，并不是关于是否存在着原子世界的争论，因为他们中间没有一个人怀疑原子世界的存在性。而是关于如何明确地说明这个世界的不同观点之间的争论：即当人们把对原子的描述理解成有意义的描述时，支持这种描述对错的条件是什么？爱因斯坦认为，只有那些关于原子客体的属性的陈述才是有意义的。EPR论证正是以这种指称和真理的客观性条件为前提进行的；而玻尔则相信，如果在原则上不可能确证这种描述的真理性，那么，把属性归于原子客体是无意义的。只有在原子客体的共轭变量的预言能够被确证的情况下，才能够谈论与一定的测量相联系的可观察量的值。根据传统的指称理论与真理理论的客观性标准，人们习惯性地认为爱因斯坦是实在论者，玻尔则是实证论者。

沿着渴望追求客观真理的思路，玻姆的非定域性的隐变量量子论通过赋予微观粒子以经典粒子的轨道属性，使量子论中的粒子与波具有按字面上理解的物理意义。与被物理学家广泛接受的量子力学的形式体系相比，玻姆的理论恰恰是以一套完全不同的基本假设为前提，对量子力学能够解释的现象进行了一致的因果性解释。在现有的条件下，这两种理论都可以对已有的现象做出说明，但是，它们却描述了截然不同的两个世界图景。问题是，虽然物理学家在实践中成功地应用着量子力学的算法规则，可是，几十年来，他们从现有的证据出发，否定不了玻姆的量子论存在的可能性。在某种程度上，这个现成的事例恰好支持了非充分决定性论题所反映的事实。

这说明，在以真理符合论为前提的传统科学实在论的观点中，非充分决定性论题所阐述的事实的确是现实存在的，也是值得重视的。从前面论述的观点来看，实在论者要想走出由理论与证据的整体性所带来的困境，最捷径的出路是，放弃对测量结果的传统理解方式，放弃把真理的客观标准作为理解当代科学实践的基础，这一几百年来形成的根深蒂固的价值前提：即不以客观真理的标准来理解科学陈述的对错，而是把科学理解成产生世界模型的一种实践；不把测量结果理解成对客体的固有属性的直接再现，而是理解成依赖于测量条件的一种相对表现。在这种理解的框架内，经验证据就可以在某些重要方面充分地帮助人们在不同的理论模型之间做出选择。在这种选择的过程中，既不需要排除文化价值或某些社会、心理等因素所起的作用；也用不着担心像许多后现代主义者那样，走向反科学的道路。但是，还能够对科学理论做出合理的选择，使测量结果或观察证据发挥一定的效用。

在科学史上，要么把理论与实验相分离，要么过分夸大理论与实验之间的依赖性，都是失之偏颇的。科学史与科学实践已经表明，理论有其一定的自主性，实验也有它自己的生命力，两者之间的关系是既相互依赖又彼此分离的一种整体性关系。如果用语境实在论的观点取代传统实在论的观点，用真理语境理论取代真理符合基础论，那么，过去的许多问题将不再存在，非充分决定性论题所反映的事实，也会得到自然而然的解答。

三、科学发展的语境生成论模式

探讨科学发展的模式问题一直是科学哲学研究中的重大理论问题之一。不同的学派提出了不同的观点。逻辑实证主义者继承了自培根（Francis Bacon）以来的哲学传统，认为科学的发展在于对经验证实的真命题的积累。理论所包括的真命题越多，它就越逼近真理。波普尔把理论逼近真理的这种性质称为"逼真性"，逼真性的程度称为"逼真度"。他认为，理论是真内容与假内容的统一，理论的逼真度等于理论中的真内容与假内容之差。而真内容由理论中那些得到经验确认的真命题所组成。真命题越多，理论的逼真度就越高。在所有这些观点中，逼真性的主要特性是用命题与事实的符合作为近似真理的基本单元。换言之，是用命题真理的术语来理解理论的逼真性。在这里"符合"没有程度上的差别；逼真性与真理之间的关系是部分与整体之间的关系。一般情况下，这种"符合"或"与事实相符"包含着四个方面的关系：其一，句子的主语与谓词之间处于相互联系的状态；其二，事态（the state of affairs）与主语之间的指称关系；其三，谓词表达与被选择的事态之间的指称关系；其四，说话者所选择的对象与事态之间的相适合关系。[①]

然而，这种以真命题的多少来衡量理论的逼真度的方法，似乎没有办法回答

---

① Jerrold L. Aronson, Rom Harré & Eileen Cornell Way, *Realism Rescued*: *How Scientific progress of possible* (Gerald Duckworth & Co. Ltd, 1994), pp. 136 – 137.

诸如下面的那些问题：如果一个理论最后被证明是与事实不相符，那么，这个理论怎么可能接近真理呢？比如说，在当前的情况下，量子场论还是一个不成熟的理论，它在未来一定会被加以修改，那么，人们能够说，量子场论不如牛顿力学与事实更相符吗？此外，"符合事实"这个概念也会遇到同样的问题：如果某个理论根本就是错误的，人们又怎能说，它与事实符合的更好或更糟呢？也许有些在表面上曾经显示出具有某种逼真性的理论，实际上，它却在根本意义上就是错的。例如，化学中的"燃素说"、物理学中的"地心说"，等等，这些理论都曾经在科学家的实际工作中，起到过积极的作用。但是，后来的发展证明，它们都是错误的假说。另一方面，这种方法还无法解释为什么在前后相继的理论中使用的同一个概念，却具有不同的内涵这样的问题。例如，经典物理学中的质量概念，不同于相对论力学中的质量概念；量子力学中的微观粒子概念，也比经典物理学中的粒子概念拥有更丰富的内涵。库恩在阐述他的科学发展的范式论模式时，正是由于不能够合理地回答这个问题，给人留下了走向相对主义之嫌。

如果用强调理论描述的物理模型与世界之间的相似性比较，取代理论中包含的真命题的比较来理解理论的逼真性，那么，上述问题就很容易得到解决。在特定的语境中，并存着的相互竞争的理论，分别描绘出几个相互竞争的可能世界，这些可能世界与真实世界之间的相似程度决定理论的逼真性。逼真度越高的理论，将会越客观、越接近于真理。真理是理论的逼真度等于 1 时的一种极限情况。例如，牛顿力学比伽利略的力学更接近真理的真正理由是，因为牛顿物理学所描绘的世界模型，比伽利略物理学所描绘的世界模型，与真实世界更相似。而不应该把这个结论替换成是，在每一个方法中通过算出真命题的数目，来使它们与精确地说明真实世界的真命题的总数进行比较后做出的选择。前后相继的理论中所使用的共同概念的意义也是依赖于可能世界的。不同层次的可能世界虽然赋予同一个概念以不同的内涵。但是，由于更深层的可能世界更接近真实世界的内在结构，所以，对为什么同一个概念会有不同内涵的问题就容易理解了。

由理论描绘的可能世界逼近真实世界的过程，以及前后相继的理论之间的更替关系可总结为：

前语境阶段→语境确立阶段→语境扩张阶段→语境转换阶段→新的语境确立阶段……

在科学发展的这个模式中，前语境阶段是指，当科学进入一个新的研究领域时，面对不可能被旧理论所解释的有限数量的实验证据和存在的重要问题，科学家首先是进行大胆的创新和积极的猜测，提出可能与证据相一致的相互竞争的理论或假说。这些理论或假说分别描绘出了相互竞争的各种可能世界的图像。这个时期，科学家在建构理论时，通过模型与现象的比较来约束他们的想象。或者说，他们的富有创造性的想象力是一种意向性的想象，而不是完全随意的想象。这种意向性的信息直接来自不可能被直接观察到的对象本身。科学家在相互竞争的理论中做出选择时，依赖于两个主要的归纳根据：其一，相信任何一个理论模型的建构都是为了尽可能准确地模拟真实世界的结构和机理；其二，依据模型所产生的信念能够成为设计新的实验方案的基础。这个实验方案的设计是为了探索世界，以及检验模型与它所表征的世界之间的类似程度。在特定领域内和一定的历史条件下，根据一个理论的信念所设计的实验越新颖，在得到应用之后，越能够证明理论的成功性。同时，理论的调整总是向着与新的实验结果相一致的方向进行的。而新的实验结果是由自然界中某种未知的因果机理引起的。

然而，说明的成功（explanatory success）只是理论逼近真理的一个象征或一个结果，或者说，说明的成功只是理论逼近真理的一个必要条件。凡是逼真的理论都必定能够对实验现象做出成功的说明，但是，并不是每一个拥有成功说明的理论都是逼真的理论。在理论的说明中，理论的逼真性与不断增加的成功之间的联系应该是一个认识论问题，而不是一个语义学问题。与前面第二章中对"解释"概念的理解相一致，一个完整的科学理论从产生到成熟同样要经过三个阶段：其一，对现象的描述阶段，这个阶段得到了在经验上恰当的模型。例如，在量子力学之前，玻尔等人提出的各种原子模型；第二个阶段是建立一个理论的说明模型。例如，现有的量子力学的数学形式体系。第三个阶段是为成功的说明模型寻找一种可理解的机理，或者说，对说明模型提供语义学的基础。相对于一个成熟的科学理论而言，现象—模型—机理三者之间的相互关系具有内在的不可分割的整体性。这也就是为什么原子物理学家在理解量子力学的内在机理的问题上没有达成共识时，产生了量子力学的解释问题的原因所在。

在这里，模型是指物理学的模型而不是仅仅指数学模型。物理学模型除了包括数学模型之外，还包括理解世界的构成机理的模型。理解模型是为数学模型提供一个语义学基础。例如，分子运动论模型是解释压强公式的语义学基础；场的观点是理解引力理论的语义学基础。因此，物理学中的模型是指真实物理系统的替代物，它既具有解释的作用，也能够把抽象的数学系统翻译为一个可理解的论述。正是在这个意义上，本书所指的每一个物理学模型都是指一个模型簇。由这些模型簇所描绘的可能世界的结构与真实世界的结构之间的相似关系，在选择理论时是很重要的。一方面，它能够使理论在科学实践中被不断地修改和扩展以适应新的现象，而不是静止的和孤立的；另一方面，它使相互竞争的理论之间的选择，在科学实践的规则与活动之内自然地得到了求解。这时，被淘汰掉的理论并非必须要被证伪（尽管证伪也是因素之一），而是如同生物进化那样是自然选择的结果。

在选择的方法中，把逼真度作为选择理论的标准，与要么强调经验证实，要么强调经验证伪的标准不同，它永远是动态的和依赖于研究语境的概念。它既有助于把淘汰掉的理论中的某些合理化因素进行再语境化，也能够确保科学描述和与此相关的实验技巧与独立于人心的世界之间建立起一种物理联结，从而坚持存在着一个不可能被观察到的独立于人心的世界的本体论的实在论观点。大体上，衡量可能世界与真实世界之间的结构或机理的相似程度，可以通过它们之间的共有属性（或共同特征）来进行。如果用 $S(A, B)$ 表示两个世界之间的基本特征的相似关系，用 $A \cap B$ 表示共有属性，$A—B$ 和 $B—A$ 表示它们之间的差异，那么，在定性的意义上，这些量之间的关系可以定性地表示为：[①]

$$S(A, B) = C_1 F(A \cap B) - C_2 F(A - B) - C_3 F(B - A)$$

这个公式说明，两个世界之间的相似关系是它们的共性与差异的函数。当 C_1 远远大于 C_2 和 C_3 时，两个系统之间的共性将比差异处于更重要的支配地位。其中，三个系数 C_1、C_2 和 C_3 的值是通过实验来确定的。这样，人们就有可能在经验的意义上来研究相似关系。在经验的意义上，如果相互竞争的理论中的某个理论的描述和说明模型，能够完全依据当前的实验结果和本体论概念被加以校准，那么，人们就有理由认为，这个理论是拟真的（plausible）。理论越拟真，它就越逼真。

在一个特定的语境中，当一个理论的说明与理解模型能够完全经得起经验的考验时，科学共同体将认为理论描绘的可能世界与真实世界之间达到了某种一致性。这时，科学的发展进入了语境确立的阶段。这个阶段相当于库恩的常规科学时期或范式形成时期。这时，科学家不仅拥有共同的信念和共同的语言，而且拥有对真实世界的共同图像。他们相信，理论描绘的可能世界代表了真实世界的内在机理；理论描绘的图像就是不可观察的真实世界的图像。为了进一步探索真实世界的精细结构，科学家常常会根据现有理论提供的信念和约定，设计新的实验规划，预言新的实验现象，特别是运用成熟理论中的理论实体进行实验操作，从而形成了一个相对稳定的语境阶段。但是，这个相对稳定的语境边界是非常不确定的。

当科学共同体把成熟理论所揭示的世界机理作为一个范式和信念的基础，延伸推广到解释其他相关领域的现象时，科学的发展进入到语境的扩张阶段。其中，既包括理论研究的信念与方法的扩张，也包括以它的基本原理为基础的技术与实验的扩张。例如，在牛顿理论确立之后，不论是物理学家还是化学家，他们

---

① Jerrold L. Aronson, Rom Harré & Eileen Cornell Way, *Realism Rescued*: *How Scientific progress of possible* (Gerald Duckworth & Co. Ltd, 1994), P. 133.

都用牛顿力学的基本思想来说明他们所面临的其他领域内的新的实验现象，并且成功地制造出了许多测量仪器；同样，现代技术的崛起和分子生物学、量子化学等学科的产生，都是量子力学的基本原理成功应用的结果。所以，语境扩张的过程实际上是已有语境膨胀的过程。当科学共同体在语境扩张的过程中，遇到了与理论信念相矛盾的而且是他们料想不到的实验事实时，他们才有可能开始对理论的信念产生怀疑，这时，理论的应用边界，或者说，语境扩张的边界逐渐地变得明确起来，科学的发展开始进入语境转换阶段。在这个阶段，旧语境的扩张受到了限制，新的语境处于形成与培育当中。新的理论竞争也就随之开始了。随着新理论竞争的开始，科学共同体的信念也在不断地发生着改变，直到一个全新的语境形成为止。

当新的语境确立之后，不仅科学共同体确立了新的信念，而且他们对问题的求解值域也随之发生了改变。这时，原来前语境中的一些不合理的偏见，在新语境中得到了纠正。在前语境中是真理性的理论，在后语境中失去了它的真理性。后语境的形成是伴随着新理论的确立而完成的。由于新语境比旧语境包含了更多的信息，解释了更多的实验现象，更明确地揭示了世界的结构或机理。所以，它在理论信念、方法和技术层次的扩张与渗透力将会比旧语境更强、更彻底。这也就是，为什么量子力学的产生所带来的理论、方法与技术革命会比牛顿力学更深刻、更广泛的原因所在。但是，前后语境之间的界限是连续的。这时，就像新理论是对旧理论的一种超越一样，新语境也是对旧语境的一种超越。由于语境的变迁和运动是不断地向着揭示世界的真实机理的方向发展的，因此，在语境中生成的理论也使得科学的发展与进步向着不断地逼近真理的方向进行。人们把科学发展的这种模式称为"语境生成论模式"。

这里包括两个层次的生成：其一，理论的形成与完善是在特定的语境中进行的；其二，科学的进步与发展也是在语境的变更中完成的。但是，值得注意的是，强调语境化并不意味着使科学的发展成为无规则的游戏。把理论系统放置于特定的语境当中，强调了系统的开放性和连续性。在这个意义上，语境论的事实也是一种客观事实。运用语境论的隐喻思考与模型化方法，不仅能够使科学进步过程中的微观的逻辑结构与宏观的历史背景有机地结合起来，而且能够使基本的内在逻辑的东西在历史的发展中内化到新的语境当中，从而使得语境在自然更替的同时，一方面，完成了理论知识的积累与继承的任务；另一方面，揭示出更深层次的世界机理。所以，语境生成论的科学发展模式既不会像库恩的范式论那样，走向相对主义，也不会像普特南那样，走向多元真理论。科学发展的语境生成论模式，既能够包容相对主义的某些合理成分，又能够坚持实在论的立场。

251

四、结语：走向语境论的科学哲学

综上所述，科学哲学的任务既不是企图纠正现有科学理论中的错误，更不是力图为科学家的研究活动指明出路，而是把科学放在社会、历史与文化语境中尽可能真实而客观地理解科学。本书所阐述的语境实在论观点使人们有可能在为科学进行实在论辩护的过程中，容纳各种反实在论的立场，并使这些立场成为理解科学的一个视角接受下来，不再构成对科学进行实在论辩护的任何威胁。在语境论的立场上对科学进行的这种实在论解释是一种最低限度的解释，它所提供的一套思维方式，既是对传统科学哲学研究思路的颠覆，也维护了科学家进行科学研究的直觉，因而是一套有生命力的、具有革命性的、值得关注与深入研究的思维方式。一言以蔽之，走向语境论的科学哲学是未来科学哲学发展的一个不可忽视的重要趋向。

为了进一步印证这种观点的可行性，我们下面以附录的形式附加了我们分别从数学哲学、物理学哲学、生物学哲学和心理学哲学四个方面的案例研究。这些案例研究表明，语境方法的重建既是当代自然科学哲学的一种内在要求，也是科学哲学今后发展的一个有前途的方向选择。

附 录

应用案例研究

案例研究之一

走向"基于数学实践的数学
语境实在论"

一、抽象对象与当代数学柏拉图主义

自古希腊时代以来,数学以其独特的确定性和真理性被誉为"科学的女皇",不仅数学家,包括哲学家和科学家(物理学家)也对数学的本质是什么怀有强烈的好奇心。数学是什么?数学实体(数学对象)存在吗?人们知道,树木、河流的存在,在特定的时刻和特定的空间能被人们感知到。与此相比,数学实体如果存在,这种存在也能在特定的时刻和特定的空间被感知到吗?如果不能,那么数学实体究竟具有一种什么样的实在性呢?

关于上述问题的解释,传统的数学实在论,即数学柏拉图主义被普遍认为是最受哲学家和数学家欢迎的一种解释。按照这种观点:(1)数学是研究像无穷基数、集合、群、高维空间等各种数学对象及其性质的一门科学。正如物理学是研究处于时空中的诸如书桌、星球和微观粒子这些具体的物质对象以及这些对象的性质的科学一样,这些数学对象是真实的,不占有具体的时空位置、非因果、不经历变化、独立于人类的心灵和宇宙中的一切物质、独立于任何个体意识和社会活动而存在,是不能被人类所感知到的抽象实体。(2)数学真理是对实在的抽象数学世界的准确描述。一个数学陈述为真还是为假,由数学事实决定。数学家的工作就是对数学真理的不懈追求。(3)数学家的大多数数学信念为真,即人类可以认识数学真理。(4)可以通过语言谈论并指称这些实在的抽象数学对象,即数学对象可以用数学中的抽象单称词项指称。

弗雷格一般被认为是当代第一个数学柏拉图主义者,因为,他在 1884 年出版的《算术基础》中明确声称：（1）每一个个别的数是对象，不是概念。（2）数学对象是客观的和抽象的。（3）数词具有指称功能，其指称对象是数。事实上，当代数学柏拉图主义者关注的核心是数学对象的本体论地位问题，认为数学的本质是关于数学对象以及数学对象的性质的，换言之，数学家所进行的数学研究是对实在的数学对象及其性质的一种准确刻画。但是，鉴于数学和自然科学研究对象的不同，数学柏拉图主义者认为数学对象是一种抽象对象。重要的是，抽象对象的论题是当代数学柏拉图主义的一个核心要素和基础。数学对象的抽象性被弗雷格以后的哲学家用非时空性、非因果性的标准加以描述。数学柏拉图主义者关于数学对象的实在论解释正是主张这种非时空、非因果的、可以用单称词项来指称的抽象实体的存在，并且它们的存在独立于人类的心灵、语言及思想等一切人类活动。其具体特征表现为以下三个方面：①

1. 数学对象的非时空性

如果一个对象是抽象对象，当且仅当，这个对象既不在时间中，也不在空间中。弗雷格早在其《算术基础》中就论证过数不是一个空间对象，因为数字2这个数不占有任何的现实空间，虽然如此仍然不能说数根本不是一个对象。就像赤道并不在现实的空间中存在，但人们仍旧承认它的客观性一样，数的非空间性也不妨碍它的客观性。另外，如果问：2这个数什么时候开始存在或者在哪个时间段是存在的？回答是：2是永恒的，不受时间的限制，不经历变化。也就是数字2总是存在的，或者根本就不在时间中存在，它的存在不是用时间来描述的或者不受时间的影响。因此，按照抽象对象的非时空标准，数学对象就是一种抽象对象。

2. 数学对象的非因果性

既然数学对象不在时空中，且因果相互作用是发生在特定的时空中的，由此就可以得出，数学对象不具有因果性。换句话讲，数学对象不是引起其他事物或事件存在的原因，也不是它们的结果，是因果内在的。从数学对象的非因果性，可以得知数学对象的存在独立于人类的一切活动。因为，数学对象和人类之间既然不具有任何因果相互作用，那么，当人类从地球上消失，数学对象将仍然存在。

3. 数学中的单称词项的指称对象就是数学对象

既然数学柏拉图主义者主张数学对象存在，且外在于具体的时空，那么人们是如何知道数学对象存在的，即数学柏拉图主义的认识论基础是什么？按照弗雷格的观点，人们对于数的认识途径可以用人们指称数的能力来说明，也就是通过

---

① Richard Heck，"An Introduction to Frege's Theorem"，*The Harvard Review of Philosophy*，Ⅶ（1999），P. 63.

人们能理解的表达式来指称这些数的能力。① 一方面，数不是物质对象，因而不能通过人的感知来获得对它的认识；另一方面，数也不是心理表象，因而不能通过人的直觉或大脑直接认识。依弗雷格看来，人类知道数存在真正依据的是语境，为此他提出了著名的语境原则。

语境原则事实上是关于算术对象的一种指称原则，即强调数词是有指谓的，其指称对象是数，但数词的这种指称功能只有在特定的句子语境中才能实现。因为，

> 一个词如果被孤立地考虑，它自己是没有指称的：词只有在句子语境中才有指称。……虽然一个词或者表达式本身是有意思的，但它本身根本没有指称：只有在包含该词或表达式的一个具体句子中才有指称，这个指称是通过该词的意思和包含该词的这种语境共同决定的。这样，以至于一个词的意思在一种语境中代表一种事物，在其他语境中则代表另一种不同的事物。②

在算术中，这意味着，只有在"$12 = 7 + 5$"的语境中，"12"、"7"和"5"才分别指称数 12、7 和 5。孤立的数字符号"12"、"7"和"5"什么也不指称。这样，弗雷格式的柏拉图主义就得出，作为一个对象的标准就是该事物可以通过一个单称词项来指称。于是，12、7 和 5 都是对象，因为它们可以分别用单称词项"12"、"7"和"5"来指称。

需要注意的是，数学柏拉图主义对数学对象的这种解释具有不可避免的神秘性。具体而言，在弗雷格看来，算术是一种先验、必然的知识。而在 20 世纪 70 年代以前，人们一般把必然性和先验性相等同；偶然性和后验性相等同。于是，弗雷格为了捍卫算术知识的必然性和客观性，他首先排除了把数看做物质对象的任何企图，因为关于物质对象的知识是后验的，因而就是偶然的；其次，他避免把数看做人们的主观心理表象。这样，数就被弗雷格看做客观的抽象对象，他本人也常常被后人称为数学柏拉图主义者。然而，弗雷格的数学柏拉图主义仅仅是他的整个思想的一种背景信念，他只是相信数作为一种客观实在的对象存在着，并把这种实在性直接作为他拒绝任何算术心理学主义的前提。当然他并没有为这个前提进行过任何论证，而是直接转入"数词如何指称数"的语言问题。正是由于弗雷格没有为他的这种数学柏拉图主义的前提给出充分论证，导致了数学柏拉图主义解释的神秘性。其一，既然在弗雷格看来，数学对象可以用单称词项来指称，同时数学对象的客观存在又独立于人类的一切活动（包括心灵、语言及思想等），那么人类是如何指称数学对象的似乎就变得神秘起来。其二，既然数

---

① Michael Dummett, *Frege*, *The Philosophy of Language*, (London：Duckworth, 1973), P. 268.

② "Reference" in *Stanford Encyclopedia of Philosophy*, *First published Mon 20 Jan* (2003), Online (http：//plato. stanford. edu/entries/reference/).

学对象存在于时空之外，而人类作为数学对象的认知者处在时空之内，数学对象和其认知者之间不存在因果相互作用，也就是，并没有一条因果信息链把数学对象的信息传递给它们的认知者并且能够让其认知者获得关于它们的知识。这样，人类如何获得关于这些数学对象的知识就成为一件极其神秘的事情。其三，即使人类获得数学知识的途径不是神秘的，那么人类关于这些时空之外的抽象数学对象的知识在人们运用自然科学和社会科学来理解实在的世界时为什么会如此富有成效，这种有效性也是令人不可思议的。如果数学柏拉图主义者继续坚持他们的解释，那么他们就必须对这种神秘性加以说明并彻底澄清。

二、当代数学柏拉图主义面临的挑战

正是数学柏拉图主义者解释的这种神秘性导致了许多反柏拉图主义者对他们的挑战。反柏拉图主义者的质疑主要是针对数学柏拉图主义解释在形而上学和认识论方面所遇到的困难。具体地讲，首先，在数学的形而上学层面，人们考虑两个问题：第一，数学陈述中的单称词项是否有指称对象？第二，如果有，那么这种指称是如何可能的？也就是，关于抽象数学对象的指称机制是如何实现的？按照指称的因果解释，如果一个语词有指称对象，那么在该语词的指称对象和语词使用者之间必须有一种适当的因果关联。既然数学对象是抽象的，那么反柏拉图主义者似乎非常有理由声称：数学陈述中的单称词项根本不具有指称功能，即使有，指称因果论也使这种指称成为不可能的。其次，在数学的认识论中，人们同样考虑两个问题：第一，人们是否具有关于这些抽象对象及其性质的数学知识？第二，如果有，这些知识是如何可能的？按照知识的因果解释，如果一个人知道某个数学命题，那么在他对该数学命题的信念和数学事实之间必须有一种适当的因果关联。由于数学命题中所包含的单称词项指称的对象是抽象的，认知者和该数学对象之间不存在因果关联，因此知识因果论就使得数学知识成为不可能的。这样，由指称因果论和知识因果论所引发的当代数学柏拉图主义的形而上学困境及认识论困境开始，数学实在论和反实在论之间的激烈争论便构成了引领当代数学哲学发展的主流趋势。

1. 当代数学柏拉图主义的形而上学困境

从语义学的角度看，数学柏拉图主义者主张人们可以通过数学单称词项来指称独立于物质宇宙以及一切人类活动的实在数学世界中的抽象数学对象。如果要让人们信服地接受这种观点，那么一个非常重要的问题就是数学柏拉图主义者必须说明数学单称词项是如何指称抽象数学对象的，也就是，数学语词的指称机制是什么？事实上，数学反柏拉图主义者通过运用指称因果论的解释对数学柏拉图主义发起了形而上学的挑战。

（1）指称因果论的动机。一般认为，具有指称功能的一些不同种类的语词有：专名、自然类词项、指示词和确定摹状词。最先说明语词指称机制的是由弗雷格和罗素开创的关于专名的摹状词理论。摹状词理论是为了克服约翰·斯图尔特·密尔（John Stuart Mill，1806～1873）把专名的意义和指称完全等同起来所遇到的困难。根据密尔1867年在其《逻辑体系》中提出的专名理论，一个专名只有外延而没有内涵，于是，一个专名的意义完全就是它的指称对象。这种解释不能够说明具有相同指称的两个名称的同一性陈述问题。弗雷格指出，在陈述"晨星＝暮星"中，"晨星"和"暮星"的意思显然不同，而这两者却有相同的指称对象——金星。为此，弗雷格明确地提议把语词的含义（意思）和指称区分开。"弗雷格和罗素都认为，密尔犯了一个严重的错误，因为一个专名如果使用正确，确实仅仅是一个缩写了的或者是改头换面了的确定摹状词。弗雷格特别强调说，这样的摹状词给出了这个名称的含义。"[①] 比如，"亚里士多德"恰好就是"建立形式逻辑的那个人"的缩写。因此，一个专名的指称对象可以通过其摹状词的内容来确定。比如，可以用"建立形式逻辑的那个人"来确定它的指称对象就是亚里士多德。

弗雷格和罗素的摹状词理论随后又被通过使用"簇摹状词"的概念加以改进。根据这种观点，一个名称的指称并不是通过一个单一的摹状词，而是由一簇或者一族摹状词来确定的。从某种意义上说名称的指称就是满足了该簇摹状词中的足够数量的或大多数的摹状词的那个东西。[②] 比如，可以通过诸如"形式逻辑的创始人"、"柏拉图的学生"和"亚里山大大帝的老师"等一系列摹状词来确定专名"亚里士多德"的指称对象。指称的摹状词理论在哲学界影响之深，直到20世纪六七十年代才受到克里普克（Kripke）和普特南（Putnam）等哲学家的质疑。在此背景下，一种新的指称理论——指称因果论应运而生。

（2）克里普克的指称因果论。美国当代著名逻辑学家和哲学家索尔·克里普克（Saul Kripke，1941～　）在其《命名与必然性》（1980）一书中提出了著名的历史因果命名理论。他指出传统的用单一或一簇摹状词来确定指称对象的做法有着严重的困难。一般认为，《红楼梦》的作者是中国清代的曹雪芹，但历史上究竟谁是《红楼梦》的作者一直以来都有争议。假定事实上是另外一个人写了《红楼梦》，这种情况是可能的，那么用摹状词"《红楼梦》的作者"来确定专名"曹雪芹"的指称对象就是不合适的，因为这两个语词的指称对象根本不是同一个人。也就是说，用摹状词为对象命名有着实质性的困难。为此，克里普

---

① 索尔·克里普克著，梅文译，涂纪亮、朱水林校：《命名与必然性》，上海译文出版社2005年版，第6页。

② 同上，第7页。

克用因果命名理论来代替传统的摹状词命名理论。

假定 1879 年一个婴儿在德国诞生，他的父母亲给他取名为阿尔伯特·爱因斯坦，他们跟周围的邻居和朋友谈论爱因斯坦，一些人见过他，另一些人则没见过。"爱因斯坦"这个名字就通过一根因果链条以他的父母为开端一环一环地传播开来，即使后来的人并不知道爱因斯坦是德国人，甚至不知道他提出了相对论，但是这些人和他的父母所使用的专名"爱因斯坦"都指称同一个人。按照克里普克的这种解释，无论是以实指的方式还是以摹状词的方式确定专名的指称对象，把专名和指称对象联系在一起的都是这种被称之为命名的因果信息链。正如克里普克所言，"实际上，我们正是借助于在社交中与其他说话者的联系，通过回溯到指称对象本身，才能指称某个人"。① 这样，一个专名的指称对象就是通过该对象的命名因果传递链条来确定的，换句话讲，专名的指称机制就是这条因果链。

（3）普特南的指称因果论。美国当代著名哲学家希拉里·普特南在《理性、真理与历史》（1981）一书中运用"钵中之脑"和"图灵机测验"等论证驳斥了形而上学实在论的神秘指称论，提出指称的因果解释。

普特南指出"神秘的指称论是错的，……如果人们与某些事物（比方说树）根本没有因果相互作用，或者与可以用来描绘它们的东西根本没有因果联系，那就不可能去指称它们。"② 比如，沙地上爬着的蚂蚁无意中画出的一条曲线看上去好像是一幅温斯顿·丘吉尔的画像。现在问：这条曲线表征或者指称丘吉尔吗？比较一致的意见是认为没有，因为这只蚂蚁从未见过丘吉尔，也没有描绘丘吉尔的意向。再比如，假定有颗星球进化出了人类，他们从未见过树。一天一艘宇宙飞船飞经他们的星球时，偶然地把一幅树的图像落在他们的星球上，且没有同他们发生其他联系。他们就会对这幅图像感到困惑，不知道它代表的究竟是什么。③ 因此，对他们来说，这幅图像根本不指称树。按照普特南的观点，如果一个语词要具有指称功能，那么在语词和它的指称对象之间就必须有一种适当的因果关系。换句话讲，被指称的对象是引起人们使用一个语词来指称它的原因，语词的指称能力就是这种因果关系的结果。指称对象和语词之间的这种因果关系就是一个语词具有指称功能（指称该对象）的必要条件。

（4）数学柏拉图主义的形而上学困境。20 世纪六七十年代，克里普克和普特南关于指称因果论的思想形成不久，很快便引起了哲学家们的重视。这种影响

---

① 索尔·克里普克著，梅文译，涂纪亮、朱水林校：《命名与必然性》，上海译文出版社 2005 年版，第 78 页。

② 希拉里·普特南著，童世骏、李光程译：《理性、真理与历史》，上海译文出版社 2005 年版，第 18 页。

③ 同上，第 1~4 页。

直接波及数学语词的指称问题。1977 年乔纳森·里尔（Jonathan Lear）在《哲学杂志》上发表论文《集合和语义学》，指出指称因果论对数学柏拉图主义所造成的形而上学困境。就集合论而言，柏拉图主义者相信集合论是关涉集合的，并且集合是抽象对象。它们没有时空位置、是因果内在的。既然像集合这样的抽象对象和人类没有因果关联，数学柏拉图主义者就遇到了一个极为棘手的问题，即"人们怎么可能成功地论述这些抽象的对象呢？"①

首先，按照克里普克的因果命名理论，在对象和该对象的初始命名者之间有一种因果相互作用，命名者用一个专名来指称该对象。后来使用该语词的人就通过可回溯到初始命名者的因果链条这种方式处于一个历史的社会共同体中，因此，他们用这个语词所谈论或者指称的就是那个对象。同时，又根据数学柏拉图主义的解释，数学对象 2 处于时空之外，它不会引起人们对它的感性知觉，从而如果 2 存在的话，它和人类之间根本不存在一种处于具体时空中的因果关系。那么人们使用数字"2"来指称时空之外的 2 这个数学对象就成为一种幻象。因此，如果数学柏拉图主义的解释是正确的，那么"柏拉图主义者就必须发展出关于指称的一种说明，按照这种说明，人们能够成功地谈论一个事物，尽管人们和那种事物之间不存在任何因果关系"。②

其次，按照普特南反对形而上学实在论的"钵中之脑"论证，人们所使用的数学语词并不指称外在于现实世界中的抽象数学对象，从而不能得出结论，即在人类的时空之外存在着数学对象。因为，钵中之脑用"树"这个语词仅仅能够指称它们心灵中的意象之树，因为它们接收到的信号只不过是来自计算机的一些电子脉冲，因而它们看到的也只是幻觉。这样，现实中的树就不是它们使用"树"这个语词进行指称的原因，对于这些钵中之脑而言，"树"这个语词指称的也就不是实在世界的树。因此，根据普特南的内在实在论观点，人们所使用的数学语词并不能指称现实世界之外的数学对象，"对象"是内在于人们的描述框架的。不过，退一步而言，即使数学对象在另一个实在世界中存在是可能的，并且人们的数学语词恰好指称这些对象，那么数学柏拉图主义者不得不给出关于这种指称机制的一个令人满意的说明。

简言之，指称因果论引发了当代数学柏拉图主义所面临的形而上学难题，各种数学反柏拉图主义的本体论论证接踵而至。对于数学柏拉图主义者而言，比指称因果论所带来的挑战更为严重的则是，由知识因果论所引起的数学反柏拉图主义的认识论挑战。

---

① Charles S. Chihara. *Constructibility and Mathematical Existence* (New York：Oxford University Press，1990)，P. 195

② Jonathan Lear. "Sets and Semantics"，*Journal of Philosophy* 74（1977），P. 102.

2. 当代数学柏拉图主义的认识论困境：因果难题

按照数学柏拉图主义的观点，数学真理是关于数学对象及其性质的数学事实的准确刻画，并且人们所使用的数学语词能够指称数学对象，这样抽象的数学对象就是存在的。然而，按照知识的因果解释，数学柏拉图主义面对数学知识的认识机制的说明却存在明显困难。

（1）知识因果论的动机。知识的因果解释直接来源于盖梯尔（Edmund Gettier）于 1963 年对知识的传统标准所提出的挑战。按照柏拉图所阐述的对知识的传统定义，即 S 知道 p，当且仅当，（i）p 真；（ii）S 相信 p；（iii）S 有正当的理由相信 p。简言之，知识就是被确证的真信念（justified true belief），简称知识的 JTB 说明。如果知识的 JTB 说明是正确的，那么它必须满足两个条件：其一，（i）、（ii）、（iii）都是 S 知道 p 的必要条件；其二，（i）、（ii）、（iii）对于 S 知道 p 而言是充分的。事实上，盖梯尔在其论文《被确证的真信念是知识吗?》（1963）中却提出，即使满足上述三个条件，也不能充分保证 S 能够知道 p。

盖梯尔的论证依赖两个前提，第一，S 可以有正当理由相信一个假信念 q；第二，如果 S 有正当理由相信 q 且从 q 能有效地推出 p，那么 S 就有正当理由相信 p。于是根据这两个前提，人们就能够从 S 有正当理由相信一个假信念 q 并且由 q 有效地推论 p（这里 p 是真命题），推出 S 有正当理由相信真信念 p。从逻辑的角度看，S 就具备了关于真命题 p 的知识。但事实上，S 并不知道 p，他正确仅仅是一种幸运的巧合。

（2）知识因果论。为了解决盖梯尔反例所引起的关于知识定义的不充分性，1967 年，古德曼发表论文《一种关于认识的因果理论》，他把事实和信念之间的因果关系作为知识定义的第四个条件。戈德曼认为，盖梯尔反例中使人们有正当理由相信的那个信念为真仅仅是一种巧合，"盖梯尔反例中的困难就在于史密斯的那辆福特车并不是引起我相信他有一辆福特车的原因。对于把一个确证的真信念看做知识，使得信念为真的东西必须为该信念适当地负因果责任。"[1] 也就是，事实和信念之间需要有一种适当的因果关系。这个思想就是所谓的"知识因果论"（causal theory of knowledge，简记为 CTK）。简言之，知识因果论的核心思想就是，S 要知道 p，除必须满足上述三个条件之外，还必须满足：S 的信念 p 和引起 S 相信这个信念为真的事实 p 之间应该有一种适当的因果关系。知识因果论被贝纳塞拉夫（Paul Benacerraf）看做人类知识的最佳解释模式，也正是由于这种信念，贝纳塞拉夫对数学柏拉图主义的解释提出了质疑，造成了著名的数学柏拉图主义的因果认识难题。

---

[1] Penelope Maddy, *Realism in mathematics* (Oxford: Oxford University Press, 1990), P. 37.

（3）因果难题。1973 年可以说是当代数学哲学具有里程碑意义的一年，美国数学哲学家贝纳塞拉夫在他的一篇影响深远的论文《数学真理》中首次对数学柏拉图主义的解释提出了认识论劫难。

贝纳塞拉夫以经验自然科学的语义学和认识论解释为出发点，期望数学和自然科学能够有一个统一的语义学和认识论基础。然而经过考察，他发现数学不能同时遵循这两种解释，这两种解释互不相容。首先，在贝纳塞拉夫看来，数学的语义学解释应该和科学的语义学解释相一致。科学的最佳语义学是塔尔斯基（Alfred Tarski）的标准语义学，其解释图示为："雪是白的"为真，当且仅当，雪是白的。也就是说，科学真理和事实之间有一种对应关系。贝纳塞拉夫认为，如果数学的最佳语义学也遵循这种解释模式。那么"3 是奇数"为真，当且仅当，3 是奇数。这就要求数字 3 存在并且具有奇数的性质。因此，按照塔尔斯基的语义学解释，一个数学语句为真的真值条件就是，该语句中所包含的单称词项所指称的数学对象存在。换言之，数学的语义学解释预设了数学柏拉图主义的本体论。其次，他还认为数学认识论应该和科学知识的认识论相一致。科学的最佳认识论是知识因果论（CTK），即如果 X 要知道 P，必须满足的条件之一是，X 的信念 P 和引起 X 相信这个信念为真的事实 P 之间应该有一种适当的因果关系。换句话讲，事实 P 是引起 X 相信 P 为真的原因。此外，贝纳塞拉夫还赞成指称的因果解释。即我要知道"桌子上有个杯子"这个陈述为真，就需要在我和语词"杯子"的指称对象杯子之间有某种因果联结（比如我用我的眼睛看到了它）。

然而，经过仔细分析，数学和科学应该有一种统一的语义学和认识论基础的愿望最终是不能实现的。这是因为，一方面，如果数学的语义学解释遵循塔尔斯基的标准语义学，那就不得不放弃知识因果论，既然数学对象是因果内在的、与其认知者因果隔绝。另一方面，如果数学知识遵循知识因果论，那么数学家和数学对象之间具有因果关系，这就要求数学对象处于具体的时空之中。于是，人们将不得不倾向于接受以下两种情况：要么把处于时空中的数学符号直接看做数学对象，要么人们就把数学证明看做获取关于数学对象的知识（即数学真理）的途径。但是，这样的选择又迫使人们必须放弃塔尔斯基的语义学。因为，按照塔尔斯基的观点，一方面，符号和它所指称的对象是不等同的；另一方面，决定一个数学语句为真或假的是数学事实，而不是数学证明。因此，数学的标准语义学解释和一般知识的因果理论是相互冲突的。贝纳塞拉夫的论文进一步暗示出：数学柏拉图主义和知识因果论互不相容。

这样，以知识的因果解释作为前提，贝纳塞拉夫提出了数学柏拉图主义所面临的因果认识难题。如果知识和语词指称的解释标准是因果理论，那么数学柏拉图主义就会使得数学认识成为不可能的。因为，按照数学柏拉图主义的解释，数学陈述涉及抽象数学对象。既然数学对象不在时空中，是抽象的，又由于因果相互作用只有在特定的时空中才发生且抽象对象不起这样的因果作用，那么具体时空之内的认知者和时空之外的抽象数学对象（比如 2）之间就不会获得因果关联，因此，每一个涉及抽象数学对象的知识就是不可能的。这样，基于知识的因果解释及对数学对象的柏拉图主义刻画，就能推出，"如果柏拉图主义是对的，我们就没有数学知识。但是，我们确实有数学知识，因此，柏拉图主义一定是错的。"① 贝纳塞拉夫认识论质疑的详细论证策略可用以下思路来描述：

（1）人类（即认知者）存在于时空中。

（2）如果数学对象存在，则它们存在于时空之外。

（3）因果相互作用发生在特定的时空中。

因此：

（4）如果数学对象存在，则抽象数学对象和其认知者之间不具有因果关系。

于是：

（5）如果数学陈述 P 涉及了这样的抽象数学对象，则事实 P 和认知者对数学陈述 P 的信念之间不具有因果关系。

这样，根据知识因果论（CTK）：

（6）如果数学柏拉图主义是正确的，即数学陈述是对抽象数学对象及其性质和关系的正确描述，那么认知者就不具有关于这些对象的知识。

（7）数学家们确实有数学知识。

因此：

（8）数学柏拉图主义不正确。

上述论证就是著名的当代数学实在论的因果认识难题。若想避免这种困境，新弗雷格主义的数学实在论者黑尔（Bob Hale）认为，解决方案无非有两种选择：第一，拒绝知识因果论；第二，接受知识因果论，但要说明知识因果论和数学柏拉图主义是相容的，从而不会造成对数学柏拉图主义的认识论威胁。这两种策略以知识的"强因果理论"和"弱因果理论"的区分作为基础。在黑尔看来，和数学柏拉图主义相冲突的是知识的强因果理论，若想坚持数学实在论，则必须对这种强因果理论加以拒斥。如果知识因果论者坚持的是一种弱因果理论，那么它就不会对数学柏拉图主义造成任何影响。

首先，知识的弱因果理论是指，"对于 X 要知道 P，X 所获得的关于 P 的根

---

① Penelope Maddy, *Realism in mathematics* (Oxford：Oxford University Press，1990)，P.37.

据或证据在产生他对 P 的信念时，应该是因果有效的。"① 也就是说，如果 X 知道 P，那么 X 所持有的对 P 的信念的根据应该起一种因果作用。反之，如果这个信念的根据不起这样的因果作用，则 X 不知道 P。但是，弱因果理论的这个条件并不要求事实本身或者事实所涉及的对象必须起一种因果作用。这样，如果知识的因果概念强调的是弱因果理论，那么它就不要求数学知识所涉及的抽象数学对象必须起一种因果作用，因此"就没有理由认为知识的因果解释对柏拉图主义提出了任何特殊的威胁，除非它与一种强因果理论联合起来。"②

第二，知识的强因果理论是指："它坚持认为 X 要知道 P，仅当事实 P 本身引起 X 的信念 P——或者事实 P 本身以某种方式合适地与 X 的信念 P 因果地联系起来。"③ 黑尔（1987）认为，强因果理论太强了，它排除了关于未来真理的任何知识，比如关于"凡人皆会死"这样的真理。如果按照强因果理论的观点，人们要知道"凡人皆会死"，仅当凡人皆会死这一事实在引起人们对它的信念中起了因果作用。但事实上，人们永远体验不到这一事实，做出这一断言依据的仅仅是以前的经验和关于人类生命的科学知识。可以确信的是，没有一个人能够否认众所周知的"凡人皆会死"。因此，知识的强因果理论是不合理的。

虽然到现在为止，大家一致认为知识因果论的解释不再对数学柏拉图主义构成威胁（贝纳塞拉夫也承认这一点），然而，数学柏拉图主义的认识论难题却并没有被消除，而是被所谓的"可靠性难题"所加强，它比以往的因果难题对数学柏拉图主义的解释具有更大的挑战性。这种状况与数学唯名论者菲尔德（Field，1988、1989）的工作直接相关。菲尔德对贝纳塞拉夫的挑战做了新的解释，在他看来："贝纳塞拉夫挑战的阐述依赖于一种知识因果论，几乎没有人再相信这种理论了；但是我认为他意识到了柏拉图主义的一个更为严重的困难。"④ 这个困难就是他所提出的一种更强的数学反实在论的认识论论证，即数学信念的可靠性难题。

3. 当代数学柏拉图主义的认识论困境：可靠性难题

数学反实在论者们对数学柏拉图主义的认识论挑战，除了从知识因果论的角度提出之外，另一条途径是由菲尔德从否认数学柏拉图主义能够给出数学信念的可靠性说明的角度进行的。在阐述菲尔德的认识论质疑之前，首先明确数学柏拉图主义的本体论论证的核心是非常必要的。

弗雷格式的数学柏拉图主义者们在表明他们的本体论立场时，往往把数学本

---

① Bob Hale, *Abstract Objects* (Oxford：Basil Blackwell Ltd, 1987)，P. 93.

② 同上。

③ ［英］B. 黑尔著，王路译：《反柏拉图主义的认识论论证》，载《世界哲学》1994 年第 3 期。

④ Hartry Field, *Realism, Mathematics and Modality* (Oxford：Basil Blackwell Ltd, 1989)，P. 25.

体和数学真理结合在一起进行论述，这样的论证被黑尔称为"弗雷格论证"：

（1）如果一个域中的表达式在真陈述中的功能是作为单称词项，那么就存在属于那个域的表达式所指称的对象。

（2）数字，还有许多其他的数字表达式，在许多真陈述（纯数学和应用数学的）中确实有这样的功能。

因此：

（3）存在由那些数字表达式所指称的对象（即数存在）。

这个论证的结论仍然不是柏拉图主义。要想成为柏拉图主义，还必须赞成两个进一步的主张：首先，数是抽象对象；其次，在适当的意义上，它们是独立于心灵的。[①] 在弗雷格论证中，数学柏拉图主义所依赖的前提之一在于，大多数数学陈述为真。换言之，他们相信人类可以认识数学真理，尽管哥德尔的不完全性定理表明，并不是所有的数学真理都能被认识到。在这个意义上，数学家的大多数数学信念就为真，并且数学家的信念关注的是抽象数学实体，数学家的信念和这些抽象数学实体的数学事实相关。因此，在菲尔德看来，数学柏拉图主义者无法回避的一个主要问题就是，必须说明为什么数学家的数学信念是可靠的，也就是，说明为什么数学家的大多数信念倾向于为真，能够准确地反映那些抽象数学实体的数学事实。如果他们不能做出这样的说明，柏拉图主义关于数学实体存在的断言就不能成立。菲尔德写道："理解贝纳塞拉夫挑战的方式，我认为，不是对确证人们的数学信念的能力的一种挑战，而是对人们能够说明这些信念的可靠性的能力的一种挑战。……贝纳塞拉夫论文中所暗示出的挑战，对我而言——就是要提供一种说明，即说明人们关于这些遥远实体的信念怎么能够如此充分地反映这些实体的事实。要点就是，如果说明这一点在原则上似乎是不可能的，那么就倾向于破坏对数学实体的信念，尽管人们可能有无论什么理由相信这些实体。"[②]

需要注意的是，菲尔德提出的认识论挑战并不是指向数学认识的怀疑论论证。因为，怀疑论直接否认人们的数学信念为真、人类具有数学知识这样的主张。事实上，菲尔德并不是反对"人们的数学信念为真"，而是反对"人们的数学信念为什么为真的柏拉图主义式的说明"。这样，菲尔德就对数学柏拉图主义的说明提出了一系列的疑问：抽象数学对象的知识究竟是如何可能的？信息如何从抽象数学对象传递到人类；人类是如何获取关于抽象数学对象的知识的？人们关于这些遥远实体的信念如何能如此充分地反映关于它们的事实呢？人类是如何

---

①   Bob Hale, *Abstract Objects* (Oxford: Basil Blackwell Ltd, 1987), P. 11.

②   Hartry Field, *Realism, Mathematics and Modality* (Oxford: Basil Blackwell Ltd, 1989), pp. 25 – 26.

获得关于抽象数学对象的可靠信念的？等等。

菲尔德的认识论质疑的本质是对数学的标准语义学——塔尔斯基语义学的挑战。根据塔尔斯基对真理的语义学解释，真理是语言和世界之间的符合关系，更为具体地讲，就是句子和事实之间的符合关系。可以表示为图1[①]：

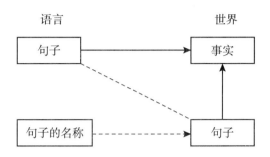

图1　语言和世界的符合关系

这样，菲尔德认为，数学信念是可靠的或者反映了数学事实的主张就能够通过下述图式加以表述：

（1）如果数学家接受"P"，那么 P。

（这里"P"可以用一个数学句子来替换）

并且他相信，柏拉图主义者应该接受这个主张。一个柏拉图主义者不仅必须接受数学家的信念是可靠的，而且还必须为这种可靠性提供说明。但是，数学信念的可靠性不能通过因果概念得到解释，既然涉及抽象数学对象的数学事实和人类是因果隔离的。因此，如果柏拉图主义能够提供任何其他解释，那也只能是非因果的。

鉴于数学知识的推演模式，一个真的数学陈述是以特定的数学公理和初始定义为基础，经过一系列有效的推理规则推导出的定理；或者把已经证明的定理作为基础再次推导出来的定理。于是，黑尔认为对上述（1）的说明就可以通过说明"为什么数学家作为公理而接受的数学命题倾向于是真的"而得到解释。这样，数学信念可靠性的说明问题就归结为，对于可以用来替换"P"的大多数数学句子而言：

（2）如果大多数数学家接受"P"为公理，那么 P 真。

事实上，如果（2）的大多数例子成立，那么就能推出（3）的大多数例子也成立。

（3）如果数学家接受"P"为公理，那么"P"与其他被认为是公理的

---

①　Ilkka Niiniluoto, *Critical Scientific Realism* （New York：Oxford University Press Inc.，1999），P. 57.

命题在逻辑上是一致的。①

但是，哥德尔的不完全性定理已经表明一致性并不等同于真。人们知道 ZFC [策梅罗 – 弗兰克尔集合论公理系统（ZF 公理）+ 选择公理（AC）] 系统是不完备的。也就是说，如果 ZFC 是一致的，则存在一个命题 P，使得 P 和它的否定在 ZFC 系统中都不可证，从而使得 P 在 ZFC 系统中是不可判定的。比如连续统假设 $2^{\aleph_0} = \aleph_1$（continuum hypothesis，简称 CH）在 ZFC 系统中就不可判定。20 世纪 30 年代，哥德尔首先证明了，若 ZFC 是无矛盾的，则 ZFC + CH 也是无矛盾的；20 多年后，科恩的工作又表明，如果 ZFC 是无矛盾的，则 ZFC + (¬ CH) 也是无矛盾的。这就表明 CH 与（¬ CH）和 ZFC 系统都是一致的，但是根据数学柏拉图主义所依据的经典逻辑，这二者中只能有一个为真。因此，公理 "P" 的真不能通过它与系统中其他公理的逻辑一致性得到说明。

既然上述途径不能成功，黑尔又试图通过论证数学公理是逻辑必然真的命题来保证数学柏拉图主义关于数学实体的信念。他认为，一致性的概念在菲尔德的唯名论数学规划中的 "保守性" 数学理论中是需要的，并且 "我们认为一个理论是一致的仅当它的公理可能共同为真"。② 因此，菲尔德应该同意以下主张：

（4）对于大多数 "P"，如果大多数数学家接受 "P" 为公理，那么可能 P。

又因为：

（5）每一个数学真理是一个必然真理。

因此，对于所有的数学 "P" 而言：

（6）必然 P 或者不可能 P。

于是，从（4）、（5）、（6）就能够推出：

（7）对于大多数数学 "P" 而言，如果大多数数学家接受 "P" 为公理，那么必然 P。

菲尔德至少应该承认，一个逻辑真信念是逻辑必然真的，即在所有的可能世界中都真。因此，就逻辑真信念而言，必然率（如果必然 P，则 P）成立。"数学陈述可以是必然真的：一个陈述是数学必然的，如果它是数学公理的逻辑后承。但是，这不过是必然真的一种相对的意义。"③ 就数学的必然性而言，必然率不成立。菲尔德认为，任何绝对必然真的陈述都不涉及存在承诺。逻辑不涉及存在承诺，而数学涉及存在承诺。因此，逻辑必然性是一种绝对必然性，而数学

① Bob Hale and Crispin Wright, *The reason's proper study：essays towards a neo-Fregean philosophy of mathematics*（New York：Oxford University Press Inc.，2001），P.173.

② 同上，P.174.

③ B. 黑尔著，王路译：《反柏拉图主义的认识论论证》，载《世界哲学》1994 年第 3 期。

必然性不是绝对的。于是，对于数学柏拉图主义者而言，重要的问题就是能够说明带有存在承诺的数学陈述是绝对必然的。这样，运用必然率，从（7）就能推出（2），从而数学信念的可靠性得到说明。

黑尔积极地实行这一策略，他站在弗雷格关于数的定义的立场上，主张：

（Ⅰ）$\Box \neg \exists x : x \neq x$

（即不存在与自身不相等的对象，这是必然真的。也就是，在所有的可能世界中都真。）

（Ⅱ）$\Box \forall F \forall G \, (NxFx = NxGx \Leftrightarrow F \sim G)$

（即属于概念 F 的数等于属于概念 G 的数，当且仅当，落在概念 F 中的对象与落在概念 G 中的对象之间存在一一对应的关系。这是必然真的。）

因此：

（Ⅲ）$\Box \exists y \, y = Nx : x \neq x$

（即存在一个 y，使得 y 是属于"与自身不相等"这个概念的数。这是必然真的。）

既然，弗雷格论证的核心是根据数字表达式在数学真陈述中起单称词的作用，就能够得出数存在。那么，上述真陈述（Ⅲ）中的单称词 $Nx : x \neq x$ 所指称的对象——0 这个数就是存在的，而且在所有的可能世界中都指称 0 这同一个对象。因此，带有存在承诺的数学陈述可以是绝对必然的，从而威胁数学柏拉图主义的数学信念的可靠性难题不再成立。

三、当代西方数学哲学争论的核心问题及困惑

对当代数学柏拉图主义的形而上学和认识论困难反思的结果之一，就是当代数学实在论和反实在论的激烈争论成为 20 世纪后半叶数学哲学议程上的主要议题。特别是 20 世纪 70 年代以来，围绕数学本体论、认识论和语义学等领域的实在性问题的争论愈加激烈，几乎每一个数学哲学家都在不同层面上参与到了这场争论中。因此，真正理解并反思数学实在论和反实在论争论的本质就成为当代数学哲学研究所必不可少的一项重要工作。

1. 争论的主题

"真实"这个词起源于拉丁语物品、物件（res），意思是具体和抽象意义上的事物。这样，实在指的就是所有真实事物的总体，并且实在论是关于这些真实事物的某些方面的实在性的一种哲学学说。[①] 从当代西方数学哲学研究的主流路径来看，数学实在论和反实在论的争论主要围绕四个难题：

---

① Ilkka Niiniluoto, *Critical Scientific Realism*（New York：Oxford University Press, 1999），P. 1.

第一、数学实体问题：存在着独立于人类心灵和人类活动的数学实体吗？数学实体的本质是什么，就是说，数学研究的是具体的数学对象还是数学结构？

第二、数学真理问题：数学陈述是否具有独立于人类心灵和人类活动的客观真值？什么使得数学命题为真？

第三、数学知识问题：关于数学世界的知识是可能的吗？人类究竟能否获得数学实体的知识？他们是怎样获得的？数学家如何知道一个数学命题为真？认知主体和数学对象及事实之间的关系又如何呢？

第四、数学语义学问题：数学真理是否是一种数学语言和实在之间的语义关系？数学单称词项指称数学实体吗？

19 世纪末 20 世纪初，弗雷格成为开启当代数学实在论研究的第一人。他通过为数学知识的先验性、必然性以及客观性辩护，论证了每一个个别的数是对象、一个真的数学陈述中的数学单称词项有指称，其指称对象就是抽象数学对象。20 世纪前半叶，追随经验主义传统的逻辑实证主义开始兴起，其代表人物卡尔纳普（R. Carnap）以可证实性为标准提出"通过语言的逻辑分析清除形而上学"的口号，向弗雷格式的数学柏拉图主义提出责难。他认为接受一种指称抽象数学对象的语言并不蕴含着接受弗雷格式的数学柏拉图主义的本体论。前者是数学的内部问题，可以通过数学语言的逻辑分析在数学语言的框架内来谈论数学实体的存在性问题；后者则是数学语言框架之外的关于数学实体存在的形而上学问题，是一个外部问题。根据意义的可证实性标准，数学语言框架内的存在性陈述可以通过逻辑证明来确证，因而是有意义的；数学实体本身的存在性问题既不能通过经验来确证，也不能通过逻辑证明来确证，因而是无意义的。这样，关于数学实体的本体论地位问题作为形而上学被逻辑实证主义抛弃了。1953 年，哲学家奎因在其《从逻辑的观点看》一书中提出了"本体论事实"与"本体论许诺"之间的区分，使关于数学实体的本体论问题趋向于变为关于数学语言的语义学的争论，通过语言分析对数学的实在性问题做出解释。事实上在这段时期，无论是卡尔纳普还是奎因的学说，在数学哲学的发展中占主导地位的是经验主义传统。关于数学实体的实在性问题的争论也暂时处于一个平息期。

直到 20 世纪六七十年代，由于指称因果论和知识因果论的发展引发了对数学柏拉图主义的挑战，数学实在论和反实在论的争论才又重新引领了当代数学哲学发展的主流趋势。

2. 数学实体：本体实在论和反实在论

从本体论的角度看，数学是研究数、集合、函数、群等的科学。这些数学实体似乎是抽象的，不占有时空位置。那么它们存在吗？如果存在，在什么意义上存在？它们的存在是否独立于数学家的心灵和数学共同体的语言、约定、构造等活动？数学实体的本质是数学对象还是数学结构？

对上述问题持肯定态度的观点认为，数学实体存在，并且客观地存在着，独立于数学家的心灵和数学共同体的语言、约定及构造等活动，它们是抽象的、不可观察的、不占有时空位置、不经历变化、永恒的、因果内在的。雷斯尼克（Michael Resnik）和夏皮罗（Stewart Shapiro）把这种立场称之为"本体实在论"。

传统的数学本体实在论——数学柏拉图主义的解释策略面临着严重的认识论困境。既然数学对象是抽象的、不在时空中的，数学家通过感官知觉不到，数学对象又和数学家没有直接的因果关联，那么数学家们是如何获得关于数学实体的知识的？换言之，数学知识是如何可能的？面临这种认识论难题，传统的数学本体实在论者遇到了来自各种本体论反实在论者的挑战。

数学本体反实在论的基本立场是，或者数学实体根本不存在；或者即使数学实体存在，它们的存在也依赖于数学家。前一种观点是强的数学本体反实在论，"唯名论"是其典型代表。唯名论在当代数学哲学中的表现形式之一——菲尔德的"虚构主义"，认为数学是一种有用的虚构，数学实体就像是作家笔下虚构小说中的虚构人物一样。后一种观点是弱的数学本体反实在论，其典型代表是直觉主义，认为数学实体或者数学定理是数学家的心灵构造。他们的口号是"存在就是被构造"，凡是存在的都是被构造的。因此，按照这种观点，他们否认实无穷总体的存在，因为他们不可能用潜在的直觉构造出全部的实数。

数学实在论和反实在论在本体论方面的根本分歧就在于，数学本体实在论者主张，数学实体客观地存在，人们能够用数学语言指称或者谈论这些抽象的数学实体及其性质；并且他们相信数学真理是对实在的抽象数学世界中的数学事实的客观描述，就像自然科学真理是对实在的处于具体时空的自然世界中的事实的客观描述一样。而数学本体反实在论者却认为抽象的数学实体根本不存在，即使存在，也是数学家们的创造或者构造。因此，他们在对待数学中最基本的"非直谓定义"时产生了直接的冲突。简单地说，"非直谓定义涉及一个类，这个类包含了正在被定义的对象。通常的'最小上界'定义就是非直谓的，因为它通过涉及所有上界的集合而定义了一个特殊的上界。"[①] 数学实在论者认为，数学语言是刻画数学实体的，因此数学实在论者承认数学中的非直谓定义。而数学反实在论者却坚决反对这个定义的合法性，因为既然数学对象是被构造的，一个数学家不可能通过涉及构造被定义对象的类反过来重新定义这个对象，这是做不到的。19 世纪一段著名的数学史——康托尔"集合论"的创立，就是在数学本体

---

① Stewart Shapiro, *The Oxford Handbook of Philosophy of Mathematics and Logic*（Oxford：Oxford University Press，2005），P. 7.

实在论和数学本体反实在论的直接对抗中走过来的。

虽然现在直觉主义的反实在论受到了大量的批评，但是数学本体反实在论在实在论者的批判中又酝酿出了新的形式，这就是当代的虚构主义和模态结构主义。实在论者也提出了各种不同的实在论立场来进行辩护，其中有玛戴（Penelope Maddy）的集合实在论、雷斯尼克和夏皮罗的结构主义实在论等。需要注意的是，在数学本体反实在论的论证越来越精细的情况下，数学本体实在论者不仅要在立场上继续保持坚定，而且还要找到更合适的方法论策略来为数学实在论进行辩护。

在数学的本体论层面，另一个重要的问题是数学的本质究竟是关于对象的还是结构的，既然数学对象和数学结构都是实体。传统的数学柏拉图主义者弗雷格在《算术基础》（1884）中，第一次把数作为对象引入了数学本体论。随着 20 世纪初公理化集合论的发展，自然数又被定义为集合。1965 年，美国数学哲学家贝纳塞拉夫在其论文《数不能是什么》中以数学实践为基础，依据策梅罗－弗兰克尔集合论（另加选择公理，简称 ZFC 系统）和冯·诺依曼－贝尔纳斯－哥德尔集合论（简称 NBG 系统），论证了数不能是集合，从而不能是对象。这是因为，按照 ZFC 和 NBG 公理系统，自然数序列分别为：

(1) $\varnothing, \{\varnothing\}, \{\varnothing, \{\varnothing\}\}, \{\varnothing, \{\varnothing\}, \{\varnothing, \{\varnothing\}\}\}, \cdots$

(2) $\varnothing, \{\varnothing\}, \{\{\varnothing\}\}, \{\{\{\varnothing\}\}\}, \cdots$

对于 ZFC 系统，一个数 n 的后继是由 n 和 n 的所有成员组成的集合，而对于 NBG 系统而言，n 的后继仅仅是 $\{n\}$。这样，如果把数看做一个特定的集合，那么，在 ZFC 系统中，数 n 有 n 个成员；而在 NBG 系统中，数 n 仅仅有一个成员。于是，根据 (1)，我们就有 $3 = \{\varnothing, \{\varnothing\}, \{\varnothing, \{\varnothing\}\}\}$；根据 (2)，我们有 $3 = \{\{\{\varnothing\}\}\}$。然而，$\{\varnothing, \{\varnothing\}, \{\varnothing, \{\varnothing\}\}\}$ 和 $\{\{\{\varnothing\}\}\}$ 这两个集合并不等同，因此，不可能有 $3 = \{\varnothing, \{\varnothing\}, \{\varnothing, \{\varnothing\}\}\}$，同时，$3 = \{\{\{\varnothing\}\}\}$，由此推断，3 根本不能是集合。贝纳塞拉夫进一步断言："所以，数根本不是对象，因为在给出数的性质（即必要的和充分的）时，你只是刻画了一种抽象结构——而独特之处恰恰在于这一事实：这个结构的'元素'除了将它们与同一结构中的其他'元素'相联系的性质之外，不具有其他性质。"[1] 贝纳塞拉夫以哲学家的身份，从数学集合论的公理化发展出发，对"把数作为对象"的正统观点提出了挑战。自此，数学的本质究竟是关于数学对象还是数学结构的争论在对象柏拉图主义或对象反柏拉图主义与结构柏拉图主义或结构反柏拉图主义之间展开。

---

[1] Paul Benacerraf and Hilary Putnam, *Philosophy of Mathematics*: *Selected Readings*, Second Edition (Cambridge: Cambridge University Press, 1983), P. 291.

对象柏拉图主义主张，数学是研究数学对象及其性质的科学，数学的本质是对象；数学对象的存在独立于人类的心灵和人类的语言、约定等其他活动；数学对象是抽象的、不占有时空位置、不经历变化、因果内在的。对象反柏拉图主义承认数学是关于数学对象及其性质的科学，数学的本质是对象；但他们否认数学对象的客观存在性，主要表现为要么直接否认数学对象存在，要么认为数学对象的存在依赖于人类的心灵或人类活动。

结构柏拉图主义主张，数学是研究各种各样的数学结构或者关系的科学，数学的本质是结构或关系。数学结构独立于人类的心灵和人类的语言、约定等其他活动而存在；数学结构是抽象的、不占有时空位置、不经历变化、因果内在的。数学对象是数学结构中的位置。结构反柏拉图主义承认数学是关于数学结构或关系的科学，数学的本质是结构或关系；但他们否认抽象数学结构的客观存在性，主要体现在要么直接否认数学结构存在，要么认为数学结构的存在依赖于人类的心灵或人类活动。另外需要注意，本书中所提到的数学柏拉图主义全都是对数学本体而言的，不包括对数学真理的断言。

对象柏拉图主义的典型代表人物有：弗雷格（1884）、哥德尔（1944，1964）、新弗雷格主义者赖特（Crispin Wright, 1983）和黑尔（1987）；对象反柏拉图主义的支持者有：菲尔德（1988, 1989）和达米特（Michael Dummett, 1973, 1977）；结构柏拉图主义的典型代表人物有：雷斯尼克（1997）、夏皮罗（1997）；结构反柏拉图主义的支持者有：贝纳塞拉夫（1965, 1973）、希哈拉（Charles Chihara, 1990）和赫尔曼（Geoffrey Hellman, 1989）。

3. 数学真理：真值实在论和反实在论

贝纳塞拉夫（1973）的《数学真理》一文，在承认"数学真理存在"的前提下，得出数学真理的语义学解释和数学真理的可知性之间不相容的事实。他进一步论证，由于人们至少可以认识一些数学真理，从而数学柏拉图主义的解释是不合理的。对数学柏拉图主义认识论难题的反思，学界形成了两种不同的路径：一种是数学实在论者竭力提供数学真理的认识论说明；另一种则对贝纳塞拉夫论证的前提"数学陈述是否有真值"以及"真值由什么确定"的问题进一步深思。这样就形成了数学真理的真值实在论和真值反实在论。

数学真值实在论者认为，数学陈述具有真值，这些真值具有独立于数学家的心灵、语言、约定以及数学共同体活动的客观性。因为在他们看来，数学定理如同物理学定律一样描述实在的世界，它们的真值不依赖于发现定理或者证明定理的数学家们的活动。从经典逻辑的角度看，对于数学命题 A，有 $A \vee \neg A$，即或者 A 真；或者 A 的否定为真。从而 A 具有一个真值。或许有人会举出一些反例来驳斥这个观点。比如数学家康托尔提出的著名猜想"连续统假说（Continuum

Hypothsis，简记为 CH）"，它既不能在标准的公理化集合论中被证明，也不能被驳斥，因此 CH 根本没有真值。数学真值实在论者对此做出的辩护是，既然数学陈述不依赖于具体的人，那么数学是发现的而不是发明的，同时由于人的生理和心理等限度，存在不被人所知的数学真理。假定即使 CH 为真，按照实在论的观点，处于特定时代的人可以不知道它是个真理。需要注意的是，不知道 CH 为真并不代表 CH 不为真。

数学真值实在论的典型代表人物有：弗雷格（1884）、哥德尔（1944，1964）；玛戴（1990，1997）；赖特（1983）、黑尔（1987）；雷斯尼克（1997）、夏皮罗（1997）；奎因（1977）、普特南（1979）等。

数学真值反实在论者的基本立场是，数学陈述要么不具有真值，要么其真值依赖于数学家。否认数学陈述有真值的典型立场是菲尔德的数学虚构主义。既然数学对象是数学家的虚构实体，也就不存在虚构对象的数学事实，自然也就无所谓数学真理了。用贝纳塞拉夫和普特南的话来讲，数学真理充其量也就是"故事中的真理（truth in story）"。主张数学陈述的真值依赖于数学家的代表观点是数学中的直觉主义和卡尔纳普所倡导的约定真理观。数学直觉主义者遵从直觉主义逻辑，反对经典逻辑。按照他们的标准，数学中的存在性证明和排中律都不成立，只有确实被数学家构造出来的证明才是真正的证明。因此，按照这种观点，一切数学命题的真值都是可确定的，数学家们能够认识所有的数学真理，数学真理等同于数学证明，不存在不能被人所认识的数学真理。这样，数学陈述的真值依赖于数学中的构造性证明，依赖于数学家的数学活动，不具有独立性。卡尔纳普追随经验主义的传统，运用逻辑和语言分析对数学陈述有意义的条件进行了论述。按照他的观点，实体分为具体的物质实体和抽象实体，有关物质实体的断言可以通过经验确证的方式断定其真假；有关抽象实体的断言则可以通过逻辑证明确定它们的真值。经验陈述涉及事实内容，数学陈述则不包括这样的事实或信息，数学陈述的真值由定义、公理和逻辑规则确定。因此，数学陈述的真值依赖于特定的语言框架，数学真理是一种逻辑真理、分析真理，而不是对由抽象实体构成的数学世界的刻画。由于数学系统中的公理是按照逻辑的一致性标准进行选取的，在这个意义上，数学真理就是从约定的公理系统中推导出的逻辑命题。

4. 数学知识：认识实在论和反实在论

按照伊尔卡·尼尼罗托（Ilkka Niiniluoto）的观点，"认识论研究的是人类知识的可能性、来源、本质和范围。……从认识论的角度看，实在论的问题是：关于世界的知识是可能的吗？"[1] 因此，就数学认识论而言，数学实在论所面临的

---

[1] Ilkka Niiniluoto. *Critical Scientific Realism*（New York：Oxford University Press，1999），pp. 1 - 2.

首要的、不可回避的问题就是：关于数学世界的知识是可能的吗？人类究竟能否获得数学对象的知识？简言之，就是关于数学对象和数学事实的认识的可能性问题。进一步讲，认知主体和数学对象及事实之间的关系又如何呢？

不可否认的是，上述问题和数学的本体论及数学真理的实在论问题紧密相关。首先，人们承认存在一个由数学实体构成的数学世界。在此前提下，主张数学实体不依赖于认识的主体及其活动而存在，并且人类能够获得数学实体的知识，把这种观点称为认识论的数学实在论，简称"数学认识实在论"；反之，则被称为"数学认识反实在论"。数学认识实在论者一般承认数学理论是对数学实在的努力描述，认为所有的数学陈述都具有真值，接受由数学理论假定的数学实体的存在性。尽管不同的数学实在论者对数学实体的认知途径的说明各不相同，但是，他们都为解释"人们是怎样获得数学实体的知识"做出了积极的努力。比如，哥德尔利用一种类似于感性知觉的数学直觉的能力来说明人类如何把握抽象数学实体的性质；赖特和黑尔则通过逻辑分析和语言分析的先验认识方式说明抽象数学实体的认知途径；奎因和普特南通过经验主义整体确证论的方式断定抽象数学实体的存在；玛戴则把人认识数学实体的认知模式看做一种自然现象和自然过程，以自然主义的方式说明数学认识论。一般而言，承认数学实体的抽象性的数学实在论者都主张先验主义的认识论；不承认数学实体的抽象性的数学实在论者则采用经验主义的认识论途径来支持数学本体论和数学真理的实在论解释。

数学认识反实在论主要包括以下 5 种立场：（1）从根本上否认人类具有数学知识；数学仅仅是一种有用的虚构，是一种方便的工具；数学陈述没有真值，数学知识也不是对数学真理的刻画，这是数学认识反实在论中比较极端的一种观点。提倡者为数学唯名论——虚构主义者菲尔德。（2）即使承认人类具有数学知识，但数学陈述充其量也是空洞地真；否认数学词项有指称，否认抽象数学实体的认知意义，认为人类不能够获取数学实体的信息。这种观点的典型代表人物为数学约定论者卡尔纳普。（3）承认人类具有数学知识，也承认数学实体存在，主张人们能够获得数学实体的信息，不过数学理论和数学实体是数学家们富有创见性的构造活动所得的产物，数学实体的信息也是数学家们通过内在的心灵构造所获得的。这种观点的支持者为数学直觉者布劳维尔和达米特。（4）承认人类具有数学知识，不过数学理论所涉及的只是一些无意义的符号，数学知识和数学真理的判断标准就是由它们和其他数学命题组成的数学系统的一致性。这种立场是以希尔伯特为代表的形式主义。（5）承认人类具有数学知识，不过数学知识只是被数学共同体接受的信念体系，是在数学家们的数学活动中产生的，受到各种社会、历史和文化等因素的影响；数学实体与诸如法院、教堂以及学校这

273

样的社会机构居于同样的本体论地位，它们既不是物质对象，也不是个别人的心灵表象，而是一种具有"客观性的"的社会实体。按照这种观点，数学知识和数学实体明显依赖于认识的主体，数学知识不再是不可错的绝对真理，而是可错的、可纠正的相对真理。其倡导者为数学社会建构论者布鲁尔和欧内斯特（Paul Ernest）。

数学认识论直接涉及数学知识的客观性、先验性以及确定性等问题，要想做出合理的解释，只有把数学本体论、数学真理和数学认识论结合起来，才有望达到。

5. 数学语义学：语义实在论和反实在论

上述关于数学实体和数学真理的实在论争论归根结底是关于"是否存在着数学理论之外的数学实体和数学事实"的形而上学争论。无论是数学实在论者还是反实在论者都不能为对方提供一个令人满意的论证，那么关于这些形而上学问题的争论有真正的解决答案吗？正如著名哲学家达米特所言：

"凡哲学著述，过去的也好，现在的也罢，均对伟大的形而上学问题提供了解答；而这些解答除了让它们的作者满意之外，通常难觅任何知音。原因在于，这些问题困难异常，纵有聪慧贤达之士千百年来的苦心劳作，尚且不能获致公认正确的答案。当然，他们的共同努力已使我们颇为接近发现答案了；……"①

确实，这是一个非常困难的问题，以至于有一批像达米特这样的哲学家断然放弃这样的尝试，而是把形而上学的实在论争论转化为对语言与实在之间存在的关系的探讨。他们围绕如下问题"数学真理是否是一种数学语言和实在之间的语义关系，数学单称词项指称数学实体吗？"展开了关于语言或者理论的实在论争论，形成了数学语义实在论和数学语义反实在论的新的立场。

数学语义实在论者同意数学真理所假定的数学实体存在，数学真理是一种数学语言和实在之间的语义关系。持有这种实在论态度的哲学家有塔尔斯基（Alfred Tarski）、奎因、普特南、赖特和黑尔。塔尔斯基为数学语言和实在之间的语义关系建立了一个标准的科学语义学图式。他把真理看做语言和实在之间的符合关系。"真理的承担者可以被看做是句子、陈述、判断、命题或者信念。一个陈述是真的，如果它描述了一个现有的事态，也就是如果它表达了一个事实；否则为假。"② 其典型的说明图式为：

"雪是白的"为真，当且仅当，雪是白的。

---

① 迈克尔·达米特著，任晓明、李国山译：《形而上学的逻辑基础》，中国人民大学出版社 2004 年版，第 17 页。

② Ilkka Niiniluoto, *Critical Scientific Realism*（New York：Oxford University Press，1999），P. 49.

塔尔斯基为此建立了元语言与对象语言之间的区分。其中，对象语言涉及对世界的谈论；元语言涉及对语言的分析。在这样的解释模式中，塔尔斯基成功地建立起了语言和世界之间的关系。如图2所示①：

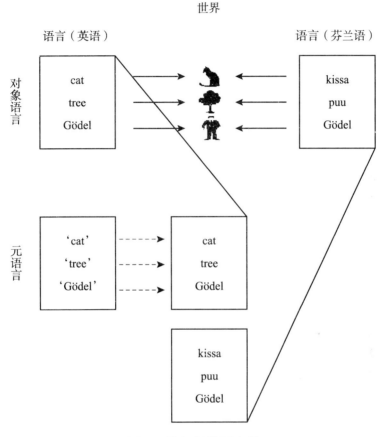

图2 塔尔斯基语义学

大家知道，塔尔斯基的真理论是一种典型的符合论，塔尔斯基真理语义学的核心就在于真陈述与世界相符合，句子和世界一一对应，句子中的单称词项指称实在世界中的实体。事实上，塔尔斯基是用语言来谈论实在。需要注意的是，塔尔斯基的真理语义学依赖于指称概念，由于语词的指称涉及实体（抽象的和具体的），这在根本上是一个形而上学问题。因此，塔尔斯基是一个强的数学语义实在论者，因为他的落脚点仍是对"存在着独立于真的实体和事实"进行辩护，只不过他采取了语义分析的辩护方式。与塔尔斯基不同，奎因为了避免形而上学

---

① Ilkka Niiniluoto, *Critical Scientific Realism* (New York: Oxford University Press, 1999), P. 56.

问题无休止的争端，他采用了著名的"语义上溯"和"语义下降"的策略，巧妙地把本体论的形而上学争论转化成对语言的争论。比如，他把"本体论事实"问题的讨论转化成"本体论承诺"的讨论。在他看来，"何物存在"与我们的理论说"何物存在"是两个根本不同的问题。前者是形而上学问题，后者是语言问题。再比如，他的"去引号"的真理理论仅仅把"真"看做一种去引号的手段，而不用承诺句子虚与实在符合。"对于奎因来说，'真的'这个词是一种语义上溯和语义下降的手段。如果我们上升一个层次，把真赋予'雪是白的'这个句子，那么我们就把白赋予雪。真这个谓词使我们能够从谈论语言的层次回到谈论世界的层次。"① 但无论如何，这同样是语言的问题，而不是形而上学的问题。在这个意义上，奎因是一个弱的数学语义实在论者，或者说是一个数学理论的实在论者，而不是一个绝对的柏拉图主义者。普特南的内在实在论同样也是一种弱的数学语义实在论，而赖特和黑尔的新弗雷格主义则是强的数学语义实在论。

数学语义反实在论者否认数学真理是数学语言和实在之间的一种语义关系，不承认数学真理假定的数学实体存在。他们试图把数学真理定义为一种语形关系，否认真数学陈述中的单称词项具有指称功能。为这种哲学立场辩护的哲学家有卡尔纳普、希尔伯特、达米特、坦南特和菲尔德等。作为逻辑实证主义的倡导者，卡尔纳普通过拒斥形而上学、对语言作逻辑分析把哲学的任务从关注形而上学问题转移到关注科学命题或者语言的意义问题上来。对于卡尔纳普来说，一个数学陈述为真不是由于该陈述与外在的实在相符合，数学陈述的真或假只和它所在的语言框架相关。数学的形而上学问题由于得不到确证，因此是没有意义的。希尔伯特作为数学形式主义的代表人物，主张数学符号不指称任何东西，一个数学命题为真在于它和系统中的其他命题相一致。按照这种观点，数学理论不指涉实在，数学陈述只是一些无意义的符号串。数学家的工作就是寻求数学系统一致性的证明。与数学语义实在论直接对立的观点是数学直觉主义，达米特是这种观点的积极辩护者。在达米特看来，人们有资格称一个陈述 A 为真或假，仅当"人们能在有限的时间内使人们自己处于一种立场，即人们有正当理由断言 A 或者有正当理由否定 A。"② 这就是说，一个数学陈述为真就在于它是可证的。在这个意义上，数学真理就是数学证明。一个数学陈述只有在得到证明的情况下，才可以被数学家接受为真理。按照这个标准，选择公理的应用就是不合法的。事实上，数学直觉主义为数学家所设定的方法论标准不符合实际的数学研究。菲尔

---

① 王路编译：《真与意义理论》，载《世界哲学》2007 年第 6 期。
② Michael Dummett, *Truth and Other Enigmas* (London：Duckworth. , 1978)，P. 16.

当代科学哲学的发展趋势

德同达米特一样是一个彻底的语义反实在论者。他在根本上否认数学语词与数学对象、数学定理与数学事实之间存在任何关系。数学语言或者数学理论只是科学家一种方便的、虚构的工具，它们不是对实在数学世界的刻画。描述世界的理论只能通过自然科学才可以达到，而数学语言在自然科学理论的表述中可以被其他语言所替代，菲尔德把这种语言称作"唯名论语言"。在这个意义上，菲尔德确实是一个典型的数学语义反实在论者或数学理论的反实在论者。

四、基于数学实践的解释方法及其优劣

应该注意到，上述途径中，无论是实在论还是反实在论都是哲学家以纯粹的哲学背景为前提对数学本质进行的论证。当前文献表明，并没有哪一种立场占绝对优势。问题就在于，他们这种"第一哲学"的方法论原则恰好忽略了最根本的一点，就是其研究对象——数学本身！比如，贝纳塞拉夫（1965）就以哲学理由论证过"数不是集合"。但是，现代集合论告诉人们，自然数是集合并且还是有限冯诺依曼序数！由此看出，数学哲学要想有新的突破，必须和数学实践联系起来。换言之，对数学本质的哲学说明一定要以实际的数学研究和数学理论为基础。事实表明，哥德尔定理、连续统假说、计算机证明以及范畴论等一系列数学进展深刻影响着哲学前进的方向。因此，围绕上述问题的争论，国际学界除了哲学家的研究占主导地位之外，强调从数学理论自身和现实的数学实践研究相关数学哲学问题的哲学家、职业数学家、逻辑学家、数学史家、数学教育学家以及数学知识社会学家的声音近三十年来也备受关注。

从以数学实践为基础的角度进行的反思主要表现为以下四种方法：（1）自然主义方法（Penelope Maddy；1990，1997，2005）；（2）数学史方法（Imre Lakatos，1976；Morris Kline，1980；Thomas Tymoczko，1979；Philip Kitcher，1984）；（3）社会学方法（David Bloor，1976；Reuben Hersh，1997；Paul Ernest，1998；Julian C. Cole，2005）；（4）体验认知方法（George Lakoff & Rafael E. Nunez，2000；David Tall，1991）。

1. 基于数学实践的自然主义方法

美国数学哲学家玛戴提出了基于数学实践的自然主义方法，重新规定了数学哲学的导向和方法。在玛戴看来，"哲学家的工作是给出实践中数学的一种说明，而不是基于哲学理由对数学进行彻底改革。例如，实数理论是微积分和高阶分析的一个基本的组成成分，这远比受到数学存在或者数学知识的任何一种哲学理论的支持更为坚定。牺牲前者保留后者是一种坏的方法论。"[①] 按照这个标准，

---

① Maddy，P. *Realism in Mathematics*（New York：Oxford University Press，1990），P. 23.

直觉主义否认数学中的非直谓定义和排中律的使用，这种哲学立场不仅没有对数学实践做出充分描述，而且与实际的数学研究发生了冲突，在这个时候哲学就应该让位于数学。玛戴前期的思想是带有自然主义倾向的集合实在论，具体体现在《数学中的实在论》（Realism in Mathematics，1990）一书中；后期思想则是彻底的数学自然主义，具体体现在《数学中的自然主义》（Naturalism in Mathematics，1997）一书中。

自然主义的集合实在论通过把奎因的不可或缺性论证与各种自然科学的成果（比如神经生理学和认知心理学）相结合，试图为数学实在论的认识论难题提供解决策略。玛戴以数学中的集合论为例，论证了集合存在、数是集合的性质，人们能够感知到集合，因此集合可以和物理对象一样定位于特定的时空之中。然而，这种策略在打着"反对第一哲学"口号的同时，运用的仍然是第一哲学的方法论原则，已经偏离了以数学实践为基础的哲学导向。如果数学哲学的任务是对数学实践与数学理论进行描述和说明，那么数学实践告诉人们的恰恰与玛戴的结论相反。具体而言，现代公理集合论的 ZFC 系统断言数是集合而不是集合的性质；ZFC 系统并没有告诉人们集合存在于宇宙时空之中，它只是断言了空集和无穷集合（比如全体自然数构成的集合 ω）存在。至于 $\varnothing$ 和 ω 存在的本质，即它们的存在是否是非时空的、非因果的、客观的，则没有结论。因此，只根据数学实践还不足以回答贝纳塞拉夫的哲学难题！

彻底的数学自然主义的基本精神在于数学只能通过学科自身的标准被理解和评价。正如玛戴所言："数学不对任何超数学的法庭负责，不需要任何超越于证明和公理化方法之上的确证。奎因认为科学独立于第一哲学，我的自然主义认为数学既独立于第一哲学，也独立于自然科学（包括和科学相连的自然化的哲学）——简言之，独立于任何外在的标准。"① 这样，由于关于数学对象在什么意义上存在的本体论问题和人们的数学认识是如何可能的认识论问题不能在数学内部得到评价，即不能被自然化为数学问题。因此，传统的本体论和认识论的哲学问题必然会滑出自然化的数学哲学范畴之外。但是，哲学要成为一门独立的学科，就必须有自己的问题和自己的方法。而要成为科学的哲学而不是思辨的哲学，就要对那些神秘的、未知的、令人们感到困惑的问题做出清晰、合理的说明，而不是避而不谈。虽然玛戴清醒地认识到数学哲学必须尊重数学实践，但是与此同时，她却把传统的哲学问题排除出了她的自然化哲学研究纲领之外，背离了哲学探索的本质。

2. 基于数学实践的数学史方法

当 20 世纪前半叶数学哲学的事业由基础主义和绝对主义学说占主导地位之

---

① Maddy，P. *Naturalism in Mathematics*（New York：Oxford University Press，1997），P. 184.

时，一些数学哲学家、数学史家及数学家们用数学史的生动案例对上述数学哲学中的教条主义进行了激烈批评。著名的有拉卡托斯（Imre Lakatos）和克莱因（Morris Kline）。从他们杰出的工作中我们能够看到：数学哲学兴盛的根本原因就在于它一定是以现实的数学实践为基础的，当然，数学实践始终与其历史形影相随。他们两人的著作《证明与反驳——数学发现的逻辑》（1976）和《数学：确定性的丧失》（1980）因此也被奉为经典之作。更为值得一提的是，拉卡托斯数学哲学的方法论策略正在于他持有一种坚定的信念："数学史，在缺乏哲学的引导下，已变得盲目了；而数学哲学，在置数学史上最引人入胜的现象于不顾时，已变得空洞了。"① 通过历史分析，这种数学史进路的数学哲学的优势表现在它能够有力地驳斥以下四个教条：

其一，数学有一个绝对确定的基础。

自古希腊时代以来，数学一直被看做诸科学中确定性最高的典范。然而，20世纪初罗素悖论的发现对数学的确定性构成了威胁，掀起了数学界的极大恐慌，为此数学家、逻辑学家和数学哲学家纷纷投入到为数学寻求可靠基础的努力中。数学哲学的事业也变成了探索数学的基础的事业。不过，历史表明上述希望从未实现，逻辑主义、直觉主义和形式主义这三大基础学派的工作倒是促进了数理逻辑的迅猛发展。基础主义的全部基点恰好就奠定在从公理通过证明保真，以至于推导出的定理也为真的演绎逻辑基础之上，这样建立起来的数学知识就成为一个绝对的真理体系，数学完全按照逻辑的方式演进。

但是，只要关注一下数学史，就会知道基础主义的数学观并不符合实际的数学演进。这是因为，首先数学公理并不是像有些人所认为的那样是自明的真理。"萨博说明，在欧几里德时代，'公理'一词——如'公设'——是指批判的对话（dialectic）中的一种命题，要由推断其结果进行检验，并不是已被讨论者承认为真的。这个词的意思刚好颠倒了，真是对历史的讽刺。"② 其次，保证真理传递的严格的数学证明是不存在的，数学证明本身就是处在特定历史阶段中的产物。"一个证明，如果被当时的权威所认可，或者是用了当时流行的原理，那么这个证明就可为大家所接受。"③ 数学家以数学证明的形式在专业刊物上发表的数学定理的全体则是实际的数学科学。随着时间的流逝，以前被认为是严格的证明往往被后人发现有错而被拒绝。比如"1963 年 9 月《美国数学社会的进展》杂志上出现一篇题为《赫布兰（Herbrand）的错误引理》的论文，该篇论文指

---

① 伊姆雷·拉卡托斯著，方刚、兰钊译：《证明与反驳——数学发现的逻辑》，复旦大学出版社 2007 年版，第 ii 页。

② 同上，第 48 页。

③ M. 克莱因著，李宏魁译：《数学：确定性的丧失》，湖南科学技术出版社 1997 年版，第 324 页。

出由赫布兰在 1929 年发表的论文中的某些引理是错的。这些引理被用在一个定理的证明中，而那个定理曾在逻辑上的影响力长达 50 年之久，非常著名"①。因此，在实际的数学研究中，所谓的数学真理只是相对真理，并且也不存在一个绝对确定的数学基础！

其二，数学知识是先验的、不可错的和绝对确定的。

传统的数学知识先验论的观点认为，数学知识的先验性依赖于严格的逻辑证明。数学家从不证自明的公理通过演绎逻辑推理达到无可怀疑的数学定理。数学知识的确证完全依赖逻辑，独立于经验。因此，经公理化方法确证的数学知识是先验的、确定的和不可错的。

不过，只要人们再次认真关注一下数学史，就会发现专业数学家实际所用的数学确证不仅仅有严格的逻辑证明，还包括借助于图形直觉的证明（比如欧几里德几何学）、计算机证明（如四色定理的证明）、需要被确证的数学公理或定理在数学其他分支中的广泛应用（比如选择公理的确证）等。人们仅以选择公理为例加以说明。如果按照严格的逻辑推理的确证，那么数学家就应该拒绝承认选择公理，因为从选择公理可以证明著名的巴拿赫—塔尔斯基（Banach-Tarski）悖论，又名"分球怪论"。这条定理严重地违反了人们的直觉，如图 3 所示：

巴拿赫—塔尔斯基"悖论"：一个球可以分解和重新组合成两个大小和原来一样的球

图 3 巴拿赫—塔尔斯基悖论

注：此图引自因特网维基百科"巴拿赫—塔尔斯基悖论"条目。

因此，如果考虑到数学家难以接受"分球怪论"的合法性，选择公理就不应该被数学界承认。但是事实上，实际的数学进展已经向人们表明：选择公理一直被数学家当作一条真理来运用着。正如克莱因所言："需要选择公理才能证明的许多定理在现代分析、拓扑学、抽象代数、超限数理论以及其他一些领域中都是基础性的定理，因此，不接受选择公理会使数学家们举步维艰。"②

至此，已经形成的一个不争的事实是，当数学先验论者和绝对论者面对实际的数学历史时，他们的论证策略——以逻辑确证为论证核心——已然显得苍白无力；他们的论断——数学知识是先验的、不可错的和绝对确定的——也就站不住

---

① Hersh，R. "Some Proposals for Reviving the Philosophy of Mathematics"，In *New Directions in the Philosophy of Mathematics*：*an Anthology*，revised and expanded edition，edited by Thomas Tymoczko（New Jersey：Princeton University Press，1998），P. 19.

② M. 克莱因著，李宏魁译：《数学：确定性的丧失》，湖南科学技术出版社 1997 年版，第 275 页。

脚了!

其三，数学知识的增长严格遵循"公理、公设和定义——证明——定理"的演绎模式。

两千多年来，数学认识论的历史可以说是一部以欧几里德几何学的演绎推理模式为典范的理性主义与经验主义不断较量的历史。但是随着数理逻辑的兴起，弗雷格在《算术基础》（1884）中对密尔纯粹经验主义的批判，使得理性主义以压倒性的优势战胜了经验主义。这种局势进一步由 20 世纪前半叶逻辑主义、直觉主义和形式主义的工作推到了顶峰。数学知识的增长被描述为一个严格遵循"公理——证明——定理"的逻辑演进路线，其明显的特征就是"在演绎主义的风格之中，所有的命题都是真的，并且所有的推演皆是有效的。数学表现为一个不断增长的永恒不变的真理集合"。① 真理从顶部的公理经有效的逻辑推理到达底部的定理，一旦公理和定义被给定，一切就都被确定下来，数学成为一个必然的、不可错的知识体系。在这个过程中，没有怀疑，没有批评，没有反驳，数学的演进俨然成为一项独立于人的活动。

直到拉卡托斯根据数学家的实际工作的历史，对真实的数学知识的进步给出说明时，沉醉于以往演绎主义迷梦中的数学哲学家才被惊醒。事实上数学的进步往往是，数学家针对当时的数学问题和情形，先提出猜想，然后再试图去证明那个猜想。数学的历史证实了这一点，因为"对于古代数学家来说，在探试顺序中猜想（或定理）先于证明是一个常识。……算术定理'远在由严格的论证证实其真实性之前就发现了'。……在探试法上，结果先于论证、定理先于证明的观念，在数学的轶事中有很深的根源。……波利亚强调说：'你必须在你证明一个数学定理前猜到它'。"② 这样，根据拉卡托斯的看法，真实的数学知识的演进就是按照"原始猜想—证明、反驳—经过改进的猜想（定理）"不断前进的。在这种模式下，不再是数学真理从顶部的公理传递到底部的定理。与此相反，它是"谬误的传递——从底部的特殊定理（'基本陈述'）向上传到公理集。"③

因此，数学知识的演进是推测的、试探性的、可错的；而不是逻辑的和不可错的。

其四，数学哲学只需关注确证的语境（context of justification），发现的语境

① 伊姆雷·拉卡托斯著，方刚、兰钊译：《证明与反驳——数学发现的逻辑》，复旦大学出版社 2007 年版，第 154 页。

② 同上，第 5 页。

③ Lakatos, I. "A Renaissance of Empiricism in the Recent Philosophy of Mathematics?" In *New Directions in the Philosophy of Mathematics*: *an Anthology*, revised and expanded edition, edited by Thomas Tymoczko (New Jersey: Princeton University Press, 1998), P. 33.

(context of discovery) 被严格排除在外。

从弗雷格倡导始终要把心理学的东西和逻辑的东西，主观的东西和客观的东西明确区别开来开始，心理学分析就随同心理主义一起被清除出数学哲学的领地之外。这种影响也波及科学哲学领域，正如洛西 (John Losee) 所言："那些试图把科学哲学这门学科发展为一种类似于数学中的基础研究那样的科学哲学家们接受了莱欣巴赫在科学发现的语境和科学确证的语境之间的区分。他们同意科学哲学的适当领域就是确证语境。而且，他们试图以形式逻辑的模式重新阐述科学定律和理论，以至关于说明和确证的问题就能作为应用逻辑的问题加以处理。"① 这样，在拉卡托斯以前，数学发现的语境在数学哲学中处于不合法地位，只有数学确证的语境才被人们关注。

不幸的是，以逻辑确证为核心的先验主义数学哲学家对数学知识的说明并不符合实际的数学情形。无论如何，从他们的解释模式中看不到真实的数学进步。数学知识以"公理（引理、定义）——定理——证明"的顺序展现在人们面前。人们完全不知道实际的数学家为什么要提出这些公理、定义和定理，它们为什么是重要的等等。况且，如果数学知识完全是以逻辑的方式演进的，那么数学中的无穷概念一定不是逻辑地提出的。因为，任何有穷都不逻辑地蕴含无穷。因此，一个充分的数学哲学要想完整地描述数学全貌，那就不得不把数学发现也纳入数学哲学的合理范围之内。

3. 基于数学实践的社会学方法

强调数学哲学应对数学实践进行说明的第三种策略是站在社会维度对数学进行审视。这种方法可以概括为数学的社会建构论，主要代表人物有明确声称自己是社会建构论者的哲学家欧内斯特 (Paul Ernest)、英国科学知识社会学的领军人物布鲁尔、数学家赫什 (Reuben Hersh) 以及科尔 (Julian C. Cole) 等人。

如前所述，数学柏拉图主义的形而上学和认识论难题是整个当代数学哲学的讨论焦点。数学实在论者和反实在论者习以为常地把这些问题当作静态的、先验的哲学论题来论述。科尔则把这些问题拓展到了动态的数学实践中，"如果数学实体是抽象的，那么它们就不可能对人类及其活动施加任何影响。……如果数学实体不能对人类及其活动产生影响，那么我们如何能有正当理由相信这些数学实体存在呢？"② 毫无疑问，没有人会怀疑数学是一项人类的活动。但是，传统的

---

① Losee, J. *A Historical Introduction to the Philosophy of Science*, second edition (Oxford: Oxford University Press, 1980), P. 174.

② Cole, J. C. *Practice-dependent Realism and Mathematics*, Doctorial Dissertation of Philosophy, microform edition (ProQuest Information and Learning Company, 2005), P. 3.

数学柏拉图主义把数学中的存在（比如数、集合）看做一种时空之外的抽象存在。既然人类居住在时空因果序列的物理宇宙中，那么，这些抽象数学实体的存在必定独立于数学家实际的数学实践活动，最终导致数学对象的不可知。基于数学实践的社会学方法排斥数学柏拉图主义的先验观点，主要突出数学实践的社会维度，以一种经验主义的方式构建数学本质的社会学解释。

第一，数学本质上是一项人类的活动，是一种社会历史现象，不仅仅是静态的理论知识体系。

数学哲学家如果把他们的目标定位为：对实际的数学理论和实践的哲学说明能够令专业数学家感到满意，其先决条件之一就要求对数学的全貌从不同的角度进行研究。值得欣喜的是，拉卡托斯开创了这种探索方式的先河，他从对数学的历史研究得出了一系列反传统的哲学结论。布鲁尔看到拉卡托斯研究方法的优势，从他的数学史案例中发掘出了新的哲学论断，即数学的社会学说明。

对于布鲁尔来说，在拉卡托斯所举的"欧拉定理"的证明过程中，"各种反例的存在表明，人们对多面体是什么、不是什么并不很清楚。人们需要对'多面体'这个术语的意义做出决定，因为就这些反例所揭示出来的未说明部分而言，它是非常不明确的。人们必须对它进行创造或协商。这样，通过创造一种由各种定义组成的详细的结构，这个定理的证明和范围就可以得到巩固。这些定义都是由于这种证明和各种反例之间的冲突才产生的。"① 因此，从社会学的视角看，数学概念、定义及整个数学理论都是被创造出来的，是经过数学家的不断协商最后一致通过的。在这个意义上，它们是社会规范的产物，是数学家共同体特定规范下的产物。

再有，拉卡托斯的历史分析已经表明，对数学上真正有创造性过程的说明被以逻辑理性占主导地位的传统数学哲学"有意"地忽视了。因为那属于数学心理学的领域，而不是哲学。布鲁尔大加赞赏拉卡托斯把数学发现纳入数学哲学的合理领地这一壮举。所不同的是，拉卡托斯从历史的角度强调数学发现的重要性，而布鲁尔则用敏锐的眼光从"欧拉定理"证明的案例中觉察出，批评、反驳和协商在数学发现中起着至关重要的作用。因此，对于布鲁尔而言，"正是从这种意义上说，重视协商所发挥的创造性作用可以增加人们对某种社会学视角的需要。"②

也正是在这一点上，人们看到，社会学视野下的数学本质上是一项人类的活动，真实的数学并不是独立于数学家的、自始至终都具有严密逻辑性的理论知识

---

① 大卫·布鲁尔著，艾彦译：《知识和社会意象》，东方出版社2001年版，第238页。
② 同上，第247页。

体系。传统的数学哲学只是对数学的局部描述，社会学方法突出强调了数学实践中的社会因素，它始终把对数学的说明和数学家的实践联系起来。这样，通过把数学带入一个动态的活动过程之中进行分析，数学哲学的视野被拓宽了，从而对于向着把握数学全貌并做出合理说明的目标又前进了一步。

第二，数学实在是一种社会实在，不同于心理实在和物理实在的第三种实在。

赫什，作为一名数学家，通过他自身对数学研究的体验，主张任何一种令人满意的数学哲学必须和数学实践相一致，这就包括数学的研究、应用、教学、数学史、计算和数学直觉。这恰好是赫什整个哲学立场的基础，也就是"如果一种数学说明和人们所做的不一致，尤其是和数学家所做的不一致，那么这种说明就是不可接受的。"[1] 换言之，"如果远离数学生活而考虑数学，当然这似乎注定是要死亡的。"[2] 因此，对于赫什而言，想要了解数学对象实在性的本质，就必须深入到数学生活中去。反之，任何与实际的数学研究不相一致的有关数学对象实在性的说明势必是错误的。

传统的数学柏拉图主义把数学对象刻画为非时空的、非因果的、不经历变化的、独立于人类的活动（个体或者社会）的抽象实体，这些抽象实体既非物质对象，也非心理对象。按照赫什的标准，如果这种刻画与数学实践相一致，它就是适当的，反之，若与数学实践相悖，它就是不可信的、甚至是误导人的。于是，探讨数学对象实在性本质的重点转移到考察实际的数学究竟是什么样的。

历史地讲，数学概念的产生与人们的实际经验密不可分。在赫什看来，有穷的自然数（比如1、2和3）既可以作为形容词使用，其功能是用来修饰其他对象，是一种"计数数"；此外，也可以作为名词使用，这时它们代表的是纯数。这样，等式"1＋2＝3"就有两种不同的含义。一种是作为描述其他对象的计数数，另一种是被初等算术的公理刻画的纯数学对象（或者概念），这些数学对象、概念和公理都是被数学共同体所一致认可的。纯数在计数数的基础上所产生，同样，数学中的无穷概念伴随着实际的数学探索由数学家所创造，它并不是非人类的、虚无缥缈的"柏拉图式王国"中的一个成员。无论如何，任何与数学家的实际研究相悖的哲学解释（当然包括柏拉图主义）必须毫不留情地予以抛弃。

从社会学的视角看，数学对象具有和诸如货币、国家、公民、语言和法律一样的实在性。一个特定的国家并不等同于它所拥有的土地，因为如果另一个国家

---

[1] Hersh, R. *What is Mathematics*, *Really?* Oxford：Oxford University Press, 1997, P. 33.

[2] 同上，P. 18.

侵略了其中的一片土地，那么这个国家的土地面积就会减少，但这个国家依然存在。因此，国家的实在性不是物理意义上的实在性。另一方面，国家也不是任何个体的心理对象，不是一个人想象那个国家是什么样子，它就是什么样子。因此，国家的实在性也不是心理意义上的实在性。它是第三种意义上的实在：社会实体。因为国家是由于特定的社会规范而存在的。同样，数学对象也是这第三种实在。其本质在于，"数学对象是一种与众不同的社会—历史对象。它们是文化的一个特殊部分。"① 数学实在性的核心就是它的社会实在性。

第三，数学知识的本质是得到数学共同体认可的信念，其确证最终取决于数学共同体，而不是所谓的"客观的"逻辑标准。

对于数学社会建构论者来说，数学知识的评判标准一定植根于实际的数学活动之中，而不是任何先验的哲学标准。按照哲学上传统的认识论，得到确证的真信念方可成为知识。这样，数学家知道"$2+2=4$"，当且仅当，（1）他们相信"$2+2=4$"；（2）"$2+2=4$"为真；(3)他们有正当的理由相信"$2+2=4$"。条件（1）是显然的；条件（2）表明"$2+2=4$"为真就意味着，存在一个抽象的数学世界（包括 2 和 4 这样的数学对象），2 和 4 之间存在关系 $2+2=4$，数学信念"$2+2=4$"符合数学事实 $2+2=4$；条件（3）要求数学家能够用"数学证明"证明出"$2+2=4$"。这就是先验的哲学认识论的"知识"标准。

但是事实上，数学社会建构论者已经从数学实践中看出，数学对象或者概念是由数学家创造出来的，并非存在一个抽象的数学世界，$2+2=4$ 也并不是这个非人类世界中的事实。数学真理并非传统意义上的符合真理。另一方面，实际的数学研究中数学反证法被普遍使用，一个特定的数学证明究竟证明了什么要依不同时代、不同文化中的数学共同体而定。布鲁尔用"$\frac{p}{q} \neq \sqrt{2}$"的数学证明的例子表明了这一点。"$\frac{p}{q} \neq \sqrt{2}$"究竟说明 $\sqrt{2}$ 是一个无理数还是说明 $\sqrt{2}$ 根本就不是一个数，这要取决于当时的数学共同体。布鲁尔论证道：

"这种计算结果意味着什么？……这种计算过程证明了根植'2'是无理数吗？这种过程严格来说只是表明，根植'2'不是一个有理数，……然而，对于希腊人来说，这种过程所证明的却不是这个结果。在他们看来，它所证明的是，'2'的平方根根本就不是一个数。

……

那么，这种证明过程实际上证明了什么呢？它究竟证明了'2'的平方根不是一个数呢，还是证明了它是一个无理数？显然，它证明了什么取决于

① Hersh, R. *What is Mathematics*, *Really*? Oxford：Oxford University Press, 1997, P.22.

那些关于数的背景性假定，因为人们正是出于这些假定来看待这种计算过程的。"①

因此，衡量数学知识的标准是内在于数学共同体的，要遵从实际的数学经验，符合数学实践。在这个意义上，只要得到数学共同体认可的信念就可以成为数学知识。

其次，数学知识确证所依赖的数学证明的标准同样取决于数学共同体；实际的数学探索表明，数学知识是可错的。这是因为，数学社会建构论者坚信，"数学知识的确证主要涉及人类活动（human agency），不能还原为知识的客观条件。证明的标准从来不是客观的和终极的，但是到当时为止是充分的，并且证明的标准永远可以进行修正（Kitcher，1984）。数学证明被接受是因为它使个体（尤其是数学共同体的适当的代表人物）得到满足。而不是因为证明满足了证明的明确的、客观的逻辑规则（Manin，1977）。这样数学知识和支持它的证明标准就依赖于当时的数学家所认可的东西。"②

综上，数学共同体是数学知识中隐含的不可或缺的一部分。

第四，数学的客观性可以通过社会维度加以解释，即主体间性。

无论是传统的理性主义者，还是数学社会建构论者，他们都一致同意数学对象、数学知识和数学真理是客观的。不过，关于数学客观性的本质，二者却有着极为不同的理解。在传统的理性主义者弗雷格那里，数学对象被刻画为一种客观对象。这种客观性的本质，在数学柏拉图主义的意义上被解释为非时空的、非人类的和抽象的。但是，在布鲁尔看来，弗雷格只是明确地表明数学对象既不是物质对象，它们不占有空间位置；也不是心灵对象，不是个别人的心灵状态，不能被个体所感觉到；数学对象是第三种对象，即客观对象。在社会学的意义上，制度化的信念也完全满足弗雷格对于客观性的定义。数学的客观性恰恰就是数学所具有的社会性。

在《算术基础》中，人们看到弗雷格阐述数的客观性所用的主要策略是类比推理。他论证了数具有和地轴、赤道及颜色相类似的客观性。

"我把客观的东西与可触摸的东西、空间的东西或现实的东西区别开。地轴、太阳系的质心是客观的，但是我不想把它们像地球本身那样称为现实的。人们常常把赤道叫做一条想到的线，但是若把它叫做一条臆想的线就会是错误的；它不是通过思维而形成，即不是一种心灵过程的结果，而仅仅是通过思维被认识到，被把握的。

---

① 大卫·布鲁尔著，艾彦译：《知识和社会意象》，东方出版社 2001 年版，第 194 页。

② Ernest，P. *Social Constructivism as a Philosophy of Mathematics*（New York：State University of New York Press，1998），P. 46.

当代科学哲学的发展趋势

……

当人们称雪为白的时，人们是要表达出一种客观性质，这种性质是人们在一般的日光下借助某种感觉认识到的。……甚至色盲也可以谈论红的和绿的，尽管他在感觉上区别不出这些颜色。他认识到这种区别是因为别人做出这种区别，……因此颜色词常常不表示我们的主观感觉，……相反，颜色词表示一种可观性质。因此我把客观性理解为一种不依赖于我们的感觉、直觉和表象，不依赖于从对先前感觉的记忆勾画内心图像的性质，而不是理解为一种不依赖于理性的性质。"①

但是，客观性的本质究竟是什么，弗雷格并没有给出清晰的、正面的说明。他只是极为简单地把客观性描述为一种依赖于理性的性质。当然，理性在某种程度上具有和柏拉图主义一样的神秘性。这种情形引起了布鲁尔对于数学客观性做进一步解释的兴趣。在布鲁尔看来，地球赤道就像某种领土界线一样，是社会制度的产物，是一种制度化的信念。虽然，地球赤道的客观性并不是就"它是物理对象或者现实对象"意义上的那种客观性，但是人们似乎又不得不承认地球赤道是实在的、客观的。对布鲁尔来说，可以肯定的是，这种实在并不是一种经验性实在，地轴和赤道只是知识成分中的两个理论概念，并且"知识的理论成分也恰恰就是它的社会成分"②。

布鲁尔用典型的例证表明了上述要点。比如，中世纪的思想把地球的中心看做整个宇宙的中心。虽然这种理论后来被证明是错的，因而不与实在相对应，但无论如何它绝不是一个主观方面的问题。它不是某个人的心理状态或者心理过程的一个结果。当然，这种理论所认为的宇宙的中心也不是一个现实的对象，因为人们无法看到或者触摸到它。这样，"从弗雷格的意义上说，它是一个客观对象。它在另一种意义上是一个理论概念，是当代宇宙学理论的一个部分。从第三种意义上说，它是一种社会现象，是一种制度化的信念，是文化的一个部分。它是得到人们接受和传播的世界观；它得到了那些权威的认可；……"③

因此，从社会学的角度来看，客观性的正面的说明与制度化的信念是相容的，处于特定社会规范中的这种制度化的信念完全满足弗雷格的客观性定义。因而，社会建构论者得出的结论就是：数学的客观性可以从社会维度加以解释，也就是主体间性。数学的客观性并非物理对象意义上的纯客观性，从实际的数学研究来看，它一定涉及人类的活动，是在被数学共同体所认可的意义上的客观性。

---

① 弗雷格著，王路译：《算术基础》，商务印书馆 1998 年版，第 42~44 页。
② 大卫·布鲁尔著，艾彦译：《知识和社会意象》，东方出版社 2001 年版，第 154 页。
③ 同上，第 155 页。

附录 应用案例研究

4. 基于数学实践的涉身认知方法

通过对数学实践的考察，传统的数学柏拉图主义的先验论受到批驳的进一步证据来自于近些年来认知科学的发展。这种策略可以称之为"基于数学实践的涉身认知方法"，其中典型的代表人物有：瑞士心理学家和哲学家皮亚杰（Jean Piaget），他强调从心理发生的角度说明数学的认识机制；美国数学家和数学史家丹齐克（Tobias Dantzig），他从对数概念的历史考察中发现人的生理结构在数概念的形成中起着至关重要的作用；加利福尼亚大学语言学教授乔治·莱考夫（George Lakoff）和认知科学系教授拉斐尔·纽尼兹（Rafael E. Núñez），他们利用认知科学的成果（比如概念隐喻）说明数学概念的产生；英国数学思维教授大卫·高（David Tall），他从数学思维发展的角度区分了数学的三个世界：涉身世界、过程概念世界和公理化世界。

基于数学实践的涉身认知方法从根本上拒斥那种认为数学对象独立于人类的大脑、心灵和身体而存在的传统数学柏拉图主义的先验论观点。通过对数学认识机制的多学科考察，数学的涉身认知方法提出了极有说服力的关于数学本体论和认识论的崭新论点和论证：

第一，数学柏拉图主义所声称的先验数学世界并不存在，或者即使存在，也得不到充分解释。事实上，唯一存在的只是能被人类所认识、理解和把握的数学。数学对象是否存在的本体论问题并不能通过先验的哲学分析得到解决，即不能通过逻辑分析和语言分析这样的传统分析哲学的方法得到说明。在某种意义上，这个问题的解决依赖于各门具体科学的相关发展。因为只有通过诸如数学、哲学、数学史、逻辑学、心理学、语言学、人类学及认知科学的各学科间的合作，从整体的角度才能说明数学认识机制的产生、发展和它的本质。从而最终说明人类所能认识到的种种数学对象的本质的本体论难题。

从涉身认知的观点来看，数学柏拉图主义把数学世界视为一个独立于人类的、非涉身的抽象领域。人类所能认识到和理解的数学世界与这个真实的抽象数学世界之间存在着本质的区分，正如人们所能把握的现象与真实的实在世界截然不同一样。不可否认，支持这种实在论断言的证据来自数学上的某些结果。比如，一个特定的数学陈述的真值由"数学事实"决定，而不是由人类所掌控的数学证明所决定。典型的例证之一是由康托尔提出的"连续统假设（CH）"。虽然数学家用现有的公理既不能确证它，也不能否证它，但是 CH 的真值一定是确定的，只不过现有的公理还不足以充分地把它揭示出来。这样，集合似乎真实地存在着，并且由像策梅罗—弗兰克尔这样的集合论公理加以刻画或者描述。按照这种解释，可以很自然地得出以下结论，"人类数学家居于探索者的位置，数学结果是发现而不是发明或者人类的创造物；是关于数学家们所探索到的领域的报道。"① 暗含在这个结论中的至关重要的假定之一是莱欣巴赫在关于科学的发现语境和确证语境之间做出的区分。显而易见，在柏拉图主义的数学哲学传统中，人们并不关心数学知识是如何产生的，更确切地说，他们对于数学认识是如何发生和发展的问题不感兴趣。相反，他们的注意力主要集中在数学知识的确证或者已经得到相当程度发展的数学知识的逻辑关系等问题上。

但是，既然数学哲学的主要任务是努力寻求发展一种对数学实践的完整图景的说明，那么哲学家就不能忽视数学发现作为在这一探索过程中所不可或缺的一部分的重要性。更进一步，关于数学认识的哲学说明无论如何要与现行的数学实践和科学的研究结果相一致。因为哲学的主要功能之一在于它的解释力，当关于数学的一种哲学说明与数学实践或者与当前的科学发现相冲突时，表明这种解释必定存在着某种缺陷，也就是这种解释是不合理的，甚至在根本上就是错的。在这个意义上，哲学不是科学的向导，恰恰与此相反，科学的进步可以说是当代哲学的生命力之源。

基于数学实践的体验认知方法正是立足于哲学的这种基本精神，根据相关科学的成果和数学实践得出关于数学认识和数学本体的哲学解释。认知科学的最近发展已经表明，"认知过程本质上起源于有认识能力的生物有机体的生物学特性。……就人类而言，这意味着认知起源于人类的神经系统和身体的特性，起源于他们在所处环境中的演化方式。……这样，包括数学概念在内的概念系统就是体验认知领域的一部分。"② 至此，认知科学不无清楚地向人们昭示出：作为处理各种各样抽象概念（比如，无穷、集合、数、空间和函数等）的数学，本质上是人类大脑和身体特性的产物。更确切地说，"数学是这样一种产物，它是人类大脑的神经能力、人类身体的本质、人类的进化、人类的环境以及人类长期以来的社会和文化史的产物。"③ 因此，正是在这个意义上，莱考夫和纽尼兹胸有成竹地断言，"数学，正如人们所知道的，它是人类的数学，是人类心灵的产物。数学从哪里来？它来自于人类！人类创造了它，但是它不是任意的，……"④

现在让我们站在认知科学的立场上来重新审视数学柏拉图主义的观点：数

① Burton Voorhees, "Embodied Mathematics", *Journal of Consciousness Studies*, 11 (2004), No. 9, pp. 83 – 88.

② Rafael E. Núñez, "Conceptual Metaphor and the Embodied Mind: What Makes Mathematics Possible?" In *Metaphor and Analogy in the Sciences*, edited by Fernand Hallyn (Netherlands: Kluwer Academic Publisher, 2000), P. 133.

③④ George Lakoff and Rafael E. Núñez, *Where mathematics comes from: how the embodied mind brings mathematics into being* (New York: Basic Books, 2000), P. 9.

学是被发现的，存在着一个非人类的、先验的数学世界。显然，这种主张与认知科学的最新研究结果格格不入。与数学的体验认知方法不同，数学柏拉图主义的信念依据并非来自于认知科学上的发现。相反，它的论证策略采用的是静态的逻辑分析和语言分析，或者是一种素朴的哲学思辨。比如，弗雷格就坚定地认为，2 这个数（the number two）是对象，因为以定冠词为标示的专名代表对象。而哥德尔则用数学直觉为他的数学实在论辩护。显然，当这些论证或者观点与科学发生矛盾时，数学柏拉图主义陷入更加令人难以置信的局面也就成为一件不可避免的事实，并且逻辑和语言分析也由此暴露出他们的局限。在此情形下，数学柏拉图主义遭到了与以往相比更为严肃的批评，莱考夫和纽尼兹责难道："柏拉图式的数学的存在这个问题不能被科学地提出。充其量，这只能是一个信仰问题，更像是对上帝的信仰一样。也就是，柏拉图式的数学，就像上帝一样，本身不能通过人类的身体、大脑和心灵被感知或者理解。仅凭科学既不能证明也不能否证柏拉图式的数学的存在，就像它不能证明或者否认上帝的存在一样。"① 对数学柏拉图主义的信念被视为就像是相信上帝一样，它沦落到如此的境遇足以说明它和当今科学的背离程度究竟有多远，或许这是数学柏拉图主义迄今为止所遇到的来自科学上的一种最直接、最有力和最为致命的攻击了。

第二，数学认识本质上是体验的，依赖于人类的心灵、大脑和身体，以及它们与周围环境的关系。

从数学的体验认知的视角看，先验的柏拉图式的数学世界并不存在。相反，数学只是人类的一个概念系统，既然如此，认知科学家便有足够的理由把其纳入他们的研究范围内。令人惊喜的是，认知科学的新近研究已经向人们显示出："人类的心灵本质上是体验的，也就是，它起源于人类的身体和大脑的生物学特性，起源于人类和人类的环境（包括社会环境和物理环境）之间相互作用的方式。……思想不是字面的，也不以抽象规则和范畴作为其基础，而是它在本质上必然是隐喻的。"② 认知科学对数学哲学的关键洞见在于，隐喻理论充分说明了"数学起源于人类的体验过程"这一核心论点。

为了实现上述目标，认知科学家纽尼兹详细考察了数学中的"连续"概念。历史地看，数学家对连续这个概念本质的理解有两种刻画：一种来自于牛顿和莱

---

① George Lakoff and Rafael E. Núñez, *Where mathematics comes from: how the embodied mind brings mathematics into being* (New York: Basic Books, 2000), P. 2.

② Rafael E. Núñez, "Conceptual Metaphor and the Embodied Mind: What Makes Mathematics Possible?" In *Metaphor and Analogy in the Sciences*, edited by Fernand Hallyn (Netherlands: Kluwer Academic Publisher, 2000), P. 125.

布尼兹的直觉的和非严格的理解，盛行于 17 世纪；另一种则发端于 19 世纪柯西—威尔斯特拉斯的严格的 $\varepsilon-\delta$ 定义。后者成为现代数学中·"连续"概念的标准定义。但是事实上，纽尼兹指出在当今数学实践中，"连续"的直觉和非形式定义仍然非常活跃，并且它在数学理解中扮演着重要角色。而这种直觉定义恰恰根源于人们日常的物理经验：如果一个物理对象沿着一个方向随时间的延续而持续运动，并且不发生突然的改变，那么这个运动过程就是连续的。再进一步设想，这样形成的运动轨迹也是连续的。换作数学的术语，称一个函数 f 是连续的，也就意味着一条曲线没有间隙、没有"跳跃"和"尖点"。如果用图 4 和图 5 来表示就是[1]：

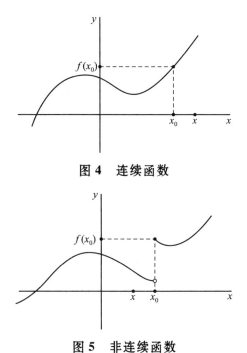

图 4　连续函数

图 5　非连续函数

图 4 表示连续函数，图 5 表示非连续函数。这是因为，在图 4 中，当 x 趋于 x_0 时，$f(x)$ 趋于 $f(x_0)$；但是，在图 5 中，当 x 趋于 x_0 时，$f(x)$ 可以不趋于 $f(x_0)$。简言之，数学上的连续意味着：当 x 趋于 x_0 时，$f(x)$ 趋于 $f(x_0)$，用数学符号写为：$f(x) \to f(x_0)$（当 $x \to x_0$）。这种从物理对象的运动折射到数学上非形式的连续定义实质上就是概念隐喻的运用。从另一个角度看，这恰好说明了数

---

① Rafael E. Núñez, "Conceptual Metaphor and the Embodied Mind: What Makes Mathematics Possible?" In *Metaphor and Analogy in the Sciences*, edited by Fernand Hallyn (Netherlands: Kluwer Academic Publisher, 2000), P. 131.

学思想或者数学概念是体验的，与人们的经验相关。

但是如果再考察一下数学中"连续"的 $\varepsilon-\delta$ 严格定义，就会发现情况似乎并非如此。这个定义是这样的：

一个函数 f 在 a 点连续，如果下述三个条件被满足：

1. f 被定义在一个包含 a 的开区间上，
2. $\lim_{x \to a} f(x)$ 存在，并且
3. $\lim_{x \to a} f(x) = f(a)$

这里，$\lim_{x \to a} f(x)$（函数 f 在 a 点的极限）被定义为：

让函数 f 定义在一个包含 a 的开区间上，如果不可能是 a 自身，让 L 是一个实数。陈述 $\lim_{x \to a} f(x) = L$ 意思是，对于每一个 $\varepsilon > 0$，都存在一个 $\delta > 0$，使得如果 $0 < |x-a| < \delta$，那么 $|f(x) - L| < \varepsilon$。[①]

在该定义中，人们丝毫看不到函数 f 的连续概念会和日常的物理经验相关联。这也从另一个侧面再一次表明，传统数学哲学拒绝把数学的发现语境作为其合法的探讨领域所带来的局限。

如果人们再把目光锁定在数概念产生的历史之河，就会发现"人类在计算方面之所以成功，应当归功于十指分明。就是这些手指，才教会人类计数，从而把数的范围无限地扩大开来。如果没有这套装置，人类对于数的技巧就不会比原始的数学高出多少。因此，不无理由地说，要是没有手指，那么数的发展，以及随之而来的人们精神上的和物质上的进步所依据的精确科学的发展，也将毫无希望地处于低下的阶段。"[②] 当然，"人类采用十进制乃是一种**生理上的凑巧**。"[③] 现在可以明确地断言，数学思想产生之初确实是体验的。

第三，数学的认知结构既非来自于先天的认知主体，也不是客体本身所蕴含的，它是在认知主体和客体相互作用的过程中形成和不断发展的。

如果前述两点仍然不能令数学先验论者相信数学在本质上是基于人类的大脑和身体的生物学特性的——因为他们有充分的理由认为一些纯数学结论似乎完全不依赖于经验，同时这些结论又是真的和必然的——那么数学是体验的倡导者们就必须说明最初的体验数学是如何发展为形式化数学的。能胜任这一任务的除隐喻说明之外，另一条途径是由皮亚杰提出的根源于生物学的发生认识论的解释图式。

---

① Rafael E. Núñez, "Conceptual Metaphor and the Embodied Mind: What Makes Mathematics Possible?" In *Metaphor and Analogy in the Sciences*, edited by Fernand Hallyn (Netherlands: Kluwer Academic Publisher, 2000), P. 128.

② T. 丹齐克著，苏仲湘译：《数：科学的语言》，商务印书馆 1985 年版，第 8 页。

③ 同上，第 13 页。

根据皮亚杰的观点，首先数学并非是一个超时空的、已然存在的静止的抽象世界。相反，数学世界是由有认知能力的主体在其和客体相互作用的过程中逐步建构成的。在这个过程中，认知主体经历了从把事物归类和序列化等感知运动阶段到概念化活动的高级思维的阶段。另一方面，人们对数学的认识并非通过纯粹直觉这样的先验方式达到，而是通过最初根源于感知的方式获得的。更确切地说，作为一种概念性知识的数学并不是一开始就先验地存在在人类的心灵之中，而是随着认知有机体的生物进化的发展而产生的。通过对儿童进行实验，皮亚杰发现，在概念甚至语言出现以前，儿童就具有了智力。这个阶段的智力主要表现为：儿童通过他们身体的活动和周围的客体相协调。在没有掌握概念以前，儿童甚至还不具备离开特定环境进行传递推理的能力。比如，"如果被试看见在一起的两根棍子 $A < B$，然后又看见两根棍子 $B < C$，他不能推论出 $A < C$，除非他同时看到它们。"① 这同时表明，数学中基本的传递性概念是如何在主体的活动中产生的。但是，高级的数学认识不用借助具体场景而只运用抽象概念就能进行。总之，数学认识是随着认知主体身体的各种机能的生物学演化以及在与周围环境相适应的过程中逐步发展的，它是一个不断演进的复杂过程，而不是一个脱离经验的、内在于认知主体的先天的认知结构。

其次，数学认识或者数学知识并非是客体自身的特性。这一点似乎比较容易理解，比如，人们无论如何在物理世界中找不到任何关于数学中无穷这个概念的影子。即便人们只关注那些能被数学模型所刻画的物理世界，这个所谓的世界也是被主体所认识的世界。关键在于，"事实只有被主体同化了的时候才能为主体所掌握。要掌握事实，儿童在建构使事实具有顺序或结构从而使事实变得丰富起来的那些关系时，有一个先决条件，就是要能运用同化客体的逻辑数学方法。"② 因此，客体自身的结构和特性远不足以形成我们的数学知识。

总而言之，发生认识论对于数学的认识机制的深刻洞见就在于以下结论："认识既不是起因于一个有自我意识的主体，也不是起因于业已形成的（从主体的角度来看）、会把自己烙印在主体之上的客体；认识起因于主客体之间的相互作用，这种作用发生在主体和客体之间的中途，因而同时既包含着主体又包含着客体，……"③ 当然，数学作为人类的一种认识，它既不是先天的，也不是预先被客体所揭示的，而是在认知主体和客体相互作用的过程中逐渐形成和不断发展的。

---

① 皮亚杰著，王宪钿等译、胡世襄等校：《发生认识论原理》，商务印书馆 1997 年版，第 37 页。
② 同上，第 54 页。
③ 同上，第 21 页。

五、一种构想：基于数学实践的数学语境实在论

从上述分析，人们能够看到当前国际数学哲学界各种研究方法的几个明显分歧：第一，数学柏拉图主义与一切反柏拉图主义之间的竞争；第二，数学哲学主题的形而上学研究与经验研究之间的对峙；第三，数学、科学与哲学的较量。事实上，数学柏拉图主义的认识论难题的各种解决方案不仅直接关涉数学哲学的研究方法问题，而且更为重要的是，它迫使人们不得不深入地思考数学哲学、科学哲学乃至整个哲学学科的自身生存问题及其存在的意义和价值问题，尤其是当哲学面临当代科学飞速发展时，情况尤为迫切。最后一点似乎尤为重要，这是因为如果每位哲学家在思考和解决特定哲学难题之前没有深刻领会哲学的本质、哲学与其他学科之间的区别，那么这必然会影响到他（她）将采用什么样的方法和策略，从而最终影响他（她）是否能够成功地解决那些难题。因此，当前至关重要的是能够提出一种切合实际的数学哲学观和数学哲学方法论。当然，人们的最终目标从根本上讲依然是为了更好地理解数学的本质。基于此，我们提出一种"基于数学实践的数学语境实在论"，它的核心原则如下：

1. 坚持以实际的数学研究为基础

坚持以实际的数学研究为基础，即尊重数学实践，反对第一哲学。我们知道数学哲学的目的是最终获得对数学的理解，它的主要任务则是提供关于数学的全景式的、一致的说明。如果数学哲学家希望他们对数学的说明能够令数学家也感到满意，那么必然条件之一就是哲学家要充分关注现实的职业数学家做了哪些工作，实际的数学理论的进步是如何被实践的。相反，如果他们不了解真正的数学就对数学家所做的工作做出断言，那么哲学家所冒的最大风险就是他们对数学提供的说明将与实际的数学研究严重不符。这将导致数学家无法接受哲学家的立场，甚至哲学家的新奇想法会令一些数学家感到匪夷所思，这种情形当然严重背离了数学哲学的基本精神。

像数学柏拉图主义关于数学本质的说明便是一种典型的与数学实践相冲突的哲学立场，如今它遭到了来自各个方面的批评，比如来自数学家的、数学史家的、数学社会学家的、认知科学家的和数学教育学家的等。这足以说明数学哲学的生命力完全依赖于要以实际的数学研究为基础。相反，那种认为哲学先于数学、哲学能够规定数学实践、那种思辨的、纯粹的"第一哲学"的研究方式已经不能适应当代数学哲学的发展。正如数学家狄奥多涅（Jean Dieudonné）的深刻洞见所揭示的那样："真正的数学认识论或数学哲学应该以数学家具体的研究方式为其主题。哪有人讨论物理学的认识论而不谈相对论或量子的？哪有人讨论

生物学的认识论而对遗传学一言不发的?"①

　　然而,当前的实际情形是,"一些写有关于数学的哲学家似乎除了熟悉算术和初等几何之外,他们对于更为高级的数学却一无所知。另一些哲学家是逻辑学和公理化集合论的专家;他们的工作似乎在技术上与任何其他的数学专业一样狭窄。……我们有似乎对量子力学和广义相对论相当熟悉的专业科学哲学家。但是,懂得函数分析或者代数拓扑学或者随机过程的专业哲学家似乎并不多。"②这也正是为什么数学哲学没有像物理学哲学或者科学哲学那样取得繁荣发展的真正原因所在。因此,面对当前的现状,如果数学哲学要想有新的突破,那么它必须转换自己的视角。也就是,要么立足于真实的数学实践,作为数学哲学元理论的立论前提或论证的基础;要么把焦点集中锁定在某些具体的数学分支或理论上,进行数学哲学具体论题的研究。令人欣喜的是,这样的方向正在开拓并取得了相当的成就,比如数学中的结构主义。

　　概而言之,坚持以实际的数学研究为基础、尊重数学实践、反对第一哲学将是今后数学哲学发展的重要趋势之一。并且,"基于数学实践的数学语境实在论"恰好以这样的信条作为建立其数学哲学元理论的一个核心原则。

2. 坚持科学的世界观

　　要坚持科学的世界观,反对科学主义。如前所述,人们已经看到来自数学自然主义、数学史、数学社会学以及数学的体验认知等角度所揭示出的数学实践在数学哲学事业中所展示出的力度。毫无疑问,数学实践的各个方面都是数学哲学论证的必备前提,但是反过来并不成立。也就说,数学哲学研究一定不能简单地还原为或者等同于数学实践的任何一个具体方面。理由是:

　　第一,数学的哲学问题不能通过实际的数学研究得到解决。

　　长期以来,在数学界似乎存在这样一种普遍倾向:数学家对哲学问题不感兴趣,甚至对哲学家所做的工作感到厌烦。原因是,一方面,他们认为关于数学的哲学讨论既不能为实际的数学研究指明方向,也不能促进数学的进步;另一方面,有些哲学观点甚至严重背离了数学本身。比如直觉主义坚决抵制排中律在数学中应用的合法性就和实际的数学发展发生了冲突。

　　鉴于以上理由,有观点认为哲学事实上和数学是不相关的,这种观点被夏皮罗称之为"哲学不相关原则"(*philosophy-last-if-at-all principle*)。更确切地说,该原则的意思是指,要是和数学相关,哲学也是最不相关的一个。它明确地声

---

　　① 布尔巴基等著,胡作玄等编译:《数学的建筑》,江苏教育出版社 1999 年版,第 187 页。

　　② Hersh, R. "Some Proposals for Reviving the Philosophy of Mathematics", In *New Directions in the Philosophy of Mathematics: an Anthology*, revised and expanded edition, edited by Thomas Tymoczko (New Jersey: Princeton University Press, 1998), P. 13.

称：数学有它自己的生活，独立于任何哲学思维。关于数学对象或数学陈述的地位的一种观点充其量是一种附带现象，对于数学而言毫无贡献，更糟糕的是，它是一种无意义的诡辩……倘若数学哲学有工作做的话，那么就是要给出直到那时为止的数学实践的一个连贯的说明。哲学家必须为数学家服务，而且，如果数学的发展和哲学相冲突，他们就得立即准备好拒绝自己的工作。如果哲学不相关原则是正确的，那么这是否意味着数学的哲学探讨是无意义的、没用的、可以消解的，或者即使这种探讨是必要的，这些有关数学的哲学反思是否能够通过数学自身来回答呢？

答案当然是否定的。这是因为数学哲学和数学从根本上来讲是两个不同的学科，它们各自有自己的研究领域和研究主题，数学的哲学问题不能通过具体的数学研究得到解答。在哲学家罗素看来，"对世界的理论的理解，是哲学的目的。"① 换言之，数学哲学的目的是为了增进对数学的理解，而数学是人类在理解现实世界的实践活动中的产物。数学家毫无顾虑地使用着数学语言，像0、空集、无穷集合、四元数、向量空间等。但是，"0是什么"、"空集是什么"以及数学陈述"存在无穷多个素数"中的"存在"的意思是什么，数学并没有告诉人们。事实上，"一个专业的集合论数学家并不会花时间向集合是否存在，并且如果集合存在，那么它们是什么的问题而担忧。相反，他或她研究的是集合论的模型，这些模型就是包含人们习惯上称作集合的那些东西的数学结构……当人们在研究集合论时，没必要说集合是什么，除了说它属于一个模型之外。"② 但是，哲学中形而上学的功能之一就是要追问事物是其所是的本质，并且，形而上学中的本体论恰恰是"致力于研究属于不同的基本范畴的事物的是（或存在）"。③ 因此，虽然数学不能告诉人们诸如集合和数这样的数学对象是什么，它们存在的本质，数字（numeral）和数（number）的区别，以及数学语言和实在之间有何关联等，但是，哲学却需要义无反顾地承担起这个重要的责任和义务并对数学的本质做出说明。毕竟数学不是自我说明的，在这个意义上，数学的哲学反思在数学的视野之外，数学哲学成为一个二级学科，当然人们也就不能期望对数学的说明能在数学自身的研究范围内获得。这是哲学家而不是数学家要做的工作！

第二，数学认知的经验研究为哲学家提供了令人信服的科学证据，但是真正的数学哲学或者形而上学的探讨不一定被科学的探讨所取代。

随着哲学中各种自然主义的盛行，似乎哲学有被科学取代的倾向。这种趋势

---

① 伯特兰·罗素著，陈启伟译：《我们关于外间世界的知识》，上海译文出版社2006年版，第19页。

② Gowers, W. T. "Does Mathematics Need a Philosophy?" In *18 Unconventional Essays on the Nature of Mathematics*, edited by Reuben Hersh（New York：Springer Science & Business Media Inc，2006），P. 190.

③ 布鲁斯·昂著，田园、陈高华译：《形而上学》，中国人民大学出版社2006年版，第11页。

的推动力来自奎因在《自然化的认识论》一文中明确的断言："认识论，或者某种与之类似的东西，简单地落入了作为心理学的因而也是作为自然科学的一章的地位。"① 对于数学哲学而言，迄今为止，有关数学认识的论证已经从经验科学的成果中汲取了极为丰富的养料。人们从数学认识的各种经验证据中极有说服力地得出结论：先验的、非时空的柏拉图式的数学世界并不存在。更为具体地说，像数、集合、函数等这样的数学对象并不存在。

但是另一方面，传统的哲学或者形而上学合理存在的根据之一恰恰是对世界的实在的最为普遍事实的一种先验探究。与哲学探讨的主题不同，各门经验科学所关注的是实在世界的各种具体对象，比如物理学研究像树木、电子和星球这样的物质对象，生物学研究各种生物体。虽然如此，像"什么是物质对象"这样的普遍问题在物理学之内却得不到回答，这是典型的形而上学问题。形而上学的任务就是要探讨世界上存在哪些基本范畴或者世界上存在什么。一般而言，形而上学或者哲学的知识不是经过观察和科学实验的方法获得的。相反，它是从某种原初的假定（对世界的理解）开始，经过有效的逻辑推理和论证得出结论。这种获得知识的方法是独立于经验的，即是一种先验的、理性的研究模式。当然，形而上学的探讨对于人类理解世界而言是有意义的，并且它的探讨不能通过经验科学的方法获得。因此，根据这样的论证，关于数学的哲学探讨同样不能用关于数学认识的经验研究所取代。

对于"基于数学实践的数学语境实在论"而言，合理的观点是：数学哲学并非像传统的哲学观所主张的那样是先验的，它虽然不采用经验科学的实验方法，但是这并不意味着它是独立于经验的，当代哲学的进步在很大程度上依赖于经验科学的进步，它往往以经验科学的成就作为其有力的论证资料。另一方面，虽然数学的哲学探讨将大大得益于各门经验科学，但是科学的探讨方式终究不能取代哲学的思考。"数学的本质是什么"不能简单地通过某一种具体的经验研究就得到充分的认识，只有经过哲学的概括、反思和逻辑推理，这一问题才能得到最终圆满的解决。

第三，数学哲学不是数学史，也不是数学的社会学。

当前基于数学实践的数学哲学已经表明，传统的数学柏拉图主义、数学基础三大学派最突出的缺陷就在于：它们与真实的数学不相关，甚至与实际的数学研究相背离。不过，克服这种困难的一种有效途径"能够通过使哲学家学习更多的当代科学来实现"。② 这是因为，一方面，哲学家可以用丰富的数学史资料以

① 涂纪亮、陈波主编：《奎因著作集》（第 2 卷），中国人民大学出版社 2007 年版，第 409 页。
② W. H. 牛顿—史密斯主编，成素梅、殷杰译：《科学哲学指南》，上海科技教育出版社 2006 年版，第 194 页。

案例研究的形式作为他们论证的基础；另一方面，真实的数学史可以用来检验那些先验的哲学假说是否成立或者是否合理。无论是数学哲学的发展，还是科学哲学的进步，都充分体现出科学史对于哲学研究所具有的不可或缺的重要意义，这就是"在历史的法庭面前，没有任何一种最受欢迎的回答是成功的。由哲学家提出的方法论，没有一个抽象地充分说明了科学的发展"①。然而，需要注意的是，固然数学史的分析加强了哲学对数学实践的说明力度，但是无论如何，数学本质的哲学探讨的任务不能由数学的历史研究来承担。毕竟，数学史的目的是为了能够把过去的和当前的数学真实地描述出来，它关注的焦点集中在真实的数学究竟是什么样子这样的问题上。因此，数学史理论的重点在于历史叙事。与数学史的研究相对照，数学哲学的理论不仅要符合真实的数学实践，而且还要给出符合数学实践的合理说明。比如，数学研究什么？数学研究的那些对象存在吗？这些对象存在的本质是什么？人们是如何知道这些对象存在的？数学语词的意义是什么？数学陈述的真说明了什么？数学证明在数学知识中的地位等。数学哲学的核心在于论证，因此，数学史对于数学哲学的研究是必要的，但是数学哲学绝对不能归为数学史！

同样，数学哲学也不是数学的社会学。虽然二者都是为了增进人们对数学的理解，但是它们在本质上是截然不同的。数学的社会学研究，或者更为确切地说，数学知识的社会学研究旨在把数学知识视为一种社会活动，主要关注数学共同体作为一种社会因素在数学知识产生过程中的重要作用。换言之，社会学家只关心实际中的数学知识是如何形成和发展的。他们的责任是描述实际存在的数学知识和数学实践，至于数学知识是其所是的本质、数学知识是否是对实在世界的探究等等，社会学家似乎毫不关心。与社会学家不同，探究数学知识背后所隐含的本质则是哲学家所关心的，这样一来，哲学家的目标似乎又向更高和更深的层次迈进了一步。显然，这种探求关于数学实在、数学真理以及数学与世界之间的关系的努力，不是仅仅通过经验研究或者对历史案例的社会学分析就能够实现的。它们在本质上是一种形而上的研究，基于经验又高于经验的一种理性探索。毫无疑问，虽然数学的社会学研究加深了人们对数学知识和数学实践的进一步理解，但是要对数学实践进行全景式的说明则仍然要依赖于哲学。

总而言之，"基于数学实践的数学语境实在论"强调尊重数学实践，这就意味着人们要义无反顾地拒绝传统哲学的先验的探讨方式，同时坚持科学的世界观——尊重数学理论、数学的历史、数学的社会学、数学的认知科学等所揭示出

---

① W. H. 牛顿—史密斯主编，成素梅、殷杰译：《科学哲学指南》，上海科技教育出版社 2006 年版，第 192 页。

的关于数学本质的认识。一种合理的数学哲学一定与其他来自各种不同角度的关于数学的理解是相容的，而不是互相冲突的。但是，另一方面，人们坚持认为各门具体科学确实推动了当代哲学的进步，不过这绝不意味着人们提倡用数学或者各门具体科学来取代哲学。换句话讲，坚持科学的世界观，但是反对科学主义。毕竟科学有着各自不同的研究范围和局限，科学并没有囊括实在世界的全部。在这个意义上，哲学有着自己特定的研究领域和特殊的研究方法，它有自身的存在价值，不能被归为任何一门其他的学科。同样，数学哲学的任务是提供一种连贯而全面的数学图像，它旨在探求更为普遍的与数学相关的一切事实，无论是数学的历史分析、社会学研究、经验观察还是数学的语言分析等。虽然这些具体科学为数学的哲学洞见提供了新的证据和关于数学的新认识，不过它们无论如何都没有能力对数学做出一种普遍性的说明，这个责任的重担终究要交给数学哲学家。

3. 坚持语境论的整体论

既然数学的、科学的和传统的先验哲学的研究途径都不能为数学知识提供一种合理而全面的说明，这种说明不仅要求符合数学实践，而且更为重要的是要与人类对整个世界的认识相协调和融洽，那么从整体论的视角出发对数学的本质进行反思自然就成为数学哲学研究的一种必然趋势和要求。近年来，语境论作为科学哲学中一种最有前途的观点得到越来越多的重视，无疑语境论将成为担当完成上述数学哲学任务的最佳策略。做出这种选择的理由是：

第一，培帕（Stephen Pepper）已经明确指出，语境论是继形式论（formalism）、机械论（mechanism）、有机论（organism）之后的一种处于当代科学图景下的新的世界观。"世界观是人们对世界包括自然界、社会和人的思维的总的根本看法，它是哲学层面的元理论图式和信念，……语境论世界观的硬核假定是：实在世界是一个相互作用和相互渗透的网络。存在是按照在其语境中实体的关联定义的，即存在被定义为语境中实体的关联，真理是依赖于历史语境的。一句话，任何事件都是在社会的、历史的环境即语境中发生的。"[1] 这样，语境论作为一种世界观，它通过把对数学的说明统一到关于世界的整体认识中，能够使得关于数学知识的说明和人类的其他经验相一致。这不仅意味着数学的语境论说明更为合理，而且还推动了人类对整个世界的进一步认识。

第二，"作为一种普遍的思维特征，语境论在世界观的意义上，成为构造世界的新的'根隐喻'（root metaphor）。[2]"隐喻则被视为人类认识和理解世界的一种重要方式。根据培帕的研究，语境论世界观的根隐喻是历史事件，它旨在表

---

① 魏屹东：《世界观及其互补对科学认知的意义》，载《齐鲁学刊》2004 年第 2 期。

② 殷杰：《语境主义世界观的特征》，载《哲学研究》2006 年第 5 期。

明：世界是一个动态的系统，一切事件皆在世界这个语境之中。因此，如果数学是人类的一项活动，那么它必然就成为这个世界中的事件之一，人们就需要站在语境论的立场审视数学。与作为根隐喻的语境论不同，数学思维在很大程度上依赖的是概念隐喻。不过数学中概念隐喻的推理依然要在世界这个语境大背景中才是有效的或者有意义的，脱离了语境的概念隐喻是空洞的。比如数学中的连续性概念就是借助于物理世界中某个物质对象的运动形成的，如果抛开了具体的数学语境和物理语境，以及联系它们二者的整个世界的整体语境，这一切都变得不可理解、也是无法想象的。因此，隐喻一定是依赖语境的，人们需要用语境论的根隐喻理论来理解数学。

第三，对数学本质的说明不仅需要分析数学语言的意义，还要考察数学的历史，以及与数学知识发展密切相关的从事实践活动的数学共同体。这种从语言、历史、社会以及心理等层面的说明必须在整体上是相一致的。恰好，"语境"作为统一来自各种不同角度的说明的基点，它能使各种途径相容起来。这是因为，"语境"概念的整体性早已不仅仅体现在语言学的层面。事实上，"'语境'内涵经历了从'词和句子的关联'到'确定文本意义的环境'的演变。特别是在马林诺夫斯基（B. Malinowski）开创性的工作之后，语境观念从'言语语境'扩展到了'非言语语境'，包括'情景语境'、'文化语境'和'社会语境'。"① 这样，人们就能够从语境论的视角分析数学实践的各个语境要素：数学语言、历史、社会、文化、心理和认知等，从而给出符合数学实践的合理说明。

总之，从上述分析可以看到，只有坚持语境论的整体论，数学的哲学解释才能符合数学实践，数学的本体论、认识论和语义学问题才能在作为世界观的语境论的视角下得到解决。

4. 坚持语境论的跨学科研究的本质

"基于数学实践的数学语境实在论"的第三条核心原则明确主张：对数学实践的说明和数学本质的哲学探究需要在语境论世界观的框架下进行。显然，既要能够符合数学实践、说明数学的本质（数学实在、知识、真理和数学语言的意义），又能够使这种说明合理地容纳到对世界的整体认识的语境之中，这一任务的完成必然依赖于实际的数学理论、数学的语言学、数学史、数学社会学以及数学的认知等相关领域发展的成果。更为宽泛地说，它依赖于数学、科学和哲学的共同进步。换言之，这就意味着数学哲学难题的解决需要以多学科间的合作为先决条件。事实上，语境论的世界观恰好映射了对世界的整体认识的本质是以关于世界的跨学科研究为基础的。目前，"语境早已越出了语言学的疆界，成为包括

---

① 殷杰：《语境主义世界观的特征》，载《哲学研究》2006 年第 5 期。

社会学、文化研究、哲学、心理学、逻辑学、认知科学、信息科学、计算机与人工智能等众多跨学科领域所普遍关注的重大理论与实践问题。……语境的跨学科地位及受到的普遍关注和研究，最终可以归结为语境的普遍性。[①]"而哲学的本质恰恰就在于探索事物和实在世界的普遍性。因此，要坚持数学的语境论，更要坚持语境论的跨学科的研究方法。

另一方面，如果人们把语境视域的范围缩小到哲学学科本身，对数学本质的哲学说明同样依赖于逻辑哲学、科学哲学、语言哲学、心灵哲学、认知科学哲学以及一般哲学中的形而上学和认识论等相关领域的进步。因为，从语境论的视角来看，这些分属不同领域的问题在本质上是相通的，都是人们关于这个世界和处于这个世界中的人类自身的认识。数学哲学的进步与其他哲学分支的进步息息相关，彼此相互促进，共同推动了哲学的整体发展。比如，心灵哲学中对心灵本质的认识究竟应该归属于经验的自然科学研究还是先验的形而上学或者哲学探索的争论，就为人们对数学实在的探索途径提供了深刻洞见。而 19 世纪末、20 世纪初弗雷格在关于数学基础的研究中提出的"反心理主义"口号，却对后来科学哲学以及分析哲学的发展产生了直接影响。因此，可以肯定地说，数学哲学一定不是孤立的，它的繁荣需要靠来自哲学不同分支学科的哲学家的共同努力。

因此，无论人们把关注的焦点集中在哲学学科之内还是之外，在探索数学本质的哲学说明的征途中，提倡语境论的跨学科研究将成为数学哲学家的必然选择。

5. 重视语境论的分析方法

要完成"基于数学实践的数学语境实在论"的数学哲学目标，充分运用语境论的整体论策略、体现语境论的跨学科研究本质，重要的是要有一套具体的方法论措施对数学的各个语境要素进行细致分析。这个方法就是语境分析的方法，事实上，"语境分析是语境论的最核心的研究方法"[②]。它强调对事物或事件进行分析，关键就是要把其放置于整个历史的因果链条或事件关联之中。因此，语境分析是一种动态的、整体性的分析方法，它能使事物或事件的各个要素在语境中协调并统一起来，最终使人们对事物或事件有一个连贯而全面的认识。

就数学的语境分析而言，可以理解为狭义的语言分析和广义的非语言分析两个层面。首先，在狭义的语言分析层面，数学的语境分析指的是关于数学语言的语形、语义和语用分析方法的统一。对数学理论的解释和说明被视为数学哲学家的一个主要任务。当然，数学理论的表述离不开数学语言，因此对于哲学家来

[①] 吕公礼、关志坤：《跨学科视域中的统一语境论》，载《外语学刊》2005 年第 2 期。
[②] 郭贵春：《语境分析的方法论意义》，载《山西大学学报》2000 年第 3 期。

说，运用语言分析的策略试图去理解并探究数学的本质是一个非常不错的选择。数学的语形分析旨在厘清各种数学符号、数学语句之间的逻辑蕴含关系，试图把握数学理论发展的内在逻辑的必然性；数学的语义分析通过对数学语词和语句的指称及意义的研究，能够对数学理论背后所隐含的实在、真理及意义有一个清晰的认识；数学的语用分析通过对数学语言和它的使用者或者解释者之间关系的梳理，把数学的认知主体纳入到数学语言的说明之中，使人们对数学语言的起源、用法和意义有一个全面的把握。这样，通过对数学进行语形、语义和语用分析的综合，人们能够在语境的最原初的语言学意义上，即在语言范畴之内获得对数学文本的说明。

其次，在广义的非语言分析层面，数学的语境分析是指关于数学的语言、逻辑、历史、心理和社会学分析的统一。毫无疑问，语言分析为人们提供了一条通往理解数学本质的通道。但是应该承认，至今仍然没有一位哲学家能够令人满意地向人们表明，仅仅通过数学的语言分析就能足以清晰地认识数学的实在、知识和真理的本质。事实上，如果仅仅满足于停留在数学的语言层面，甚至会离真实的数学实践越来越远。因此，人们必须考虑越出语言的界限，走向数学实践本身，把数学置于包含语言、逻辑、历史、心理和社会维度的更广阔的语境之中对其进行考察。这种考察是举足轻重的，因为人们不仅要通过数学的语言和逻辑分析对数学知识的确证语境进行说明，还要通过数学的历史、心理及社会分析努力探索数学知识的发现语境。上述各种分析的基点都立足和统一于人们视为世界观的语境。关于数学的任何一种分析都与其他分析相互关联，在这种语境论的整体视角下，人们将获得关于数学本质的更趋于真实的认识。

6. 坚持数学的实在性

从语境论世界观的视角看，数学是实在的，其实在的指向是现实的物理世界，而绝非柏拉图式的抽象数学世界。固然，人们不能否认数学的研究对象是抽象的，比如 "2"、"∅"、"$\xi(x)$"、"$+\infty$" 等。但是这并绝不意味着这些抽象概念确实关涉一个远离人类的、非物理的抽象世界。现在把目光转向语境论的世界观，就会发现无论是先验的哲学分析，还是科学的经验研究都没有明确地向人们展示出：存在一个抽象的数学世界，并且人们拥有通往这个抽象世界的通道。事实上，人类的数学知识也确实不是在这样一个假定的基础上建立起来的。否则的话，数学家探索抽象数学世界的努力怎么会和与它截然不同的物理世界发生关联，甚至可以在人们探索物理世界的真理的征途中发挥决定性的作用呢？合理的假定是：人们只有一个世界，即包括人类在内的物理世界。各门学科或者知识都是人类对这个真实的实在世界的不同方面和不同程度的认识或理解，无论是形式科学（数学和逻辑）还是非形式科学（各门自然科学、人文及社会科学）。这个假定是所有学科赖以存在的基础，也正是数学语境论世界观的主张。

从另一个角度看，人们或许能从历史的、来自数学家真实的数学实践的研究中获得对数学实在的更有说服力的和更为具体的认识。这些深刻的洞见分别来自马赫、数学家高尔斯（William Timothy Gowers）和麦克莱恩（Saunders Maclane）。关于语言（或者概念）与实在之间的关系，马赫向人们展示了历史分析在哲学家如何持有合理信念中所扮演的极为突出的角色：

> 拓展人类知识的最大障碍是人类自己创造的那些东西，即"辅助概念"。可以确定的是，……如果没有这些概念，人类就不能够认清这个世界（orient ourselves in the world）。……但是人类倾向于把人类自己创造的这些概念误解为是表征了一种独立的实在。然而，这种朝向实体化的倾向，人类却不能彻底地克服，但是必须尽量记住人类是如何获得这些概念的："如果忘了人类是如何获得这些概念的，那么人们就会习惯于称它们是形而上学的。如果人们总是牢记他们来时走过的道路，那么他们就永远不会失足或者与事实相冲突（Mach 1872/1911，17）。"①

对于数学来说，这种情况似乎更为明显。因为在数学知识产生之初，一些数学概念被创造出来，当数学发展到高度公理化和形式化的时期时，人们不再能轻易看到数学概念与现实世界的联系。虽然如此，数学家却不想否认数学的实在性，于是，"数学表征了一个抽象的实在世界"这个信念便被某些数学家和哲学家想当然地接受下来。但是人们只要用历史的眼光重新审视数学，就会发现相信柏拉图式的数学世界存在是多么的荒诞。

第二个具体的案例论证来自数学家高尔斯从事数学研究的亲身体验。在他看来，数学家引入新的数学术语或者概念并没有使他们承诺这样的数学实体存在。比如人们考虑数学中的"有序对"这个概念：

> 有序对是什么？
>
> 我认为，这是数学家将会给出的标准说明。让 x 和 y 是两个数学对象。……有序对 (x, y) 被定义为集合 $\{\{x\}, \{x, y\}\}$，并且它容易被检测：
>
> $\{\{x\}, \{x, y\}\} = \{\{z\}, \{z, w\}\}$，当且仅当 $x = z$ 并且 $y = w$
>
> ……
>
> 很清楚，实践中关于有序对重要的仅仅是两个有序对相等的条件。那么为什么有人会不厌其烦地把有序对 (x, y) 定义为 $\{\{x\}, \{x, y\}\}$ 呢？标准的答案是，如果你想把

---

① Elisabeth Nemeth, "Logical Empiricism and the History and Sociology of Science", In *The Cambridge Companion to Logical Empiricism*, edited by Alan Richardson and Thomas Uebel (New York: Cambridge University Press, 2007), pp. 285 – 286.

$$(x, y) = (z, w) \text{ 当且仅当 } x = y \text{ 且 } z = w$$

这样一个陈述作为公理，那么你就必须表明你的公理是一致的。你可以通过构造一个满足该公理的模型做到这一点。对于有序对而言，这个有点奇怪的定义 $(x, y) = \{\{x\}, \{x, y\}\}$ 恰好就是这样一个模型。这表明有序对可以用集合论的术语来定义，于是有序对的公理就能够从集合论的公理推导出来。因此，通过引入有序对或者被要求接受任何新的未证明的数学信念，人们并没有做出新的本体论承诺。[①]

最后，如果数学不是对抽象实在世界的描述，那么数学究竟是什么？数学是虚构的，抑或确实是实在的？数学家麦克莱恩给出了他的答案："数学研究现实世界和人类经验各方面的各种形式模型的构造。一方面，这意味着数学不是关于某些作为基础的柏拉图式现实的直接理论，而是关于现实世界（或实在，如果存在的话）的形式方面的间接理论。另一方面，人们的观点强调数学涉及大量各种各样的模型，同一个经验事实可以用多种方法在数学中被模型化。"[②]

综上所述，数学是实在的，但并不是柏拉图意义上的实在，而是关于人类生活的现实世界的实在。这就是基于数学实践的数学语境实在论坚决要捍卫的观点。

总之，通过上述六个原则的阐述，人们能够清醒地认识到当前数学哲学的迫切要求和趋势，即数学哲学的说明要符合数学实践、与人类其他的科学经验相容、朝向整体论的、多学科的、普遍的方向迈进，最后以期达到与人们整体的世界观相一致。在这种情况下提出的哲学构想"基于数学实践的数学语境实在论"似乎正在向人们展示着它的希望和各种优势。

（郭贵春　康仕慧）

---

① Gowers, W. T. "Does Mathematics Need a Philosophy?" In *18 Unconventional Essays on the Nature of Mathematics*, edited by Reuben Hersh (New York: Springer Science & Business Media Inc, 2006), pp. 191–192.

② S. 麦克莱恩著，邓东皋、孙小礼、张祖贵译：《数学模型——对数学哲学的一个概述》，载《数学与文化》，北京大学出版社 1990 年版，第 112 页。

案例研究之二

当代数学哲学的语境选择及其意义

英国数学哲学家保罗·欧内斯特曾经讲到，数学哲学的根本目的就是要对"数学的本质"做出反思并给出说明。最近 100 年来，整个数学哲学界的工作实际上都是围绕这一核心论题而展开的，而这些工作分别从逻辑、历史、社会、文化和实践等层面对数学知识的本质进行解读。这些研究方法主要表现为数学知识的内在论和外在论，虽然二者都有其分析的内在合理性，但仍然有一些困难无法克服，同时这两种进路之间还没有找到一条有效地相互融合的通道。

因此，目前国际数学哲学界正在探讨一种路径，使它能够合理地容纳影响数学知识发展的各个要素，真正代表当代数学哲学发展的一个未来走向。为此，本案例研究选择以符号学为基点，具体从语言分析的层面，从当代数学哲学的研究方法及其语境选择、数学知识的语境化、数学语境的结构特点和数学知识语境化的意义四个层面出发，搭建数学知识分析的一种"语境"平台，对数学知识的本质给出更为合理的解释。

一、当代数学哲学的研究方法及其语境选择

自古希腊时代以来，数学知识论问题一直就是哲学家研究主题的一个重要领域，其中问题的核心包括：第一，关于数学知识本质的争议，即数学知识是先验的理性科学，还是后验的经验科学？第二，数学知识如何可能？涉及两个层面，其一，抽象的数学知识是如何巧妙而成功地应用到物理世界中的？其二，数学家又是如何认识数学知识的？由于对这些问题的探讨和当代数学实在论及反实在论研究密切相关，并且直接关系到数学家关于"数学是被发现的，还是被发明的？"这一信念的根本分歧，从而无形中影响着数学的整个实践研究过程，因此数学知识论问题凸显出其独特的研究意义。正是在这个基点上，当代数学哲学界分别从不同的途径对数学知识的本质给出了不同的解释。

首先，20 世纪初期，伴随着罗素"集合论悖论"的出现，整个数学哲学界围绕寻求数学的可靠基础做出种种努力，他们都试图从数学的逻辑确定性出发，给出数学一个完美的无懈可击的逻辑图景。然而，随着哥德尔定理的发表，三大基础学派受到史无前例的沉重撞击，这一事件表明只从逻辑的角度要对数学知识的本质做出完美说明是不可能的。

至此之后，为了从基础主义的困境中摆脱出来，数学哲学界相继出现了三种不同的研究路线。他们分别从数学史、数学社会学和数学实践的角度对基础主义途径给予了激烈的批评，并且对数学知识的本质做出了各自的说明。

从数学史的角度看，20 世纪五六十年代，发端于拉卡托斯的《证明与反驳》，一条崭新的"历史主义分析途径"被引入到数学哲学中，他首次将数学史和数学哲学相结合，给出了数学发展的动态的历史图景。他主要从数学的内史出发，即数学自身的发展史来解释数学证明的严格性、数学真理和数学知识的增长等随历史进程而发生的变化。从 20 世纪 80 年代开始，出现了新的一批数学哲学家，其典型代表有美国的艾斯帕瑞（Aspray）和克莱因（Morris Klein），他们跳出数学内史，转而从数学外史，也就是从数学外部的社会、文化因素等对数学的发展做出了一系列的详细解释。

从数学社会学的角度看，由于 20 世纪 70 年代科学知识社会学的产生，相应出现了对数学的社会学说明，这个阵营以爱丁堡学派的大卫·布鲁尔（David Bloor）为先驱，他在 1976 年出版的《知识和社会意象》中采取经验主义的方法，说明数学的本性实质上是一些社会惯例的产物，由此遭到了众多批判。此后，英国数学哲学家保罗·欧内斯特在 1998 年出版了一本著作《作为一种数学哲学的社会建构主义》，提出了数学知识本质上就在于社会建构的观点，由此正式发起了一场社会建构主义的数学哲学革命。

从数学实践的角度看，20 世纪 70 年代末，以美籍华裔数理逻辑学家王浩、哥伦比亚大学教授基切尔（Philip Kitcher）和斯密斯大学的托玛兹克（Tymocz-ko）为代表的一批数学家、逻辑学家、哲学家、计算机科学家、数学史家和社会学家从各自的角度来探讨职业数学家是如何从事数学研究的。特别是 1979 年在斯密斯大学举行的数学哲学研讨会之后，一本由托玛兹克主编的，主要关注数学的现实实践的会议论文集，代表着一种数学哲学新趋向运动的开始。

到目前为止，从数学史和社会学的角度来阐述数学知识的这两种方法有某种联姻的倾向，数学史更多地侧重于外史，因此，它们的发展似乎呈现出一种数学哲学的逐渐边缘化倾向。对于数学实践而言，除强调数学的历史性和社会性之外，它们还同时强调从数学内部来挖掘数学发展的内涵。面对这些不同的途径，我们究竟应该强调数学的外围还是数学本身？托玛兹克曾明确指出，由于数学是规范的，因此哲学家和数学家都应该保证数学的规范评判的需求，否则，数学哲学将会消失在纯粹描述的溪流中。① 虽然如此，托玛兹克本人还是没有给出一个

---

① Thomas Tymoczko, *New Directions in the Philosophy of Mathematics*（Princeton University Press，1998），P. 387.

切实可行的方法，对于数学自身的逻辑、历史、社会、数学家之间的关系也没有给出一个很好的说明。

由上述分析可以看出，无论是从数学知识的内在逻辑发展，还是把数学放在一种更为宽泛的社会—历史环境中来理解，数学知识论问题一直都是数学哲学家关注的焦点之一。当前很重要的一个问题就是选择一种合理的方法论途径，把数学知识的内在及外在特征很好地融合起来。而科学哲学和知识论中一种非常重要的语境分析策略成为当代数学哲学研究的必然选择。语境分析的解释途径以数学文本的逻辑语境为基点，同时将数学知识的起源、证明、交流、发表、传播与评价所依赖的现实的历史—社会语境的外在的合理分析融合进来，进而对数学知识的逻辑、历史及社会层面的合理要素加以吸收并整合，从而对数学知识的本质给出更新颖、全面、详尽的解释。

二、数学知识的语境化

从数学诞生之日起，数学知识就和符号紧紧连在一起了，从有形的物理符号一直发展到现在抽象的数学语言，没有数学语言，数学的意义无法得到体现，就更无所谓数学甚至科学的进步了。因此，语言在数学的发生、发展中都具有至关重要的意义。理解数学知识的本质可从语言层面着手，而谈语言则必然涉及语境。

从语境的角度来审视数学，首先要追溯到弗雷格为了建立数的概念而首次提出的"语境原则"，即必须在句子联系中研究语词意义，而不能孤立地研究。也就是，为了获得数这个概念，必须把数镶嵌到包含该数词的语句中。这样，通过把握该语句的意义，就能获得数的意义。因此，在弗雷格看来，数学本身是可以语境化的。数学概念、符号、公式、体系的建立在本质上都和语境相关。

其次，从语境的含义谈起，"context"有上下文、前后关系、处境、条件等含义，语境决定一个特定的文本如何使用，并且确定它的意义。语境实际上就是一个事件发生的边界条件或者说背景预设，以及在这个背景预设中的各个要素及其结构关联。数学知识作为人类理解自然界的一种方式，当然也有自身存在和应用的条件，它既不可能是无条件的真，也不可能是无条件的假。从这个意义上来讲，数学的整个发生、发展也都在语境之中，数学真理是相对于相关语境而言的。

最后，语境是语用、语形和语义的统一。如果从数学符号学来理解，数学也同样存在语形、语义和语用这三个维度。具体而言，语形学是研究符号与符号之间的关系；语义学是研究符号和指示对象之间的关系；而语用学则是符号和解释者及指示对象三者之间的关系。可以从数学发展的两种模式——演绎模式和算法模式来仔细分析具体的数学语境化的实现过程。

307

1. 演绎数学的语境化

从古希腊时代以来，欧几里德的《几何原本》一直是数学界以及科学界建立理论体系的一种科学典范。数学体系及科学体系的建立都以欧氏几何的演绎体系为其模仿的原本。演绎数学的语境结构及其具体演进过程如图1所示：

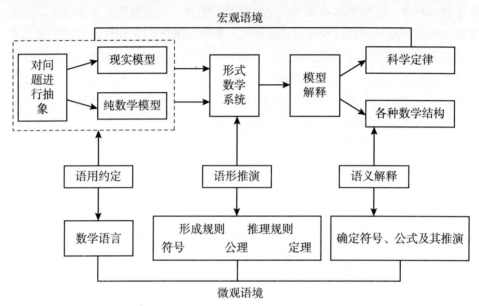

图 1 演绎数学的推理式逻辑语境

数学体系是按照严格的演绎程序建立的。首先，就数学的发生而言，数学家为了对现实问题或者数学自身的问题进行求解，在建立合适的数学模型之前，他们预先构造一套合适的数学语言，把有意义的命题抽象成特定的数学符号，并规定几个相应的初始概念。数学语言的建立及数学符号的确定本质上由包含数学符号的语境所决定。进一步讲，是数学家语用约定的结果。其次，在确定数学语言的基础上，数学家约定一套形成规则，把初始的数学符号组成合理的数学公式，然后在公式中选取一组作为不证自明的公理，于是人们从一组公理和一组定义出发运用推理规则"$(A{\rightarrow}B)\wedge A{\rightarrow}B$"推演出定理，然后再由公理和前面已证明的定理推出其他的该系统中的所有定理。这样，数学语言和演绎推理规则就共同构成了数学系统。这种典型的从前提到结论的演绎模式——初始符号，形成规则，公理、公设、初始概念，推理规则，定理——是构成演绎数学体系所必不可少的。这种为了便于数学推理和计算，暂时舍去符号的意义，只考虑形式之间的各种逻辑关联，本质上也就是语形推演的过程。最后，数学符号的逻辑变换由语境所决定，而语境本质上又和意义相关。数学家建立数学体系不是为了进行纯粹抽象的、毫无意义的符号推演，而符号游戏也不是数学的本质，因此，在形式数学系统确立之后，还必须对其进行解释，这样，数学对人类的价值和意义才能得到体现。具体来讲，数学符号、数学公式以及数学公式之间的推演经语义解释后变成命题以及命题之间的推导。一方面，形式数学系统经解释形成各种不同的数学结构，推演出各种不同的数学分支；另一方面，它被直接解释为各种科学定律。总之，从"数学语言的确立→数学系统的形成→数学模型的解释"本质上也就是一个从"语用约定→语形推演→语义解释"的完整的演绎数学的语境结构模型。

当科学和数学本身继续发展又出现新的问题时，数学家便再次开始构造新的语言，做出新的假设，进行新的数学推演，以求获得问题的解。这时或者数学的域面得到扩大，或者出现新的数学分支，或者数学和其他学科之间的相互作用发现了数学新的意义。和其他科学研究一样，数学研究也是在不断求解难题的过程中得到进步，因此，数学知识的增长过程实质上就是数学难题再语境化的过程。

语境是语形、语义和语用统一的基础，是语形语境、语义语境与语用语境的结合，这三者之间若没有相互关联同样也构不成"语境"。事实上，数学结构的语形、语义和语用之间是相互交融和相互关联的。首先，数学的语形表征是数学家为了语用目的而构建的，同时，形式系统中公式之间的不断推导暗含了语形所指的变化，即语义的变化。其次，语义解释的实现依赖于语形的符号表征，没有语形表征而空谈语义是不可行的，因为不存在无载体的信息。例如，科学定律如果不经过数学语言的陈述和数学公式的推理计算，科学定律的意义就无法实现，科学进展也会受到巨大阻碍，甚至寸步难行。因为，在很大程度上，"正是数学家对参与到物理理论中的数学的深层理解，做出数学预言，物理理论的解释才成为可能。"[1] 此外，语用目的和语用域面规定着相应的语义解释。没有语用的限定和约束，语义解释的多样性就无法得到具体的实现。因此在这个意义下，语义解释的实现就离不开语用的指引和限定，只有在特定的语境下，语用才能使语义的选择成为可能。总而言之，没有语形语境就没有数学的表征，没有语义语境就没有数学的解释、说明和评价，而没有语用语境就没有数学的发明。[2] 因此，数学语境本质上也是语形、语义和语用的统一。

演绎数学之所以能够得以语境化，就在于数学和语境之间的内在关联。事实上，演绎数学的整个发生、发展过程都是依赖语境的。

首先，数学家为了获得问题的解答要建立合适的数学系统，而不同的数学领域是用不同的形式系统来表征的。具体的数学领域将确定具体的语言，因此，数学体系的语形表征依赖语境。例如群论形式系统的形式语言包括：个体变元 x_1，

①　David Corfield, *Towards a Philosophy of Real Mathematic* (Cambridge University Press, 2003), P. 143.
②　郭贵春：《科学修辞学的本质特征》，载《哲学研究》2000 年第 7 期。

x_2，…，n，个体常项 a（单位元），函数符号 f_1（逆）、f_2（乘），$=$，$(,)$，$\rightarrow$，$\sim$；算术形式系统的形式语言包括：个体变元 x_1，x_2，…，n，个体常项 a（代表 0），函数符号 f_1（后继）、f_2（和）、f_3（积），$=$，$(,)$，$\rightarrow$，$\sim$；[①] 显然两个系统的个体常项和函数符号的表征是不同的。其次，数学的整个形式推演过程也在语境之中。就数学的形式推演过程而言，包括公理和推理规则。由于所有的数学都遵循同样的推理规则，即从 A 和 $A \rightarrow B$ 推出 B，或者由 A 推出 $\forall (x) A$。因此，数学推演依赖语境就体现在公理的语境依赖性上。例如算子 Φ，公理 $\Phi(ax + by) = \Phi(ax) + \Phi(by)$ 在线性算子代数中成立，而在非线性数学中就不成立。不同的数学语境规定着不同的公理，换句话说，以公理作为前提的整个数学证明都在语境之中。综上所述，形式数学系统中，语用约定的数学语言和语形推导的数学证明都依赖语境，数学语境的整体性刻画着数学系统的整体建构。除数学系统的建立及形式推演过程依赖语境之外，对形式系统做出的数学解释也同样依赖语境。因为，数学语境是具体的，而不是抽象的。为了使抽象的数学语境具体化，还必须对其赋予特定的语义解释，这种特定的语义解释就是由语用目的和特定的语形表征在不同语境前提下所共同决定的。相同的语形在不同语境中可以有完全不同的语义解释。例如公式 $\forall (x_1)(x_2)(A(x_1, x_2) \rightarrow A(x_2, x_1))$ 在形式算术中被解释为，对任意自然数 x_1，x_2，如果 $x_1 = x_2$ 则 $x_2 = x_1$，谓词 A 被解释为 "$=$"。而在形式群论中这个公式却被解释为，对集合 A 中任意元素 x_1，x_2，若 $x_1 x_2 = e$ 则 $x_2 x_1 = e$，谓词 A 解释为 "x_1 和 x_2 互为可逆关系"。因此，数学解释的前提依赖于语境的存在，而数学系统和相应的解释理论之间的内在关联又是形成语境的必要条件，只有在语境各要素相互关联的整体中才能找到合适的数学解释。例如杨振宁的杨—米尔斯方程和陈省身的微分几何中的纤维丛方程的数学结构是一一对应的。规范场论中的公式：$F\mu\nu = \dfrac{\partial B\mu}{\partial X\nu} - \dfrac{\partial B\nu}{\partial X\mu} + i\varepsilon(B\mu B\nu - B\nu B\mu)$

黎曼几何中的公式：$R^L_{IKJ} = \dfrac{\partial}{\partial X^j}\left\{ {}^l_{ik} \right\} - \dfrac{\partial}{\partial X^k}\left\{ {}^l_{ij} \right\} + \left\{ {}^m_{ik} \right\}\left\{ {}^l_{mj} \right\} - \left\{ {}^m_{ij} \right\}\left\{ {}^l_{mk} \right\}$ [②]

不仅如此，杨振宁和吴大俊在 1975 年发表的论文《不可积相因子概念和规范场的整体公式》中给出的规范场和纤维丛的术语对照表，也表明两者是对应的。[③] 这就是数学理论得以在物理中成功应用的语境相关性的深刻反映。数学语境和物理语境的结构关联使数学解释得以展开，数学解释生成于更大的语境之中。解释

① A. G. 哈密尔顿：《数学家的逻辑》，商务印书馆 1989 年版，第 144 ~ 149 页。
② 张奠宙：《杨振宁与当代数学》，载《20 世纪数学经纬》，华东师范大学出版社 2002 年版，第 258 页。
③ Wu T. T. , Yang C. N. , Concept of Nonintergrable Phase Factors and Global Formulation of Gauge Fields, *Phys Rev D*, 1975, 12（12），pp. 3845 – 3857.

当代科学哲学的发展趋势

依赖语境，没有语境也就不存在解释。

由此看来，演绎数学的发生、发展和应用都是在语境之中的。

2. 算法数学的语境解释

数学的发展模式除以古希腊的欧氏几何为源头的演绎体系之外，中国古代的《九章算术》开创了另一支数学模式——算法数学的先河。从问题出发，以计算为核心的算法数学的语境结构及其演进过程如图 2 所示：

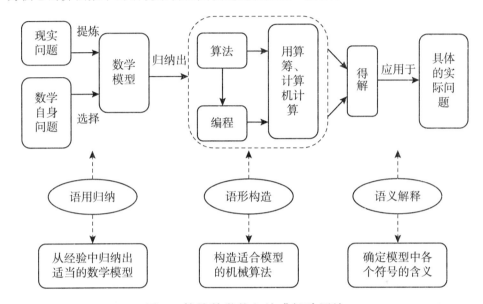

图 2 算法数学的归纳式经验语境

如果说演绎数学着重于理论数学，注重定理的逻辑推理，那么算法数学则偏重于应用数学，强调算法的构造性和合理性，更注重归纳和实验。具体来说，首先，数学家把遇到的现实问题和数学自身存在的问题进行归类，建立相应的数学模型。数学模型的建立以实际问题为前提，也就是从实际问题的语用出发，抽象出数学模型的语形表征。从语形表征的角度看，以中国古代的筹算为例，算法数学模型的语言用算筹表征，即一种细长的小棍。例如，最基本的记数可用算筹表示，共有两种摆法，其中纵式为：Ⅰ Ⅱ Ⅲ Ⅲ Ⅲ Ⅲ 〒 〒 〒 〒 。计算也通过算筹来进行位值计算。例如，《九章算术》"方程"章中第一问：

今有上禾三秉、中禾二秉、下禾一秉，实三十九斗；上禾二秉、中禾三秉、下禾一秉，实三十四斗；上禾一秉、中禾二秉、下禾三秉，实二十六斗。问上、中、下禾实一秉各几何？[1]

---

① 傅海伦：《传统文化与数学机械化》，科学出版社 2003 年版，第 39 页。

这道题如果用现在的线性方程组来表示，如下：

$$\begin{cases} 3x + 2y + z = 39 \\ 2x + 3y + z = 34 \\ x + 2y + 3z = 26 \end{cases}$$

在中国古代，其数学模型则可用算筹表示，如下图所示：①

| 上禾 | 中禾 | 下禾 | 实 |

其中，它的各个系数用算筹表示，采用直排，阅读时从右到左。从符号学角度来看，如果说演绎数学的语形表征是用形式语言来刻画的，那么，中国古代的算法数学则是借助于有形的计算工具如算筹来表示的。其次，在构造完数学模型之后，要试图归纳出一种算法，然后进行计算。算法语言是一种特定的数学符号的变换，这种符号变换在中国古代的筹算中表现为算筹的每一步摆法。算法和程序都适合于一定模型，因而算法体系中数学符号之间的逻辑变换或者算筹之间的位置变换同样依附于相应的数学模型。最后对计算结果进行验证，如果对此类问题中的每一个问题，解答都满足，则算法有效，否则重新建立算法。把这种一般的、有效的算法当作此类数学模型的解法原理用于具体的实际问题当中，对数学模型的解答给出具体解释。至此，从"数学模型的语用构造→算法/程序的语形变换→计算结果的语义解释"的整个算法数学的活动都是在语境之中的。由此，由数学家、问题、算法、计算工具（算筹、算盘、计算机等）之间的相互作用方式共同构成了算法数学的语境结构，其中含有语用、语形和语义的统一。

进一步而言，算法数学的语境依赖性主要体现在以下几个方面：首先，算法数学的基点是问题，数学模型的构建一定以问题为出发点，因此，一类问题的数学模型的语用构造由此类问题所在的语境决定；例如，自然界和社会生活中大量存在的随机现象一定是概率统计模型的原型。其次，在建立数学模型的基础上寻找合适的算法，算法依赖于具体的计算工具。同一个模型的算法可以有多种，但是，每一种算法中符号之间的变换却都由各自算法所在的算法语境来决定。事实上，一种算法就是一套运算规则，运算规则也就是所谓的"算法语境"，不同的运算规则就构成了不同的算法语境。当然算法语境的建立是以特定问题所在的数

---

① 刘云章：《数学符号学概论》，安徽教育出版社1993年版，第41页。

学模型来决定的。例如，约分和求最大公约数的算法显然与方程术中的算法不同。如果从筹算的角度看，两者所采用算筹的具体摆法是不同的；如果从现代计算机的程序语言看，计算机的每一个计算步骤也是不同的，它们是由特定的运算规则来决定的。最后，对计算结果进行还原，确定唯一的解释，也就是原有问题的解。解释的唯一性由原有问题的现实语境决定。因为在进行数学模型的构建时，每一个数学符号都对应着问题中的特定含义，每一个算筹都代表着特定问题中的意义。因此，数学符号的含义从一开始就是确定的。这样，算法数学的整个发展过程本质上都和语境相关。

总之，从语境的视角来理解数学知识的增长，不论是演绎模式还是算法模式，数学都历经从"数学模型的语用构造→数学系统的语形变换→数学模型的语义解释"的发展过程。不同之处在于，演绎数学更多地表现为一种推理严密的理性的逻辑语境；而算法数学则表现为一种构造式的、归纳的经验语境。具体来讲，演绎数学的进步表现为从"公理→定理"的推演模式，即演绎式的增长。当所求问题不能获得证明或否定时，也就是在现有的数学语境中难题求解不能继续进行时，这时，数学家就会试图用新的思路来重新构造语言或者建立新的规则，使难题所在的数学语境的域面扩大，也就是使难题包容到新的数学语境中。算法数学的进步表现为"发现新问题→构造新算法"的归纳模式，即归纳式的增长。当发现有新的问题不能用现有算法进行求解时，数学家便开始重新构造一套新算法，使难题在新的算法语境中获得意义。因此，在语境的视阈下，数学知识的增长就表现为一种使数学难题再语境化的过程。在某种意义上，这也正是库恩所谓的数学革命。但是，库恩所指的各种范式之间不可通约，而数学语境的更迭却是渐进、连续和可通约的，这就体现出语境分析对于理解数学本质来讲是很有意义的。

三、数学语境的结构特征

从数学的逻辑、数学史、数学社会学和数学实践的视阈出发，数学本质可以得到不同层面的解释。一个数学解释理论之所以存在，首先是数学本身有该方面特点，其次是这个理论有自身特殊的解释原则或者说解释方法的内核。因此，数学解释语境的存在，同样也是由其自身所具有的本体论和方法论层面的特点所决定的。

1. 整体性

数学语境是语用、语形和语义相互作用的统一的有机整体。它强调要在整体中理解数学的发生、发展。具体来讲，数学语言的语用约定由具体的数学语境来确定，它为建构整个数学系统作最基础的铺垫。其次，数学公式之间的关系链构成了数学推理的证明语境,在这个语境中,具体的数学公式没有意义,只有在整个数学推演中公式的意义才能体现出来。最后,数学的语义解释由整体语境中特定的语用目的和语用域面的大小及特定的语形表征共同决定。只有在语境中,数学推演的含义才能具体化。总之,数学语境的核心就在于以相互关联的整体为基点分析数学的意义,从语形、语义和语用的结合中去透视数学发生、发展的规律。

2. 关联性

在本质上,语形、语义和语用相统一的语境基础,预设了关系的存在,换句话说,各种背景之间的内在关系是形成语境的必要条件。事实上,在形式数学证明中,有穷公式序列的逻辑排列并不仅仅是纯语形的表征,它还内涵了数学推演的具体含义,否则,数学证明就是无意义的。不仅如此,一个数学证明还暗含着数学家为何选择这种证明方式而不是其他方式,一个具体的数学证明同时具有语用、语形和语义的特征。因此,在看待一个证明时,人们不仅要懂得数学公式之间的推演关系,而且还要挖掘数学证明主体的构造证明的思想,更要理解证明所蕴涵的实质含义,只有看到它们之间的内在关联,才能真正理解一个数学证明的意义。总之,数学语境是一个动态的有机关联的整体。

3. 层次性

数学语境存在层次差别,低层次语境向高层次语境的语境扩张是数学发展得以展开的前提。具体来讲,就数的扩充而言,如图 3 所示:

图 3 数的扩充

由于负数的产生,自然数域向整数域扩充;整数比导致了分数的产生,由此,整数域扩充为有理数域;进一步,不可公度比的发现使有理数域扩充为实数域;负数开方问题导致复数域的诞生,最后复数域再次扩张又出现了四元数。数语境在不断扩张,数学问题也不断得到解决,最终促进了数的发展。

4. 多元性

从语境的方法论角度讲,可从不同的视角来理解数学的发生、发展,这个特征称为数学语境的"多元性"。例如,可从语形、语义和语用的视角或者从逻辑、历史和社会的视角来理解数学知识的本质。同时,由于数学研究在特定的数学共同体中进行,因此,数学发展本身所处的历史条件和社会性的影响不可忽视。所以,从多个视域来理解数学的本质及意义是十分必要的。

综上所述，首先，数学语境强调的是它的整体性；其次，数学语境内部各个要素之间是相互关联和相互影响的；再其次，数学知识的增长或者说数学革命发生的背后，隐藏着数学语境存在层次差别；最后，其整体性和关联性的特征共同决定了，数学知识的语境分析策略是一种多角度看待问题的方法，具有多元性。

四、数学知识语境化的意义

数学知识的语境化为理解、说明数学提供了一个新视角，对于理解数学本身有着重要的哲学意义。按照弗雷格"语境原则"的思想，数学的意义本质上和语境相关，因此，对数学做出的意义陈述不必再是绝对的，而是有一个语境前提，在相应的语境框架下理解数学的发生、发展，为数学的意义分析提供了一种新的理解思路。

首先，在本体论上，数学对象存在的合理性前提依赖于语境。例如，方程 $x^2 + 1 = 0$ 在实数范围内求解，解是不存在的；而若在复数范围内则解是存在的。同时，数学对象的意义也随语境的不同而不同。距离在牛顿力学所依赖的欧氏空间中为 $d = \sqrt{x^2 + y^2 + z^2}$，$x$、$y$、$z$ 为空间中点的坐标，距离是三维空间中的距离；而为广义相对论提供几何学框架的闵科夫斯基空间，它的距离 s 是 $s^2 = x^2 + y^2 + z^2 - c^2 t^2$，$x$、$y$、$z$ 同样为空间中点的坐标，第四维引入了时间，且时间轴是虚的，这样，距离就成了四维时空中的距离了。因此，语境本体论的实在性为理解数学对象及意义提供了一个理解的基础。

其次，在认识论上，数学真理不再是绝对真理。例如，欧几里德的《几何原本》在非欧几何产生之前一直占有绝对真理的地位。而现在，欧氏几何的真理只有在现实的三维空间中才成立。此外，在某种程度上，数学知识的真理性还涉及数学共同体的价值评判标准。因为，如果承认自然本身的实在性，那么，数学知识作为人类理解自然界的一种工具，则必然涉及某种社会性，数学定理的证明需要数学家共同体的一致认可，因此"一个数学证明只有在被社会认可为一个证明之后才成其为一个证明"。① 也正是在这个意义上，数学真理才不是绝对真理。

最后，在方法论上，数学自身的语境化为运用语境分析方法对数学进行新的解释提供了前提。首先，数学发展的整体性和关联性的语境解释向数学家表明，一个数学难题的解决需要数学各分支的融合。其次，关于数学知识的起

---

① Paul Ernest, *Social Constructivism as a Philosophy of Mathematics* (Albany: State University of New York Press, 1998), P. 183.

源、证明和应用的语境解释中，语用主体的引入不仅使哲学家，而且也使数学家认识到，数学的发展不只是按逻辑必然地发展，它还受到特定的社会因素和历史因素等的影响。正是在这个意义上，数学知识的语境化对于当代数学研究和数学哲学的研究有着十分重要的意义，数学知识的语境分析也将成为人们理解数学的一种新的视角，同时，也将是当代数学哲学研究中一种新的较有前途的方法论趋向！

（郭贵春　康仕慧）

案例研究之三

量子测量解释的语境分析

当前，在物理学哲学的研究中，最关键而且是最令人困惑的两大难题是：时间难题与测量难题。其中，测量难题也被称之为量子测量难题，它由量子理论中最深层次的概念问题所引起，是近些年来理论物理学与物理学哲学研究中，不计其数的著作、论文所讨论的中心论题之一；同时也是当代科学哲学研究中，特别是科学实在论与反实在论争论的过程中，最终必然要论及到的一个重要领域。关于量子测量难题的不同解决方案，形成了不同的量子测量解释，而对量子测量解释的研究，是当前理论物理学与科学哲学研究的交汇点，是目前两个学科必须共同面对的一个最前沿的重大问题。量子测量难题是量子理论研究中的一个"难点"，而量子测量解释则是物理学哲学与科学哲学研究中的一个"热点"。本案例研究主要通过剖析量子测量的四种不同解释，论证与揭示量子物理学家对同一个量子测量过程提供不同解释的语境依赖性。

一、量子测量的玻尔解释语境

在量子力学的发展史上，首先成长起来并得到广泛传播的量子测量解释，是玻尔于 1927 年 9 月 6 日在意大利科摩（Como）举行的"纪念伏打诞辰一百周年"国际物理学会议上第一次提出，并在他以后的论文和讲座中、与曾在哥本哈根研究所工作和访问过的合作者之间的交流和讨论中、与爱因斯坦的三次著名的大论战中，不断地加以完善的哥本哈根解释。除了玻尔之外，公认的哥本哈根解释的代表人物还有海森堡、狄拉克（P. A. M. Dirac）、玻恩（M. Born）等人。令人遗憾的是，玻尔从未系统地或完整地写过任何一篇文章来阐述自己的观点。对玻尔观点的系统说明最先是由玻尔的一些合作者给出的。在以后传播量子力学的过程中，玻尔解释还曾被不同版本的教科书的作者，在不同的意义上依照自己的理解给出了不同的诠释；[①] 同时，也曾被一些科学哲学家从不同的视角用来支持截然不同的观点。

在物理学的发展史上，这种状况是从未发生过的。或者说，物理学家从未对

---

① Nicholas Maxwell, *Quantum Propension Theory*: A Testable Resolution of Wave/Particle Dilemma, *British Journal for the Philosophy of Science*, 39 (1988), pp. 1–59.

任何一种观点的关注，能够持续如此之久，也从未有任何一种观点能够引起如此之多的几代物理学家和科学哲学家的关注。一般说来，一个物理学理论是以充分精确而一致的方式被提出的，人们没有感觉到在理解和学习物理学理论时，有必要总是引用理论的创立者当初的思想和观点，而只是努力坚持他们的精神和感悟即可。然而，与这种"合情合理"的习惯正好相反，大多数研究哥本哈根解释的整部著作或论文，都在不同程度上重新引述了原始文献或学术注释。随着时间的推移，这些研究逐渐地又产生了越来越多的新注释，甚至许多是注释的注释。毫无疑问，这些文献一方面为讨论哥本哈根解释所面对的困难提供了无止境的空间，有助于使问题的讨论更加深入，对观点的理解更加明确；另一方面，这些文献的作者在论证他们对玻尔解释的理解时，常常使科学的哲学变得比物理学本身更加重要。这说明，对同一种观点的不同阐释，已经在不同程度上渗透了作者所持的哲学见解，体现了解释的语境性特征。从整体上看，量子测量的玻尔解释主要体现为下列三种语境。

其一，量子观察的意义语境。玻尔对自己观点的阐述是从简单的观察开始的。观察主要由观察对象、观察仪器以及观察者所组成。玻尔认为，在量子测量的观察语境中，由于作用量子（即普朗克常数 h）的发现与存在，试图明确区分客体的自主行为与客体和测量仪器之间必然存在的相互作用，不再是一件可能的事情。观察行为将会对客体产生一种不可避免的实质性的干扰。这种干扰排除了在客体与仪器之间做出明确区分的可能性，或者说，它使希望在现象与观察之间做出明确区分这一理想彻底地破灭了。在测量仪器与客体之间的分界线变得模糊的地方，不仅使人们失去了得到客观世界的感觉经验的前提条件，而且也摧毁了以宏观世界为基础的概念框架。因为客体与测量仪器之间的边界，是人们有能力形成关于客体的明确概念的一种界限。

因此，在玻尔看来，在量子测量中，观察的可能性问题成为一个突出的认识论问题。一方面，为了描述人们的心理活动，需要把特定的客观内容置于与感觉主体相对立的位置；另一方面，由于感觉主体也属于人的心理内容，所以，在客体与主体之间不再有确定的分界线。玻尔指出，"感觉形式的消失，是因为不可能把现象与观察手段严格分离开来；人们创造概念的能力的局限性，来源于人们在主体与客体之间的区别。实际上，这里产生了超出物理学本身范围的认识论与心理学问题。"[1] 玻尔把在微观物理学中不可能保证在现象与观察之间做出明确区分的困难，与心理学的自我意识过程中所存在的困难进行了比较。他认为，在

---

[1] *The Philosophical Writings of Niels Bohr Volume* I: *Atomic Theory and the Description of Nature*（Woodbridge, Connecticut: Ox Bow Pres, 1987），P. 96.

心理学中，感觉主体可能成为进行自我意识的一部分这一事实，限制了客观地进行自我认识的可能性。自我认识要求主体与客体之间的边界是可变的与相对的，而不是不变的和绝对的。在原子物理学中，量子观察的过程预设了观察仪器的存在，并且不能够把这种仪器当成被观察的客体，也不能够用量子力学的术语来描述观察系统的行为与结果。所以，在客体与仪器之间的任意区分和作用量子的存在，将会制约观察的范围，或者说，限制观察的可能性。

如果人们把在主体与客体之间确定的分界线，看成是有可能进行客观观察的前提条件，看成是有可能认识客观世界的前提条件：即有可能客观地获得关于物理世界的感觉经验的前提条件的话，那么，在这个意义上，不能说量子系统的特性是独立于观察主体而存在的，或者说，不能够把量子测量的结果解释为是对客体的内在属性的反映。而是应该解释为，测量结果只是对依赖于测量语境的量子系统的某种相对特性的反映。因为量子系统与测量仪器之间不可避免的相互作用，绝对地限制了谈论独立于观察手段的原子客体行为的可能性。在根本意义上，明确地使用描述量子现象的概念，将依赖于观察条件。在这里，测量仪器成为有意义地运用物理概念的一个必要条件。

玻尔在 1948 年撰写的《关于因果性与互补性概念》一文中明确指出，"在这种陌生情境的描述中，为了避免逻辑上的不一致，格外地注意所有的术语问题和辩证法是十分必要的。因此，在物理学的文献中，经常发现像'观察干扰了现象'或者'测量创造了原子客体的物理特性'这样的语言表述。'现象'和'观察'还有'属性'与'测量'这些词语的用法，与日常用语和实际的定义几乎是不一致的，因此，容易引起混淆。作为一种更恰当的表达方式，人们可能更强烈地提倡限制使用'现象'一词，这是指在特殊情况下所得到的相互排斥的观察，包括对整个实验的描述。在原子物理学中，包括这些术语在内的观察问题并没有任何特殊的复杂性。因为在实际的实验中，所有关于观察的证据都是在可重复的条件下获得的，并且通过原子的粒子得到记录摄影板上的点，或者是通过其他的放大装置的记录表现出来。"[①]

玻尔的这一段话至少包括了两层含义，一是要表明，尽管观察现象的产生依赖于观察条件，但是，在量子现象的获得并不明确地涉及他某个具体的观察者的意义上，可以说，量子观察完全是客观的；二是明确地指出，在玻尔看来，观察的客观性概念的含义，在原子物理学的领域内已经发生了语义上的变化。在这里，客观性不再是指对客体在观察之前的内在特性的揭示，而是具有了"在主

---

① *The Philosophical Writings of Niels Bohr Volume* Ⅳ: *Causality and Complementarity*, Supplementary papers edited by Jan Faye and Henry J. Folse（Woodbridge，Connecticut Ox Bow Press，1998），P. 146.

体间性的意义上是有效的"这一新的含义。正如罗森费尔德（L. Rosenfeld）所指出的，"客观性是简单地保证，能向所有的观察者传达说明现象的等量信息的可能性，它由人类可理解的陈述所组成。在量子理论中，这种客观性是由允许你任意地把一个观察者的观点，传达给另一个观察者这种变换来保证的。"①

这些论述说明，承认存在着主体间性，并不等于说是"测量创造了量子客体的物理特性"。事实上，在具体的实验中，如果说观察的过程创造了所观察到的特性，那么，仍然使用"观察"这一术语就是用词不当。或者说，如果认为被观察的位置是由观察者行为所创造的，那么，说"观察"或者"测量"客体的位置就是一件让人不可思议的奇怪事情。显然，按照这种理解方式，在量子测量的语境中，"观察"与"现象"这些术语的使用，已经失去了日常应用中所约定（或经典理解方式中）的基本含义，而是在新形式的语言环境中，发生了语义与语用的变化，形成了如图 1 所示的微观观察的意义语境：

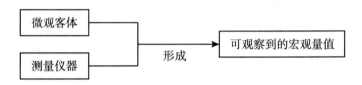

图 1　微观观察的意义语境

其二，量子系统与测量仪器之间的关系语境。玻尔对量子测量中的客观性概念的理解，是在他所设定的微观客体与测量仪器之间的关系语境中进行的。玻尔认为，在量子测量中，如果不参照"实验的设置"，用来描述量子客体的微观状态（例如，"电子的位置"、"电子的动量"、"系统的态函数"）的术语将是无意义的。玻尔把测量客体的特性的表现对测量仪器的这种依赖性，称之为量子测量中的整体性（wholeness）。所以，"在每一种实验设置中，区分物理系统的测量仪器与研究客体的必要性，成为在对物理现象的经典描述与量子力学的描述之间的原则性区别。"② 或者说，对于研究的量子现象本身来讲，在每一种实验设置的情况下，人们所容忍的不仅仅是缺乏对一定的物理量的值的认识，而是以一种明确的方式定义这些量是不可能的。

在量子测量与观察的过程中，由于不连续的而且是不可确定的（即不可能计算的）相互作用的存在，测量之后，将不可能再把量子系统与仪器看成完全分离的两个部分，而应该看成是一个不可分离的整体。任何为了明确地测定量子

---

① L. Rosenfeld, Foundations of Quantum Theory and Complementarity, *Nature*, 190 (1961), P. 388.

② *The Philosophical Writings of Niels Bohr Volume Ⅳ*: *Causality and Complementarity*, Supplementary papers edited by Jan Faye and Henry J. Folse (Woodbridge, Connecticut: Ox Bow Press, 1998), P. 81.

系统与仪器之间的相互作用，希望把量子系统与仪器分离开来的企图，都将违反这种基本的整体性。正如作用量子本身具有的整体性特征一样，每一个量子测量过程中的量子测量系统都有一个基本的整体性，或不可分性。或者说，这种基本的整体性，正是通过量子系统与仪器的相互作用建立起来的。玻尔指出，"一种特有的量子现象的根本的整体性，确实能够在一定的形式中，找到对它的逻辑表示，任何一种进一步的分割，都要带来对它的实验设置的一种改变，而这种改变了的实验设置与现象本身的表现，是不相容的。"① 双缝衍射实验为玻尔的这一整体性的论点提供了一个很好的例证。

按照玻尔的这种整体性的观点，在量子测量的过程中，量子系统与测量仪器之间形成了如图 2 所示的整体性的关系语境：

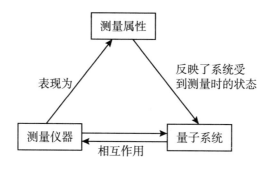

图 2　整体性关系语境

在这种整体性的关系语境中，现象总是一种被观察的现象，没有观察来谈论现象是无意义的。即测量仪器的选择成为测量现象产生的前提条件，在没有对量子系统做出精确而专门的实验设置的情况下，谈论量子系统的物理特性（例如，是粒子还是波）是没有价值的。这说明，被观察的量子系统的行为，失去了经典意义上的被观察的对象所具有的自主性特征，即在量子测量的过程中所观察到的量子系统的行为，不同于量子系统在没有受到测量时的行为。或者说，测量得到的关于量子系统的特性，不是量子系统在没有受到测量之前的特性。所以，在这种意义上，不可以再把测量得到的量子系统的某种特性，看成是量子系统本身所固有的特性；而应该看成是既属于量子系统，同时也属于实验设置。但是，这种行为并不是由测量仪器创造出来的，而是对象在测量仪器作用下的一种表现。改变特定仪器的作用，量子系统的表现也会随之发生改变。

其三，量子测量现象的描述语境。玻尔对观察的客观性问题与对象和仪器之间的整体性关系的理解和论述，都是建立在作用量子的基础之上的。这是因为，

---

① *The Philosophical Writings of Niels Bohr Volume* Ⅱ： *Essays 1932 – 2957 on Atomic Physics and Human Knowledge*（Woodbridge，Connecticut：Ox Bow Press，1987），P. 72.

作用量子的发现带来了量子世界中的不连续性观念的产生，并且提出了不可分性（indivisibility）的基本假设。不连续性观念的产生，在量子世界中带来了一系列的根本性问题。首先，从语言学的意义上来看，一旦人们所使用的每一个概念或每一个词，不再是以连续性的观念为基础，而是以不连续的观念为前提的条件下，它们就会成为意义不明确的概念或词语；[1]　其次，这种观念意味着，不连续性必然使人们无歧义地使用经典概念的可能发生某种变化；第三，不可分性假设的确立，使得人们对量子测量现象的描述，总是与一定的实验语境联系在一起。现象的表现与实验语境之间的整体性，要求在量子测量过程中，把对象的"表象"（appears）看成是一个整体。问题是，如果把"表象"看成是一个整体，那么，就有必要对量子测量所隐含的经典概念的意义与使用范围提出质疑，即需要对"现象"一词进行重新定义。

另一方面，在量子领域内，原先分别用来描述粒子运动的能量与动量和描述波的传播波长与频率这些互不相关的概念，现在通过作用量子内在地联系在一起。玻尔认为，微观客体既能体现出粒子性，又能体现出波动性，同时运用这两类概念来描述同一个微观对象时，其描述的精确性要受到一定的限制。在这种受到限制的范围内，允许人们在经典话语的领域内谈论量子测量现象，同时，它又对经典概念的精确使用和现象与对象之间的关系建立了相互制约：即对于完备地反映一个微观物理实体的特性而言，描述现象所使用的两种经典语言是相互补充的，其使用的精确度受到了海森堡的不确定性关系的限制。玻尔的互补性原理是量子假设的直接推论，不是先验地对经典概念的批判性分析的一种单纯的概念发现，而是缺乏要求同时使用一定的经典概念的事实（factual）条件的发现。[2]　玻尔认为，他的这一发现与爱因斯坦的相对论中的发现是相同的。在相对论中，光速不变原理说明，物体的运动速度不能够超过光的传播速度。这种事实的发现，要求在与物体运动的参照系相关的框架内，修改经典概念的使用，从而产生了相对时空观的概念。

问题在于，如果强调用经典语言来描述量子测量现象，那么，在量子测量过程中，就必然存在着两种描述语言，一种是用来描述微观客体运动变化的量子力学的符号语言；另一种是用来描述测量仪器与测量结果的经典语言。那么，在具体的量子测量系统中，哪一部分需要用量子语言来描述，哪一部分需要用经典语

---

[1]　Andrew Whitaker, *Einstein*, *Bohr and The Quantum Dilemma* (Cambridge University Press, 1996), P. 169.

[2]　Clifford A. Hooker, The Nature of Quantum Mechanical Reality: Einstein Versus Bohr, in *Paradigms and Paradoxes: The Philosophical Challenge of Quantum Domain*, Edited by Robert G (Colodny, University of Pittsburgh Press, 1972), P. 137.

言来描述呢？这种区分的结果是必须在客体与最终的测量仪器之间做出明确的区分。但是，由于作用量子的存在，这种区分是不可能的。玻尔为了解决这个矛盾，即为了在这两种不同的语言之间找到一定的对应，就需要对最终的量子测量仪器做出进一步的假设，其一，测量仪器应该是相对大的宏观客体，否则，就不可能形成能够用经典语言所描述的测量结果；其二，宏观测量仪器应该确保有一定的结果可以被观察到，否则，仪器就失去了作为测量手段的基本功能。量子测量的这两个必要条件，不仅能够保证测量过程一定会产生出被观察到的测量结果，而且能够保证在用经典术语对量子测量仪器进行描述时，可以忽略掉仪器的量子力学特征。

这样，虽然在量子测量的过程中，微观客体与测量仪器之间的整体性的关系语境，使得客体与主体之间的分界线变得模糊起来，但是，通过大的宏观仪器的假定，可以保证，在能够忽略掉量子效应的区域内，使得用经典语言来描述仪器的目的，与用量子语言来描述测量仪器的目的保持一致。或者说，只有在对量子测量过程的量子力学的描述与经典语言的描述确实等价的区域内，才能使在客体与主体之间的自由分割成为可能。因此，按照玻尔的观点，在量子测量过程中，虽然对量子系统的演化行为的描述是由量子力学的符号体系来完成的。但是，对具体的量子测量现象的描述则最终是由既相互排斥又相互补充的经典概念来完成的。这样，形成了如图 3 所示的关于量子测量现象的描述语境：

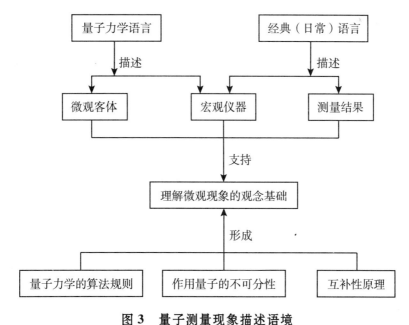

图 3　量子测量现象描述语境

在量子测量过程中，观察的意义语境、量子系统与测量仪器之间的整体性的关系语境和量子测量现象的描述语境，是相互统一和彼此依赖的。它们共同构成了量子测量的玻尔解释语境。然而，玻尔把观察者在量子测量过程中用来"看"或"听"的测量仪器，看成是必须用经典物理学的术语来描述的比较大的宏观系统，并强调测量仪器与量子客体之间所存在的不可分的整体性的做法，不过是量子力学的算法规则与经典物理学的理解观念的一种好的嫁接。虽然这种嫁接的结果在客观上起到了类似于退相干方法的作用，绕开了冯·诺意曼把测量仪器理解为是遵守量子力学规律的微观系统所带来的测量困境，可是从物理学的内容来看，玻尔并没有提出真正的关于量子测量的动力学模型，而只不过是一种认识论方案。这种方案不可能从根本意义上为"波包塌缩"提供一个清晰的因果性的说明机制。因此，从 20 世纪下半叶开始，量子测量的玻尔解释遭受到了来自不同方面的批评，也出现了各种替代解释。其中，第一个著名的替代解释是玻姆所阐述的本体论解释。

二、量子测量的玻姆解释语境

在传统的物理学研究实践中，提供独立于观察者的物理对象的本体论图像是第一位的，而如何获得关于这种图像的知识则是第二位的。在量子领域内，如果仍然坚持这样的研究传统，那么，将会带来一系列值得思考的重要问题：其一，量子力学中的态函数对物理实在的描述是否完备？如果是完备的，那么，如何对量子测量过程中存在的"波包塌缩"现象做出合理的理解？如果是不完备的，那么，更深层次的理论是什么样的？其二，在量子测量的过程中，量子层次与经典层次之间的分界线是否存在？如果存在，它将在哪里？如果不存在，那么，如何在统一的世界图景中理解量子测量所反映出的新特征？量子测量的玻姆解释正是在追求为量子理论提供一个清晰的本体论图像的背景下产生的。玻姆解释的目的不是希望把量子力学发展为是对经典概念的延伸，而是希望提供一种新的物理学直觉和新的概念语境，使物理学家能够运用相同的语言来讨论经典力学和量子力学。从 1993 年出版的《不可分的宇宙：量子论的一种本体论解释》一书来看，量子测量的玻姆解释主要由下列三种语境构成。[①]

其一，量子客体的本体论语境。玻姆阐述量子论的本体论解释的出发点，是首先把微观粒子（例如，电子）看成是像经典粒子一样沿着连续的轨道随时间变化的粒子。但是，与经典粒子所不同，微观粒子总是与一个新型的量子场密切地联系在一起，这个量子场由满足薛定谔方程的波函数来描述。波函数所代表的

---

① D. Bohm and B. J. Hiley, *The Undivided Universe：An ontological interpretation of quantum theory*（London：Routledge and Kegan Paul, 1993）.

量子波具有双重作用，一方面，它决定着粒子处于某一位置的可能性的大小；另一方面，它也决定着粒子的运动。微观粒子的运动既会受到与经典势相关的经典力的作用，也会受到与量子势相关的量子力的作用。由于微观粒子总是与量子场相伴随，所以，粒子加场形成的组合系统是因果决定的系统。玻姆认为，与微观粒子相联系的、由薛定谔方程所描述的量子场，与由麦克斯韦方程所描述的经典场所不同，它完全是一种无源场，或者说，量子场依赖于粒子的存在形式。这种依赖性意味着，现有的量子论是不完备的，它只是更一般的物理学规律在一定有限范围内的一种近似。玻姆特别强调指出，实际上，这种做法不是把量子力学还原为用经典观念的术语来表述。

玻姆赋予量子势两个重要的特征：第一，对于单体的量子系统而言，与经典波（例如，机械波）不同量子的 Ψ 场乘以任意一个常数，将不改变量子势的大小。这意味着，量子势与量子场的强度无关，仅仅与量子场的形式有关。玻姆创造了"主动信息"（active information）这个概念来说明粒子与量子场之间精细或微妙的内在关系。他指出，"主动信息的基本观念是，一种非常小的能量形式能够约束和引导着非常大的能量。在某种程度上，后者的活动形成了类似于小的能量的活动形式。"[1] 玻姆认为，量子场不同于经典场，它直接地包含有粒子运动所携带的信息，就像无线电波通过自动导航的机制一样。同样，在双缝干涉实验中，不同的狭缝系统产生不同的量子势，并以不同的方式影响电子的运动，所以，电子的运动不能够离开整个实验安排来讨论。这是玻姆理论与德布罗意理论的关键差别，同时，也是玻姆的整体性观念与玻尔的整体性观念的区别所在。

第二，对于多体的量子系统而言，量子势不是像经典势那样依赖于粒子的位置，而是以一种相当复杂的方式，依赖于系统的整个波函数本身，而波函数按照薛定谔方程进行演化。因此，量子势的作用不会随着距离的增加而减少。当两个粒子相距很远时，粒子之间的力也可以是很强的。所以，在这种系统中，粒子的运动除了同样依赖于远距离的环境特征之外，两个粒子之间还具有远程关联性。两个粒子之间存在的这种相关性，被称之为是非定域的。玻姆认为，非定域性是对多体的量子系统进行因果性解释时，所具有的首要的新特征。说明每一个粒子的行为可能非定域性地依赖于所有其他粒子的位形，而不管这些粒子之间彼此相距有多远。这样，对一个粒子变量的测量，将会影响到对在空间上已经分离开来的另一个粒子变量的测量。微观粒子之间的这种非定域的相关性，带来了量子系统中的整体性的新特征：即这种整体性超越了只依照所有粒子的实际的空间关系

---

[1] D. Bohm and B. J. Hiley, *The Undivided Universe: An ontological interpretation of quantum theory* (London: Routledge and Kegan Paul, 1993), P. 35.

所说明的整体性。这是量子论超越于任何形式的机械论的主要新特征。玻姆所阐述的量子测量系统中的整体性概念，依赖于由量子系统中的量子态所决定的、依照薛定谔方程来演化的多体波函数。多体波函数直接地与整个量子系统有关，是在所有粒子的位形空间中被定义的。

在多体的量子系统中，主动信息是一种共同的信息库。这些信息引导粒子的运动，导致出现非定域的量子势。波函数的不同的线性组合，将会形成不同的信息库，依次相应产生不同的系统行为。当把波函数分解为独立乘积的形式时，它将对应于独立的信息库。因此，在整体上被共同信息库所引导的系统，与由被相互分离的信息库所引导的独立部分而构成的系统之间，有着客观的区别。在多体的量子系统中，由于主动信息能够被组合成所需要的多种维度，所以，量子场的多维度特性并不神秘。例如，在超流和超导情况下，可以把由共同信息库所引起的所有粒子的坐标运动，想象成是一场"芭蕾舞"，就像所有的舞蹈者都以同一种系统的方式绕过障碍物跳动，然后，形成新颖的图案一样，粒子在共同信息库的引导下，形成了具有特殊性质的运动。随着温度的升高，超流的特性将会消失。这是因为波函数分解成一组相互独立的因子，这些独立因子代表了独立的信息库。电子将不再在共同信息库的引导下运动。这时，电子的行为更像是没有组织的人群一样，使超流和超导的特征消失了。

可见，在量子测量的玻姆解释语境中，微观粒子既具有经典粒子所具有的特征，例如，具有确定的位置与速度，能够沿着连续的轨道进行运动，会受到力的作用，等等。但是，它又与经典粒子所不同，在经典物理学中，粒子与波完全是彼此独立的两种物体存在，只有把粒子放置于某种有源场当中时，粒子与波之间才能发生相互作用，并通过力的作用改变粒子的运动。而在量子理论中，微观粒子始终存在于某种无源场当中，总是与某种量子波联系在一起。或者说，在微观粒子的运动过程中，波成为粒子的一种"高级伙伴"。波对粒子的作用通过信息的引导体现出来。所以，在量子客体的这种本体论语境中，整体性概念不再是一个认识论的术语，而是具有本体论的意义。

其二，量子测量过程的整体性语境。玻姆分析测量问题的主要目标是，试图把量子测量过程看成是量子跃迁的一种特殊情况来处理。其基本思路是，把量子测量过程划分为两个不同的阶段来讨论。在第一阶段，被测系统 S 与测量仪器 M 之间发生相互作用，这时，组合系统的波函数将会分解成不可重叠的波包之和，每一个波包对应于一个量子通道，每一个量子通道对应于一种可能的测量结果。在第二个阶段，测量结果被某种检测装置所放大，成为在宏观层次上可以被直接观察到的实验现象。玻姆对量子测量过程的分析，在形式上采用冯·诺意曼的分析方法，把 S 与 M（包括宏观测量仪器在内）都看成是遵守量子力学规律的系统。不同的是，玻姆对取叠加形式的组合系统的波函数 Ψ 的存在状态，做出了另外一种解释。

玻姆认为，在被测系统与测量仪器进行相互作用期间，两个系统的行为将由一个共同的信息库来引导，而共同信息库意味着，组合系统的量子势将以非定域的方式把两个系统联系起来。这两个系统中的粒子将很强地相互联系在一起，而且极不稳定。假如从一个实验到下一个实验的进行，总是从自由涨落的统计系综开始，那么，很显然，对于单个粒子而言，即使粒子的运动是可以确定的，也没有任何办法预言或控制它将进入哪一个量子通道。当相互作用结束之后，量子通道将被分离开来，未被粒子占用的通道中的信息将成为不活动的信息，只留下被粒子占用的通道和它的量子势，对粒子的运动产生作用。这时，不仅波函数与有效的量子势处于变动之中，而且仪器粒子的运动也将相应地发生改变，仪器与被观察系统已经内在地相互参与在一起，并且互相之间已经产生了极大的影响。当相互作用结束之后，两个系统的状态被相互关联在一起，对应于粒子实际进入的量子通道。

因此，在这种意义上，量子测量所得到的结果，将不是对被观察客体的存在状态的"测量"，即，测量结果不仅仅是代表被观察系统本身的内在属性，而是既属于被观察系统，也属于观察仪器。玻姆的这种观点，类似于海森堡的潜能论的观点。海森堡认为，量子客体的内在特性是潜藏着的，由潜在性变为现实性不仅依赖于观察仪器，而且也依赖于被观察系统。或者说，依赖于整个实验语境。玻姆以种子为例，对这种依赖于测量语境的测量结果进行了明确的说明。他指出，一粒种子显然不是一株实际的植物，种子变成植物将取决于促使植物成长的各种现实条件，例如，土壤、雨水、阳光，等等。同样的种子在不同的种植环境中，将会生长成不同形式的植物。同样，在量子测量理论中，测量仪器实际上有助于"创造"被观察的结果。不同的测量语境类似于不同的种子环境，不同的测量结果对应于不同的植物形式。

可见，在量子测量的玻姆解释语境中，任何单独测量被观察客体特性的企图，都是不可能实现的。在这里，不能说量子特性只属于被观察的系统，而应该更普遍地说，如果离开整个测量语境，即整个实验安排，量子特性将是无意义的。在某种程度上，量子测量过程中的整个组合系统之间存在的不可还原的相互参与这一事实，也体现了量子测量特性的语境依赖性。在这种意义上，被测量到的特性不是被观察客体的内在特性，而是不可分离地与测量仪器联系起来，包括了作为整体的量子场和测量仪器的参与。正如贝尔所言，人们应该把整个过程称之为一种实验，或者甚至称之为是揭示了被研究系统的潜在性的一种参与实验。① 无独有偶，惠勒在

① J. S. Bell, *Speakable and Unspeakable in Quantum Mechanics* (Cambridge：Cambridge University Press，1987).

一种不同的实验语境中，也注意到了量子实验中的这种参与性特征。①

　　量子测量的这种语境依赖的整体性特征进一步表明，玻姆的方法并不意味着是简单地回到经典物理学的基本原理。在一定意义上，它体现了玻尔所提出的，在量子过程测量中，由被观察客体与观察仪器所形成的组合系统具有的不可分性的观点。有所区别的是，玻尔对测量现象的描述，包括了特殊的测量语境与对测量结果的陈述，并且玻尔认为，可以从测量结果和测量条件中，推论出被"测量"特性的值。由于按照经典的测量概念，测量值不是在测量过程中产生出来的，而是应该对应着独立于整个实验语境而存在的量。为了与狄拉克所提出的可观察量区别开来，贝尔把这些具有实在性的量称为可存在量。在量子测量的玻姆解释语境中，可观察量没有基本的含义，它被看成测量过程中所包含的可存在量的一种统计函数。可存在量不对应于量子算符，而是指整个波函数和组合系统的粒子坐标。所以，在这里，对动量等物理量的测量结果不完全对应于可存在量的值，而是对应于特定的测量语境的值。

　　从这个意义上看，玻姆所阐述的量子测量过程的整体性语境，比玻尔所阐述的量子测量现象的整体性语境更基本，它是一种客观的整体性，一种类似于生物有机体那样的整体性。如果说，玻尔对量子测量现象的整体性解释，还没有完全摆脱经典概念框架的束缚的话，那么，玻姆对量子测量过程的整体性解释，不仅为玻尔的整体性观点提供了一种直观的理解，而且，提出了一套理解问题的新的概念体系。玻姆的量子整体性是建立在量子势与其携带的主动信息所导致的非定域性的基础之上的。而非定域性概念是自检验贝不等式的实验以来，关于 EPR 关联的一个著名的实验结果。这样，在这个概念体系中，量子测量中测量仪器与被测客体之间的不可分割的整体性，就很自然地变成一般意义上与量子过程相联系的整体性的一种特殊情况。

　　其三，量子世界与经典世界之间的关系语境。玻姆在对量子测量过程的本体论分析中，已经蕴含了他对量子世界与它的经典亚世界之间的内在关系的阐述。玻姆认为，人们对世界的第一经验直接地来自人的感知。这种感知包括两个方面，其一是与人的外在行为相关的感知；其二是与人的内在反映相关的感知。在这个世界中，直接经验开始由人的常识来描述，后来，被加工提炼成更精确的经典物理学描述。在这样的经验领域内，可以说，世界是"明显的"。按照拉丁文词根的意思，英文的"manifest"意味着世界是能够被掌握的，更一般地说，能够通过科学仪器所了解。这个世界的基本特征是，它包含有某些可能相对稳定的

　　① J. A. Wheeler, *In Mathematical Foundations of Quantum Mechanics*, ed. A. R. Marlow（New York：Academic Press, 1978）, pp. 9 - 48.

结构。这些结构不仅是稳定的，而且在基本意义上是定域的。在这个世界中，任何事物最终都由这种彼此独立而发生定域相互作用的结构所构成。没有这样的世界，人们就失去了观察事物的意义，也不能以任何一种有序的方式分配因果性。正因为如此，反对把非定域性、不可分的整体性，即非分离性这样的观念，看做相互独立地存在的构成部分所具有的特征，是非常自然的，也是可以理解的。

但是，玻姆认为，当物理学家的研究深入到基本的量子世界时，可以发现，在根本意义上，量子世界拥有着不同的性质。例如，仍然像在经典物理学中那样假定有一个粒子，而在量子世界中，这个粒子将进一步受到波函数（即量子势）的影响。如前所述，由于玻姆假定量子势只与波函数的形式有关，而与它的大小无关，所以，这意味着，远距离的粒子之间有可能存在着很强的非定域的联系；意味着粒子的运动强烈地依赖于它所处的环境语境；意味着粒子之间的力与整个系统的波函数有关；意味着测量过程中存在着不可分割的整体性。然而，正是量子特性的非定域性和不可分割的整体性特征，使具有定域性和分离性的经典世界具有明确的组成部分。例如，在量子测量中，被观察系统与测量仪器之间的相互作用产生了非定域的量子势，量子势又把被观察系统的波函数分离成能够被定域地讨论的独特的量子通道。所以，对自在的量子实在的认识，不需要任何观察者的参与，只是不可避免地包含了客观的观察仪器的作用。在量子测量的过程中，整个量子实在与日常经验的大尺度世界之间存在着连续的量子跃迁。在量子层次上，粒子的运动依赖于量子势的作用，这种作用在测量的组合系统之间引入了非定域的相互联系，而在大尺度的宏观层次上，可以忽略量子势的作用，这样，经典测量就成为量子测量的一种近似情况。

量子世界中的非定域性说明，量子世界是"subtle"，在英语词典中，"subtle"的意思是被纯化的、被高度提炼的、精致的、难以捉摸的、难以定义的。它的词根的意思是基于拉丁文中的"subtexlis"，意指"精细地编排"。很显然，玻姆所描述的量子世界不可能通过任何一种方式所了解。了解量子世界的任何企图（如测量）都会对量子世界带来不可预言和不可控制的改变。在量子世界中，每一个要素都与其他要素不可还原地相互参与在一起。在所有要素都缺乏相互的外在化与可分离性的条件下，借助于测量仪器来了解量子世界就成为难以捉摸的事情。因此，玻姆假设，量子世界构成了比经典世界更基本的实在。由经典理论所描述的经典世界具有相对的自主性。出现自主性意味着，只要能够忽略量子势的作用，被研究领域就能够被看成好像是独立存在的经典世界来讨论。按照这种观点，经典世界实际上是从微妙的量子世界中分离出来的，而把量子世界看成是最终的存在基础。

玻姆认为，在量子世界中，由于任何事物都处于相互依赖、无规则地变化的状态，所以，没有任何方式能够获得客观的测量结果。但是，在包括粒子与场在内的经典的亚世界中，可以忽略测量和观察对事件状态的影响。经典的场与粒子世界是把信息以确定的方式传递给人的感官。而在本质上，人通过感官所得到的富有意义的感知，和人与人之间所建立的富有意义的通信，是在经典层次上进行的。在经典层次上，人们能够始终忽略波函数的作用。所以，量子测量过程的整体性并不意味着人们不可能认识量子世界，而是借助于具有稳定结构的测量仪器的放大与记录，整个量子世界在更有限的经典的亚世界中表现出来。在这里，不需要像冯·诺意曼那样，在量子层次与经典层次之间做出某种专门的分割，而是只存在一个量子世界，这个量子世界中包含了一个近似的经典亚世界。

因此，在玻姆看来，与测量的经典概念相比，把量子层次上的测量与观察，看成对整个量子世界的测量与观察，量子测量的过程不再是像经典测量那样，是对被研究客体的客观特性的一种揭示，而是依赖于整个测量语境的量子现象的呈现过程。这种现象呈现的过程，就像生长中的植物与它的种子之间的关系一样，植物的好坏，既与种子的质量有关，也与生长环境有关。同样，在微观层次上，微观客体的内在属性的再现也是一种与测量语境相关的共生现象。相比之下，经典测量是在忽略不计量子效应的前提下，在大尺度系统中所进行的测量。或者说，在大尺度的宏观系统中，忽略量子效应，意味着忽略量子势对客体的影响，忽略测量过程中被观察客体与测量仪器之间的相互作用。正是在这种意义上，可以说，量子测量比经典测量揭示了更深层次的实在本质。

三、量子测量的相对态解释语境

量子测量的相对态解释（relative-state interpretation）是埃弗雷特（H. Everett）于1957年在波士顿大学完成的题目为"宇宙波函数理论"的博士学位论文中，对量子力学形式体系进行实在论解释的一种测量理论。[①] 他认为，量子测量难题是由冯·诺意曼（J. von Neumann）测量理论中，微观系统演化的两个动力学规律之间的不一致性所导致的。因此，为了解决测量难题必须抛弃"波包塌缩"假设或投影假设，完全用量子力学的波动方程描述包括观察者在内的所有系统的演化行为，态函数能够完备而精确地描述整个宇宙的态。或者说，如何将理论上得出的叠加态与观察者记录的单一而确定的测量结果对应起来，是试图对

---

① 在现有的国内文献中，"relative-state interpretation"有两种译法，一种是译为"相关态解释"，另一种是译为"相对态解释"。这里译为"相对态解释"符合埃弗雷特的本意。因为作者是在类似于爱因斯坦使用坐标的相对性的意义上，来使用态的相对性原理的。他认为，在由被测量的对象、测量仪器和观察者组成的复合系统中，子系统之间的相互作用将使它们的态纠缠在一起，形成一个不可分割的整体。测量过程中，仪器所处的状态是相对于组合系统中其他状态而言的，是一种相对态，而不是一种绝对态。

量子测量过程进行任何一种形式的"无塌缩"解释（no-collapse interpretation）所必须解决的一个基本问题。① 要求"无塌缩"解释意味着，不需要有冯·诺意曼描述的两种类型的量子过程，不需要选出某些子系统作为"测量装置"，更不需要按照特殊的规则来探讨这些测量装置，不需要使用测量概念来选择演化波函数的某种特殊分支或分量。埃弗雷特在放弃了微观过程演化的"波包塌缩"解释之后，运用态的相对性原理（the principle of the relativity of states）和观察者的自动模型（automation model of observers）假设对这个问题进行了系统的阐述，形成了量子测量的相对态解释语境。

埃弗雷特认为，在量子测量系统中，冯·诺意曼的"塌缩"解释所描述的组合系统从叠加的"可能态"向具体的"现实态"的跃迁是根本不存在的。实际上，是观察者的观察状态分裂（split）成了同时存在的各个不同的"分支"（branches），每一个分支对应于客体系统中的一种本征态，代表了观察者获得的确定的（虽然是不同的）测量结果，而根本不是态函数真正地发生了塌缩。因为人们拥有的是包括观察者在内的整个宇宙的态函数，这个态函数的变化是决定论的。或者说，观察者在整个观察过程中都由一个单独的物理态来表征，这种物理态只是关于测量后所谈论的许多观察者的主观经验而言的，它是一种相对事实，而不代表绝对的测量结果。测量结束后的组合系统所处的叠加态，描述了一组同时存在的分支。其中，每一个分支来自叠加态的一种元素，而叠加态中的每一种元素好像具有唯一的指针读数（本征值）。这种唯一性只具有相对的意义，它是相对于组合系统的其余态的一种详细陈述。通常情况下，在由量子系统、测量仪器和观察者组成的组合系统中，不同子系统的态是相互联系在一起的。问一个子系统的绝对态是无意义的，而只能问，相对于已知的其他剩余子系统的态而言，该子系统处于何种态。正如埃弗雷特所言，"一般情况下，对于组合系统中的一个子系统而言，不存在任何独立的态。人们能够任意为一个子系统选择一种态，而使其余的子系统表现出相对态。"② 这也是埃弗雷特把自己的解释取名为"量子力学的相对态的解释"的原因所在。

在相对态解释中，量子测量系统中不同子系统之间的态的相对性类似于相对论中物体运动的坐标的相对性。就像在相对论中，物体的位置坐标只有相对于它所处的参考系才有意义一样，在量子力学中，相对态也是一个全新的概念；同

---

① 到目前为止，对量子测量的"无塌缩"解释主要有三种类型：其一是玻姆与海利主张的本体论解释；其二是由范·弗拉森等人提出的模态解释（modal interpretation）；其三是埃弗雷特等人阐述的多世界解释。埃弗雷特的多世界解释由于与观察者的心灵或意识相关，自 20 世纪 80 年代中叶以来，广泛地引起了物理哲学家和科学哲学家的关注。

② H. Everett, "Relative state" formulation of quantum mechanics. *Reviews of Modern Physics*, 29 (1957), pp. 454–62.

样，就像在相对论中允许有许多坐标"框架"存在一样，在量子理论中，也允许有许多观察者的"框架"存在。这就是埃弗雷特的态的相对性原理的基本含义所在。

问题是，埃弗雷特的相对态理论虽然提出了一种全新的解释思路，但是，他对某些基本的关键性概念的阐述并不是十分明确的。特别是，埃弗雷特没有明确说明，测量后观察者的态分叉成同样真实的、同时存在的"分支"是什么意思？这种概念的不确定性导致了后人理解埃弗雷特解释的不一致性，从而出现了解读相对态解释的下列两种意义语境。

其一，在客观意义语境中的解读相对态解释的各种形式的"多世界解释"。德威特（B. de Witt）和格雷厄姆（N. Graham）于 1973 年编辑出版的《量子力学的多世界解释》文集中，把相对态解释和他对这种解释的解读统一取名为"多世界解释"。德威特认为，在埃弗雷特的相对态解释语境中，用态函数来描述整个宇宙的方法，使实在作为一个整体成为决定论的。这种实在不是人们通常所思考的实在，而是由许多世界所组成的实在。由于动力学变量随时间的变化，态矢量将分解成相互垂直的矢量，表明了宇宙连续分裂成互相不可观察的、但是同样真实的许多个世界。在每一个世界中，任何一个好的测量都会产生一定的结果。宇宙之所以不断地分裂成大量的分支，是由其部分之间像测量一样的相互作用所导致的。无论何时何地，只要有这种相互作用发生，整个宇宙就会分裂成与自己几乎完全相同的摹本。这种在客观意义语境中阐述多世界概念，所带来的一个十分重要的形而上学假设是：用多世界的本体论来解释我们得到的确定的经验。这种解释虽然在许多方面比埃弗雷特的解释更清楚，但是，它也遇到一些自身难以克服的困难。其中，受到最多批评的是，分裂世界的解释在本体论意义上是多余的或是浪费的（extravagant），因为它假设了太多实体的存在。毕竟，如果解释人的经验，只需要假设一个世界——人类世界——的存在即可。在这个意义上，承认存在着多个物理世界，总是假设了不必要的实体的存在，违反了简单性的方法论规则。

更严重的问题是，如果为了解释人的经验，多世界解释不需要许多同样真实的世界，那么，为什么要假设一个多余的或浪费的多世界本体论呢？贝尔认为，根本没有很好的理由来说明，人们为什么要采纳多世界的观点。[①] 如果人们拥有一个成功的多世界理论，那么，可以推测，这些世界之一可能恰好就是人类世界，这就简单地否定了其他世界的存在；多世界解释受到的另外一个严重的批评

---

① 在希尔伯特空间中，通过旋转能产生不同的矢量基（vector basis），或不同的基失，与不同的基失相对应，有无数种不同方式进行态的叠加，或者说，有无限多种态矢量的分解方法。首选基就是要选择一种基失，使得叠加态中的每一个局域态都有代表性地把观察者说成具有确定的测量记录。

是，多世界解释的拥护者们没有清楚地提供世界在不同时刻的同一性概念。许多作者把叠加态中的每一个项与一个分支或一个世界联系起来，定义某一时刻的分支或世界，但是，却没有说明不同时刻的世界为什么会是相同的世界：即，没有说明分支或世界的同一性问题。

为了避免分裂世界理论所面对的这些困难，自20世纪90年代以来，以退相干效应为基础的"多历史解释"，也称为"一致性历史解释"，或"退相干历史解释"受到了人们的关注。杰瑞克（W. H. Zurek）证明，[①]当埃弗雷特阐述他试图抛弃冯·诺意曼在经典世界与量子世界之间所要求的边界时，没有对观察者如何获得感知给出充分的说明。如果考虑到观察者与自己的环境之间的相互作用，那么，这样的一种说明是可能的。因为一个宏观的量子系统很难从其所处的环境中孤立出来，它是一个与其环境自由地发生相互作用的开放系统。因此，观察者的环境的态很快会变得与观察者的态相关联，在极其短暂的时间内产生退相干效应，这时，就不应该再期望观察者会出现来自纯粹相干态的不确定的量子力学的行为。

盖尔曼（M. Gell-Mann）和哈托（J. Hartle）（简称GH）阐述了一种把退相干作用延伸到定义埃弗雷特的"分支"的解释，称为"多历史解释"，或"退相干历史解释"。在"多历史解释"的术语中，GH把多世界改称为多历史，把他们分析问题的方法称为"多历史"的方法。GH认为，科学领域内的所有预言是最可靠和最普遍的，是宇宙中特定事实的时间历史的概率性预言。对于宇宙学而言，一个满意的量子力学阐述，应该允许人们把概率归因于作为整体的宇宙可选择的历史。在量子力学的传统解释中，区分观察者与被测量系统的测量概念，虽然曾起到十分重要的作用，但是，这种解释不足以用来讨论宇宙学问题。因为在宇宙学中，观察者和测量不可能仍然是基本的概念，也不可能在观察者与被测量系统之间做出任何区分；埃弗雷特于1957年首先提出的解释，虽然有可能用来讨论宇宙学问题，然而，埃弗雷特的量子力学阐述是不完备的。为此，GH试图在他们的研究中，扩展、澄清和完善埃弗雷特的解释，以求找到一种包括宇宙学在内的量子力学阐述。

GH分析问题的基本思路是，首先，他们在海森堡的矩阵力学图像的语境中，把量子态看成是演化的恒量和可观察量，用密度算符表示宇宙的量子态，用按照海森堡的动力学方程所演化的投影算符表示"是—否"的可观察量，即，那些所表征的事实或者是正确的、或者是错误的可观察量；其次，把投影算符的

① W. H. Zurek, Decoherence and the transition from quantum to classical. *Physics Today*, 44（1991），pp. 36 – 44.

时间序列所表征的特定事实的时间序列称为历史，每一次通过指定的可选择的事实集合来确定可选择的历史集合。在特定的可选择的历史集合中，每一种历史描述了每一次可实现的一个特殊事实，在这种特定集合的语境中，可选择的历史集合描述了确定的事实的每一种可能的时间序列；最后，他们在一个特定的可选择的历史集合中，定义了一对历史的一个退相干函数，对于集合中的每对历史而言，当退相干函数的非对角元素足够时，可以把粗粒的可选择的历史（coarse-grained alternative history）说成是退相干的。

这样，就能够把概率指定给可选择的粗粒历史的退相干集合；而对于退相干的历史集合而言，退相干函数的对角元素给出了每一种历史的近似概率，表明不同的历史所实现的概率是不相同的。GH 认为，并不是所有的可选择的历史集合都能够与一个近似的概率测量联系在一起。只有粗粒历史，或经典历史，能够与概率测量相联系；而精粒历史（fine-grained history），或量子历史，不可能被分配给任何概率，即不能够与概率测量相联系。因为只有粗粒历史之间的干涉效应可以消失，而精粒历史之间的干涉效应不会消失。这正说明了量子概率与经典概率之间的区别所在。或者说，粗粒历史是指与一个唯一的不可逆事件的时间序列相联系的历史，包括测量、记录、观察等；精粒历史是指能给出每一个粒子的精确位置的历史。

GH 认为，可选择历史的退相干集合赋予了埃弗雷特所讲的分支以确定的意义，或者说，在特定的退相干集合中，每一个可能的历史都代表了埃弗雷特的分支。问题是，作为对埃弗雷特理论的一种改进而提出的量子力学的多历史阐述，仍然是令人困惑的。其一，在 GH 的多历史解释语境中，GH 是在实用的意义上来理解概率的，没有明确地说明如何理解近似概率；其二，如果把一种历史理解为是一个特定的退相干集合，那么，在描述的意义上，量子力学态就是不完备的，因为它没有告诉人们哪一种历史是退相干的；其三，退相干规则本身并不能真正地解决测量问题。这些问题的存在说明，GH 的多历史理论目前还处于有待于进一步的探索与完善之中。然而，试图在客观意义语境中解读或扩展埃弗雷特解释的各种努力，至今还没有形成一种得到普遍公认的观点。因此，与此相伴随的语境转换是，出现了在主观意义语境中解读埃弗雷特解释的各种努力。

其二，在主观意义语境中的解读相对态解释的各种形式的"多心解释"。这种是把埃弗雷特的分支理解为是不同的精神态，试图把无穷多个不同的心灵（minds）与大脑（brain）的物理态联系起来，用观察者总是具有确定的精神态（mental states）的事实，来解释观察者具有的确定的经验和信念。各种类型的多心解释的代表人物都坚持认为，埃弗雷特所阐述的是多心解释，而不是多世界解释。因为在相对态解释中，测量过程中组合系统的态（或作为整体的宇宙的态）在测量前后没有更多地分裂，一种基态的叠加相对于另一种态而言是不变的，不存在基失的选择问题。或者说，这就像在狭义相对论中的洛仑兹变换的不变性一样，在量子力学的希尔伯特空间中，矢量基的变换也应该具有不变性。同各种形式的多世界理论一样，多心理论也假设，在任意时刻，存在着与知觉主体相联系的具有多重性的不同观点。他们认为，这些被意识到的不同观点，体现的是"各种心灵"，而不是"各个世界"在时间上的不同。所以，多心解释的一个重要特征是，假设存在着一个连续无穷的可区分的心灵。

多心解释的目的在于，通过大脑——心灵的二分法，避免谈论心灵的分裂，取而代之是谈论事先存在的彼此分离的精神态的不同。但是，到目前为止，多心解释由于不能给出可操作性的定义，因此，它除了只具有方法论的启迪外，并没有明确的物理学基础。有人认为，多世界理论的阐述与多心理论的阐述之间的差别并不很大，真正的区别在于，如何理解量子概率，把哪种类型的事实看成确定的。在多世界理论中，量子概率是客观现象，物理记录和定域的精神态是确定的；在多心理论中，量子概率是主观现象，只有局域的精神态是确定的。如果人们有一个成功的多心理论，那么，用假设一个连续的、无穷的世界取代一个连续的、无穷的心灵，就能够把多心理论的语境变换为多世界理论的语境。这种观点说明，随着未来研究的不断深入，也许多心解释与多世界解释会在某一个共同点上达成某种一致。

总之，多世界解释与多心解释虽然理解问题的意义语境有所差异，但是，他们分析问题的出发点，其实都是试图在实在论的基础上，对埃弗雷特的相对态解释做出更明确的说明。这类解释的主要特征有，其一，它是一种类型的"无塌缩"解释；其二，它具有明显的整体论特征；其三，它是一种实在论的解释；其四，它具有内在的相对性特征；其五，它是一种心—身平行论的解释。这类解释的最大优势是有可能用来处理宇宙学中的问题。因为天体物理学不需要任何外在的观察者，许多天体物理学家，比较喜欢用既不要求有这样的一个观察者，也不要求一个经典区域，并且能够讨论宇宙波函数的多世界的术语来谈论问题。在一份调查中，超过半数的从事宇宙学和量子场论研究的物理学家都对埃弗雷特的解释有兴趣，其中包括像费曼（R. Feynman）和温伯格这样的物理学领头人物在内。对这类解释的褒贬不一的评论说明，埃弗雷特的相对态解释是不成熟的，还有待于进一步的发展。但是，不管多世界解释和多心灵解释的最终命运是多么的吉凶难卜，至少应该承认，这些理论的提出，无疑极大地丰富了物理学家解决量子测量难题的思考维度，有希望使量子力学的研究与宇宙学的研究和认知科学的研究结合起来。

四、量子测量的统计解释语境

当前，物理哲学界通常把量子力学的统计解释称为哥本哈根的弱解释，而把量子力学的玻尔解释称为是哥本哈根的强解释。这两种解释之间的主要区别在于理解态函数的描述性质的差异。强解释假设，薛定谔方程中的态函数是对单个系统性质的完备描述，物理哲学家称这个假设为强假设；弱解释假设，薛定谔方程中的态函数不是对单个系统性质的描述，而是对统计系综性质的描述，物理哲学家称这个假设为弱假设。统计解释的最核心的概念是概率幅，它是在直接批判玻尔解释中的强假设的基础上形成的。其目的在于通过对态函数的描述性质的限定和对概率幅意义的理解，消除量子测量过程中出现的测量悖论，为一致性地理解量子力学的新特征提供一个最简单明了的解释。

统计解释是一种类型的系综解释（ensemble interpretation），系综解释与玻尔解释和隐变量解释一样，也具有同样久远的历史渊源。从量子力学的诞生之日起，20 世纪最著名的物理学家爱因斯坦就是系综解释的最早支持者。统计解释的观点认为，量子理论是关于量子系综的统计理论，态函数是对全同制备出的量子系统所构成的系综的描写，而不是对单个量子事件的描写。在量子力学发展的早期阶段，这种观点还得到了肯布尔（E. C. Kemble）、波普尔（K. Popper）、朗子万（P. Langevin）等人的支持。但是，在 20 世纪 50 年代之前，玻尔运用出色的论辩能力，并且靠在与爱因斯坦的三次大论战中所处的有利地位，再加上冯·诺意曼关于量子论的隐变量理论的不可能性的证明，极大地减弱了物理学家追求各种系综解释的热情。换言之，在量子力学发展的初始几十年时间内，与玻尔解释相比起来，统计解释只得到了少数人的支持。

一直到 1952 年玻姆成功地提出了一个逻辑自洽的隐变量的量子论之后，1957 年，埃弗雷特阐述了当时被人忽略，但目前却是影响较大的相对态解释。这样，随着物理学家从对玻尔解释的盲目追随中的觉醒，统计解释的观点在以后的几十年内逐渐地引起了物理学界的重视。1970 年，贝勒廷（L. E. Ballentine）在《现代物理学评论》发表的《量子力学的统计解释》一文，[①] 是倡导统计解释的最有影响的一篇重要文章。他认为，在哥本哈根解释中，把量子态看成是对单个物理系统的尽可能完备描述的假设，不是量子力学结构的本质内容，在量子论的实际应用中，这一假设并没有起到任何真正的作用。量子论的统计解释主张，纯态是对一个全同地制备出的系统所构成的系综的某些统计特性的描述。贝

---

① L. E. Ballentine, The Statistical Interpretation of Quantum Mechanics, *Reviews of Modern Physics*, 42 (1970), pp. 358 – 381.

勒廷特别指出，"统计解释"这一术语正是在这种特殊的意义上被加以使用的，不应该与某些作者没有把它同哥本哈根解释区别开来的用法相混淆。量子态代表了一个全同地制备的系统之系综，是统计解释最基本的断言。1992 年，霍姆（D. Home）和惠柯（M. A. B. Whiaker）在《物理学报告》发表了《量子力学的系综解释：一种当代的观点》一文，[①] 这是一篇关于系综解释的综述性文章。

与其他解释一样，量子力学的统计解释也只是对量子力学形式体系的一种有代表性的解释。至少到目前为止，它还不能算作是已经被物理学家普遍接受的唯一正确的一种解释。但是，值得引人注目的是，统计解释确实在一定程度上揭示出了玻尔解释的局限性。统计解释的概念基础是建立在量子力学的公理体系之上的"概率幅"，以及实现量子测量所运用的"量子系综"；其基本目的是，试图立足于量子力学现有的公理体系，放弃对任何单个量子测量事件进行描述的所有努力，或者说，不讨论在一次具体测量的过程中，实际上所发生的事情，返回到对量子测量的集合进行描述的陈述上来；其理由是，既然量子力学只是正确地预示了各种测量结果的概率，是一种关于量子测量系综的统计力学，那么，就不存在要回答有关单个测量问题的情况。这种以牺牲对一次具体测量过程的描述为代价的解释的基本特征，主要通过态函数与概率幅的意义语境和量子系综与测量的操作语境体现出来。

其一，态函数与概率幅的意义语境。统计解释的逻辑起点是用无结构的（unstructured）"最小"系综解决测量问题，这也是统计解释与玻尔解释之间的主要区别所在。按照统计解释的观点，量子力学的预言是对由一个全同地制备出的系统所构成的系综进行测量的结果的相对频率，它是与多次测量序列相关联的，相对于单个系统来谈论概率是没有意义的。或者说，一个纯态或一个混合态描述了一个全同地制备的系统的系综的统计特性。其中，$|\Psi\rangle$ 本身不是一种实在的元素，"态"概念的意义仅仅是作为一种概率的集合。对于系统中的每一个可观察量而言，态的制备过程产生了一个明确的概率分布。"态"的概念是与系统的潜在系综联系在一起的，这种系综来自态的重复的制备过程。

雅默为了与所谓的"玻恩假说"相对照，把对态函数的这一命题称为"爱因斯坦假说"。"玻恩假说"认为，量子力学预言的是对单个系统进行测量的结果的几率。[②] 更明确地说，一个纯态 $|\Psi\rangle$ 是对单个系统的完备而详尽的描述。当且仅当 $O|\Psi\rangle = o|\Psi\rangle$ 时，用算符 O 表示的一个动力学变量才能拥有 o 值。否则，这个变量不仅仅是未知的，而且是不存在的。可区分出关于这个观点的两

---

① D. Home and M. A. B. Whitaker, Ensemble Interpretations of Quantum Mechanics: A Modern Perspective, *Physics Reports*, 210 (1992), pp. 223 –317.

② M. 雅默，秦克诚译：《量子力学哲学》，商务印书馆 1989 年版，第 518 页。

种变体：客观的观点把 $|\Psi\rangle$ 看成是代表了系统的一种物理属性；主观的观点把 $|\Psi\rangle$ 看成是代表了观察者对系统的某种知识。这两种解释之间的区别说明，理解"态"概念的本质问题，是理解量子力学的一个核心而基本的问题。

贝勒廷认为，把"态"概念与单个系统联系起来的解释，是哥本哈根学派的主要代表人物所坚持的解释，也是量子力学的早期发展史上，在许多教科书中被视为是当然的一种解释。但是，从测量的量子论来看，这种观点是站不住脚的。因为按照量子力学的形式体系，测量结束后，测量仪器的指针的位置是不确定的，这恰好与实际的观察结果相反。为了拯救这种解释，物理学家必须引进"投影假设"。问题是"投影假设"明显地与整个系统运动的薛定谔方程不一致，从而产生了"测量难题"。在早期的量子物理学家中间，至少存在着三种企图将两者一致起来的努力，第一种是哥本哈根学派的努力，把态的"塌缩"看成是由测量仪器对测量客体的不可控制和不可预言的干扰所引起的；第二种是冯·诺意曼的努力，把态的"塌缩"看成是观察者在读取测量仪器的测量结果时引起的；第三种是与多世界解释相关的一致性历史解释的努力，把态的"塌缩"看成是由环境对测量系统的作用所引起的（即退相干效应）。

这些努力都没有取得很好的成功的事实说明，如果把"测量问题"看成是说明态矢的"塌缩"是怎样进行的问题，那么，这一问题就是不可能解决的。因为只要接受量子力学的数学形式，就不存在作为态矢的"塌缩"的物理过程。如果把"测量问题"看成是寻找把量子力学的形式与整个测量系统的终态是宏观仪器指针位置的叠加一致起来的解释，那么，就可以通过接受态矢的系综解释来解决问题。因为把量子力学的态矢理解是相同地制备的系统的系综的统计特性，而不是描写单个系统的性质，就不要求假设存在着与量子力学的形式体系不一致的态的"塌缩"过程。或者说，从公认的量子力学的基本假设出发，量子力学的数学程式只是对任意一个可观察量的多次测量的平均值给出了界定，而对单次测量的实际取值却没有给出具体的、像经典物理学中那样的明确规定，仅仅给出了单次测量结果取某一本征值的概率性预言。即，理论只预言了每次具体测量取某一本征值的可能性有多大，而实际的测量值则必须通过具体的测量才能得到。这说明，态函数的性质一般不可能在单次测量中得到体现，而是与多次测量结果相对应的，即通过具体地执行量子系综的实现来得到。

统计解释以"概率幅"为核心概念。"概率幅"概念的引入，一方面，标志着量子力学是区别于以概率为基本量的所有旧的统计理论的一种崭新的统计性理论。另一方面，只要抓住这个核心概念，就可以理解许多新的量子效应，根本不需要像玻尔解释和 PIV 解释那样，在此之外再添加什么互补性原理、对应原理或各种形式的亚结构等这样一些容易引起无休止争论的经典式的概念图像。费曼曾说过，量子力学所处理的不是质点的运动，而是空间和时间中变动的概率幅。或者说，量子力学中最惊人的特点就是概率幅概念。如果在双缝干涉实验中，承认发生干涉的是概率幅，就不会发生任何理解上的困难。在量子力学中，概率的概念没有改变，改变了的只是计算概率的方法。

贝勒廷认为，概率论的数学框架可以容纳过去统计方法中概率相加的计算方法，也可以容纳量子理论中第一次使用的概率幅相加的计算方法。在这个意义上，量子力学并没有使概率的数学理论失效，而是发展了它的新形式和揭示了它的新运用。其实，早在 1922 年，德国化学家费希尔（H. Fisher）就曾使用概率的平方根（即实概率幅）来定量地描述遗传变异现象中的统计性。这说明，概率幅的使用并非始自量子力学，虽然量子力学的创始人并没有由此而受到过任何启发。遗传学与量子力学都是以统计性质为基础的，所不同的是，量子力学里使用的概率幅不是实数，而是复数，因此会发生概率幅的干涉，[1] 从而表现出明显的非经典特征。

在量子力学的基本假设中，作为态函数的概率幅是一个抽象的数学量，不是一个基本的物理量，也不具有像经典物理学中的任何物理量那样的物理意义。而是只有概率幅的绝对值的平方才具有明确的物理意义，它提供了各种力学变量的取值及其变化的知识，代表了粒子在某一本征态出现的概率。在薛定谔方程中，以概率幅为基本量的因果性变化，不承认微观粒子运动坐标的因果性。因此，运用概率幅随时间演化的薛定谔方程和概率幅自身的特性，来描述微观粒子运动的方法，抛弃了经典的轨道概念。特别是在单电子或光子的双干涉射实验中，电子或光子不再是经典粒子，因而，不能再运用经典粒子的运动轨道观念来理解它们的行为，而应该采用概率幅的语言来理解。认为电子或光子的概率幅可以同时穿过两条狭缝。或者说，一个电子或光子穿过一条狭缝的行为，会受到它没有穿过的另一条狭缝是否开放的影响。一些物理学家认为（例如，费曼），在量子力学中，概率叠加规则不再成立，只说明了经典粒子概念在量子领域内的失效，而不构成对概率论里的普遍定律的任何威胁。

其二，量子系综与测量的操作语境。在物理学的发展史上，系综（ensemble）概念是由吉布斯（J. W. Gibbs）于 1902 年在《统计力学的基本原理》一书中首先提出的。但是，与经典统计力学中的吉布斯系综所不同，量子力学的统计解释中所使用的量子系综中的每个成员都是一个微观系统。量子系综是由全同地制备出的系统所构成的。例如，如果系统是单电子，那么，在概念上，系综将是由所有单电子构成的无限集合，其中，每个电子都是经过全同的制备程序与技术

---

① 关洪：《量子力学的基本概念》，高等教育出版社 1990 年版，第 104～105 页。

而产生出来的。一个动量本征态（即位形空间中的一个平面波）就代表了这样的系综，系综中的每个成员是具有相同动量的单电子。在散射实验中呈现出的一个更现实的事例是，一个具有近似确定波长的有限波系列，它代表了来自下列一系列程序的单电子构成的系综：即从发射源中发射出的带电粒子，经过在加速器中加速后，再通过电场或磁场及各种小孔、狭缝和偏振装置，对粒子进行偏转、准直、极化，最后选出具有确定的方向和大小的动量以及某种自旋状态的粒子束。这一整套操作程序，就是入射粒子状态的制备过程。

所以，量子态是对某种确定的态的制备结果的数学表征。在相同的态的制备条件下形成的那些物理系统，虽然具有某些相似的特性，但是，并不是所有的特性都相似。在量子力学中，海森堡的不确定关系的物理意义已经说明，没有任何一个态的制备程序有可能产生出，所有的可观察特性都是完全相同的系统的系综。因此，最自然的断言是，量子态是相同地制备出的系统的系综的表征，不提供对单个系统的完备描述。在经典系综中，通过系综计算的结果可以与单个系统的计算结果相比较，但是，在量子系综中，计算结果直接地从属于一个相似测量的系综，与单个测量无关。例如，一个散射实验就是向某一目标发射一个粒子，并测量粒子的散射角度。但是，"量子论并不研究这样的实验，而是研究相同实验的系综的统计分布结果。因为这种系综不仅仅是一种计算工具，而且它能够并且必须在实验中得以实现。"①

1958 年，马格脑（H. Margenau，1901～1997）提出，在量子测量的情况下，应该将态的制备与测量区别开来。"态的制备"是指任何一种能够在统计意义上产生出可复制的系统之系综的程序；对单个系统的某个量的"测量"则是意味着系统与适当的测量仪器之间的相互作用，通过这种相互作用在一定的精确度的范围内推论出被测量的量的值。这个值是在相互作用之前系统就拥有的。这两个概念之间的根本区别在于，态的制备所涉及的是未来，而测量所涉及的是过去；"测量"包括一个特定系统的检测，而"态的制备"所提供的是关于系统的条件信息。在进行了这样的区分之后，马格脑把量子系综的实现分为两种类型，一种是空间系综，它是由处在同一状态的许多个互不干扰的独立系统所构成；另一种是时间系综，它是由使用同一套仪器设备，可以一次一次地反复按照相同的物理条件制备并接受测量的系统所构成。在实际应用中，经常用到是时间系综。

贝勒廷认为，测量的本质主要在于，通过被测量客体与测量仪器之间的某种相互作用，在客体的初态与测量仪器的终态之间形成一定的对应机制。这种类型

---

① L. E. Ballentine, The Statistical Interpretation of Quantum Mechanics, *Reviews of Modern Physics*, 42 (1970), pp. 360 – 361.

的相互作用可能会也可能不会改变被测量客体的可观察量的值，客体的终态对于成功的测量来说是无意义的。但是，如果人们用量子态提供的是对单个系统的完备描述的假设，来取代统计解释中态矢是对全同地制备出的系统之系综的描述的基本假设，那么，情况就会变得十分困难。冯·诺意曼对这种"传统"的量子测量理论的详细阐述，已经足以表明了问题的严重性。如前所述，在冯·诺意曼的测量理论中，把有意识的观察者的被动的观察行为，看成是理解量子理论所必需的前提之观点，就像中世纪人们试图证明上帝的存在一样，带来了观察者的无穷回归问题。

这种测量理论首先所遇到的困难是，如果人们试图把测量后最终的态矢解释成是对一个系统（客体加仪器）的完备描写，那么，就致使人们相信仪器的指针没有确定的位置，因为最终的态矢是不同态的叠加。但是，仪器的指针完全是一个经典客体，在任意给定的时刻，说仪器的指针没有位置是无意义的，特别是当仪器指针的不同取值在宏观意义上是可以区分的情况下，更是如此。因此，如果人们把态矢的性质归属于单个系统，那么，对于经典客体而言，就必然会导致在经典意义上的无意义态。为了防止这种困难的出现，"传统"理论除了假设态矢按照运动方程连续演化之外，还假设测量时发生了不可预言的不连续的"态的塌缩"，即引进了一个外在的"投影假设"。

相比之下，统计解释不需要"投影假设"的存在。按照统计解释的观点，态矢所代表的不是单个系统，而是所有可能系统（客体加仪器）的系综，每一个系统以一定的方式得到制备，然后，允许进行相互作用。态矢表示的子系综的定义中包括了具体测量结果的附加说明。因此，在物理过程中不存在"态的塌缩"问题。正如泰勒（J. Taylor）所言，量子力学的统计（或系综）解释是指，物理学家对任一可观察量所进行的测量，实际上是对全同制备的系统的聚集，或者说，是系综所进行的测量。由此可以得到测量的一个全集，其中每一次测量都是对系综中具体实验的一个全同装置进行的。因此，测量结果是关于各种具体值的概率分布形式。[①] 贝勒廷认为，如果采纳统计解释的观点，关于量子测量分析的讨论，就会变得十分简单而自然，似乎对它的任何进一步评论都是多余的。

量子力学的统计解释只是一种可能存在的解释，这种解释的提出确实有助于物理学家真正澄清了量子力学中的一些基本概念的意义，有助于揭示出哥本哈根解释的内在矛盾。但是，这种解释强调在态函数的特殊意义语境中，回避了对单个测量过程做出理解的做法，并没有形成一个自洽量子测量理论，也没有从根本

---

① P. C. W. Davies and J. R. Borown（eds.），*The Ghost in the Atom*（Cambridge：Cambridge University Press，1987）.

意义上使量子测量难题得以解决，而只是合理地回避了这个问题，因此，它很自然地受到了来自各个方面的批评。

五、量子测量解释的语境依赖性

关于量子测量的四种不同解释语境的存在已经说明，量子测量过程中所存在的问题与对量子测量过程的解释是相分离的。目前，既不能用量子力学的数学内容的成功和量子技术的应用来支持其中的任何一种解释，也不能根据量子实验提供的现有证据在这些解释中选择出一种普遍公认的立场。不同的解释语境蕴涵着不同的假设与不同的逻辑前提，也体现了对量子测量问题的不同理解。这种状况的发生在物理学史上是从未有过的。量子测量问题所质疑的是，当冯·诺意曼一方面主张用量子力学的语言来描述包括测量仪器在内的整个测量过程，另一方面，又不得不用"投影假设"来理解这种描述提供的概率值与具体的测量结果提供的确定值之间的不一致性。反对"投影假设"的所有替代解释都必须对理论计算提供的概率值与测量得到的确定值之间的关系给出某种说明。问题是，前面的讨论已经表明，这些说明既与科学家的本体论假设有关，也与他们对测量过程的各个环节的理解有关。

玻尔解释与统计解释都基于同样的量子力学的程式结构，都可以给出同样的实验预言，都承认量子力学是一种统计性的理论。但是，这两种解释在态函数描述性质上的差异，带来了对著名的海森堡不确定关系的不同理解。按照统计解释的观点，海森堡的不确定关系中的不确定度，是多次测量中观察值偏离其平均值的统计散布，不确定关系正是这种统计散布，即涨落，ΔX 和 ΔP 的乘积所受到的限制条件。按照玻尔解释的观点，不确定关系成为量子现象的波—粒二象性或互补性的一种数学原理，或者理解为是一种测量共轭变量的精确度的限制原理。更明确地讲，玻尔解释抓住了作用量子带来的不连续性，试图从语义学的层面对传统概念（例如，测量、观察、现象、客观性等概念）进行重新赋义和对测量仪器的功能与作用进行重新理解。统计解释则由于把量子理论理解为是对系综测量结果的描述，而不是对单次测量结果描述，来避开矛盾。

玻姆解释与相对态解释都是试图通过架起理论计算提供的概率值与测量获得的确定值之间的过渡桥梁，来赋予量子理论以实在论的解释，或者说，试图把由"投影假设"所掩盖的量子测量的内在机理揭示出来。但是，两者对量子理论的实在性问题的理解是截然不同的。玻姆解释把现行的量子理论理解为是不完备的，试图通过在薛定谔方程中增加量子势概念来重新解读量子测量过程。相对态解释则是以承认现行量子力学的数学体系的实在性为前提，寻找对量子测量过程的新理解。玻姆解释所提供的是一种非定域的实在论解释，相对态解释所提供的是一种决定论的实在论解释。非定域的实在论解释与决定论的实在论解释之间的最大区别是，前者把量子理论的统计性理解为是二级规律，在微观层面把量子系统的整体性看成是本体论的概念；后者则把量子统计性理解为是一级规律，在宏观层面把整个宇宙当做一个整体来对待。

统计解释与玻姆的本体论解释都属于系综解释，但是，在对待系综概念的意义和应用问题上，在对待统计性质的理解上，存在着本质的分歧。玻姆解释是一种非定域的隐变量解释，其宗旨在于，把量子力学中的统计性还原为亚结构的决定性。统计解释则与相对态解释一样，都把量子力学中的统计性看成是基本的。但是，两者对量子理论描述对象的理解又是不同的。统计解释认为，量子理论是对测量后的大量测量结果的描述，而相对态解释则认为，量子理论是对测量之前就存在的许多宇宙的描述。这种解释之间的区别与联系可见表1。

表1   各种解释之间的区别与联系

	理论的性质	态函数的描述对象	概率的性质	理论结构
玻尔解释	统计因果性的理论	单个物理系统	基本的	无亚结构
玻姆解释	严格的因果性理论	系统的系综	不是基本的	有亚结构
统计解释	统计因果性的理论	系统的系综	基本的	无亚结构
相对态解释	统计因果性的理论	整个世界	基本的	无亚结构

从量子测量的这些不同解释之间的区别与联系中不难看出，物理学家对神秘的量子测量过程的解释是与物理学家的理论观和测量观联系在一起的，是依赖于语境的，只有通过不同解释语境之间的比较，才能找到不同解释之间进行对话的平台。量子测量解释的这种语境依赖性至少向我们提供了值得深入思考的一系列问题。

（成素梅）

案例研究之四

量子引力时空的语境分析

在哲学和自然科学发展的历史中，对时空的探索是一个非常重要的问题。无论是对于试图研究一般自然图景的哲学家，还是对于探索自然本质理论的自然科学家来说，时空问题都不可回避。物理学上相对论引起了时空观由绝对向相对的重大变革，而且从那时起，关于时空的讨论由形而上的思辨发展到与物理学的形式语言紧密相关。但是，由于对相对论的理解不同，时空本质的争论一直存在。20 世纪 80 年代，由于量子引力理论的两种主流理论对时空的处理采用了相反的形式，因而再一次引发了时空哲学讨论的热潮。量子引力所提出的问题主要是时空在物理学中到底应该以一种什么样的地位出现？是物理客体运动的背景，抑或只是物理客体关系的结果？量子引力时空范式与相对论、量子力学等旧时空范式之间有哪些区别和联系？它们自身之间的关系怎样？它们所暗示的时空的本体性如何？它们给人们对时空的认识带来了怎样的影响？物理学与科学哲学的结合应有助于这些问题的解决，因此，对现代量子引力时空进行哲学上的分析和解读就是一项重要的工作。本案例研究试图从 20 世纪科学实在论的语境分析的角度出发，从纵向和横向的角度去理解量子引力理论的发展和深刻的哲学含义，为理解现代量子引力时空理论提供一种新的方法论视角。

一、超弦和圈量子引力理论时空的概念

在宏观物理学发展的顶峰时期，爱因斯坦的广义相对论曾经引起哲学界和物理学界关于绝对时空和相对时空的巨大争论，也对哲学家和物理学家的时空观念和思维方式产生了巨大影响。但是量子力学和量子场论的发展很快就使人们的视线发生了转移，对时空的关注减少了。1923～1926 年，通过德布罗意、海森堡、薛定谔和玻恩等人的努力建立了非相对论量子力学；1927 年，狄拉克把狭义相对论和量子力学结合起来建立了量子场论，由此建立了相对论量子力学；1929 年，海森堡和泡利建立了量子场论的普遍数学形式；1948～1949 年，重整化理论提出，从而建立了量子电动力学；1954 年，杨振宁和米尔斯提出规范场论；1967 年，温伯格和萨拉姆提出 $SU(2) \times U(1)$ 弱作用和电磁作用统一模型；1973 年，量子色动力学提出，建立了夸克之间强相互作用的 $SU(3)$ 规范理论；20 世纪 70 年代后期，人们提出统一强作用、弱作用和电磁作用的 $SU(3) \times SU$

（2）× $U(1)$ 的所谓标准模型。① 在这种情况下，对时空问题的思考和争论脱离了物理学和物理学哲学的主流。至少时空相对性与绝对性的争论显得烟消云散了。

而今天，在微观物理学发展到新的顶峰，即量子引力理论提出的时候，时空这个物理学和哲学之间悬而未决的问题又一次出现而且难以逾越。量子引力理论是把广义相对论纳入量子理论框架的尝试，实质上也就是时空的量子化理论。量子引力中，传统的量子场论方法不再适用，因此物理学家建立了许多方案来实现量子引力，其中有超弦理论、圈量子引力、欧几里德量子引力、拓扑场论、扭量理论和非对易几何等。目前最显生命力的是超弦理论和圈量子引力理论，这里主要就这两种理论对时空的处理展开讨论。

讨论之前有必要回顾一下对于时空的不同观点，主要是物理学上经典的绝对时空观和相对时空观，以便更好地理解超弦和圈量子引力时空的概念。绝对时空观是从牛顿经典力学发展起来的物理学时空观的主要传统，其主要思想是时间、空间是绝对的，它们各自独立，并作为客体运动的背景而存在。它的绝对性在于，它是固定的，与物质的运动无关，是一种绝对的存在。相对时空观则是莱布尼兹、马赫和爱因斯坦等人所坚持的观点，由广义相对论具体实现。相对论主要揭示了时间和空间作为一种整体而存在，并且它的结构与物质的分布和运动紧密相关，因而不再是固定的，而是具有动力学特征。相对时空观的直接数学结果就是爱因斯坦方程的微分同胚不变性。关于微分同胚不变性可以作这样的描述，即系统 S 的非微分同胚不变理论描述的是 S 中的客体就 S 之外客体所组成的参照系而言的演变；而系统 S 的微分同胚不变理论描述的是 S 内部客体之间就对方而言的动力学。局域化在此只是内部、相关地定义的，只是对于理论的其他动力学客体而言讲客体定域在某处，而不是对其之外的参照系而言的。

物理学的发展无疑证明了相对时空观的正确性。但是，值得注意的是，牛顿所坚持的时空作为背景存在，在物理学的形式体系发展中并没有得到改变。场论中虽然量子化把场变量都变成了算符，但是这些算符都是时间和空间的函数，物理态依赖于时间和空间。实际上一直以来，物理学的形式体系并没有对时空的背景性做过多的关注，但并不是所有的物理学家都对时空有一致的看法。量子引力中超弦理论的背景相关性和圈量子引力的背景无关性同时存在无疑是物理学家中潜在的对于时空本质不同态度的一次碰撞。超弦和圈量子引力理论在时空问题的处理上，着手方向就完全不同。超弦理论实际上继承了物理学传统的对时空的处理方法，把时空当做物理学研究的背景。而圈量子引力理论则直接把相对论量子化，建立了背景无关的量子引力理论。因此量子引力的主流理论似乎又重新提出

① 冯宇、薛晓舟：《M 理论及其哲学意义》，载《自然辩证法研究》2000 年第 5 期。

了一个古老的问题：时空到底能否作为背景而存在？对这个问题的回答决定着物理学家建立物理学理论的基础。

　　以此为基础，在这里，要理解超弦理论和圈量子引力理论不同的时空态度，必须从量子引力建立最初的几种方法谈起。量子引力最初有很多种方案，其中一种运用了微扰的处理。微扰处理的主要思想是尝试把量子引力建立在微扰理论基础上，其基本的做法是把度规张量分解为背景部分 η_{ab} 和涨落部分 h_{ab}，所以：

$$g_{ab} = \eta_{ab} + h_{ab}$$

其中 h_{ab} 是平直背景 η_{ab} 中的一个小激发。人们把微扰方法延伸到了量子引力理论中，最初这种方法由于不可重整化而失败了。但是由于超弦理论把场论中的点粒子改变成了一维延展的弦，因此可以处理发散，超弦理论就是一种微扰的量子引力理论。弦被看做在背景空间中运动的客体。这在超弦理论的形式体系中可以表现出来。如果一个闭弦在度规场为 $g_{ab}(x)$ 的弯曲时空中运动，那么弦在世界面（worldsheet）[1] 理论上的行为就表述为公式：

$$S_P = \frac{1}{4\pi\alpha'} \int d\sigma d\tau \sqrt{h} \ (h^{mn}\partial_m x^a \partial_n x^b g_{ab} \ (x) \ + \alpha' R_{(2)} \Phi)$$

h_{mn} 是世界面上的度规，$R_{(2)}$ 是世界面的曲率，Φ 是膨胀标量场。这时，时空度规 $g_{ab}(x)$ 作为弦坐标 $x^a (\sigma, \tau)$ 之间非线性耦合的矩阵进入了弦的世界面的二维理论。

　　另一种建立量子引力的方法是正则量子化。正则量子引力是只有引力作用时的量子引力，它不包括其他力的作用。正则量子化方法一开始就引进了时间轴，把四维时空流形分割为三维空间和一维时间，从而破坏了明显的广义协变性。时间轴一旦选定，就可以定义系统的哈密顿量，并运用有约束场论中普遍使用的狄拉克正则量子化方法。正则量子引力的一个很重要的结果是所谓的惠勒－德维特方程，它是对量子引力波函数的约束条件。量子引力波函数描述的是三维空间度规场的分布，也就是空间几何的分布。[2]

　　圈量子引力是正则量子化方案的发展，它深深地植根于广义相对论产生的概念革命之中。广义相对论远远不只是关于引力的场论，从物理学的概念革命上讲，它是一种发现，是关于时间和空间的经典观念在基础水平上已经不充分并且需要深刻修正的发现，而这些不充分的观念就包含了物理学发生于其上的背景度规（平直的或弯曲的）的观念。圈量子引力在微分流形（一种没有度规结构的空间）上建立了量子场论，而一旦量子场定义在流形之上，那么一个经典的度

---

　　① 在超弦理论中，任何时刻粒子都是个小环，可想象为绳套或诸如此类的东西。随着时间的发展，这个小"绳套"在空间运动并描出一个管状的东西，这就是被称为"世界面"的粒子轨迹。——编者注
　　② 卢昌海：《追寻引力的量子理论》，载《三思科学》（电子杂志）2003 年夏季合刊第 7 期。

当代科学哲学的发展趋势

规结构就由引力场算子的期望值来加以定义，这样它完全避免使用度规场，从而不再引进所谓的背景度规，是一种背景无关的量子引力理论。同时，圈量子引力理论中微分同胚不变性的广泛应用是广义相对论思想在微观领域的扩展。与超弦理论的背景度规相比，一些物理学家认为圈量子引力的这种背景无关性是符合量子引力的物理本质的，因为根据时空度规本身是由动力学规律所决定的这个广义相对论最基本的结论，量子引力理论作为关于时空度规本身的量子理论，其中经典的背景度规不应该有独立的存在性，而只能作为量子场的期望值出现。

背景依赖性与背景无关性之间的选择无疑反映着物理学家在对微观世界的研究中所持的不同时空态度，因此在 20 世纪 80 年代引起了国外物理学哲学界的时空论战，称为"时空实体论"和"时空关系论"之争。这次争论并非绝对性和相对性的争论，而在于时空的本质地位的争论。实体论主要基于描述时空的数学工具—流形（manifold），认为流形上的点代表真实的时空点。他们的典型意见是"时空支配并高于处于其中的物质……即使没有物质存在于其中，时空也存在"；[①] 关系论者的阵容比较强大，包括研究圈量子引力的许多物理学家，比如斯莫林（Lee Smolin）、罗夫利（Carlo Rovelli）等。他们对实体论提出反对，认为实体论者对时空的论述仅仅是一种误导，事实上并没有真实的时空点的存在，时空仅仅是物质所形成的关系。他们的重点论据是广义相对论的微分同胚不变性，认为微分同胚不变性与理论的时空背景无关性紧密相连。关于这方面典型的论述有洞论、[②] 狄拉克对规范对称性意义的分析[③]等。并且在斯切尔（Stchel）、朱利安·巴伯（Julian Barbour）、罗夫利等人之间有许多很好的讨论。可以注意到实体论和关系论者的定义中有以下两个重要的含义：

（1）假定了"物质"和"时空"之间的直接区别。

（2）两种立场实质上争论的是时空本体论地位，实体论者赋予时空优先的本体论地位，而关系论者却认为物质的本体论地位优先。

关于实体论和关系论者之间的具体争论，并不是这里要关注的话题。这里所要讨论的是或者有意，或者无意，物理学家在建构理论的过程中，潜在地暗含了对时空的上述两种观点的某一种，因此物理体系也大不相同。这种不同就集中表现在超弦理论的背景相关性和圈量子引力理论的背景无关性上。背景相关首先就

---

① Sklar, L., *Philosophy and Spacetime Physics*（University of California Press），P. 8.

② 这一方面的典型论述有：Earman. J., *World Enough and Spacetime：Absolute Vs. Relational Theories of Space and Time*（Cambridge, MA：MIT press, 1989）；Norton, J. D., Einstein, the Hole Argument and the Reality of Space, In J. Forge（ed），*Measurement, Realism and Objectivity*，（Boston：D. Reidel, 1987），pp. 153 – 188；L. Smolin, "The Present Moment in Quantum Cosmology：Challenges to the Arguments Elimination of Time".

③ P. A. M. Dirac, Lectures on Quantum Mechanics. Yeshiva University, *Belfer Graduate School of Science Monographs Series*，（1964），No. 2.

预设了时空本体的优先，而背景无关则预设了物质本体的优先地位。那么哪一种理论才是对物理空间最真实的描述呢？应该如何选择？在超弦理论和圈量子引力理论复杂的形式体系中，物理学家和哲学家都在努力探寻，在半个世纪的分道扬镳之后，他们如何在这个问题上得到统一的解答呢？这些问题都是必须回答的。

从超弦理论和圈量子引力理论目前的发展看来，它们的成功和缺陷是互为补充的。超弦理论的微扰展开包含了引力子，在一阶近似上给出了广义相对论，但是它缺乏完备的非微扰和背景无关的公式；圈量子引力理论在提供一个非微扰、背景无关的量子时空自洽的数学和物理学图景上是成功的，但是它与低能动力学的联系目前还不明确。现在有些物理学家正在致力于从基础上融合这两种理论的巨大分歧，虽然只有一小部分物理学家在做这种工作，但无疑这种努力显示了两种理论可能的统一趋向性，而努力的主要途径是寻找一种背景无关的超弦理论。从目前的发展来看，一方面，超弦理论有五种最成功的方案—Ⅰ型、ⅡA型、ⅡB型、杂化E型和杂化O型，它们都预设了背景度规的存在决定着时空的因果结构；而另一方面，超弦理论中存在两种对偶，如果A理论在强耦合下和B理论在弱耦合下相同，则它们是S对偶的。S对偶下，如果f是任何可观察的物理量，λ为耦合常数，则：

$$f_A(\lambda) = f_B\left(\frac{1}{\lambda}\right)$$

同样，如果在大尺度R空间下的紧致化理论A与小尺度1/R空间下的紧致化理论B相同，则它们就是T对偶的。计算表明，ⅡA型和ⅡB型、杂化E型和杂化O型弦论分别是T对偶的，而Ⅰ型和杂化O型、ⅡB型理论自身，分别是S对偶的。这种耦合之下不同弦论之间等价性的发现使得人们期望在弦理论的计算中能够得出背景无关的结果。威藤（Edward Witten）[①]在20世纪90年代初就曾经在这方面做过详细计算，并且给出了背景无关的开弦场论公式。1995年，威藤根据诸种超弦间的对偶性及其在不同弦真空中的关联，猜想存在一个根本的理论能够把它们统一起来，他把这个根本理论取名为M理论。人们研究了五种超弦理论与M理论之间的关系，如图1所示：

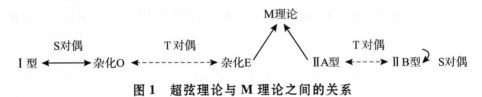

图1　超弦理论与M理论之间的关系

---

① 美国普林斯顿大学教授，1990年菲尔兹奖获得者。——编者注

图中实箭头表示 S 对偶，虚箭头表示 T 对偶。弦论的五种方案由于对偶性而和 M 理论在一个对偶网中联结在一起了，它们分别是单一 M 理论的特殊情形。当然至今 M 理论的具体形式仍未给出，它还处于初级阶段。[①] 有学者认为，要完成对弦理论的理解，人们必须独立于时空来系统地阐述弦理论，其结果可能是一种模型，而时空可能是此种模型中相互作用的弦的关系的结果。就像戴维·格劳斯所说的那样，"原则上，我们可采用弦论并解出方程，然后把弦方程的解作为时空结构的理论，来决定时空拥有什么样的几何。"[②] 虽然这只是许多看法中的一种，但是可以看出，背景无关的超弦理论具有给出与圈量子引力理论关于时空态度一致答案的可能性。

超弦和圈量子引力理论的不同时空预设及其复杂的形式体系使得人们要完全理解它们的物理和哲学含义还需要一定的时间，但是无疑可以看出，物理学家在处理相异时空认识的态度上已经远离了形而上学的针锋相对，而是致力于寻求其统一的可能性，这是物理学理论发展中科学理性作用的鲜明体现，是一种趋于成熟的科学研究方法的展示。

二、量子引力时空理论纵向语境分析

从量子引力理论的时空概念中，人们明显看到，微观领域时空范式的论争超越了时空的绝对性与相对性，转而成为更深的关于时空本体地位的认识论碰撞。这是量子引力理论引起的物理学发展的反常期的重要论战。正如库恩所说，当面临反常或者批评时，科学家对于现存的范式持不同态度，而他们的研究性质也随之改变。[③] 但是在超弦和圈量子引力的争论有它明显的特点，那就是，超弦理论和圈量子引力理论都处于解难题的过程中，是许多并驾齐驱的量子引力理论中的两种，在它们的争论中没有出现试图完全否定对方的现象。超弦理论试图改变它的背景相关性，力图建立一个背景无关的、非微扰的理论，而圈量子引力也试图与超弦理论达到融合和统一。除此之外，量子引力理论显而易见的理论体系的复杂性、时空结构模型的多样性、物理学家思维的灵活性等都是物理学、数学的发展和物理学家思维转换的必然结果，带有很强的时代特色。在此，采用 20 世纪末科学哲学研究中兴起的语境分析方法可以从相对论和现代量子引力理论的比较中纵向地分析时空理论的变换，从整体的角度去把握时空理论变化的深刻含义。

---

① 薛晓舟：《当代量子引力及其哲学反思》，载《自然辩证法通讯》2003 年第 2 期。

② Davies，P. C. W. & J. Brown，eds. ，*Superstring：a theory of Everything？*（Cambridge：Cambridge University Press，1988），pp. 141 – 142.

③ Kuhn，T. S. ，*The Structure of Scientific Revolutions*（University of Chicago Press，1970），P. 90.

物理学理论的语境首先是表征公式、理论解释、物理学家的研究目的和信念等因素的集合，因此，要分析时空理论的变换首先就要从语形、语义和语用的方面去整体地把握。历史地讲，如果说从相对论思想的先驱马赫的相对时空思想向相对论形式语言的转化，可以看做某种形而上的构想向科学理性的转化的话，那么这一转化是以特定的语形背景为基础的。确切地说，是闵可夫斯基空间和黎曼几何的成熟为相对论语言的形式化打好了语形的基础。但与广义相对论对黎曼几何的应用情形不同，研究量子引力的物理学家很难找到一种现成的量子几何形式来描述量子时空的特点。所以，他们在轰轰烈烈地发展量子引力的同时，不得不一点一点地构筑一门新的物理学和数学的分支，来赋予时空新的几何性质。这个过程不仅仅是一种语形上的变换，而是内在地包含了物理学语言的语形、语义和语用的整体语境的变换。

首先，数学成果的现存性决定了时空理论形式语言的空间，即语形语境。闵可夫斯基空间的构造决定了狭义相对论可以在四维时空中确定其运动学方程；黎曼几何的弯曲时空坐标使得广义相对论引力场方程的建立成为可能；超弦理论中卡—丘空间的存在让理论的高维时空模型得以展现；而超弦和圈量子引力理论中群论、微分几何、流形、拓扑、非对易几何等的成功运用使得人们可以在严密的逻辑框架内得出时空在普朗克尺度下离散的结果。很大程度上，不同历史时期数学成果的现存性总能为时空理论框架披上华美的数学外衣，使其思想系统化、形式化、精确化和整体化，从而使时空范式明确化。只有在形式化的时空范式下，才能理解物理学各个领域细枝末节的理论。数学语言是物理学思想的形式语言，也是物理学与实验、现实世界得以联系起来的桥梁和纽带，只有通过数学的模型和计算，才能确定一个理论的精确性和可行性。但是，物理学理论的不可逾越性也来自数学成果的现存性，时空理论的发展也同样受到数学成果现存性的制约。马赫在19世纪末就曾经提出过高维时空的可能性，但在没有数学支持的情况下，思维无法深入，他很快便否定了自己的这一想法。现代量子引力理论也面临着需要新的数学工具才能展现其思路的情况。所以，语形语境作为时空理论形式语言的空间一方面是促进理论发展的因素，一方面又是制约它发展的因素，现代时空理论的形式体系是与语形语境的变化紧密相关的。

其次，时空理论研究范围和思路的转变决定了其语义语境的转换。时空理论从宏观发展到微观，经历了公式的不断变化，即语形的不断转变。而在此过程中，不断有新的物理学概念的提出，不断有新旧物理学符号和数学符号的更替。一方面，不同的概念和符号其所指的含义不同，特定的概念与符号被赋予了特定的意义；另一方面，相同的概念和符号在不同的研究范围、不同的公式体系中由于指称方式和对象的不同，往往有着不同的物理含义，这就构成了时空理论中语义语境的转换。例如，引力理论中 $g_{\mu\nu}$ 作为度规张量，在广义相对论中的所指是宏观的连续、弯曲的黎曼空间度规，而在超弦理论中它却不再是黎曼几何意义上的度规。而且，即便同样是在超弦理论中，不同的文献对 $g_{\mu\nu}$ 的选择也不尽相同，比如弦论中一种矩阵理论的拉氏量（玻色部分）是：

$$L \sim \frac{1}{2} Tr\left(\dot{X}^2 + \frac{1}{2} [X^i, X^j]^2 \right)$$

标志矩阵 X^i 的指数随闵可夫斯基度规或升或降，并且理论是洛伦兹不变的。换个形式说，拉氏量实际是：

$$L \sim \frac{1}{2} Tr\left(g^{00} g^{ij} \dot{X}_i \dot{X}_j + \frac{1}{2} g^{ik} g^{jl} [X_i, X_j][X_k, X_l] \right)$$

这里，g 是取闵可夫斯基背景度规，隐含了理论作用中平直的背景。[1] 但在有些理论中，$g_{\mu\nu}$ 并不取闵可夫斯基度规，而是取量子有效作用量（quantum effective action）的解。也就是说，相同的物理概念或者符号在不同理论中因指称条件的不同可能有着不同的物理含义，而概念与符号指称条件的确定依赖于主体的认识论背景和理论背景，确定指称的方式不同，说明它所依赖的理论背景和认识论背景的内容也不同。[2] 再比如说超弦理论中额外六维紧致化的卡—丘空间，卡—丘流形的总数多到数百万个，但是目前却不清楚应该选取哪一类来作为人类世界的真实描述。同一个概念包含了多种可能的内涵，这样，不同物理学家对不同卡—丘流形的选取即意味着不同理论形式、不同物理含义的形成，这便造成了概念的语义扩张。这种语义的扩张通过再语境化的功能转而又成为各种不同的新理论的语义语境，时空理论的动态发展过程充满着这种语义转变的再语境化功能的影响。

再次，不同形式语言的选取和构造反映了语用语境的动态变换。这主要反映在现代量子引力理论研究中物理学家和数学家对不同数学逻辑体系的选取、不同新数学工具的构建上。这里，语用语境成为一切建构的出发点和生长点，其语用性明显地体现了研究者从他们各自不同的理论认识结果，而不是从基础原因方面来考察知识并对发展的方向做出影响。这从实质上反映了他们研究目的、思维方式、理论背景和价值取向的不同。这种语用语境带有很强的经验意义，也即是说，在物理学家和数学家以不同的（超弦或圈量子引力）理论作为其理论经验

① Carlo Rovelli, Strings, Loops and Others: a Critical Survey of the Present Approaches to Quantum Gravity, Plenary Lecture on Quantum Gravity at the GR15 Conference, Poona, India, 7 Apr 1998.

② Howard Sankey, Failure Between Theories, *Study in History and Philosophy of Science*, Vol. 22 (1991) 2, P. 226.

并因之而确定了它们不同的科学信仰和价值取向时，他们在以后为了理论求解而选用或构造的相关形式系统就会大相迥异。比如在圈量子理论中，物理学家在继承了背景无关的思想之后，为了避免理论缺乏背景空间造成的难题，他们选取了把量子理论定义为经典可观察量的泊松代数的表示，并且这里的泊松代数可以在无度规背景的情况下定义。

概括来讲，时空理论语形语境的不同确定了理论研究的范围以及能在多么深的程度上反映物理空间的结构；建立在不同语形基础之上的物理空间结构也就确定了形式语言的含义，即语义的不同；而语言形式的多种选择和语义的不同造成了物理学家和数学家的不同"理论经验"，也就造成了他们不同的理论信仰和价值趋向，造成了研究过程中语用的不同；而不同的语用语境下构建的形式体系的不同也就自然而然地造成了语形语境的不同。可见，时空理论的语境转换实质上是语形、语义、语用共同转换的结果，是一个环环相扣的整体演化的动态系统，如图 2 所示：

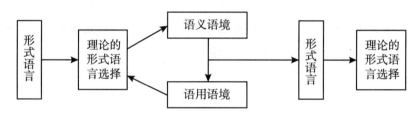

图 2　时空理论的语境转换

在对现代物理学的哲学研究中，这种整体性地从语境的角度考察理论的发展已经是一种现实的方法论趋向了，但是对于时空理论而言，语境分析的方法却尤显重要，这主要是由时空客体的特殊性决定的。与物理学研究的一般客体（包括目前意义上来说不可观察的微观客体，因为它们是物理学逻辑演化的结果，有其可观察的理论、实验根源）相比较而言，时空客体的特殊性在于其不可观察性和作为物理理论逻辑基础决定性的重要地位。逻辑基础的地位决定了对时空客体的认识主导着理论的发展方向，而不可观察性造成了对其进行哲学研究的过程中观察、实验环节的缺失。这样，时空理论的本体预设、语言演绎、理论解释就成为对其进行哲学研究的所有材料，因此，对时空理论进行语形、语义和语用的分析就显得尤其重要。以量子时空思想的推理过程之一为例：从广义相对论得知，时空与其他物理客体一样，其度规是动力学的；而量子力学告诉人们，所有的动力学实体都有量子特性，那么逻辑推论的结果是：在量子引力理论中，人们期望时空度规服从海森堡测不准原理，以小的波包或者时空量子等的形式出现。整个推理的过程都是在严密的逻辑范围中进行的，人们没有对时空客体进行直接检验的可能性。在此，表征公式及理论解释的自然语言、物理学家对相对论和量子力学含义的理解以及他们所使用的数学物理方法等便成为研究时空可获得的全部材料。在时空客体不能进行实验检验的情况下，对这些材料的理解极为关键，不同的理解完全有可能得出不同的时空理论。所以，时空客体的特殊性造成了时空理论研究的语境依赖性。

三、量子引力时空理论横向语境分析

时空理论的纵向语境分析阐明了量子引力理论的语形、语义和语用的发展变化，接下来对现代量子引力理论做出一个横向的语境分析以求更全面、更深入地理解量子引力时空理论的逻辑基础及逻辑演化的过程。所谓横断面是指把量子引力理论的整个体系，包括理论的提出和理论的求解，作为一个大的横断面，从语境分析的角度寻求说明理论的方法论意义。

1. 量子引力理论提出的现实语境

首先，量子引力理论是研究广义相对论和量子力学相结合的理论，但是量子力学的形式体系在量子引力理论中却遇到了困难。从理论根源上看，量子引力理论的建立有它自身特殊的现实语境，即广义相对论和量子理论自身的问题及其不相容性。人们知道，一个量子系统的波函数由系统的薛定谔方程

$$H\Psi = i\hbar \frac{\partial}{\partial t}\Psi$$

所决定，方程式左边的哈密顿量 H 包含了对系统有影响的各种外场的作用。但是薛定谔方程属于非相对论量子力学，对于引力是不适合的。从广义相对论来讲，广义相对论的基本方程是引力场方程，方程的左边是描述时空的爱因斯坦张量 $R_{\mu\nu}$，而右边是物质的能动张量 $T_{\mu\nu}$，将时空的弯曲程度归结为里面的物质分布。这是一个经典意义上的方程。而如果考虑量子效应，人们知道物质场都是量子化了的，从而方程右边的物质能动张量 $T_{\mu\nu}$ 将不再是经典的量，而应该被量子化而成为算符。但是在弯曲时空量子场论中讨论空间时间度量性质的时候，$R_{\mu\nu}$ 仍然是经典的，这在理论上极不自洽。

其次，虽然广义相对论和量子理论在各自的领域中都获得了巨大的实验上的成功，但是它们也都面临着一些尖锐的问题。比如广义相对论所描述的时空在很多情况下——比如在黑洞的中心或宇宙的初始状态——存在所谓的"奇点"。在这些奇点上时空曲率和物质密度都趋于无穷。这些无穷大的出现是理论被推广到其适用范围之外的强烈征兆。无独有偶，量子理论同样被无穷大所困扰，虽然由于所谓重整化方法的使用而暂得偏安一隅。但从理论结构的角度看，这些无穷大的出现预示着今天的量子理论很可能只是某种更基础的理论在低能区的"有效

理论"。因此广义相对论和量子理论不可能是物理理论的终极解。[1]

再次,从物理学概念的发展上来说。从牛顿时代到 20 世纪初,物理学一直建立在很少数关键概念上,比如空间、时间、因果律和物质等。在 20 世纪前四分之一时期,量子理论和广义相对论的成功把这些简单的概念基础进行了深刻的修正。而这种修正在它们各自内部的一致性和适用性却无法运用到它们之间的融合中去,没有一个新的一致的概念可以同时包容这两个理论。这是目前物理学的发展必然要解决的一个问题。因此,必定会发生一场大的概念革命,最终为物理学概念找到一个新的综合点。

以上三个原因构成了量子引力理论产生的现实语境。在这种语境下,寻求一个包含广义相对论和量子理论基本特点的更普遍的理论就成为一种合乎逻辑和经验的努力。量子引力的现实语境表明,用思辨的方式把握的客观世界的外部信息决定了人们关于物理实在的观念决不是最终的。在不同的语境下,为了用逻辑上最完美的方式正确地处理所探索到的事实,必须尝试改变物理学的公理基础。因而,时空图景的改变正是语境下的改变。

2. 量子引力理论求解的语境选择

分析量子引力理论求解的过程,可以看到这是一个充满着语境选择的过程。由于理论体系的复杂性,不可能给出所有过程的详尽分析,只能通过案例加以说明。威藤在 1992 年曾经试图给出一个背景无关的开弦场论的公式,[2] 在此,以这个过程为例,分析理论求解过程中的语境选择。

首先,这个问题提出的基础是:当时弦论的世界面和 σ 模型公式可以很明显地以背景无关的方式处理任何问题,所以人们普遍猜测应当以某种方式通过发现一种"所有二维场论空间"中适当的规范不变的拉氏量来在这样的空间中处理弦场理论。但是要构造这样的理论存在两个困难:其一,定义这样的空间要求其切空间应该是所有局域算符的空间,包括高维算符、负维时间相关算符和包含镜像场的算符。而量子场论的紫外发散难题使得很难定义拥有这种切空间的"所有二维场论的空间"。其二,人们不知道这样的空间需要什么特性才能定义规范不变的拉氏量。威藤对第二个难题做了详尽的求解,而需要注意的是:

(1) 理论构造的范围及求解目标的确定。首先确定了理论构造的范围,即考虑开弦。把理论的范围限制在开弦场论,就避免了要直接求解背景无关的所有弦场理论的诸多难以求解的问题,以求局部突破之后可以逐渐拓展到整个弦场范围。因此,范围的限定就是整个理论求解的基本语境,只有在开弦这个特定的语

---

① 卢昌海:《追寻引力的量子理论》,载《三思科学》(电子杂志)2003 年夏季合刊第 7 期。

② Edward Witten, On Background-Independent Open-String Field Theory, *Physical Review D*, Vol. 46 (December, 1992), No. 12, 15, pp. 5467 - 5473.

境中，求解的形式语言体系、论证过程和模型的解释才是有效的。因而，考虑开弦就意味着决定了世界面作用、对应于选择一个闭弦背景的静止的内部作用和任意边界相互作用，并且通过它们定义了开弦世界面理论，这样就决定了理论求解的目标是要在所有这种开弦世界面理论上定义规范不变的拉氏量。在这里，目标相对于理论构造的范围而言是语境化了的。

在此语境的主要功能是给出了相关的制约：一方面，理论探索中研究的视野受到了语境的制约；另一方面，公式与符号演算的范围也受到了制约。开弦场论的选取内在地决定了在理论进行探索的这个阶段当中，研究者要解决的困难范围是什么，理论所运用的概念和符号的意义是什么，什么是最需要解决的事实，而把那些暂时解决不了的，比如说闭弦的问题，"悬置"起来。

（2）形式语言的空间及论证策略。在求解过程中，威藤采用了巴塔林—维尔可维斯基 BV，（Batlin-Vilkovisky）形式。BV 形式是当时在闭弦场论中提出来的新方法，它在构造和理解经典的和量子的闭弦场论中、在量子化开弦理论中以及在弦的 Ward 恒等式中都有成功的运用。他采用 BV 形式是为了含蓄地定义假设的"所有开弦世界面理论空间"中规范不变的拉氏量。BV 形式的选择构成了背景无关开弦场论的形式语境，由这一套语言刻画的形式演绎结构很大程度上构成了理论语境化了的形式系统。它的运用使得作用函数遵循的规范变换规则是封闭和严格定义的，语境地决定了构造规范不变的拉氏量的策略：（a）在所有的"开弦理论世界面空间"中，可以找到一个费米矢量场 V，ghost 数为 1，遵循 $V^2 = 0$。（b）在同样的空间中，可以发现 V–不变的反括号。那么拉氏量 S 就由 $dS = i_v\omega$ 决定，它是规范不变的。这样，对规范不变的拉氏量的构造，也就是对背景无关的开弦场论的构造，就取决于费米矢量场 V 和 V–不变的反括号的定义。

BV 形式作为理论语形语境的重要性表现在，一方面，语形语境成为理论形式体系的决定性因素，对理论论证策略的形成有着决定性的作用；而另一方面，语形语境也非孤立地存在，它包含了大量的信息。比如说 BV 形式之所以能够作为这个理论的基本形式语言，是因为它在其他一系列理论中的成功运用。它的成功内在地包含了语义和语用的确定，同时也暗示了本理论和其他理论交流的可能性，从而表现了语境的整体关联性。

（3）论证过程的完成。最后威藤通过对开弦量子场论在圆面 $\sum$ 上进行公式化，在所有开弦世界面理论的空间中定义了费米矢量场 V。其中要求开弦场论在 $\sum$ 的刚性旋转下不变，但不要求它有其他对称性，比如保形不变性。这样就要求必须赋予 $\sum$ 度规（而不仅仅是保形结构）。在 V–不变的反括号定义中首先解释了在壳反括号的定义和公式，为了可以在离壳时处理选择从 $\sum$ 边界算符的角度重新表述那些方程。V 和反括号的定义满足了构造规范不变的拉氏量的两个充分必要条件，因此得出了背景无关的开弦场论，完成了求解和论证过程，得到 $V'=0$ 的一组方程。这些方程在相对意义上讲是背景无关的，在构造中不存在开弦背景的先天选择。

可以看出，在背景无关的开弦场论的构造及论证过程中，充满了语境的选择。从形式语言空间的选取到论证策略的实施再到论证过程的完成，是一个语境化的动态整体过程，语境的制约功能，语形的规定、语义的阐释以及语用的预设，都是理论形成中必不可少的要素。这从一个侧面反映了整个量子引力理论的演化，量子引力理论基于物理学和数学长期的积累，其成熟的物理思想、庞杂的形式体系、繁复的推演结构是一个复杂的多层次体系，内在地包容了太多历史与现实的语境因素，要彻底地把握它必须拥有深厚的专业知识和灵活的哲学思维。因此，在语境的基础上，整体地和宏观地综合考虑是对量子引力理论进行哲学阐释的一种切实可行的方法论。

四、结语：语境下的统一

以上对量子引力理论纵向和横向的详细语境分析已经提供了整体把握量子引力理论及其时空观的新的方法论视角。语境分析依赖语形、语义和语用综合的分析能力给出量子引力理论的语言形式、为什么以及何时该语言形式被选择，从历史和现实、交流的内容和目的等统一性上说明理论存在的关联和意义。任何一个时空理论模型都有着特定的"语境假设"，这种假设的条件、结构及其目标均是在现有背景框架下直觉地或者逻辑地构造的，它既存在着强烈的理论背景，又蕴涵着明确的心理意向。在语境分析的基础上，人们能够容易理解时空理论中本体论、认识论和方法论的转变，从本体论、认识论和方法论上把握时空理论由宏观向微观、由单一向多样性发展的语境因素及哲学意义。

首先，本体性的超越。相对时空观的提出最初是建立在马赫实证论哲学的语境之上的，在"经验的符合"和"解释的成功"等价的实证论哲学中，经验性和物理客体的本体论性紧密相关。马赫试图通过对牛顿水桶实验的反驳证明绝对空间的不存在，无疑带有很强的思辨和形而上学的性质。爱因斯坦的相对论体系在科学理性的层面取得了相对时空观的胜利，这其中实验验证的步骤仍然具有决定性意义。但是量子引力理论作为远远超出经验范围的微观时空理论，其经验验证的可能性到目前为止微乎其微。什么才是理论成功的决定性因素？从量子引力理论的多样性和竞争性来看，物理学家在达不到实验验证的情况下，对待理论的态度上暂时超越了对本体性的追求，在对理论前景的决定性因素中，"论证的优劣"代替了"经验的符合"。比如说，超弦和圈量子引力对时空的不同处理说明物理学家对时空的认识有所不同，因此它们的时空本体论预设不同，但是这并不会阻碍理论的发展。它们都能做出普朗克尺度下时空离散的计算，都能得出与霍金—贝肯斯坦公式相符合的黑洞熵公式，也都获得了各自理论推演的其他相对成功之处，这使它们获得了论证上的优势，因此它们便优越于其他各种量子引力方法。也就是说，物理学家在理论发展的一定阶段不再追求时空的本体到底是哪一种确切的形式，而是从理论论证的意义上决定时空理论的优劣，把"论证的符合"和"解释的成功"看做相关的，这是一种对本体论性的暂时超越，同时也是理论发展的必经阶段。

其次，认识论意义的转变。在理论的选择超越本体论性以后，从认识论上信仰理论实体还是从语用上承认经验适当的理论实体，就不是科学本身的确证性问题了。物理学家无须在时空本体的认识上达成一致就可以在不同理论的逻辑体系内求解方程，并对它们做出物理解释，这并不会影响到理论本身的发展。比如说超弦理论和圈量子引力理论在逻辑上都是自洽的，也同样地对时空的量子结构和黑洞熵的计算都做出了成功的说明，因此就有量子引力理论中时空理论多样性的存在。这表明，一种理论的说明或解释之所以成功的原因，就在于它赋予了人们对特定语境中难题的求解。[①] 没有任何解释或证明是唯一正确的，不同语境中的不同说明或解释不存在绝对的同一性，因而在不同的语境中，说明的意义或语境的意义是不同的。所以，在某种程度上讲，"不存在超越语境的，具有独立意义的正确说明"。[②] 再比如超弦理论的计算结果中包含的引力子，目前来说是一种纯几何的粒子，它是理论发展的产物，现实世界中无法观察，但它却与时空理论关系密切。在马赫的实证论哲学中，时空是经验物质相互作用的结果，决不会有纯几何的粒子，但是，超弦理论论证的合理性使它继续显示着强大的生命力。这表明在超越本体论性之后，对理论实体的态度变得淡化，转而侧重于科学语境的解释问题。只有从语境基础去把握和认识，从整体的角度去理解时空理论的多样性，才是目前正确的科学态度。因为，对语境下多种模型并存的承认是科学可操作性的要求。

最后，方法论的统一。从牛顿时空到量子引力时空理论一步步的发展表明，时空理论并不是孤立的构造，事实上它镶嵌于广阔的认识论语境之中。它的发展内在地包含了不同时代物理学家对时空本质的思索、数学理论的发展和物理学形式体系的深入、表征公式和符号的语义变换与扩张、物理学家思维由绝对向相对的转化等一系列语境因素，并且这些因素在时空理论的动态发展中环环相扣，是

---

① 郭贵春：《科学实在论的方法论辩护》，科学出版社 2004 年版，第 42 页。

② Jarrett Leplin, *A Novel Defence of Scientific Realism* (Oxford：Oxford University Press, 1997), P. 27.

一个错综复杂的有机整体。因此，要理解现代量子引力时空理论的意义，就需要一种"超越分割，走向整体"的方法论，语境地、整体地去分析。只有超越简单的分割方法论，站在整体论的立场上，才能真正合理地理解理论的意义。在此，语境分析为解析时空理论的诸多元语境因素及其相互关联提供了一种统一的方法论，并由此构成了整个空间的十分"经济"的基础。语境分析的优点在于：第一，层次性与整体性的统一。一方面使得元语境各自的作用和影响详尽展现；另一方面又超越了简单的分割，将各种元语境交互地融合在一起，使得各元素结合得更紧密，渗透得更深入，交融得更有机。第二，历时性和共时性的结合。可以使各个不同历史时期不同时空理论的先后更迭以及各个时期时空理论鲜明的时代特色得到整体的、详尽的展示。第三，绝对性和相对性的一致。从而使得物理学追求时空本质的最终目标与理论发展中暂时的对时空本体性的超越、对理论实体态度的淡化在语境基础上达到一致，最终达到认识时空本质的目的。另外，语境分析方法以其开放性和系统性，促进了不同观点的交流，对现代量子理论的多样性给出了一个合理地位，并为不同的时空理论确立了对话的平台，有助于理解不同理论的内涵及其内在的统一性。总之，语境分析方法以多层次、多视角来理解概念、观念和理论的内在意义和言外之意，具有独特的方法论优势。

在对量子引力问题的讨论中，其成果也是很重要的一方面，它决定了理论的生命力，而鉴于关于超弦和圈量子引力理论的成果及其对物理学统一的影响已在许多文献中有了详尽的说明，这里不再赘述。最后要强调的是：量子引力含有物理学统一的思想，也是人们争论的焦点，在审视理论的合理性时，要从语境的角度正确地认识物理学统一和时空认识统一的这种尝试。一方面，要深刻地洞察这种统一的重大意义，因为这不仅仅是物理学意义上的电磁力、强相互作用力、弱相互作用力和引力四种自然界基本作用力的统一，也不仅仅是广义相对论和量子力学这两大物理学支柱的统一，它还是语境基础上思维多样性、理论多样性和方法论多样性在科学理性层面上的大统一，更是哲学和物理学在 20 世纪末 21 世纪初的深刻交融。而另一方面，要认识到统一的路还很长很复杂，难以预料最终的结果。但是，从语境基础上去把握量子引力的哲学含义，认识其发展的特征，是一种方法论上的崭新尝试，这种方法的系统性和开放性对人们理解现代物理学甚至是整个自然科学的发展无疑都具有很强的导引价值。

（郭贵春　程　瑞）

案例研究之五

生物学解释的语境演变

对于历史悠久、发展坎坷的生物学来说，其解释形式的演变基本上代表了整个生物科学的发展历程。虽然每个阶段的解释形式及着眼点不尽相同，但是，它们都采用构建一种解释框架的方式来对整个生物学知识体系进行诠释，这一解释框架类似于一种广义的解释语境。对于一种知识主张的真值条件必须部分地依赖于做出或确定这种主张的语境，[①] 所以解释语境在生物学解释中的体现方式以及具体作用本身是值得探讨的，这是因为即便经历了千年的发展，生物科学中最初所思考的一系列问题还是没有找到完整而满意的答复，预言和假设在研究中的地位始终都是占有主导地位的，研究中所涉及的理论实体存在于这些科学预言和科学假设之中。同时伴随着理论的背景，包括研究者的、认识条件的、社会环境因素的影响，形成了存在于不同历史阶段语境化的理论解释模型。虽然在对生物学研究时，人们总是倾向于把这种努力方向看做一贯的，然而事实上并非如此。因为从远古到中古时期、近代乃至现代，对于生物学的研究，无论从研究的对象、目的、手段以及认识基础、先期理念都有着很大不同。研究的方向性和概括性千差万别。因而在每一时期，生物学领域内对于研究对象的解释形式是不尽相同的，并且这些解释并不存在定律性，历史上的大部分时期，生物学解释是陈述性的，而陈述性解释在很大程度上是历史的重构，不是从自然规律中推导出来的，[②] 但是到了现代，在分子领域的生物学中，一些规律性质的解释已经在研究中大量被采用，通过在分子领域的生物学解释统一了生物学的解释基础。所以，无论是哪个时期的生物学解释范畴，本身都包含在各自特有的解释语境中，而这种独立的解释语境又有着自身的显现语境以及潜在语境[③]作为背景支撑，发挥着自身的理论解释作用。

一、早期分类学模式的建立

在早期人类的时代，并没有专职的自然科学家，所以更不会有专门的研究生

① Nancy Daukas, Skepticism, Contextualism, and the Epistemic "Ordinary", *The Philosophical Forum*, (2002) 33, P. 63.

② D. L. Hull. Historical entities & historical narratives Minds, *Machines & Evolution*, *Philosophical Studies*, 23~32. edited by Chvistophen Hookueay (Cambridge University Press, 1981), P. 31.

③ 郭贵春：《科学实在论的方法论辩护》，科学出版社 2004 年版，第 70 页。

359

物学的职业，这项工作大多是自然哲学家的专利。同时，由于认知手段的限制，往往人们通过归纳经验来确立有关生物学的知识，并且所涉及的范围以及研究目的也不过是因日常生产生活的需要而确立或是一种出于求知者角度的冥思。比如，在古希腊时期，哲学家对生物学的关注大多打上了本体论的烙印，而对于生物体的解释也大多无法脱离一种"完美主义"的情节。在这种情结的作用下，自然哲学家往往直接将生物学中的研究客体定义为完美而又神秘的自在之物，对于其解释也充满了理想化的描述，此时的生物学解释与其说是学说不如称之为一种带有哲学家个人理想的理念。在这种情况持续很长时间后，生物科学才迎来了划时代的改变，这就不得不谈到亚里士多德，他本人在生物学研究中抛弃了古希腊哲人那种一贯的纯思辨传统，亲自对动物进行解剖，同时提出研究动植物种类的重要性，强调在研究中运用"形式"（forms）理论来进行动植物的分类，并运用"属"（genus）和"种"（species）作为分类的范畴，从而将一种新的研究方法带入了生物学研究，成为生物分类学的雏形。亚里士多德的学生德奥弗拉斯特和斯特拉图继承并发扬了其生物学研究的方法，他们同样也是主张摆脱那些自然哲人所标榜的思辨逻辑作为探讨生物学的方法，通过实验观察的方法，并且提出不要用那些先入为主的主观预设来干扰研究，即反对带有目的论的研究。这无疑为正在混沌中的生物学研究点亮了明灯。在观念革新的推动下，对生物的分类研究方法成为公认的模式，分类信息构成了生物界的图景，研究者的工作就是不断充实这些信息并完善分类。

在这一时期的生物学解释正处于由过去那种"形而上学"向一门实验科学转变，其突破性体现在一种新的研究方式的转变。得益于这种转变，对于生物学领域知识的解释也不再是那种自我中心的、具有主观倾向的"完美解释"，而逐渐形成了以观察分类为手段的专门研究，以实验结果的客观事实来认识生物体。此时的生物学解释的内涵还停留在浅显的动植物分类认知上，整个生物学解释的语境表现为对人所能接触到的自然界的生物体进行有效区分并进行个体分类认识，它既概括了这一时期内生物学研究的范围与研究方向，同时也在潜移默化中规范了生物学研究的基本形式以及基本框架，确立了延续至近代生物学研究的方法。总结此时生物学解释可概括为以下两点：

首先，由于处于向实验科学的转变过程中，生物学解释的范围还是十分有限的，仅仅处在对各个已知或未知物种的基本鉴识和分类的工作上。所以相应的解释语境只表现为一个由已知或未知物种构成的生物分类框架。但这一框架无疑又是伟大的，它踏碎原有的那种缥缈的、纯哲思性质的生物界图景，开创了一种现实、明晰的通向合理解释之路，为后继的解释者指明了方向并开始了生物科学知识的原始积累。

其次，受认知水平所限，对生物个体的研究仅仅停留在差异性和共同性的划分，肤浅的研究层面制约了解释能力。因此原有的主观性理念仍然影响着对于诸如生物发生以及胚胎学等问题的认识，解释语境不可避免地被社会意识形态左右着，很难形成有着严格逻辑演绎框架的知识系统。但是通过对已确立的解释框架进行不断的完善以及随着框架内包含问题的不断解决，又会不断地抑制这种主观观念的影响，尽管在一些情况下社会观念会迫使解释能力产生倒退。

二、从分类科学到分析科学的转变

到近代第一次科技革命时期，以物理、化学、数学为代表的科学突破了旧有的科学观念，并对生物学造成了极大冲击。随着科学方法论研究的兴起，生物学的研究也逐渐发生了改变。培根在《学术的进步》一书中提出了"培根法"，这在之后的日子里甚至等同于科学的方法。他所强调的方法即科学归纳法中认为感觉是完全可靠的，是一切知识的源泉。在纳格尔观点看来，归纳是指一个理论的解释或者一套实验定律在所探寻的一个领域的建立，尽管一个理论通常并不能同时作为一些其他领域的解释。[①] 科学是试验的科学，科学就是在用理性方法去整理感性材料，归纳、分析、比较、观察和实验是理性方法的主要条件。与亚里士多德的简单枚举归纳不同，培根认为它的归纳法才是科学的。也正是由于培根的工作，穆勒继续研究了在确立因果联系基础上的科学归纳方法，在逻辑史上，这些方法被称为培根法。穆勒最终确立了"科学归纳法"的五条法则：求同法、差异法、求同差异法、剩余法以及共变法。一定程度上这些方法成了生物学走向分析科学的理论基础。例如达尔文声称其进化论思想便是使用了培根法对已有知识进行再分析的结果。

另一方面，化学方法进入生物学研究改变了其解释的形式。巴斯德否定了旧有自然发生学说从而促成了新的自然发生学说的形成，即生命体与物质世界是同构的。所以，对于物质世界的研究方法也同样适用于生物学研究。例如化学家赫尔蒙特就认为生命基本上就是一个化学现象，他复活和革新了有关生命的化学解释，相信所有的生理现象都可被解释为化学活动。以他的观点看来，体内的化学过程存在于各个器官之中，由一系列不同等级的"生基"（archaei）所控制。隶属于生基的是一个他称之为"动因"（blas）的实体，对应于人类所有的特殊功能，存在着一种特别的"人类动因"（blas humanum），而对应于普通的生理过

---

① Nagel, E. *The structure of science* (London：Routledge and Kegan Paul, 1961), P. 338.

程，则存在着其他种类的"动因"。[①] 可以认为，世界的同一性已成为生物学解释的支柱之一，为其他学科研究方法引入生物学研究打开了大门。同时运用化学来解释生物学的尝试为解释生命的起源以及构成基础找到了新方法，生命的基础可用化学符号来表达。例如腺嘌呤的实验室模拟合成很好地证明了生命物质可以发生于物质世界，其解释的形式就是以化学的方式来完成的。如图 1 所示：

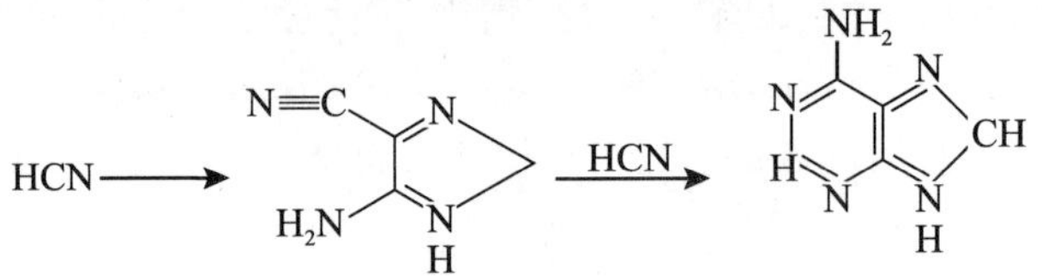

图 1　生物学研究的化学解释形式

生物学解释的语境在这些背景之下引发了新的转变：

首先，原有的分类学研究在经过长时间的知识积累之后已达到一个相当成熟的阶段，生物界按照一定等级进行了划分，形成了严密的生物界架构。虽然还不健全，但分类学的不断完善标志着人们对其研究已走入了消化分析阶段，早期被束之高阁的生物起源的研究重新兴起，早期进化思想便是这一阶段的产物。在这些条件下，生物学解释所作的就是综合已有的知识材料对存在的未知问题进行思考，这一过程表现为：

知识材料 + 科学研究方法→预期解释。

其次，科学仪器的引入延伸了人们的认知领域，仪器观测成为生物学研究越来越依赖的手段。而以此产生的变化就是仪器在测量条件下的观测客体成为新一阶段下走向微观的生物学的新的解释对象，这种解释的合理性是建立在这种测量活动的准确性基础之上的。作为测量的主体、环境、方法、媒介以及测量仪器本身共同为结果的合理性负责，构成测量的语境。[②] 而测量的过程表述为 $R = T_m\ (a)$，即测量结果 R 为测量读值 a 通过测量语境 T_m 转化后的表现形式，对于真实值 R' 来说，测量的误差 $\Delta R = R - R'$，且 ΔR 只与 T_m 有关。

第三，学科的交叉引发了生物学解释尝试的新突破。伴随着化学的、物理的方法的引入，生物学解释方式也发生了革命性的改变。由于在旧有框架下生物学解释工作已基本完成，原有的研究形式也越来越不能作为主流的生物学研究形式，化学的、物理的解释尝试重新建立了一个新的解释框架，而它们的特有分析方法正逐渐融入生物学的研究。如生理学的突破在很大程度上得益于大批化学家的参与，他们将生命体作为一个化学系统来看待，试图通过化学分析来研究生命

---

① 　Lois N. Magner，《生命科学史》，百花文艺出版社 2002 年版，第 430 ~ 433 页。

② 　郭贵春、殷杰：《科学哲学教程》，山西科学技术出版社 2003 年版，第 25 ~ 29 页。

的奥秘。

三、走向分子水平的生物学解释语境演变

尽管《物种起源》在生物学发展史上的地位毋庸置疑，但进化论的思想并不适合用严格精密的实验条件来检验，所以比起此时生物学的其他分支，如生理学、细胞理论、胚胎学、动物化学甚至微生物学来说，这一学说的建立是很难符合当时主流的实验科学精神的。① 解释能力的不足使其长期受人诟病，生物学研究焦点的转移成为必然。孟德尔遗传规律的发现使生物学开始了遗传学解释的转向，生物分类学的工作也逐渐淡出了生物学研究的前沿。而孟德尔在其遗传学中所提出的决定生物遗传性状的"因子"，也就是现在人们所熟知的基因成了生物学的研究核心。对于这种"因子"的存在以及机制的研究左右了之后整个生物学的进程，因而，构建一个以基因为核心的生物学解释新框架的工作正式拉开了序幕。

20世纪初，量子理论统一了物理学和化学，解释了物质的精细结构。生物学开始从这些新的物理化学思想中受益。比如量子物理学家德尔布鲁克和薛定谔都有着共同的观点，主张以量子理论来解释生物学问题，并且认为物理学的公理和方法同样适用于生物科学。② 这些思想上的转变直接导致了生物学的新的解释前沿，即分子生物学的诞生。作为分子生物领域的伟大突破，基因（DNA）的发现给予了生物学新的解释内涵，而基因（DNA）模型也符合了之前所有解释途径对基因的描述，它是一个理想化的解释框架，不但很好承袭了已有的生物学解释，并且接替之前所有解释框架而开拓了新的生物学解释领域，形成一个可以继续拓展生物学解释途径的平台。

对于现代生物学研究的转变，还有一个革命性的变化就是形式化逻辑体系在对基因研究中的引入。德国数学家希尔伯特作为形式主义的奠基人，首先在数学上提出公理方法，即一种构造科学理论的方法，在这种科学理论中，某些公理作为出发点而被置于基础的位置，成为无须证明的真理，其他命题可以从逻辑上借助证明而推导出来。在公理化基础上推行形式化，以符号表述公理以及演绎过程。数理逻辑的产生和发展极大地扩充了形式逻辑的内容，开辟了现代形式逻辑的新领域。它用形式化的方法研究思维的形式结构及其规律，即用一套特制的表义符号去表示概念判断和推理，表示它们的逻辑形式及结构，从而把对概念、判断、推理的研究转化为对形式符号表达系统的研究。这样来研究的概念、判断、推理的形式，就是概念形式（个体表达式、谓词表达式、量词符号等）、命题形

---

① Lois N. Magner，《生命科学史》，百花文艺出版社2002年版，第475~477页。

② Dave A. Micklos，Greg A. Freyer，*DNA Science：A First Course，second edition*（Cold Spring Harbor Laboratory Press，2003），pp. 4~5.

式、推理、论证形式。① 这种符号表义形式的应用是整个科学界所推崇的，生物科学的发展也同样离不开逻辑表述体系的确立。在基因（DNA）概念提出后，生物学研究走向了新阶段。1958 年克里克首次对核酸和蛋白质的相互关系提出了中心法则（central dogma），此法则奠定了分子生物学的理论基础。不久，研究者便用精简了的符号表示这四种碱基（A、G、C、T）以及它们的关系，即在一段双链 DNA 中 A + G = T + C 且 A = T、G = C，也就是著名的"查尔加夫规则"。同时，由于 DNA 碱基成分随着来源的不同又表现出很大的差异，所以四种碱基可以任意方式排列，表现出极大的多样性和特异性，能够得到 4 100 种不同的排列方式。这一系列规则的发现，使人们自然地将其与语言相联系，因为这一规则的存在再加上这些专用符号的引入使得这些序列串更像是记载了生命信息的文字。这一切使得形式逻辑体系在生物学研究中的应用成为可能，研究者可以通过这些表示遗传信息的碱基序列来研究人类难以观察、无法有效描述的微观生命现象，并通过对这些序列符号的研究达到解释微观生命活动的目的，一项新的生物学解释工作再次展开。到了目前，为了全面了解基因、蛋白质和环境对生物过程的影响，需要生物学家采取综合手段，同时研究多个基因的协同表达。DNA芯片应运而生，它是一个巨大的生物信息载体，可以发现应对环境或发育不同阶段中数以百计或是数以万计的基因同时表达。这种分析已非人脑所能胜任，检测和分析一张芯片包括数千个独立实验，需要软件才能完成。生物信息学应运而生，它可以管理和分析大规模试验，而基因研究领域的形式化表达体系是这一研究得以存在和发展的基础。

目前的生物学研究正经历着第三次解释飞跃，这次飞跃的特点依然表现在解释架构的变革上，无论在方法论上还是在解释的方向、范围以及模式上，较之以前又发生了很大变化：

首先，每一次科学的飞跃都是伴随着科学方法论的革新，这一次的生物学飞跃也相同。形式逻辑的发展和引入为生物学在微观领域的研究开启了方便之门，新的解释方法将科学中考虑的客观实体通过建立一套解释语境转化为语形、语义、语用的问题，语义实在论者就认定真理是语言文字与实在之间的语义关系，② 研究者的研究过程表现为语用分析的过程。这一方法论上的转变，是人类基因组计划得以实施的前提和生物信息学建立的基础。

其次，现代量子理论的发展及其实验观察手段的进步使得科学发展的前沿走

---

① M. 巴诺夫，B. 彼德洛夫，刘大椿、安启念译：《科学逻辑与科学方法论名释》，江西教育出版社1997 年版，第 17 页。

② Emma. Ruttkamp, Johannes. Heidema, Reduction in a preferential Model-Theoretic Context, *International Studies in the Philosophy of science.* 7（2005），P. 143.

向量子解释，量子理论的盛行引发其思想向其他学科的渗透。这种观念表现为使用量子理论体系来统一目前各学科研究基础。正像通常认为的那样，科学解释的本质就是通过还原那些人们不得不作为最终的或所予的东西而接受的大量独立现象来增加人类对世界的理解。[①] 这种具有还原论倾向的思想也是生物学研究前沿转向基因的动因之一，即希望通过基因这一概念的引入将生物学中的各部分研究做一个有效的统一，使其具有相同的理论基础。

第三，基因理论的建立使得生物学解释所依赖的解释基础彻底脱离了传统经验观察手段，由于研究进展越来越多地与仪器使用有关，如 PCR 技术、DNA 芯片等无不是复杂的仪器测量过程，人的经验与仪器经验并列成为研究过程中不得不倚重的重要因素，测量问题成为现代生物学面临的最大难题。在测量过程中的各要素集合构成了测量语境，测量活动本身成了一个语境化的过程。测量语境构成了生物学解释语境的存在基础，并左右着解释语境的走向。

四、结语

单就科学的解释功能来说，解释语境可理解为解释信息的载体，作为载体内的信息集合共同完成解释功能。其中既包含了直接对应于解释本身的直接信息，也包含了与解释间接关联的间接信息。直接信息依托于解释语境负有对解释客体的说明功能，例如定义、假说、理论模型等；而间接信息必须通过直接信息才表现出对解释客体的说明功能，即间接信息的作用主要表现在对直接信息的影响上，并且直接信息会随间接信息的改变而发生相应变化，间接信息的涉及面相当广泛，包括认知背景、主观倾向、社会背景等主客观因素。解释语境内不论何种信息，本身是可错的，其影响的外部表现就是解释能力的强弱，并不对解释的结果负责。

正如库恩所认为的那样，生物学在长时期的发展过程中并不是一种单纯依靠知识的积累和增加的方式而获得的渐进式发展。在这里它本身是通过学科在某一特定时期所取得的突破性变革而达到一种解释层面上的飞跃，这一点可以从生物学的发展史上看出。作为每一时期的生物学研究，基本都将其研究精力放在特定的解释范围以及方向上，而确定了研究解释范围以及方向的解释框架，正是学科解释活动开展的平台，这一解释平台就是这一时期内生物学的解释语境，学科所要面对和解决的问题通过解释语境的建立而呈现。所以在一定角度上，生物学的变革总是伴随着其解释语境演变，一种解释语境的建立就意味着一种新的研究标准的产生，解释语境就是一种标准，规定了学科研究的模式、范围以及方向。

---

① M. Friedman, Explanation and Scientific Understanding, *Journal of Philosophy*, 71 (1974), P. 15.

在一个解释语境中包含了所要解决的学科问题集合，而对于问题的处理，在解释语境的框架内同样提供了基本的方法。这些方法的确立本身也是解释语境建立过程的一部分，即在解释语境的形成过程中，为达到解释功能的有效性，必然会形成一套达成解释功能的模式，它包括了研究中采用何种思维、证明方法以及测量手段的选择。研究思维决定了研究者处理学科问题的方式和手段，直接影响对问题解释的有效性。而测量手段本身是依赖于研究主体、仪器以及实验环境的综合性评判过程，这个复杂的过程同样构成了一个有关测量的语境，它是一个通过测量过程建立的解释平台，由实验现象的观察达到对研究客体尽可能真实的描述。

解释语境为研究客体提供了得以存在的载体。每一时期的解释语境都有其特定的解释目的，通过这一目的的要求提出了各自的解释模型，模型为未知现象提供了一个现时条件下的合理解释，而模型在研究中的作用表现为客观信息的语义载体，研究的过程体现为语用分析过程。语用为语句如何在言语中被使用出来传达语境中的信息提供了一种解释，[①] 在生物学研究中表现为研究客体通过语形转化寄宿于理论解释模型之中，以其在整个解释语境中的表述合理性而存在。同时，解释语境处于一个动态演化过程之中，随着其解释模式、范围以及方向的调整，对研究客体的定义也会伴随着这些调整而做出与之相应的改变，其作为一个语义载体与解释语境相协调而形成合理、有效的解释。

20世纪后半期，语形、语义和语用分析这三大语言哲学分析方法作为一种横向研究的方法论逐渐渗透至自然科学的各个领域中，科学解释的方式发生了很大改变。为适应走向分子领域的生物学解释语境转变，这一时期的生物学解释语境在表述以及研究形式上也不断向形式化发展，通过符号语言构建理论的表达体系，使解释语境中具有统一的形式基础。同时，这种转变不等于抛弃原有的解释基础，而恰恰是建构于原有解释基础之上的，其为新的解释平台提供必要的理论支撑，是旧有解释语境的再语境化。新的解释语境中通过形式化符号表述体系展开了全新的研究解释平台，成为目前乃至相当长时间内生物学研究的标准化模式。

（郭贵春　赵　斌）

---

① R. Kempson, Grammar, Conversational Principle, In F. Newmeyer (ed), Linguistic: the Cambridge Survey (Cambridge University Press, 1988), P. 139.

案例研究之六

心理意向解释的语境透视

就科学哲学的发展趋势而言，"科学哲学的各个领域都在寻找一种跨学科的结合"，这意味着，"第一，各个学科的本体界限在有原则地放宽；第二，各个学科的认识论疆域在有限度地扩张；第三，各个学科的方法论形式在有效地相互渗透。"[1] 特别是随着科学哲学的方法论从给定的学科性质中解构出来，方法论的大融合与大渗透已成为一种不可阻挡的趋向性特征。在这样的背景下，更多的方法在科学研究中异军突起，在其科学地位重建的过程中，展示出它们独特的、具有启迪性的哲学魅力。心理意向分析方法（心理意向解释）便是在这一趋势的推动下，在科学哲学"心理转向"的运动中，突显出的一种引人注目的具有普遍意义的科学研究方法。尽管，要通过这一方法在完全意义上来彻底摆脱哲学发展困境是难以企及的，但它在许多哲学问题的解决上，却无疑为人们提供了一种新的理论支撑与方法路径。尤其是心理意向解释方法在科学解释中所具有的战略性地位，已使其在更深远的意义上与语境分析方法、修辞分析方法、隐喻分析方法等共同构成了当今辩护科学实在论很重要的方法论策略。[2] 而心理意向分析与语境分析的本质关联和互相渗透及其在此基础上的语境—意向论模型和进路已使科学解释的语境重建得以可能。正是在这个意义上，在语境的视阈和基础上阐明意向解释方法的内涵及特征就成为一项重要而必要的工作和任务。

从本质上讲，心理意向解释，亦即意向解释（intentional explanation）是一种常识心理学概括。它以常识心理学（commonsense psychology）或通俗心理学（folk psychology）所预设的概念、术语及理论作为其解释的起点和基础。概而言之，意向解释是站在意向的立场上，在意向系统合理性预设的前提下，通过对命题态度（即信念、欲望等意向心理状态）的归纳，以给出合适的理由，从而达到其解释的目的，完成其解释的功能。尽管在科学发展史上，心理意向解释因作为常识心理学的概括方式而常常涉入常识心理学同科学心理学之间恒久的关系争论中，然而随着意向解释在科学解释中地位的重新确立，这一解释方式被理所当然地纳入到科学心理学的解释当中。虽然其解释方法与理论体系与物理解释（physical explanation）有着根本性的区别，但它潜在地与科学是相一致的，因而

---

① 郭贵春：《科学实在论的方法论辩护》，科学出版社 2004 年版，第 4 页。
② 同上，第 7 页。

能够作为科学心理学的起点而发挥其科学解释的作用。

一、心理意向解释的语形、语义、语用考察

如前所述，作为一种常识心理学概括，心理意向解释主要是运用常识心理学中相关的意向性概念、术语和理论来达到其对行为的解释和预测目的。因此，意向性语句无疑成为此解释过程中必然的解释话语。在这里，意向性作为意识活动的一个本质特征，表现为对某物的意识，正如胡塞尔在纯粹现象学中指出的一样，"在每一活动的我思中，一种从纯粹自我放射出的目光指向该意识相关物的'对象'，指向物体，指向事态等等"。① 而恰恰是在这种指向对象的活动过程中形成了对意向之物的意向性构造。人们也就能依据此意向性构造中的命题态度归与，合乎理性地对被解释者的种种行为做出准确的判断、推演、预测以完成所谓的心理意向解释。就命题态度涉及的问题而言，在当今西方的心灵哲学界、语言哲学界以及科学哲学界，无论是福德的心理语义学还是奥斯汀和赛尔的言语行为理论都对之给予了较多的关注，他们的讨论也都在一定程度上涉及语形、语义以及语用的层面。事实上，心理意向解释并非单一的语形学或语义学抑或语用学的事务，而是在语境基点上的三方面的有机结合与统一。信念、愿望等意向词，不仅在语形的层面连通并构造了意向主体与外部世界对象的关系模式，还通过意向内容的语义属性使命题态度在指向外部世界对象的同时完成对某物的表征与对某物的表征，并在语义力与因果力相统一的意义上使得心理状态与行为之间、行为与行为之间引发与被引发关系得到进一步的说明；此外，通过对信念和愿望的归与而实施的心理意向解释已经完全融入并推动了科学解释的语用学转向当中，在语用的维度上彰显了心理意向解释在科学解释中的地位重建。具体地讲：

（1）从语形或句法学的层面上来看，信念、愿望等作为有其指向性的语词，连通并构造了意向主体与外部世界对象的关系模式。

很显然，意向性语词在将主语和宾语或宾语性从句联系在一起的同时，也必然把人类的意向活动联系在了一起。当解释者说"A 相信 P 或者想望 Q"时，A 及 P 或 Q 已经内化为解释者意识当中的要素之一，并伴随其意识行为形成了具有特定结构的"意识场"，而在这个场中，具有意向性的词语将主体、语言与世界接通并构造起来。

从结构的意义上讲，可以简单地将意向性理解为主体与内容或者主体与命题之间的关系。虽然由于意向性是一种较抽象的属性，意向性具有哪些内在的构成因素，其基本结构是什么，一直是意向性理论中一个较为棘手的问题，目前也没

---

① 胡塞尔、李幼蒸译：《纯粹现象学通论》，商务印书馆 1995 年版，第 211 页。

有形成统一的定论。在意向性的归属问题上，坚持意向性是心理现象特征的学者一般是通过对意识结构的探讨来达到对意向性结构的说明，而主张意向性已超过心理现象的学者则力求通过意向性与心理现象以外事物的类比来寻找意向性的结构特征。然而，无论从何种角度，以何种方案来揭示意向性的结构特征，其落脚点最终还是要回到意向性的主体与客体这对意向性结构最基本的要素层面来。而客体通常包含于意向性的内容中，因此，从总体上讲，要在根本上把握意向性结构的本质特征必然要依赖对主体与内容及其关系问题的解决。主体与命题（或内容）这样的结构及二者之间的关系虽然不能等同于从主体与对象这样的结构及其关系，但是，主体只有借助于与命题内容之间的关系才与对象发生特定的关系。这就是说，意向状态可表现为主体对特定的命题（或内容）具有的特定的态度形式。在这里，主体可以以相同的态度形式对待不同的命题（或内容）。例如，人们既相信"北京是中国的首都"，同时，也相信"太原是山西的省会"，当然还可以相信"……"，等等。此外，主体也可以对同一命题（或内容）持不同的态度。例如，对于"太原是一个古老的城市"这样一个命题（或内容），既可以持"相信"的态度，同时，也可以持"希望"、"梦想"或其他的态度。正是在这个意义上，意向状态也可被称为命题态度（propositional attitude）或"与命题的关系"。如果像斯奇福尔（F. Schiffer）以态度箱（attitude box）来比喻各种意向类型的话，那么，当意向状态落入信念箱时，说明主体与命题态度的内容具有一种相信关系，而当它是在欲望箱中时，则表明主体与命题内容之间存在着欲求关系，如此等等。由此可见，不同的态度箱只是意向性指向世界的不同方式，而在这里理解命题态度（意向状态）（何以具有指向性）的关键则在于对命题（即意向内容）的理解。按照罗素的定义，命题是"当我们正确地相信或错误地相信我们所相信的东西时"。① 从总体上，可将命题规定为一个可能世界的集合（set of possible worlds）。正是在此意义上，意向性结构通过分析主体与命题的关系将意向主体与外部世界中的对象客体的关系连通并表征出来。

（2）从语义的层面上来看，心理意向解释的意向性构造，依赖其特定意向内容的语义属性，使命题态度在指向外部世界对象的同时，完成对某事的表征与对某物的表征，并在语义力与因果力相统一的意义上，使得心理状态与行为之间、行为与行为之间、引发与被引发的关系得到进一步的说明。

意向性的一个重要特征在于其具有特定的意向内容。正是由于意向内容才使得一个意向心理状态能够指向一个实在或非实在的对象，正是由于心理状态具有

---

① 罗素：《逻辑与知识》，商务印书馆1996年版，第345页。

意向内容，它才能够表征它所表征的东西。因此，意向性何以具有指向的关键就在于它的意向内容。换句话讲，"依照我们的说法，我们对意向性的解释实际在很大程度上就在于对心理状态和事件内容的解释"。① 如果说是"相信"、"希望"、"欲求"等这些意向性语词连通并确定了意向主体与命题之间的二元结构关系，那么命题态度的内容，即意向内容则使得用于解释的整个意向性语句获得了必要的语义力。而在这里，意向性语词的因果效力与意向内容的语义效力相结合确保了心理意向解释的可能。对此，当代著名的哲学家与认知心理学家福德（J. A. Fodor）一直坚持一种从心理语义分析的角度出发，尝试通过自然主义的途径，对信念、愿望等具有意向性的命题态度做出科学的实在论解释。也就是说，福德是从他所倡导的意向实在论（intentional realism）开始，来进一步论证心理意向解释及其解释实践中所遵循的意向法则（intentional law）的。在一定意义上讲，他的论证实际上也是站在意向实在论立场上对常识心理学所作的实在论的辩护。这是因为，他对意向法则所作论证的目的是要将意向解释纳入科学的解释当中，其实质是一种对意向层次上的行为解释所作的科学辩护，而意向解释在本质上恰恰是一种常识心理学的概括。显然，福德对心理状态意向实在论主张不仅给予命题态度以充分的本体论承诺，而且也在根本上肯定了意向法则（心理意向解释方法或常识心理学概括）的科学地位。正是这种基于意向状态真实存在的心理意向解释方式预设了那些在因果性上具有相同效应的心理状态，同时在语义上也是有价值的。因此，换句话说，只要肯定存在着意向科学，那就必定承认存在着既具有因果效力又可在语义上进行评价的事物，而且必定承认存在着使信念、欲望和行为等相互关联的意向法则。

不难看出，这里的关键就在于对心理意向解释中命题态度所具有的因果效力与语义性质的肯定。正如福德所言："一个人是关于命题态度的实在论者，当且仅当：①此人认为存在着这样的心理状态，这些心理状态的产生和相互作用引发行为，并且是用与常识的信念/欲望心理学的概括相一致（至少大体是这样）的方式而引发行为的；②此人认为这些具有因果效力的心理状态也同样是在语义上可评价的"。② 具体而言，这里的因果效力指的是常识心理学所预设的心理状态对行为及其他心理状态之间引发与被引发的关系；而这里的语义性质则是指命题态度对世界上的事物、事件和事态的关于性与指向性，也即命题态度的意向性。因此，对命题态度因果效力的肯定也就是要表明：特定的命题态度可引发特定的

---

① Burge, Tyler. Individulism and the Mental. In David M. Rosenthal（Ed.）. *The Nature of Mind*（Oxford University Press, 1991）, P. 557.

② Jerry A. Fodor Fodor's Guide to Mental Representation: the Intelligent Auntie's Vade-mecum. In John D. Greenwood（Ed.）. The Future of Folk Psychology（Cambridge University Press, 1991）, P. 24.

行为或特定的其他命题态度；而对命题态度语义性质的肯定则意味着对命题态度意向性质的肯定，而这一点恰恰是不言而喻的。事实上，上述两方面的内容在本质上与心理意向解释中的心理意向法则都是有着密切关系的。因为，一方面，心理意向法则虽然不是一个严格的物理法则，但这样的法则却能将心理过程的因果关系归属于其下。也就是说，正是意向法则确保了命题态度对行为的因果作用。另一方面，按照福德的主张，解决意向法则如何可能的问题是解决意向心理如何可能问题的关键。而要阐明意向法则得以实现的特定机制，则最终要依赖于对意向状态的因果效力何以与意向内容的语义性质具有一致性或者是对心理过程何以与心理表征的语义性质相一致的有力说明。由之，运用意向法则在心理意向解释过程中的因果力（causal powers）与语义力（semantic powers）相一致的基本特性就因此而被凸显出来。这一特征可以明确而简单地表述如下：

①A 相信 P，

②A 相信 P 则 Q，

③其他条件均同，

④A 相信 Q。

显然，在这样一个简单的心理意向法则形式当中，意向状态的因果效力和意向内容的语义性质毫无疑问是密切相关的。

（3）从语用的层面上来讲，心理意向解释已经融入并推动了科学解释的语用学转向当中，实现了其在科学解释中的地位重建。

作为科学哲学研究的一个重要内容，科学解释的正统理论与标准观点是立足于逻辑实证主义哲学架构基础之上，以完全形式化的逻辑重建纲领作支撑，以"科学解释是由普遍律所作的推理"为核心的逻辑分析观点。这种解释模式将科学解释等同于用普遍性的经验定律对个别性的经验事实的覆盖，从而使科学解释成为一种与主体的心理需求、目的和动机完全无关的纯粹的逻辑论证或推导过程。从根本上讲，逻辑实证主义的科学解释观以科学语言的主体间无歧义性为预设，力图消解作为科学解释主体的人的心理意向解释等问题。因此，在逻辑实证主义的哲学框架中，科学解释问题自然地成为科学命题之间的逻辑推导问题。"科学解释也就成为解释项（explanans）对被解释项（explanansdum）的逻辑证明关系，成为以直接所予为基础的逻辑句法学和经验语义学关系。而主体的理解、意向和语用的问题则成为全然无关的东西。"[①] 可见，心理意向性意向解释

---

① 郭贵春：《科学实在论的方法论辩护》，科学出版社 2004 年版，第 48 页。

方法在逻辑实证主义科学哲学的统治时代是没有任何"合法"地位的。心理意向分析也必然不能满足科学说明的标准，因而常常被排除在科学解释应有理论之外。

显然，上述追求形式理性的科学解释模式因其片面地将科学与价值、方法与信念等割裂开来，片面地否定包含心理因素在内的常识解释的合理性，从而陷入了脱离生活实践的不全面的解释困境。事实上，对于科学解释来说，不仅解释（explaining）活动本身与心理意向性密切相关，而且与解释活动直接相关的理解（understanding）、意义（meaning）等概念本质上都以心理意向性为前提，都是由心理意向性赋予的。由此，如果不超越科学解释传统模式的藩篱，便无法在根本上摆脱这种困境。而正是这一要求又内在地促使科学解释逐渐向语用维度靠拢。因为，从本质上讲，在科学解释中语言的语用学维度是绝不可能被忽略的，"解释必然要涉及人们的信念和理解，正是理解、信念和意向决定着人们如何使用语言以及使用语言去达到什么目的。"① 换言之，要求对某件事进行解释的那些人的信念及其理解是科学解释的一个本质性因素。"解释不仅仅是逻辑和意义的问题，不仅仅是句法学和语义学的事情，它更多的是一种语用学（pragmatics）的事务，是人们在语言实践环境中根据心理意向使用语言的问题；仅仅在事实陈述之间寻求独立于语境（context）的客观逻辑关系，并仅仅以这样的逻辑关系来对事物进行解释不具实际的解释效用……因此，除非人们已经考虑了科学解释所包含的语用因素，除非人们理解了做出某个科学解释的人类语境，否则便不可能真正达致成功的科学解释。"② 也正是在这个意义上，科学解释"语用学转向"的过程，恰恰就是心理意向解释方法在科学解释中的地位得以重新确立的过程。因为在语用维度上的解释超越了科学逻辑的严格界限，并可在特定的信念、态度等心理状态的基础上做出有意义的判断和分析。它在一定程度上反映了特定的心理价值取向。可见，心理意向解释实践本身就蕴涵了深刻的语用意义和本质，没有心理解释的解释实践是不完备的，"心理分析的实践在本质上是解释的事业"。③ 基于这一点，心理意向解释在科学解释中地位的重建，是在科学解释层面上对逻辑实证主义"说明域"的全新超越，是由"单纯理性的说明"走向心理意向分析等心理解释的全面实践。当然，需要说明的是，注重心理意向方法的解释地位，并不是要绝对地排除科学逻辑的作用，而是试图在科学语用的基础上，在具体而特定的语境中，在语义学解释与语用学解释的相互关联中，构建一

---

① 郭贵春：《科学实在论的方法论辩护》，科学出版社 2004 年版，第 50 页。

② 同上，第 51 页。

③ Roth，P. A.，Interpretation as Explanation，In D. R. Hiley（ed.），*The Interpretive Turn*（Ithaca：Cornell University Press），P. 180.

种"立体的"、"全面的"的解释策略。由之，心理意向解释本身既是一种语用的实践，同时也是实现科学语用解释的一个重要路径和手段。

二、心理意向性与语境的本质关联

由上述可知，心理意向解释内在地要求科学解释将语形、语义和语用分析方法整合起来，构筑一个立体的、全面的解释策略。而语境的特点恰恰满足了这一要求。因为，语境本身就是一个立体的架构。在这个架构中，语形、语义和语用以及其他诸多相关因素能较好地被有机地统一进来，这当然包括心理意向性因素在内。所以，从这个意义上讲，如果将心理意向解释建立在语境的基点上，不仅可以构建一个稳定的思想基础，而且还可获得一个涵盖诸多相关因素与多元方法论的有效的解释工具与手段。特别是随着语境分析方法与语境原则（context principle）在科学解释中的扩张与渗透，二者在科学解释的过程中愈加鲜明、愈加紧密地关联在一起。这不仅仅是缘于心理意向性因素本身系语境因素之一，语境的形成要依赖特定的意向指向。更为重要的是，语境一旦形成又反过来能够以其相对确定性约束、规范心理意向性分析中的可能无限制流变。具体而言：

一方面，从根本上来讲，语境的形成必须依赖一定的意向指向。因为语境得以形成是借助语义的构造来完成的，也就是说当解释过程中涉及某些带有意义的话语时，解释的语境也就相应地形成。而语义的构造是与意向指向密不可分的。话语者想要表达的思想和意义存在于其意向指向对象的过程当中。意向指向的意义连同意向指向的归宿（这里指特定的支撑点）构成了意向语境形成的基本条件。换言之，当一个意向指向经过一定的意义充实而成为真实的有意向对象的解释语言时，语境也就相应地形成了。萨福斯坦（Sharfstein）把语境"定义为围绕我们感兴趣的对象并且通过它的关联有助于解释它的事务"。[①] 不难看出，这里所说的"感兴趣的点"也就是人们意向的对象，可以把它看做语境的凝聚点，或者说是在特定语境中的一个指称点（reference point）。也恰恰是这个凝聚点构成了语境解释当中语义学和语用学的关联点和结合点。由此可见，语境形成及其解释过程是有着必然的意向性关联的。

由上可知，语境分析方法的实施在本质上是依赖于心理意向这一因素的。在诸多语境因素中，其他一切因素（如作为语境要素的文本、诸物理因素等）都是外在的、显像的、确定的，而只有意向性因素是一种内在的、能动的和驾驭性的因素。换言之，虽然只是语境要素组成之一，但意向性要素与其他语境要素有着实质性的不同，它在语境中居于主导的创造性地位。而心理意向性这种独特的

---

① Roy Dilly. （ed.），*The Problem of Context*（Berghahn Book. 1999），P. 145.

语境地位正是通过其他外在语境因素的能动性支配来得到彰显的。其他一切因素居于怎样的地位、具有何种意义、发挥何种作用都统一于心理意向性因素的整体驾驭之下。而且，作为语境构成要素的社会背景、历史背景、指称和意义的背景关联等也都是由主体意向性地引入的，正是主体的心理意向性使诸语境因素具有即时的、临场的和生动的意义，并从而为语境以及语境中的解释和理解展开了空间。再者，语境的运用过程实际上是诸语境要素不断调配、整合及新要素的引进的过程。而语境要素的整合、新语境要素的引入以及新意义的生成等，归根结底是要通过心理意向网络构建新的意向对象来完成。显然，在这里，心理意向性所具有的语境地位是相当重要的，因为解释正是通过语言行为把特定的心理意向性内化到求释者的意向网络中而得以实现。① 其意义可谓不言而喻。

另一方面，心理意向分析的可能性与可靠性必须依赖语境的规范和整合作用。首先，从解释本身来讲，理解作为其中的一个关键性环节，其过程在一定意义上是一种构建新的意向对象、"制造"新的意义（make sense）并使之融于主体视界内的意向网络的过程。但这个过程是要通过与临场的诸多语境要素的相互融合与整合才能在根本上得到实现。其次，就其过程而言，心理意向性的分析是借助意向持有者即意向主体的心理意向状态从而解释预测其行为。但意向持有者在不同的语境中，其信念、愿望导致的行为显然有其不确定性存在。因此通过意向性的心理分析是必然依赖特定语境的规定的。第三，从更深的层次上来讲，意向性之所以能稳定而总是成功地发挥其特定的行为解释和预测功能，是与其生物学意义上的专有功能获得以及整个意向系统的合理性预设密不可分的，而这恰恰要依赖其在进化这一层次上终极语境的保证。就语境的特征来看，"语境包括了表达主体、表达形式、指称对象、隐喻意义、相关联的理论背景、社会背景和历史背景，因而构成了创生和确立意义的一个完整的立体结构。"② 而且，"语境分析本然地要求对问题的分析、论证、判断和解答必须是在特定的表达环境中进行"，"语境尽管是开放的，但无论如何它都必定是有着次语言边界的特定思想空间"。③ 不言而喻，"语境既能把语形和语义的因素吸收进来作为探讨科学哲学的重要维度，又可克服逻辑和语义的强纲领性；它既把语用分析作为一种重要的方法论原则，又能以语境的相对确定性约束语用分析的无限制流变性"。④ 可见，语境的所有这些优势在很大程度上确保了人们运用心理意向方法做出成功的行为解释和预测，语境在其过程中的规范和整合作用是必不可少的。

总之，通过上述两方面的分析，心理意向解释过程显然是主体在特定语境中

---

① 郭贵春：《科学实在论的方法论辩护》，科学出版社 2004 年版，第 53 页。
②③④ 刘高岑：《略论当代科学哲学的语境—意向论进路》，载《科学技术与辩证法》2005 年第四期。

通过心理意向来建立新的语境性关联的过程。在这种关联中，通过新要素的不断语境化，不断生成新的意义。新的意义又进入一定的意向网络中通过对意向网络的整合、调配，及新的意向关系的建立，从而达到解释的目的。正是在这个意义上，心理意向解释必然是在与语境的相互关联中，才得以在科学解释中占据重要的方法论地位的。二者虽然都可作为一种独立的科学解释方法而自主地发挥其作用，但二者在解释过程中都需要对方的支持、强化与整合，才能在更深的层次与更广的域面上得到更为合理、更为有效、更为系统的解释效果。由之，心理意向解释的语境依赖性问题就从根本上被凸显了出来。

三、心理意向解释的语境依赖性

就心理意向解释的特征而言，它是一种相对于物理解释（physical explanation）的更高层次的解释策略，这缘于二者在对事物做出解释时所采用的基本立场的不同。物理解释通常从物理立场（physical stance）出发去构筑其解释的基本框架，心理意向解释则往往立基于意向立场（intentional stance）来完成其对解释对象的阐释与说明。很显然，物理立场要比意向立场更为基本，而后者则比前者的层次更高。就物理立场而言，从亚原子到天文尺度，它是一切物质科学进行解释和预测的标准方法。当站在物理立场采用其方法时，就是要诉诸因果自然律，利用已知的有关物理规律，根据被解释对象的实际的物理结构与组成以及它所处的物理环境来进行解释和预测。例如，对手中放开一块石头会摔到地上的解释和预测所采取的就是这种物理立场。因为在这一解释预测过程中，解释、预测者考虑的只是引力定律和石头本身的质量，而并没有把信念和愿望赋予这块石头。然而，基于物理立场的解释虽然是基本的、"安全"的，但在某些时候（例如遇到一些有着高度复杂程度的系统）却是冗长的而且并非是有效的。而在这时，采用意向立场便成为必不可少的最佳选择。例如，对一台正在下国际象棋的计算机，若要解释预测它的"行为"，只需在知道国际象棋规则和原理的基础上，把它看做一个有着"想赢"愿望的有理性的自主体便可得到较为满意的结果，尽管这台计算机在物理层次与设计层次上是非常复杂的。在这里，采用意向立场无疑比物理立场更为方便、有效而快捷。固然这台计算机本身也服从物理学的规律，但它在"选择"某一棋步时，却没有受到任何物理学定律的强制。换言之，没有该计算机任何特定的物理设计决定其应当走哪一步棋。在这里起决定性作用的只是一个根据该计算机"信念"、"愿望"所确定的"好理由"。可见，"意向立场正是人们通常对彼此采用的态度或观点，所以对其他东西采用意向立场似乎是故意将它拟人化。"也就是说，"它把一个实体（人、动物、人造物、其他任何东西）看做似乎是一个理性的自主体，它通过考虑自己的'信念'与

'愿望'来对'行动'加以'选择'。"① 当然，两者虽然是基于不同立场彼此独立的解释方式，但事实上，在心理意向解释发挥其作用的同时，物理解释仍具备其基本的解释效力。由之，在对事物进行解释的具体过程中，只存在根据对象系统的复杂特性确定哪一种解释策略更为有效的问题，而不存在任何一方被还原或被取代之说。然而，这里的问题在于，与物理解释不同，心理意向解释所遵循的法则并非与前者相同的基本因果法则，而是一种意向法则。而意向法则在解释实践过程中显然要依赖特定的语境规定。此外，心理意向解释的规范性及其解释成功的可靠性有其生物进化机制意义上的支持，而这恰恰可以被看做心理意向解释的终极语境条件与保证。具体而言：

1. 其他条件均同——心理意向解释的条件性语境

意向解释的过程要诉诸一定的意向法则（intentional law）。物理解释作为一般性的因果解释，它所遵循的是一种基本的物理法则（physical law）。如果说物理法则是一种概率极高的因果法则的话，意向法则显然不能归入其中。尽管信念、愿望等意向心理状态与刺激、行为及其他意向心理状态之间存在着引起与被引起的相互关系，即特定的命题态度可引起特定的行为或特定的其他命题态度。但在意向法则使意向心理状态与刺激、行为相互关联起来之时，其有效性、准确性和充分性是在特定的限制之下才得以确保的。当人们把意向法则运用到命题态度与行为间相互作用的解释时，可将其简要地概括为：

①A（信念持有者）具有欲望 P（即 A 想望 P），
②A 具有信念 Q（即 A 相信 Q），
③其他条件均同（条件性语境），

————————————————

④A 做 B（行为）。

从上述意向法则的基本形式中，可以看到在其他条件均同的情形下，想望 P 与相信 Q 是引起 A 做 B 的原因。也就是说，A 想要 P，并且 A 相信在特定的环境 C（条件性语境）下要实现 P 就必须做 B，故 A 采取一定的措施去做 B。这样的法则，实则是通过信念持有者（A）的欲望（P）和信念（Q）在特定的条件下完成了对信念持有者（A）行为（B）的解释，从而建立起该信念持有者信念、欲望等意向心理状态与其行为之间的相互关联。例如：

————————————————

① 丹尼尔·丹尼特，罗军译：《心灵种种——对意识的探索》，上海科学技术出版社 1998 年版，第 21 页。

①张三想望在周末看某场电影，

②张三相信如果他在周末之前做完作业，他周末就能看那场电影，

③其他条件均同，

④张三在这个周末之前赶做作业。

不言而喻，上述工作原理、方式及过程具体而又明确地反映出意向法则的一个根本特点，即运用意向法则对行为进行解释和预测时需要限定特定的前提条件，而这个前提条件便是"其他条件均同"的条件。事实上，意向法则在本质上就归属于"其他条件均同法则"（ceteris paribus law）。这显然不是一个严格的因果法则，而是"一种开放的，可以具有无限多的其他条件均同从句的法则"。①然而，只要在其他条件均同的前提下，信念、欲望等意向心理状态与行为之间的关系便是可以确定的。从这个意义上讲，意向法则与物理法则有着根本性的不同，即其整个解释过程离不开条件性的语境规定，在这样的规定之下，它能较好地将众多心理过程与行为之间的相互作用关系摄于其下，从而发挥其特定的解释效力。

然而，心理意向解释在运用意向法则进行解释的过程中也存在一定的问题。这是因为，在一定意义上，心理意向解释是一种"应当"式的解释，因为它总是根据被解释对象应当具有的信念、欲望进而预测其应当有什么样的行为，从而达致其解释的目的。这里的关键是"应当"两个字，它在实质上是对待解释的意向系统提出了一个规范性要求，即意向系统必须是建立在其合理性预设的基础之上的。因为"应当"是一种推测，而要确保这种推测的准确性与可靠性，就必须首先确保意向系统是合乎理性的。否则，信念、欲望等意向心理概念便失去了其发挥作用的根基，"应当"式的解释和预测也都将无法顺利进行，其成功的可能性则更加谈不上了。在心理意向解释中，解释项与被解释项之间的关系并不是严格意义上的因果关系。作为"给出理由的解释"，心理意向解释最突出的便是意向解释往往要诉诸命题态度来遵循标准的解释原则，即"在描述他人的命题态度时，我们总是试图尽可能地使此人的思维与行为更为理性"。② 这便是意向解释的"理性建构观念"（constitutive ideal of rationality）。它表明，意向解释总是以解释项与被解释项之间的"合理性"关系的预设为前提的。换言之，"按照基本的理由，一个行为总是以与行为自主体的某种或长或短的、或独有或非独

---

① 田平：《自然化的心灵》，湖南教育出版社 2000 年版，第 106 页。

② Willsm R. A. & Kell F. C., *The MIT Encyclopedia of the Cognitive Science* (Oxford: The MIT Press, 2000), P. 65.

有的特征一致的形式显现出来，而这个行为自主体则以有理性动物的角色出现。"① 因为，其解释过程不仅仅是根据被解释者的信念、欲望来进行解释操作，更重要的是，这样的操作只有将被解释者设想为是有理性的行为者的前提下才是可能的。从这个意义上讲，意向解释的"有理由"标准需要"有理性"保证作为其成功解释的基础。但是，如何保证被解释者总在规范的意向系统中并始终"有理性"呢？显然，心理意向解释的规范化与成功性仍需要寻找更深层次的理论支撑。

2. 进化目的性程序——心理意向解释的终极语境保证

事实上，针对上述问题，可以在进化目的性的层面给出心理意向解释进一步的语境支持条件。从进化的角度来讲，人类的感知觉、意识意向、信念态度等心理现象在个体生长发育过程中的生长程序与发育机制早已通过自然选择目的地定向、预设在了"人"这个物种的各种遗传程序中。因此，心理意向解释在对这些词语的使用过程就不可避免地会烙上"目的性"色彩。心理性质是生物体的心理性质，在生物的层次上，并不仅仅是物理规律在发挥作用，目的的规律（teleonomy）也起着同样甚至是更加重要的作用。生物体作为进化的产物和自然选择的结果，其认知机制和意向心理活动规律是服从于生物体整体的生存和繁衍的总目的的。从进化论观点出发，决定生物体意向心理性质的绝不仅仅是（或主要不是）生物体近端的性质，而是生物体的种系在进化的漫长过程中通过自然选择与环境之间形成的一种整体性关系。对于近端的解释模式来说，意向心理活动对于其环境可能是"盲"的，而对于远端的进化论的解释模式来说，意向心理活动是以远端环境为背景而设计（通过自然选择）的。可见，生物体的远端环境比生物体的近端关系对于生物体的意向心理性质具有更强、更深刻、更充分的解释作用。如果仅仅从近端的直接因果关系来解释意向心理活动，而忽略掉远端程序目的性目标取向，那么，人们就无法解释意向心理活动的内在整体性和规范性以及意向系统的合理性，从而排除了心理意向解释具有稳固的规范性这一重要特征。

换言之，心理意向解释的有效性是依赖于解释者与被解释者都是生物进化的产物这一前提的。心理意向解释的前提是意向系统的"合理性"预设，而其"合理性"也是在进化层次上得到论证的。这就是说，"进化的整个过程已将人类设计为有理性的，并且相信他们所应当相信的，想望他们所应当想望的。人类是长期而有力的进化过程的产物这一事实，确证了人们采用意向立场的可靠

---

① Davidson, D., Action, Reasons, and Cause, In D. Davidson, *Essays on Actions and Events* (Oxford: Clarendon Press, 2001), P. 8.

当代科学哲学的发展趋势

性"。① 可见，人类完全可以依照他们的信念和欲望来进行合理的行动。"自然选择确保了人们大部分的信念为真，并且保证了大部分形成信念的方式是合理的。"② 尽管其合理性程度还并非完美，但其可靠性程度却是相当高的，也正是在这个意义上，心理意向解释本身的解释效力也是被目的性地预设在了人类进化的遗传程序中，这也再次表明了进化层次上的目的性质，即进化目的性程序这一深层语境在心理意向解释中的重要性。

（王姝彦）

①   Dennett, D. , *The Intentional Stance* (Cambridge, Mass: The MIT Press, 1987), P. 33.
②   田平:《自然化的心灵》，湖南教育出版社 2000 年版，第 106 页。

参考文献

一、中文著作

1. 成素梅：《论科学实在：从物理学的发展看自在实在向科学实在的转化》，新华出版社 1998 年版。

2. 成素梅：《跨越界线：哲人科学家海森堡》，福建教育出版社 1998 年版。

3. 成素梅：《科学与哲学的对话》，山西科学技术出版社 2003 年版。

4. 成素梅：《在宏观与微观之间：量子测量的解释语境与实在论》，中山大学出版社 2006 年版。

5. 成素梅：《理论与实在：一种实在论的视角》，科学出版社 2008 年版。

6. 成素梅主编：《在科学、技术与哲学之间》，上海社会科学院出版社 2008 年版。

7. 傅海伦：《传统文化与数学机械化》，科学出版社 2003 年版。

8. 郭贵春：《当代科学实在论》，科学出版社 1991 年版。

9. 郭贵春：《后现代科学实在论》，知识出版社 1995 年版。

10. 郭贵春：《后现代科学哲学》，湖南教育出版社 1998 年版。

11. 郭贵春：《语境与后现代科学哲学的发展》，科学出版社 2002 年版。

12. 郭贵春、殷杰：《科学哲学教程》，山西科学技术出版社 2003 年版。

13. 郭贵春：《科学实在论的方法论辩护》，科学出版社 2004 年版。

14. 郭贵春、成素梅主编：《科学技术哲学概论》，北京师范大学出版社 2006 年版。

15. 郭贵春、成素梅主编：《科学哲学名著赏析》，山西科学技术出版社 2007 年版。

16. 郭贵春、成素梅主编：《科学哲学的新进展》，科学出版社 2008 年版。

17. 关洪：《量子力学的基本概念》，高等教育出版社 1990 年版。

18. 刘云章：《数学符号学概论》，安徽教育出版社 1993 年版。

19. 申仲英、张富昌、张正军：《认识系统与思维的信息加工》，西北大学出版社 1994 年版。

20. 田平：《自然化的心灵》，湖南教育出版社 2000 年版。

21. 涂纪亮：《分析哲学及其在美国的发展》，中国社会科学出版社 1987 年。

22. 涂纪亮、陈波主编：《蒯因著作集》第 2 卷，中国人民大学出版社 2007 年版。

23. 张奠宙：《杨振宁与当代数学》，载《20 世纪数学经纬》，华东师范大学出版社 2002 年版。

二、中文译著

1.《爱因斯坦文集》第一卷，商务印书馆 1976 年版。

2. M. 巴诺夫，B. 彼德洛夫，刘大椿、安启念译：《科学逻辑与科学方法论名释》，江西教育出版社 1997 年版。

3. 布鲁斯·昂，田园、陈高华译：《形而上学》，中国人民大学出版社 2006 年版。

4. 波普尔：《真理、合理性和科学知识的增长》，载《科学哲学名著选读》，湖北人民出版社 1988 年版。

5. 布尔巴基等，胡作玄等编译：《数学的建筑》，江苏教育出版社 1999 年版；大卫·布鲁尔，艾彦译：《知识和社会意象》，东方出版社 2001 年版。

6. 丹尼尔·丹尼特，罗军译：《心灵种种——对意识的探索》，上海科学技术出版社 1998 年版。

7. T. 丹齐克，苏仲湘译：《数：科学的语言》，商务印书馆 1985 年版。

8. 弗雷格，王路译：《算术基础》，商务印书馆 1998 年版。

9. A. G. 哈密尔顿：《数学家的逻辑》商务印书馆 1989 年版。

10. R. R. K. 哈特曼，F. C. 斯托克：《语言与语言学词典》，上海辞书出版社 1981 年版。

11. W. 海森堡：《物理学与哲学》，科学出版社 1974 年版。

12. 胡塞尔，李幼蒸译：《纯粹现象学通论》，商务印书馆 1995 年版。

13. 雷昂·罗森菲尔德，戈革译：《量子革命》，商务印书馆 1991 年版。

14. 罗素：《逻辑与知识》，商务印书馆 1996 年版。

15. 伯特兰·罗素，陈启伟译：《我们关于外间世界的知识》，上海译文出版社 2006 年版。

16. Lois N. Magner，《生命科学史》，百花文艺出版社 2002 年版。

17. M. 克莱因，李宏魁译：《数学：确定性的丧失》，湖南科学技术出版社。

18. 柯林斯，成素梅、张凡译：《改变秩序》，上海科技教育出版社 2007 年版。

19. 陆谷孙主编，《英汉大词典》（下卷），上海译文出版社 1991 年版。

20. 迈克尔·达米特，任晓明、李国山译：《形而上学的逻辑基础》，中国人民大学出版社 2004 年版。

21. 马克斯·布莱克：《隐喻》，载涂纪亮编：《当代美国哲学论著选译（第三集）》，商务印书馆 1991 年版。

22. 牛顿·史密施，成素梅、殷杰译：《科学哲学指南》，上海科技教育出版社 2006 年版。

23. 佩拉，成素梅、李宏强译：《科学的话语》，上海科技教育出版社 2006 年版。

24. 皮亚杰，王宪钿等译、胡世襄等校：《发生认识论原理》，商务印书馆 1997 年版。

25. S. 麦克莱恩：数学模型——对数学哲学的一个概述，载邓东皋、孙小礼、张祖贵编：《数学与文化》，北京大学出版社 1990 年版。

26. 索尔·克里普克，梅文译、涂纪亮、朱水林校：《命名与必然性》，上海译文出版社 2005 年版。

27. 威·弗·马吉编：《物理学原著选读》，商务印书馆 1986 年版。

28. 西穗光正：《语境研究论文集》，北京语言学院出版社 1992 年版。

29. 希拉里·普特南，童世骏、李光程译：《理性、真理与历史》，上海译文出版社 2005 年版。

30. 雅默，秦克诚译：《量子力学哲学》，商务印书馆 1989 年版。

31. 皮埃尔·迪昂，李醒民译：《物理学理论的目的和结构》，华夏出版社 1999 年版。

32. 威拉德·奎因，江天骥等译：《从逻辑的观点看》，上海译文出版社 1987 年版。

33. 伊·普里戈金、伊·斯唐热：《从混沌到有序：人与自然的新对话》，上海译文出版社 1987 年版。

34. 伊姆雷·拉卡托斯，方刚、兰钊译：《证明与反驳——数学发现的逻辑》，复旦大学出版社 2007 年版。

三、中文刊物

1. 成素梅、关洪：《量子实在论分析》，载《自然辩证法研究》1995 年第 9 期。

2. 成素梅、关洪：《量子力学的解释是一种哲学拓展吗?》，载《科学技术与辩证法》1997 年第 6 期。

3. 成素梅：《凯茨的非自然主义的哲学观》，载《哲学研究》2001 年第 11 期。

4. 成素梅、郭贵春：《科学解释语境与语境分析法》，载《自然辩证法通讯》2002 年第 2 期。

5. 成素梅、王雷荣：《薛定谔实在观的演变》，载《自然辩证法研究》2003 年增刊。

6. 成素梅、漆捷：《"虚拟实在"的哲学解读》，载《科学技术与辩证法》2003 年第 5 期。

7. 成素梅、荣小雪：《什么是非充分决定性论题》，载《哲学研究》2003 年第 3 期。

8. 成素梅、荣小雪：《波普尔的证伪方法与非充分决定性论题》，载《自然辩证法研究》2003 年第 1 期。

9. 成素梅、李宏强：《析佩拉的科学修辞方法》，载《哲学动态》2004 年第 10 期。

10. 成素梅：《量子非定域性概念的哲学内涵与意义》，载《清华大学学报（哲学社会科学版）》2004 年第 1 期。

11. 成素梅：《走向语境论的科学哲学》，载《科学技术与辩证法》2005 年第 4 期。

12. 成素梅：《科学知识社会学的宣言：与柯林斯的访谈录》，载《哲学动态》2005 年第 10 期。

13. 成素梅：《拉图尔的科学哲学观：在巴黎对拉图尔的访问》，载《哲学动态》2006 年第 9 期。

14. 成素梅：《强调语境化不意味着科学进步无规则》，载《社会科学报》2006 年 6 月 29 日。

15. 成素梅：《论 A—B 效应的语境依赖性》，载《科学技术与辩证法》2006 年第 1 期。

16. 成素梅、郭贵春：《语境论的真理观》，载《哲学研究》2007 年第 5 期。

17. 成素梅：《当代西方科学哲学的困境与走向》，载《哲学年鉴》2007 年。

18. 成素梅：《语境中的科学》，载《华中科技大学学报》2007 年第 5 期。

19. 成素梅、张帆：《柯林斯的相对主义经验纲领的内涵及其影响》，载《哲学动态》2007 年第 12 期。

20. 冯宇、薛晓舟：《M 理论及其哲学意义》，载《自然辩证法研究》2000 年第 5 期。

21. 郭贵春：《语境分析的方法论意义》，载《山西大学学报》2000 年第 3 期。

22. 郭贵春：《科学修辞学的本质特征》，载《哲学研究》2000 年第 7 期。

23. 郭贵春、成素梅：《科学实在论的困境与出路》，载《中国社会科学》2002 年第 2 期。

24. 郭贵春、成素梅：《也论科学哲学的研究方向》，《哲学动态》2003 年第 12 期。

25. 郭贵春：《科学隐喻的方法论意义》，载《中国社会科学》2004 年第 2 期。

26. 郭贵春、成素梅：《虚拟实在真的会导致实在论的崩溃吗?》，载《哲学动态》2005 年 4 期。

27. 郭贵春、成素梅：《德国科学哲学的发展与现状》，载《哲学动态》2006 年第 11 期。

28. 关洪、成素梅：《从光子概念看量子实在的新特征》，载《哲学研究》1993 年第 5 期。

29. 关洪、成素梅：《统计决定性分析》，载《哲学研究》1995 年第 12 期。

30. 关洪、成素梅：《微观领域内的因果性与关联》，载《自然辩证法通讯》1996 年第 5 期。

31. 关洪、成素梅：《决定性、规律性与因果性》，载《自然辩证法通讯》1998 年第 4 期。

32. B. 黑尔，王路译：《反柏拉图主义的认识论》，载《世界哲学》1994 年第 3 期。

33. 李宏强、成素梅：《论科学修辞语境中的辩证理性》，载《科学技术与辩证法》2006 年第 4 期。

34. 李宏强、成素梅：《科学中的实用论证》，载《科学技术与辩证法》2007 年第 4 期。

35. 刘高岑：《略论当代科学哲学的语境——意向论进路》，载《科学技术与辩证法》2005 年第 4 期。

36. 卢昌海：《追寻引力的量子理论》，载《三思科学》（电子杂志）2003 年夏季合刊。

37. 吕公礼、关志坤：《跨学科视域中的统一语境论》，载《外语学刊》2005 年第 2 期；王路编译：《真与意义理论》，载《世界哲学》2007 年第 6 期。

38. 魏屹东：《世界观及其互补对科学认知的意义》，载《齐鲁学刊》2004 年第 2 期。

39. 薛晓舟：《当代量子引力及其哲学反思》，载《自然辩证法通讯》2003年第2期。

40. 殷杰：《语境主义世界观的特征》，载《哲学研究》2006年第5期。

四、英文著作

1. Aronson, Jerrold L., Rom Harré & Eileen Cornell Way, *Realism Rescued: How Scientific progress of possible*, Gerald Duckworth & Co. Ltd., 1994.

2. Balashov, Yuri, Alex Rosenberg (ed.), *Philosophy of Science: Contemporary Readings*, London: First Published by Routledge, 2002.

3. Bell, J. S., *Speakable and Unspeakable in Quantum Mechanics*, Cambridge University Press, Cambridge, 1987.

4. Benacerraf, Paul and Hilary Putnam, *Philosophy of Mathematics: Selected Readings*, Second Edition, Cambridge: Cambridge University Press, 1983

5. Biagioli, Mario, From Relativism to Contingentism, In: P. Galison and D. Stamp, *The Disunity of Science*, Stanford: Stanford University Press, 1996.

6. Bob Hale, *Abstract Objects*, Oxford: Basil Blackwell Ltd, 1981.

7. Bob Hale and Crispin Wright, *The reason's proper study: essays towards a neo-Fregean philosophy of mathematics*, New York: Oxford University Press Inc., 2001.

8. Bohm, D. and B. J. Hiley, *The Undivided Universe: An ontological interpretation of quantum theory*, London: Routledge and Kegan Paul, 1993.

9. Bohr, *The Philosophical Writings of Niels Bohr Volume* I: *Atomic Theory and the Description of Nature*, Woodbridge, Connecticut: Ox Bow Press, 1987.

10. Bohr, *The Philosophical Writings of Niels Bohr Volume* II: *Essays 1932 – 2957 on Atomic Physics and Human Knowledge*, Woodbridge, Connecticut: Ox Bow Press, 1987.

11. Bohr, *The Philosophical Writings of Niels Bohr Volume* IV: *Causality and Complementarity*, Supplementary papers edited by Jan Faye and Henry J. Folse, Woodbridge, Connecticut: Ox Bow Press, 1998.

12. Richard Boyd, "On the Current Status of Scientific Realism", In *Philosophy of Science*, edited by Richard Boyd, Philip Gasper, and J. D. Trout, Cambridge: The MIT Press, 1991.

13. Boyd, Richard, "Constructivism, Realism and Philosophical Method", In *Inference, Explanation, and Other Frustrations*, edited by John Earman, University of California Press, 1992.

14. Boyd, Richard, Metaphor and Theory Change, In *Metaphor and Thought*. Ortony, Oxford University Press, 1993.

15. Boyd, Richard, "Realism, Approximate Truth, and Philosophy", In *The Philosophy of Science*, edited by David Papineau, Oxford University Press, 1996.

16. Bunzi, Martriu, *The Context of Explanation*, Boston: Kluwer Academic Pulishers, 1993.

17. Burge, Tyler, Individulism and the Mental, David M. Rosenthal ed., *The Nature of Mind*. Oxford University Press, 1991.

18. Cartwright, N., *How the Law of Physics Lie*, New York: Clarendon Press, 1983.

19. Carnap, Rudolf, *Philosophical Foundations of Physics: An Introduction to the Philosophy of Science*, Edited by Martin Gardner, New York/London: Basic Books, Inc. Publishers, 1963.

20. Carnap, Rudolf, Empiricism, Semantics, and Ontology, In Edwaed A. MacKinnon ed., *The Problem of Scientific Realism*, New York, Meredith Corporation, 1972.

21. Chihara, Charles S., *Constructibility and Mathematical Existence*, New York: Oxford University Press, 1990.

22. Cole, J. C., *Practice-dependent Realism and Mathematics*, Doctorial Dissertation of Philosophy, microform edition, ProQuest Information and Learning Company, 2005.

23. Collins, H. M., *Changing Order*, Chicago and Lundon: University of Chicago Press, 1992.

24. Corfield, David, *Towards a Philosophy of Real Mathematic*, Cambridge University Press, 2003.

25. Cushing, James T., *Quantum Mechanics: Historical Contingency and the Copenhagen Hegemony*, The University of Chicago Press, 1994.

26. David B. Resnik, Hacking's Experimental Realism, In *the Philosophy of Science-The Central Issues*, edited by Martin Curd, J. A. Cover, W. W. Norton & Company, Inc., 1998.

27. Davidson, D., Action, Reasons, and Cause, In D. Davidson, *Essays on Actions and Events*, Oxford: Clarendon Press, 2001.

28. Davies, P. C. W. & J. Brown, eds, *Superstring: a Theory of Everything?* Cambridge: Cambridge University Press, 1988.

29. Davies, P. C. W. and J. R. Borown (eds.), *The Ghost in the Atom*, Cambridge University Press, Cambridge, 1987.

30. Debatine, Berwhard, Timolty R. Jackson and Daniel Steuer, ed., *Metaphor and Rational Discourse*, Tübingen: Max Niemeyer Verlay, 1997.

31. Dennett, D., *The Intentional Stance*, Cambridge, Mass: The MIT Press, 1987.

32. Derksen, Anthony, *The Scientific Realism of Rom Harré*, Tilbury University Press, 1994.

33. Dilly, Roy (ed.), *The Problem of Context*, Berghahn Book, 1999.

34. Dirac, P. A. M., Lectures on Quantum Mechanics, *Yeshiva University*, *Belfer Graduate School of Science Monographs Series*, No. 2, 1964.

35. Dummett, Frege, *The Philosophy of Language*, London: Duckworth, 1973.

36. Dummett, Michael, *Truth and Other Enigmas*, London: Duckworth, 1978.

37. Earl, MacCormac, *A Cognitive Theory of Metaphor*, The MIT Press, 1985.

38. Earman. J., *World Enough and Spacetime: Absolute Vs. Relational Theories of Space and Time*, Cambridge, MA: MIT press, 1989.

39. Ernest, Paul, *Social Constructivism as a Philosophy of Mathematics*, Albany: State University of New York Press, 1998.

40. Feisch, George A., From "the Life of the Present" to the "Icy Slopes of Logic": Logical Empiricism, the Unity of Science Movement, and the Cold War, In Alan Richardson, Thomas Uebel ed., *The Cambridge Companion to Logical Empiricism*, Cambridge: Cambridge University Press, 2007.

41. Field, Hartry, *Realism, Mathematics and Modality*, Oxford: Basil Blackwell Ltd., 1989.

42. Fine, A., *The Shaky Game: Einstein, Realism and the Quantum Theory*, London: The University of Chicago Press, Ltd., 1986.

43. Foder, Jerry A., *A Theory of Content*, MIT Press, 1990.

44. Fodor, Jerry A., Fodor's Guide to Mental Representation: the Intelligent Auntie's Vade-mecum. John D. Greenwood (Ed.), *The Future of Folk Psychology*, Cambridge University Press, 1991.

45. Franklin, A., Can That Be Right? Essays on Experiment, Evidence, and Science, The Netherlands: Klu7wer Academic Publishers, 1999.

46. Fuller, Steve, *Philosophy of Science and Its Discontents*, Westview Press,

Inc. , 1989.

47. Gentner, Dedre, Are Scientific Analogies Metaphors? In *Metaphor*: *Problems and Perspectives*, New York: The Humanities Press, 1982.

48. Giere, R. , *Science without Laws*, Chicago: University of Chicago Press, 1999.

49. Gowers, W. T. , Does Mathematics Need a Philosophy? In 18 *Unconventional Essays on the Nature of Mathematics*, edited by Reuben Hersh. New York: Springer Science & Business Media Inc, 2006.

50. Hacking, Ian, *Representing and Intervening*: *Introductory Topics in the Philosophy of Natural Science*, Cambridge: Cambridge University Press, 1983/1987.

51. Harre, Rom, *Varieties of Realism*, Basil Blackwell, 1986.

52. Healey, Richard, *The Philosophy of quantum mechanics*: *An interactive interpretation*, Cambridge University Press, 1990.

53. Hesse, Mary, *Revolutions and Reconstructions in the Philosophy of Science*, Indiana University Press, 1980.

54. Hersh, R. , *What is Mathematics, Really?* Oxford: Oxford University Press, 1997.

55. Hersh, R. "Some Proposals for Reviving the Philosophy of Mathematics", In *New Directions in the Philosophy of Mathematics*: *an Anthology*, Revised and Expanded Edition, Edited by Thomas Tymoczko, New Jersey: Princeton University Press, 1998.

56. Hilbert, Weyl, and Ramsey, In *Heinrich Hertz*: *Classical Physicist, Modern Philosopher*, Edited by Davis Baird, R. I. G. Hughes, and Alfred Nordmann, Dordrecht: Kluwer Academic Publishers, 1998.

57. Hoffman, Robert, Metaphor in Science, In *Cognition and Figurative Language*, Hillsdale: Lawrence Erlbaum Associates, 1989.

58. Hull, D. L. , *Historical entities & historical narratives*, Minds, Machines & Evol Hooker, Clifford A. , The Nature of Quantum Mechanical Reality: Einstein Versus Bohr, in *Paradigms and Paradoxes*: *The Philosophical Challenge of Quantum Domain*, Edited by Robert G. Colodny, University of Pittsburgh Press, 1972.

59. Katz, Jerrold J. , *Realistic Rationalism*, Cambridge: The MIT Press, 1988.

60. Kempson, Grammar, R. , Conversational Principle, In F. Newmeyer (ed), *Linguistic*: *the Cambridge Survey*, Cambridge University Press, 1988.

61. Kitcher, P. , *The Advancement of Science*, Oxford: Oxford University Press,

1993.

62. Klee, Robert, *Introduction to the Philosophy of Science*, Oxford University Press, 1997.

63. Klee, R. , *Scientific Inquiry*: *Readings in the Philosophy of Science*, Oxford University Press, 1999.

64. Koertge, Noretta, "New Age" Philosophy of Science: Constructivism, Feminism and Postmodernism, In *Philosophy of Science Today*, Edited by Peter Clark and Katherine Hawley, Oxford: Clarendon Press, 2003.

65. Krips, Henry, J. E. McGuire, and Trevor Melia ed. , *Science*, *Reason*, *and Rhetoric*, University of Pittsburgh Press, 1995.

66. Kuhn, T. S. , *The Structure of Scientific Revolutions.* University of Chicago Press, 1970.

67. Lakatos, I. , "A Renaissance of Empiricism in the Recent Philosophy of Mathematics?" In *New Directions in the Philosophy of Mathematics*: *an Anthology*, Revised and Expanded Edition, Edited by Thomas Tymoczko. New Jersey: Princeton University Press, 1998.

68. Ladyman, James, *Understanding Philosophy of Science*, Routledge Press, New York 2002.

69. Lakoff, George & Mark Johnson, *Metaphor We Live By*, University of Chicago Press, Chicago, 1980.

70. Lakoff, George and Rafael E. Núñez, *Where Mathematics Comes from*: *how the Embodied Mind brings Mathematics into Being*, New York: Basic Books, 2000.

71. Laudan, Larry, Explaining the Success of Science: Beyond Epistemic Realism and Relativism, In *Science and Reality*: *Recent Work in the Philosophy of Science*, Essays in Honor of Ernan McMullin, edited by James T. Cushing C. F. Delaney Gary M. Gutting, Noter Dame: University of Noter Dame Press, 1984.

72. Laudan, Larry, A Confutation of Convergent Realism, In *The Philosophy of Science*, edited by Richard Boyd, Philip Gasper, and J. D. Trout, Cambridge: The MIT Press, 1991.

73. Laudan, Larry, *Beyond Positivism and Relativism*: *Theory*, *Method*, *and evidence*, Westview Press, Colorado, 1996.

74. Leplin, Jarrett, *A Novel Defense of Scientific Realism*, Oxford: Oxford University Press, 1997.

75. Longino, H. , *Science as Social Knowledge*: *Values and Objectivity in Scien-*

tific Inquiry, Princeton： Princeton University Press，1990.

76. Losee，J. *A Historical Introduction to the Philosophy of Science*，Second Edition. Oxford： Oxford University Press，1980.

77. Maddy，P.，*Naturalism in Mathematics*，New York： Oxford University Press，1997.

78. Maddy，P.，*Realism in Mathematics*，New York： Oxford University Press，1990.

79. Majer，Ulrich，Heinrich Hertz's Picture-Conception of Theories： Its Elaboration by McErlean，J.，*Philosophy of Science： From Foundations to Contemporary Issues*，Belmont，CA： Wadsworth Publishing Co.，2000.

80. Maxwell，Grover，The Ontological Status of Theoretical Entities"，In Maitin Curd/J. A. Cover ed.，*Philosophy of Science： The Central Issues*，New York/London： W. W. Norton Company，Inc.，1988.

81. Maxwell，Grover，The Ontological Status of Theoretical Entities，In *the Philosophy of Science-The Central Issues*，edited by Martin Curd Musgrave，Alan，NOA's ARK-Fine for realism，In *The Philosophy of Science*，edited by David Papineau，Oxford University Press，1996.

82. McErlean，J.，*Philosophies of Science： From Foundations to Contemporary Issues*，Belmont： Wadsworth/Thomson Learning，1999.

83. McErlean，J.，*Philosophy of Science： From Foundations to Contemporary Issues*，Belmont，CA： Wadsworth Publishing Co.，2000.

84. Michael A. Arbid & Mary B. Hesse，*The Construction of Reality*，Cambridge： Cambridge University Press，1986.

85. Micklos，Dave A.，Greg A. Freyer. *DNA Science： A First Course*，*Second Edition*，Cold Spring Harbor Laboratory Press，2003.

86. *Minnesota Studies In the Philosophy of Science*，Volume XVIII，Logical Empiricism in North America，University of Minnesota Press，2000.

87. Nagel，E.，*The structure of science*，London： Routledge and Kegan Paul，1961.

88. Nemeth，Elisabeth，"Logical Empiricism and the History and Sociology of Science"，In *The Cambridge Companion to Logical Empiricism*，edited by Alan Richardson and Newton-Smith W. H. ed，*A Companion to the Philosophy of Science*，Oxford： Blackwell Publishers，2000.

89. Niiniluoto，Ilkka，*Critical Scientific Realism*，New York： Oxford University

Press, 1999.

90. Nintikka, Jaako, ed. , *Aspects of Metapho*, Boston: Kluwer Academic Publisher, 1994.

91. Norton, J. D. , Einstein, the Hole Argument and the Reality of Space, In J. Forge (ed.), *Measurement*, *Realism and Objectivity*, Boston: D. Reidel, 1987.

92. Núñez, Rafael E. , Conceptual Metaphor and the Embodied Mind: What Makes Mathematics Possible? In *Metaphor and Analogy in the Sciences*, edited by Fernand Hallyn. Netherlands: Kluwer Academic Publisher, 2000.

93. Parrini, Paolo, Wesley C. Salmon, Intredution, In Paolo Parrini, Wesley C. Salmon, Merrilee H. Salmon ed. , *Logical Empiricism*: *Historical & Contemporary Perspectives*, Pittsburgh: University of Pittsburgh Press, 2003.

94. Psillos, Stathis, The Present State of the Scientific Realism Debate, In *Philosophy of Science Today*. Edited by Peter Clark and Katherine Hawley, Oxford: Oxford University Press, 2003.

95. Pulaczewska, Hanua, *Aspects of Metaphor in Physics*, Tübingen: Max Niemsyer Verlag Gmblt, 1999.

96. Hilary Putnam, *Mathematics*, *Matter and Method*: *Philosophical Papers*, *Vol.* 1, Cambridge: Cambridge University Press, 1975.

97. Hilary Putnam, *The Many Faces of Realism*: *The Paul Carus Lectures*, LaSalle: Open Court Publishing Commany, 1987.

98. Putnam, H. , *Realism with a Human Face*, Cambridge MA: Harvard University Press, 1990.

99. Hilary Putnam, Three Kinds of Scientific Realism, In *Words and Life*, Edited by James Conant, Cambridge: Harvard University Press, 1994.

100. Quine, W. V. , *From Stimulus to Science*, Harvard University Press, 1995.

101. Radman, Zdravko, *Metaphor*: *Figures of the Mind*, Kluwer Academic Publishers, Boston, 1997.

102. Rorty, Richard, *Objectivity*, *Realism and Truth*, Cambridge University Press, 1991.

103. Ross, A. , *Strange Weather*: *Culture*, *Science*, *and Technology in the Age of Limits*, London: Verso Press, 1991.

104. Rothbart, Daniel, *Explaining the Growth of Scientific Knowledge*: *Metaphors*, *Models*, *and Meanings*, The Edwin Mellen Press, Lewiston, 1997.

105. Rovelli, Carlo, Strings, Loops and Others: a Critical Survey of the Present Approaches to Quantum Gravity. Plenary Lecture on Quantum Gravity at the GR15 Conference, Poona, India, 7 Apr 1998.

106. Ryckman, Thomas, Logical Empiricism and the Philosophy of Physics, In Alan Richardson, Thomas Uebel ed. , *The Cambridge Companion to Logical Empiricism*, Cambridge: Cambridge University Press, 2007.

107. Schaffer, Simon, Conter-lualizing the Canon, In: P. Galison and D. Stamp, *The Disunity of Science*, Stanford: Stanford University Press, 1996.

108. Scharp, K. , Robert B. Brandom, *In the Space of Reasons: Selected Eassays of Wilfrid Sellars*, Cambridge, Massachusetts, London, England, Harvard University Press, 2007.

109. Schlagel, Richard H. , *Contextual Realism: a meta-physical framework for modern science*, New York: Paragon House Publishers, 1986.

110. Wilfrid Sellars, The Language of Theories, In Edward A. MacKinnon ed. , *The Problem of Scientific Realism*, New York: Meredith Corporation, 1972.

111. Selleri F. , *Quantum Paradoxes and Physical Reality*, Kluwer, Dordrecht, 1990.

112. Shapiro, Stewart, *The Oxford Handbook of Philosophy of Mathematics and Logic*, Shauker, S. G. , *Philosophy of Science*, Logic and Mathematics in 20th Century, Routledge, London, 1996.

113. Simpson, J. A. and E. S. C. Weiner eds, *The Oxford English*, Oxford: Clarendon Press, 1989.

114. Sklar, Lawrence, *Philosophy of Physics*, Oxford University Press, 1992.

115. Sklar, Lawrence, Foundational Physics and Empiricist Critique, In Marc Lange ed. , *Philosophy of Science: An Anthology*, Malden/Oxford/Carlton: Blackwell Publishing, 2007.

116. Smart, J. J. C. , *Philosophy and Scientific Realism*, London: First Published by Routledge & Kegan Paul Ltd, 1963.

117. Smart, J. J. C. , *Between Science and Philosophy: An Introduction of the Philosophy of Science*, New York: Random House, 1968.

118. Socal, Alan and Jean Bricmont, *Fashionable Nonsense—Postmoderm Intellectuals' Abuse of Science*, New York: Picador USA, 1998.

119. Snow, C. P. , *The Two Culture and the Scientific Revolution*, New York: Cambridge University Press, 1959.

当代科学哲学的发展趋势

120. Sokal, Alan and Jean Bricmont, *Intellectual Impostures: Postmodern Philosopher's Abuse of Science*, Profile Book Ltd, 1998.

121. Stem, Josef, *Metaphor in Context*, Cambridge: The MIT Press, 2000.

122. Stokes, Donald E., *Pasteur's Quadrant: Basic Science and technological Innovation*, Washington, D. C.: Brookings Institution Press, 1997.

123. Stove, D., *Popper and After: Four Modern Irrationalists*, Oxford: Pergamon Press, 1982.

124. Suppe, F., *The Semantic Conception of Theories and Scientific Realism*, Chicago: University of Illinois Press, 1989.

125. Suppe, F., *The Semantic Conception of Theories and Scientific Realism*, Chicago: University of Illinois Press, 1989.

126. Thomas Uebel, New York: Cambridge University Press, 2007.

127. Tymoczko, Thomas, *New Directions in the Philosophy of Mathematics*, Princeton University Press, 1998.

128. Van Fraassen, Bas C., *The Scientific Image*, Oxford University Press, 1980.

129. Way, Eileen Cornell, *Knowledge Representation and Metaphor*, Boston: Kluwer Academic Publishers, 1991.

130. Wheeler, J. A., *In Mathematical Foundations of Quantum Mechanics*, ed. A. R. Marlow, Academic Press, New York, 1978.

131. Willsm R. A. & Kell F. C., *the MIT Encyclopedia of the Cognitive Science*, Oxford: The MIT Press, 2000.

132. Whitaker, Andrew, *Einstein, Bohr and The Quantum Dilemma*, Cambridge University Press, Cambridge, 1996.

133. White, Roger M., *The Structure of Metaphor*, Cambridge: Blackwell Publishers, 1996.

五、英文刊物

1. Ballentine, L. E., The Statistical Interpretation of Quantum Mechanics, *Reviews of Modern Physics*, 42 (1970).

2. Daukas, Nancy, *Skepticism, Contextualism, and the Epistemic "Ordinary"*. The Philosophical Forum, (2002) 63.

3. Bell, J. S., On the Einstein Podolsky Rosen Paradox, *Physics*, 1 (1964).

4. Stapp, H. P., Are superluminal connections necessary? *Nuovo Cimento*, 40B

(1977).

5. Einstein A. , How can I created the theory of relativity, *Physics Today*, 8 (1982).

6. Emma. Ruttkamp, Johannes. Heidema, Reduction in a preferential Model-Theoretic Context, *International Studies in the Philosophy of science*, 7 (2005) 143.

7. Friedman M. , *Explanation and Scientific Understanding*, Journal of Philosophy, 71 (1974) 15.

8. Grisemer, James, Development, Culture, and the Units of Inheritance, *Philosophy of Science*, Supplement to Vol. 67 (2000) 3.

9. Home, D. and M. A. B. Whitaker, Ensemble Interpretations of Quantum Mechanics: A Modern Perspective, *Physics Reports*, 210 (1992).

10. Howard Sankey, Failure Between Theories, *Study in History and Philosophy of Science*, Vol. 22, (1991) 2.

11. Howard, Don, Einstein on Locality and Separability, *Studies in History of Philosophy of Science*, 16 (1985) 3.

12. Koertge, Noretta, Science, Values, and the Value of Science, *Philosophy of Science*, Supplement to Vol. 67 (2000) 3.

13. Laudan, Larry, A Confutation of convergent Realism, *Philosophy of Science*, 48 (1981).

14. Lear Jonathan. "Sets and Semantics", *Journal of Philosophy*, 74 (1977).

15. Maxwell, Nicholas, Quantum Propension Theory: A Testable Resolution of Wave/Particle Dilemma, *British Journal for the Philosophy of Science*, 39 (1988).

16. Mermin, N. D. Extreme Quantum Entanglement in a Superposition of Macroscopically Distinct States, *Physical Review Letters*, 65 (1990).

17. Richard Heck. An Introduction to Frege's Theorem, *The Harvard Review of Philosophy*, Ⅶ (1999).

18. Rosenfeld L. , Foundations of Quantum Theory and Complementarity, *Nature*, 190 (1961).

19. Sankey, Howard, Translation Failure Between Theories, *Studies in History and Philosophy of Science*, Vol. 22 (1991) 2.

20. Shapere, Dudley, Astronomy and Anti-realism, *Philosophy of Science*, 60 (1993).

21. T. J. Pinch and W. E. Bijker: The Social Constraction of Facts and Artefacts, In *The Social Constraction of Technological Systems*, W. E. Bijker, T. P. Hughes and

T. J. Pinch eds. Cambridge, MA: MIT Press (1987).

22. Witten, Edward, On Background-Independent Open-String Field Theory, *Physical Review D*, Vol. 46 (December, 1992) 12.

23. Everett, H., Relative state' formulation of quantum mechanics. *Reviews of Modern Physics*, 29 (1957).

24. Woodward, Jim, Data, Phenomena, and Reliability, *Philosophy of Science*, Supplement to Vol. 67 (2000) 3.

25. Wu T. T., Yang C. N., Concept of Nonintergrable Phase Factors and Global Formulation of Gauge Fields, *Phys Rev D*, 12, (1975) 12.

26. Voorhees, Burton, Embodied Mathematics, *Journal of Consciousness Studies*, vol. 11 (2004) 9.

27. Zurek, W. H., Decoherence and the transition from quantum to classical, *Physics Today*, 44 (1991).

后 记

    本书是山西大学科学哲学研究小组多年来集体智慧的结晶。它凝聚了大家的共同心血，体现了集体攻关的优势与充满活力的团队精神，同时，也是国内外专家与同行长期支持的结果。

    在本书即将付梓之际，发自肺腑的感谢之言必不可少。首先，我们向教育部在课题研究经费方面的大力资助表示感谢；其次，感谢评审组专家严谨的学术态度，他们在本课题的结项汇报中提出的修改意见，进一步完善了本书所要论证的观点；第三，感谢本书的每一位参与者，特别是王姝彦、程瑞、康仕慧、安军、赵斌、张帆等人直接参与了课题的研究工作。课题组成员长期以来甘于苦读和对抽象的科学哲学理论探索的热情，加强了本书的论证力度；国际科学哲学专家对我们工作的支持，开阔了我们的研究视角；第四，感谢康仕慧博士和殷杰教授为本书的出版所做的许多具体而繁杂的工作；第五，感谢山西大学社科处孔富安处长、牛树芳女士、山西大学科学技术哲学研究中心郭剑波先生、郑红午女士为本书的出版付出的辛勤劳动；最后，我们更加特别感谢经济科学出版社两位责任编辑张庆杰博士和李锁贵博士，他们对工作认真负责的态度，最大限度地降低了本书的一些笔误与用词不当之处。

已出版书目

书　名	首席专家
《马克思主义基础理论若干重大问题研究》	陈先达
《网络思想政治教育研究》	张再兴
《高校思想政治理论课程建设研究》	顾海良
《马克思主义文艺理论中国化研究》	朱立元
《弘扬与培育民族精神研究》	杨叔子
《当代科学哲学的发展趋势》	郭贵春
《当代中国人精神生活研究》	童世骏
《面向知识表示与推理的自然语言逻辑》	鞠实儿
《中国大众媒介的传播效果与公信力研究》	喻国明
《楚地出土戰國簡册［十四種］》	陳　偉
《中国特大都市圈与世界制造业中心研究》	李廉水
《WTO 主要成员贸易政策体系与对策研究》	张汉林
《全球经济调整中的中国经济增长与宏观调控体系研究》	黄　达
《中国产业竞争力研究》	赵彦云
《东北老工业基地资源型城市发展接续产业问题研究》	宋冬林
《中国民营经济制度创新与发展》	李维安
《东北老工业基地改造与振兴研究》	程　伟
《中国加入区域经济一体化研究》	黄卫平
《金融体制改革和货币问题研究》	王广谦
《中国市场经济发展研究》	刘　伟
《我国民法典体系问题研究》	王利明
《中国农村与农民问题前沿研究》	徐　勇
《城市化进程中的重大社会问题及其对策研究》	李　强
《中国公民人文素质研究》	石亚军
《生活质量的指标构建与现状评价》	周长城
《人文社会科学研究成果评价体系研究》	刘大椿
《教育投入、资源配置与人力资本收益》	闵维方
《创新人才与教育创新研究》	林崇德
《中国农村教育发展指标研究》	袁桂林
《高校招生考试制度改革研究》	刘海峰
《基础教育改革与中国教育学理论重建研究》	叶　澜
《处境不利儿童的心理发展现状与教育对策研究》	申继亮
《中国和平发展的国际环境分析》	叶自成
《现代中西高校公共艺术教育比较研究》	曾繁仁

即将出版书目

书　名	首席专家
《中国司法制度基础理论问题研究》	陈光中
《完善社会主义市场经济体制的理论研究》	刘　伟
《和谐社会构建背景下的社会保障制度研究》	邓大松
《社会主义道德体系及运行机制研究》	罗国杰
《中国青少年心理健康素质调查研究》	沈德立
《学无止境——构建学习型社会研究》	顾明远
《产权理论比较与中国产权制度改革》	黄少安
《中国水资源问题研究丛书》	伍新木
《中国法制现代化的理论与实践》	徐显明
《中国和平发展的重大国际法律问题研究》	曾令良
《知识产权制度的变革与发展研究》	吴汉东
《全国建设小康社会进程中的我国就业战略研究》	曾湘泉
《数字传播技术与媒体产业发展研究报告》	黄升民
《非传统安全与新时期中俄关系》	冯绍雷
《中国政治文明与宪政建设》	谢庆奎